A Francesca

A Francesco, Marcello, Aldo e Mario

Sandro Longo

Analisi Dimensionale e Modellistica Fisica

Principi e applicazioni
alle scienze ingegneristiche

 Springer

Sandro Longo
Dipartimento di Ingegneria Civile
Ambiente, Territorio e Architettura – DICATeA
Università degli Studi di Parma

UNITEXT – Collana di Ingegneria
ISSN versione cartacea: 2038-5749   ISSN elettronico: 2038-5773

ISBN 978-88-470-1871-6   ISBN 978-88-470-1872-3 (eBook)
DOI 10.1007/978-88-470-1872-3

Springer Milan Dordrecht Heidelberg London New York

© Springer-Verlag Italia 2011

Layout copertina: Beatrice B., Milano
Immagine di copertina: parziale riproduzione di un bozzetto a tempera su cartoncino di Silvia Prada, Parma (2010). Riprodotto su autorizzazione

Impaginazione: PTP-Berlin, Protago TEX-Production GmbH, Germany (www.ptp-berlin.eu)
Stampa: Grafiche Porpora, Segrate (MI)

Springer-Verlag Italia S.r.l., Via Decembrio 28, I-20137 Milano
Springer-Verlag fa parte di Springer Science+Business Media (www.springer.com)

Prefazione

L'Analisi Dimensionale è uno strumento trasversale di indagine scientifica che interessa tutti i settori di ricerca. Molto è stato già scritto per divulgarne i concetti generali, o per approfondirne gli aspetti particolari, e risulta difficile aggiungere qualcosa di nuovo o di diverso. Un elenco dei contributi sarebbe inevitabilmente incompleto, ma merita citare un riferimento importante rappresentato dai due volumi intitolati *I modelli nella Tecnica*, contenenti gli Atti del Convegno di Venezia dell'Accademia Nazionale dei Lincei del 1955 [1], con numerosi interventi di eminenti ricercatori italiani e stranieri. Più di cinquanta anni fa, l'Analisi Dimensionale e la Modellistica Fisica avevano assunto una struttura ben precisa che, di fatto, è rimasta invariata nel tempo. È opinione comune che l'Analisi Dimensionale permetta di fare maggiore chiarezza su fatti già noti e appaia, invece, poco efficace per lo studio di processi nuovi. Tale opinione è, per certi aspetti, condivisibile, ma non sarebbe male rammentare che la ricerca di una maggiore chiarezza, nell'analisi dei processi fisici, conduce inevitabilmente a una maggiore conoscenza. I criteri di analogia tra processi distinti, introdotti dall'Analisi Dimensionale e poi sviluppati dalla Teoria della Similitudine, sono molto efficaci per uniformare, verso l'alto, il livello medio delle argomentazioni scientifiche.

La trattazione dei principi e delle applicazioni dell'Analisi Dimensionale lascia ancora senza risposta numerosi interrogativi su questioni rilevanti, sebbene comunemente si trascurino le discussioni sui fondamenti, curando, invece, gli aspetti più applicativi. Ad esempio, è ancora senza risposta la domanda su quali e quante siano le grandezze fondamentali, come pure sulla liceità della riduzione del loro numero in base a nuove relazioni fisiche, o del loro incremento eseguendo una discriminazione, attribuendo, cioè, un ruolo differente alla stessa grandezza. Non è una questione di poco conto, dato che, come riportato nel prosieguo, un aumento del numero di grandezze fondamentali comporta una riduzione del numero di gruppi adimensionali e, in definitiva, una semplificazione della struttura delle equazioni fisiche: tutto ciò, purtroppo, solo sulla base di scelte non giustificate e non giustificabili a priori. Questa è una delle riserve, forse la più rilevante. Praticamente inesistenti sono, invece, le riserve sulla Teoria della Similitudine e sui modelli. Il pensiero attuale sulla rappresentazione scientifica della realtà assume che le risorse utili per tale rappresentazione siano linguistiche, considerando la matematica come uno specifico linguaggio (Giere, 2004 [34]): il linguaggio della scienza ha una sua sintassi, un aspetto semantico e uno pragmatico. Nella modellistica fisica è l'aspetto pragmatico che si esalta, con la sintassi e la semantica che si adattano di conseguenza.

Tralasciando le questioni di fondamento, qui solo brevemente accennate, lo scopo del libro è di fornire gli strumenti necessari e adatti per un'interpretazione corretta e coerente dei processi fisici, sia tramite l'Analisi Matematica sia attraverso la Modellistica Fisica. I primi capitoli affrontano le definizioni, i pochi teoremi dell'Analisi Dimensionale e i criteri di Similitudine. Dal Capitolo 5 in poi, l'attenzione è focalizzata sulle applicazioni in alcuni dei settori dell'Ingegneria. Gli argomenti trattati sono necessariamente limitati nel numero, ma, quasi sempre, svolti con dettaglio dei calcoli e con la trattazione delle assunzioni fatte. Per evitare di rendere troppo dispersivo il libro, ho tralasciato la descrizione di numerosi dispositivi sperimentali utilizzati per la modellistica fisica, come i tunnel del vento, i canali e le vasche con generatori d'onda, le piattaforme rotanti per i modelli geofisici, i tunnel idrodinamici, includendo solo una breve descrizione della centrifuga e della tavola vibrante. Ho anche omesso la trattazione delle tecniche di misura e della strumentazione, reperibile, ad esempio, su Doebelin, 2008 [27] e su Longo e Petti, 2006 [51]. Alcune nozioni più specifiche, richieste dal contesto, sono riportate nelle appendici, dove sono anche riportati numerosi gruppi adimensionali, tutti di interesse ingegneristico, ma con l'esclusione di molti altri relativi a processi fisici di natura elettrica o di fisica particellare. Ho preferito spiegare ripetutamente i simboli accanto alle formule che li utilizzano, anziché elencarli nelle appendici. Per quanto mi è stato possibile, ho cercato l'uniformità degli stessi: a uno specifico simbolo corrisponde una stessa grandezza in tutto il libro. Nel glossario è riportato il significato di alcuni termini specifici utilizzati nella trattazione.

Il libro si rivolge agli studenti universitari delle discipline ingegneristiche e delle scienze naturali e fisiche. Spero che possa essere di aiuto anche ai dottorandi di ricerca e ai colleghi ricercatori per chiarire le potenzialità, la metodologia, oltre che la finalità, dell'Analisi Dimensionale e della Teoria della Similitudine.

Ho avuto la fortuna di ottenere dai colleghi la lettura critica di alcuni capitoli. Ringrazio Massimo Ferraresi per la lettura e l'analisi dei primi 3 capitoli, Anna Maria Ferrero per il Capitolo 5 sulla Geotecnica. Ringrazio, inoltre, Francesca Aureli e Luca Chiapponi per l'attenta rilettura dei primi capitoli; Luca Chiapponi ha anche realizzato alcune figure, tra le più complesse e maggiormente curate. Infine, un sentito ringraziamento a Salvatrice Massari per la revisione stilistica che, spero, renda meno gravoso l'impegno del lettore. La responsabilità di quanto riportato nel libro, gli errori, le imprecisioni e le omissioni, restano a mio carico.

Gran parte del lavoro necessario per scrivere questo libro è stato svolto durante la mia permanenza in sabbatico a Granada, in Spagna, nella primavera-estate del 2010, ospite del Prof. Miguel A. Losada, Direttore del Centro Andaluz de Medio Ambiente (CEAMA), una struttura di ricerca in compartecipazione tra la Junta de Andalucìa e l'Universidad de Granada. Presso il CEAMA, oltre alla disponibilità del laboratorio e di tutta la strumentazione per svolgere il mio programma di ricerca sperimentale, coadiuvato da Luca Chiapponi, Mara Tonelli, Simona Bramato e Christian Mans, ho avuto la completa disponibilità di quanto necessario per le indagini bibliografiche, per meditare e per scrivere.

Parma, febbraio 2011   *Sandro Longo*

Indice

L'Analisi Dimensionale

1

L'espressione delle equazioni che descrivono i fenomeni fisici richiede il rispetto di alcune regole formali e la conoscenza di alcuni principi basilari che garantiscano correttezza e coerenza logica. In particolare, la struttura di un'equazione che lega le grandezze fisiche deve rispettare il *principio di omogeneità dimensionale*. L'analisi dettagliata di questo principio, formalizzato per la prima volta nel 1822 da Fourier [31], presuppone la *classificazione delle grandezze fisiche* e la definizione dei *sistemi di unità di misura*.

1.1
La classificazione delle grandezze fisiche

Una *grandezza fisica*, definibile come un elemento di una classe di enti che intervengono nei processi fisici, a ciascuno dei quali può essere assegnata una misura, può essere classificata come una *costante*, un *parametro* o una *variabile*.

Una *costante* è una grandezza fisica che non varia nello spazio e nel tempo. Sono costanti, ad esempio, la velocità della luce nel vuoto, la costante di Planck.

Le costanti derivano dalla conoscenza e dalle modalità descrittive del mondo fisico, e possono essere note con precisione infinita, se implicitamente definite sulla base di un processo fisico, oppure con precisione limitata se, pur nota la loro origine e natura invariante, esse devono essere misurate. Altre costanti, quali il rapporto $\pi = 3.1415\ldots$ tra la lunghezza della circonferenza di un cerchio e il suo diametro in uno spazio piano, oppure il numero di Nepero $e = 2.7178\ldots$, sono dei numeri irrazionali, indipendenti dalla natura dell'Universo, eppure noti solo con approssimazione.

È presumibile che in futuro, con l'avanzamento delle conoscenze, alcune costanti possano non essere più tali e che ne debbano essere introdotte di nuove.

Un *parametro* è una grandezza fisica che può variare, ma che, nell'ambito di un problema o di un processo fisico, assume valore costante. Così, ad esempio, l'accelerazione di gravità è in molti processi un parametro. Lo stesso dicasi per il modulo di Young, il modulo di Poisson, il calore specifico.

Longo S.: Analisi Dimensionale e Modellistica Fisica.
Principi e applicazioni alle scienze ingegneristiche. © Springer-Verlag Italia 2011

Una *variabile* è una grandezza fisica il cui valore numerico può cambiare nel corso di un processo fisico che la coinvolge. Se la variazione ha natura di *effetto*, la variabile si dice *dipendente* (o *governata*), se, invece, ha natura di *condizione*, la variabile si dice *indipendente* (o *governante*). La *condizione* è distinta dalla *causa* che solitamente si esprime attraverso variabili esterne al processo, ma in grado di influenzare le variabili dipendenti che ne caratterizzano il comportamento interno.

Le *cause* sono in genere variabili che dipendono dalle variabili indipendenti ma non dal processo (eccetto che nei problemi di stabilità).

In un processo o fenomeno fisico, possono coesistere numerose variabili dipendenti e indipendenti. È sempre opportuno formalizzare analiticamente il processo in maniera tale da evidenziare un'unica variabile dipendente, ma ciò non è sempre possibile, come avviene, ad esempio, nei problemi accoppiati di flusso, calore, trasporto.

Tutte le grandezze fisiche, sia costanti che parametri o variabili, possono essere *dimensionali* o *adimensionali*. Una grandezza *dimensionale* ha una misura che dipende dal sistema di unità di misura prefissato e specificato. Una grandezza *adimensionale* ha una misura indipendente dal sistema di unità di misura. Un'eccezione è rappresentata dall'angolo piano che, pur essendo adimensionale (infatti, è il rapporto tra la lunghezza dell'arco di cerchio e il suo raggio), ha una misura che varia in base al sistema scelto: nel sistema sessagesimale di misura degli angoli, un radiante è pari a $57° 17' 44.8''$, nel sistema sessadecimale è pari a $57°.2958$, nel sistema centesimale è pari a $63.661\,977\,2$ gradi centesimali.

Si noti che una costante dimensionale, da un sistema di misura a un altro, muta il suo valore numerico, ma ciò non intacca la sua natura di costante.

Le grandezze possono essere *estensive* o *intensive*. È estensiva una grandezza la cui misura dipende dalle dimensioni del sistema (per esempio, dalla massa, dal volume, dall'area della superficie). È intensiva una grandezza la cui misura non dipende dalle dimensioni del sistema: la temperatura, il calore specifico, la viscosità dinamica, sono grandezze intensive. Il rapporto tra due grandezze estensive è una grandezza intensiva, se le due grandezze estensive si riferiscono alla stessa dimensione del sistema. Una funzione di grandezze estensive sarà omogenea di $1°$ grado rispetto alle grandezze e soddisfa il Teorema di Eulero sulle funzioni omogenee (cfr. Appendice A, p. 325).

Le grandezze possono essere *scalari*, se è sufficiente la loro misura per specificarle completamente, o *vettoriali* se, oltre alla misura, è necessario indicare anche una retta d'azione e un verso. Le grandezze *vettoriali applicate* richiedono anche l'indicazione del loro punto di applicazione. I *tensori* sono oggetti matematici che generalizzano le strutture algebriche a partire da uno spazio vettoriale: un tensore di ordine 0 è uno scalare, di ordine 1 è un vettore.

Le grandezze vettoriali si definiscono *pseudovettori* o *vettori assiali*, se il loro orientamento richiede una convenzione, altrimenti si definiscono *vettori veri* o *vettori polari*. Sono grandezze pseudovettoriali, ad esempio, tutte quelle che coinvolgono la rotazione e, in generale, tutti i vettori risultato di un prodotto vettoriale (*bivettori*): il momento angolare della quantità di moto è uno pseudovettore, poiché è necessario specificare una convenzione per stabilire se la rotazione ad esso associata è oraria o antioraria (comunemente, si adotta la regola della mano destra). Nelle applicazioni comuni, non è necessario distinguere gli pseudovettori dai vettori veri, ma in alcune applicazioni (ad esempio, nella fisica delle particelle) la distinzione è essenziale, dato che, ad esempio, gli pseudovettori non soddisfano la simmetria per una riflessione (la *parità*), ma richiedono anche il cambiamento del verso (Fig. 1.1). Ciò limita il loro uso nell'espressione delle leggi fisiche che si ritiene debbano soddisfare la parità. È anche possibile definire grandezze pseudoscalari e pseudotensoriali.

Definiamo *quantità* fisica una grandezza numerabile o misurabile. In questa accezione, grandezza e quantità fisica sono sinonimi

Infine, definiamo *coefficiente* un fattore moltiplicativo di un termine di un'equazione, in genere adimensionale o che, comunque, non è funzione di nessuna variabile dell'equazione in cui compare.

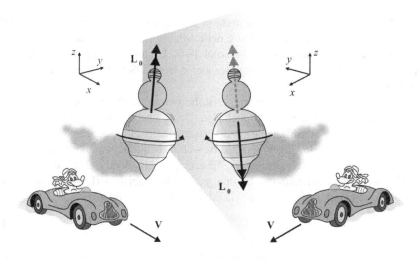

Figura 1.1 Il momento angolare della quantità di moto L_0 è uno *pseudovettore*: per una riflessione speculare, richiede il cambiamento del verso per rimanere coerente con la convenzione (nell'esempio visualizzato, vale la regola della mano destra). In tratteggio è riportato il vettore riflesso specularmente, che deve essere invertito per coerenza con la convenzione adottata. La velocità **V**, invece, è un *vettore vero*

1.2
I sistemi di unità di misura

La misura di una variabile di un processo fisico richiede, in via preventiva, l'individuazione della grandezza e la scelta di un campione da utilizzare come unità di riferimento; si procede, quindi, a rapportare la grandezza *misuranda* con il campione, ottenendo così un numero che definiamo *modulo*. Il modulo rappresenta il rapporto tra la grandezza fisica in esame e l'unità campione.

Così, ad esempio (Longo e Petti, 2006 [51]), per misurare il volume di una vasca, possiamo assumere come grandezza campione una bottiglia b e, per confronto, stimare quante bottiglie campione (o frazioni di bottiglia) occorrono per riempire il volume della vasca W. Se n è un numero reale positivo che indica questa quantità, diremo che la vasca misura $W = n \cdot b$ bottiglie. Da questo semplice esempio, emerge subito la necessità di garantire la stabilità nel tempo dell'unità campione, dato che l'uso di bottiglie differenti porterebbe a un numero n diverso, a parità di volume della vasca.

La scelta di una bottiglia come unità campione, sebbene corretta in linea di principio, porta a misure incoerenti in soggetti che scelgono bottiglie diverse, con la conseguenza che nelle relazioni che legano le varie grandezze, occorrerà introdurre numerosi coefficienti di conversione. Di qui l'esigenza di fare riferimento a unità campione scelte di comune accordo, operazione questa che dà origine a un sistema di misura coerente, come quello attualmente adottato, che è il Sistema Internazionale (SI).

Il Sistema Internazionale delle unità di misura è stato codificato nel 1960 dalla XI Conferenza Generale dei Pesi e delle Misure (XI CGPM), anche se i lavori internazionali della medesima risalgono al 1948. Un altro sistema di misura ancora in uso, soprattutto nei paesi anglosassoni e negli USA, è il Sistema Imperiale Britannico.

In ogni sistema di unità di misura, esistono *grandezze fondamentali* e *grandezze derivate*. Si dicono *fondamentali* quelle grandezze che, indipendenti tra loro, sono in numero necessario e sufficiente per descrivere qualunque altra grandezza fisica; si dicono *derivate* tutte le altre grandezze ricavabili da quelle fondamentali mediante leggi o definizioni fisiche elementari. Ad esempio, la velocità U di un corpo, per definizione, è data dal rapporto tra una grandezza spaziale s (lo spostamento del corpo) e una grandezza temporale t (la durata dello spostamento):

$$U = \frac{s}{t}. \tag{1.1}$$

Se si scelgono come grandezze fondamentali il *metro* m, per lo spazio s e il *secondo* s, per il tempo t, ne consegue che la velocità è una grandezza derivata (equazione (1.1)) e la sua unità di misura nel SI risulta il *metro al secondo*, simbolicamente m/s oppure $m \cdot s^{-1}$.

In proposito, si noti che non è strettamente necessario definire un sistema minimale nel quale non ci sia ridondanza di unità. Ad esempio, è possibile definire un sistema nel quale l'unità di misura della lunghezza è il metro, quella del tempo è il secondo e quella della velocità il nodo (1 nodo = 1 miglio marino all'ora, ≈ 0.5 m/s). Naturalmente possono essere scelte altre grandezze fondamentali, per esempio il secondo s per t e U per U; in tal caso, sarebbe lo spazio s a essere una grandezza derivata attraverso la relazione (1.1) e verrebbe misurato in U·s o con un'unità di misura derivata avente nome proprio e dimensione U·T. Questa assunzione è contraria allo spirito del SI, ma può risultare efficace per ricavare legami funzionali tra grandezze, molto utili nelle applicazioni fisiche.

L'annotazione fatta richiede l'individuazione del numero minimo di grandezze fondamentali, valore che dipende dalla natura del problema da risolvere. Ad esempio, nella Meccanica dei fluidi, la temperatura non compare mai esplicitamente, per cui al fine della scrittura delle dimensioni, sono necessarie e sufficienti tre grandezze fondamentali, che nel sistema SI sono: la *massa*, la *lunghezza* e il *tempo*.

Due sistemi di unità di misura che adottino lo stesso insieme di grandezze fondamentali appartengono alla stessa *classe*. Ad esempio, il sistema CGS (acronimo di centimetro, grammo, secondo, dal nome delle unità di misura dei campioni) e il sistema MKS (metro, kilogrammo, secondo) appartengono alla stessa classe MLT (massa, lunghezza, tempo), in quanto condividono la scelta di tali grandezze fondamentali.

Come già accennato, il numero e le grandezze fondamentali scelte non necessariamente coincidono con il minimo numero necessario. Così, ad esempio, la temperatura è una grandezza fondamentale, ma avrebbe potuto essere espressa in funzione di velocità e massa poiché, per definizione, la temperatura è una misura dell'energia cinetica media degli atomi o molecole e può essere descritta in funzione di una forza e di una lunghezza. Ciò nonostante, risulta più pratico considerarla come fondamentale, anche perché è talmente vicina all'esperienza quotidiana, che mal si presterebbe a una definizione in termini di combinazioni di altre grandezze. Così come si potrebbero scegliere sia sistemi *monodimensionali*, con un'unica grandezza fondamentale, che sistemi *omnidimensionali*, privi di grandezze derivate, nei quali tutte le grandezze sono fondamentali.

1.2.1
I sistemi monodimensionali

In un *sistema monodimensionale*, fissata un'unica grandezza fondamentale, tutte le altre grandezze vengono espresse per mezzo di essa oltre che di costanti. Ad esempio, se vogliamo strutturare un sistema monodimensionale avente la lunghezza quale unica grandezza fondamentale, che chiameremo *sistema di unità di misura L*, il tempo può essere espresso in funzione di c, velocità di propagazione della luce nel vuoto, che è una costante. Quindi,

$$\begin{cases} [t] = \dfrac{1}{c} \cdot L \equiv L, \\ t = A \cdot L \end{cases} \tag{1.2}$$

dove A è un coefficiente adimensionale costante nel sistema di unità di misura L; in altri sistemi di unità di misura, A è un coefficiente dimensionale costante. Per convenzione, le parentesi quadre indicano la dimensione dell'argomento, e vengono omesse se l'argomento è una grandezza fondamentale nel sistema di riferimento utilizzato. Ad esempio, un tempo pari a 1 m nel sistema monodimensionale L, equivale a circa 3.3 miliardesimi di secondo nel Sistema Internazionale. Il coefficiente A diventa un fattore di conversione tra sistemi di unità di misura di classe differente, con un valore numerico che dipende dalle unità di misura scelte nei due sistemi.

La velocità

$$[U] = \frac{L}{[t]} \tag{1.3}$$

è adimensionale e l'accelerazione

$$[a] = \frac{[U]}{[t]} \equiv L^{-1} \tag{1.4}$$

ha la dimensione dell'inverso di una lunghezza.

La forza può essere espressa con riferimento all'attrazione gravitazionale tra due masse, con dimensione pari a

$$[F] = \frac{[k] \cdot [M]^2}{L^2}, \tag{1.5}$$

dove k è la costante gravitazionale, ovvero, per la seconda legge di Newton

$$[F] = [M] \cdot [a]. \tag{1.6}$$

Eguagliando, si calcola:

$$[M] = \frac{[a] \cdot L^2}{[k]} \equiv L, \tag{1.7}$$

dato che la costante gravitazionale è adimensionale nel sistema L. Quindi, la forza è adimensionale e il fattore di conversione con il Sistema Internazionale è

$$\frac{c^4}{k} \, \text{N}. \tag{1.8}$$

Una forza pari a 1.0 nel sistema monodimensionale L, equivale a

$$1.0 \times \frac{c^4}{k} = 1.0 \times \frac{(299.792\,458 \cdot 10^6)^4}{6.674\,28 \cdot 10^{-11}} = 1.21 \cdot 10^{44} \, \text{N} \tag{1.9}$$

nel Sistema Internazionale.

In maniera analoga, è possibile calcolare la dimensione di tutte le grandezze nel sistema L. In Tabella 1.1 ne sono riportate alcune.

Procedendo allo stesso modo, è possibile derivare le dimensioni di ogni grandezza in un qualunque sistema di unità di misura monodimensionale, qualunque sia la grandezza fondamentale scelta.

Un sistema di misura monodimensionale risulta, tuttavia, inutilizzabile per le applicazioni dei criteri dell'Analisi Dimensionale. Supponiamo, ad esempio, di volere studiare un sistema massa-molla elastica per calcolare il periodo di oscillazione in

Tabella 1.1 Dimensione di alcune grandezze in un sistema monodimensionale L

Grandezza	Simbolo	Dimensione
tempo	t	L
velocità	U	L^0
accelerazione	a	L^{-1}
massa	M	L
forza	F	L^0
energia	E	L
potenza	W	L^0
temperatura	Θ	L^0
viscosità dinamica	μ	L^{-1}
densità di massa	ρ	L^{-2}

un sistema tridimensionale della classe MLT. Assumendo che tale periodo dipenda dalla massa e dalla rigidezza della molla, possiamo scrivere:

$$t = C_1 \cdot m^{\alpha} \cdot k^{\beta}, \tag{1.10}$$

dove t è il periodo, m è la massa, k è la costante elastica della molla, C_1 è un coefficiente adimensionale. Applicando il principio di omogeneità dimensionale (cfr. § 1.3, p. 16), si calcola $\alpha = 1/2$ e $\beta = -1/2$ e, quindi, risulta:

$$t = C_1 \cdot \sqrt{\frac{m}{k}}. \tag{1.11}$$

Se vogliamo eseguire la stessa analisi in un sistema monodimensionale L, risulta:

$$L = L^{\alpha} \cdot L^{-\beta}, \tag{1.12}$$

che conduce all'equazione $(\alpha - \beta) = 1$. Tale equazione ammette infinite soluzioni ma non è di alcun aiuto alla soluzione del problema.

1.2.2
I sistemi omnidimensionali

All'estremo opposto dei sistemi monodimensionali classifichiamo i sistemi omnidimensionali, nei quali tutte le grandezze sono fondamentali. Ciò richiede che, nel rispetto del principio di omogeneità dimensionale, in tutte le equazioni fisiche compaiano una o più costanti dimensionali. Ad esempio, per la semplice legge fisica

$$F = m \cdot a, \tag{1.13}$$

sarà necessario scrivere

$$[F] = [C_1] \cdot [m] \cdot [a], \tag{1.14}$$

dalla quale risulta che C_1 è un coefficiente avente le seguenti dimensioni:

$$[C_1] = \frac{[F]}{[m] \cdot [a]} . \tag{1.15}$$

Anche i sistemi omnidimensionali, al pari dei sistemi monodimensionali, non hanno alcuna applicazione pratica. Riprendendo l'esempio del sistema massa-molla prima riportato, in un sistema omnidimensionale nel quale t, m e k (tutte le grandezze che compaiono nel processo fisico) siano grandezze fondamentali, la costante avrà l'espressione:

$$[C_1] = \frac{[t]}{[m]^\alpha \cdot [k]^\beta} \tag{1.16}$$

e può essere sempre armonizzata, per un qualunque valore di α e di β, in modo da soddisfare il principio di omogeneità dimensionale. Tale procedura ancora non fornisce, purtroppo, alcuna indicazione sul valore dei 2 esponenti α e β.

1.2.3
I sistemi multidimensionali

Alla categoria dei sistemi multidimensionali si riconducono i sistemi universalmente adottati, tra i quali il SI. Nel SI le grandezze fondamentali sono 7, come riportate nella Tabella 1.2.

La scelta di un insieme di grandezze fondamentali è dettata da numerosi fattori, non ultimo la facilità di riproduzione dei campioni delle unità di misura, ed è in buona parte arbitraria. Per molti aspetti, un insieme di grandezze fondamentali è equivalente alla base di uno spazio vettoriale. Infatti, nell'algebra dei vettori, una *base* è definita come un insieme di vettori unitari linearmente indipendenti e tale che una loro combinazione lineare permetta di rappresentare un qualunque vettore dello spazio.

Le unità base delle grandezze fondamentali vengono fissate convenzionalmente, ma

Tabella 1.2 Grandezze fondamentali e unità di misura del sistema di misura internazionale (SI)

Grandezze fondamentali	Simbolo	Denominazione unità di misura	Simbolo unità di misura
lunghezza	L	metro	m
massa	M	kilogrammo	kg
tempo	T	secondo	s
temperatura	Θ	kelvin	K
intensità di corrente	I	ampère	A
intensità luminosa	C	candela	cd
quantità di sostanza	mol	mole	mol

Tabella 1.3 Multipli e sottomultipli nel SI

Fattore di moltiplicazione	Nome	Simbolo
10^{24}	yotta	Y
10^{21}	zetta	Z
10^{18}	exa	E
10^{15}	peta	P
10^{12}	tera	T
10^{9}	giga	G
10^{6}	mega	M
10^{3}	kilo	k
10^{2}	etto	h
10^{1}	deca	da
10^{-1}	deci	d
10^{-2}	centi	c
10^{-3}	milli	m
10^{-6}	micro	μ
10^{-9}	nano	n
10^{-12}	pico	p
10^{-15}	femto	f
10^{-18}	atto	a
10^{-21}	zepto	z
10^{-24}	yocto	y

con elementi di riferimento, per quanto possibile, non legati né al tempo né al luogo della misurazione. L'unica unità base che è ancora definita con riferimento a un oggetto fisico e il kilogrammo, conservato presso l'International Bureau of Weights and Measures in Sèvres, anche se sarà presto sostituito sulla base di alcune leggi fondamentali che coinvolgono la costante di Planck.

Le unità derivate per mezzo delle unità base devono avere un coefficiente numerico unitario e i multipli e i sottomultipli delle unità di misura, il cui uso può talvolta risultare comodo, devono essere espressi come potenze a esponente intero di 10 (Tabella 1.3). Esistono anche alcune unità derivate, dotate di nome proprio. In Tabella 1.4 sono riportate quelle di interesse, per esempio, nella Meccanica dei fluidi.

Esistono alcune grandezze derivate non strettamente definite nel SI il cui utilizzo è tuttavia permesso permanentemente (Tabella 1.5).

Se non si pone limite al valore assunto dagli esponenti, il numero di unità derivate è infinito. Se, invece, si assume che il valore assoluto dell'esponente (intero) sia p, includendo anche lo zero, risultano $(2p+1)$ valori (caratterizzati da un segno positivo e negativo).

Il numero di grandezze derivate è pari al numero di disposizioni con ripetizione dei $(2p+1)$ possibili esponenti nel numero di classi n rappresentato dal numero di

Tabella 1.4 Alcune unità derivate dotate di nome proprio

Grandezza	Nome	Simbolo	Espressione in unità SI derivate	Espressione in unità SI fondamentali
frequenza	hertz	Hz		s^{-1}
forza	newton	N		$m \cdot kg \cdot s^{-2}$
pressione	pascal	Pa	N/m^2	$m^{-1} \cdot kg \cdot s^{-2}$
energia, lavoro	joule	J	$N \cdot m$	$m^2 \cdot kg \cdot s^{-2}$
potenza, flusso energetico	watt	W	J/s	$m^2 \cdot kg \cdot s^{-3}$

Tabella 1.5 Alcune unità derivate non SI permanentemente ammesse

Grandezza	Nome	Simbolo	Espressione in unità SI
tempo	minuto	min	60 s
	ora	h	3600 s
	giorno	d	86 400 s
	anno	a	31 536 000 s
angolo piano	grado	deg	$\pi/180$ rad
	minuto	$'$	$\pi/10\,800$ rad
	secondo	$''$	$\pi/648\,000$ rad
	giro	rev	2π rad
area	ettaro	ha	$10\,000$ m^2
	acro	ac	$4046.872\,61$ m^2
volume	litro	l, L	0.001 m^3
massa	tonnellata (metrica)	ton	1000 kg
densità lineare	tex	tex	10^{-6} kg/m
energia	elettronvolt	eV	$1.602\,177\,33 \cdot 10^{-9}$ J
massa atomica	unità di massa atomica	u	$1.660\,640\,2 \cdot 10^{-27}$ kg
lunghezza	unità astronomica	UA	$1.495\,979 \cdot 10^{11}$ m
	anno-luce	ly	$9.460\,528\,405 \cdot 10^{15}$ m
	parsec	pc	$3.085\,678\,186 \cdot 10^{16}$ m

grandezze fondamentali:

$$N_d = D'_{2p+1,n} \equiv (2p+1)^n. \tag{1.17}$$

Eliminando i casi di esponenti tutti nulli e di esponenti tutti nulli eccetto uno, unitario (che ricondurrebbe a una grandezza fondamentale), si calcola un numero di grandezze derivate pari a

$$N_d = (2p+1)^n - n - 1. \tag{1.18}$$

1.2.4
La dimensione di una grandezza fisica e la trasformazione delle unità di misura

La *misura* di un oggetto, definito anche *misurando*, intendendosi per oggetto una proprietà, una caratteristica di una qualsiasi entità materiale, è l'assegnazione di un intervallo di valori a quell'oggetto. La procedura che si adotta è la *misurazione*. Il metodo di misurazione è l'insieme delle operazioni teoriche e pratiche, espresse in termini generali, alle quali si ricorre nell'esecuzione di una particolare misura. Tali operazioni, sempre convenzionali, devono essere chiaramente descritte in modo che il risultato della misura sia condivisibile, riproducibile e utilizzabile.

Tornando a quanto espresso in fase di introduzione dei sistemi di unità di misura, si ribadisce che, per misurare un oggetto, è necessario individuarne la grandezza fisica (fondamentale o derivata) e poi stimare il rapporto tra l'oggetto e l'unità di misura corrispondente alla grandezza fisica. Tutto ciò presuppone la scelta di un sistema di unità di misura, in quanto, se si cambia sistema, il passaggio da un sistema di unità di misura a un altro, anche della stessa classe, implica un cambiamento del valore numerico del rapporto tra l'oggetto della misura e l'oggetto dell'unità di misura; tutto ciò sempre nel rispetto del valore intrinseco dell'oggetto e, quindi, dei rapporti tra oggetti differenti aventi la stessa dimensione. Si noti che il *valore vero* dell'oggetto è inaccessibile e la misura dell'oggetto, assegnando un intervallo di valori e non un unico valore, è la migliore stima del valore vero.

Consideriamo, ad esempio, l'oggetto *altezza media della popolazione maschile italiana*, pari a 1.78 m nel Sistema Internazionale e a 5 piedi e 10 pollici nel Sistema Imperiale Britannico. Consideriamo, inoltre, l'oggetto *altezza media della popolazione femminile italiana*, pari a 1.69 m nel Sistema Internazionale e a 5 piedi e 6.5 pollici nel Sistema Imperiale Britannico. Il rapporto tra la misura dei due oggetti nel Sistema Internazionale è dato da:

$$\frac{altezza\ media\ della\ popolazione\ femminile\ italiana}{altezza\ media\ della\ popolazione\ maschile\ italiana} = \frac{1.69}{1.78} = 0.95. \qquad (1.19)$$

Tale rapporto deve essere pari a 0.95 anche nel Sistema Imperiale Britannico (o in un qualunque altro sistema):

$$\frac{altezza\ media\ della\ popolazione\ femminile\ italiana}{altezza\ media\ della\ popolazione\ maschile\ italiana} = \frac{5'6''\frac{1}{2}}{5'10''} = 0.95. \qquad (1.20)$$

In generale, l'espressione di una grandezza derivata in funzione delle grandezze fondamentali, deve avere una struttura tale da garantire il *valore oggettivo dei rapporti*.

Definiamo *dimensione di una grandezza fisica quella funzione che determina la misura della grandezza in differenti sistemi di unità di misura appartenenti alla stessa classe.*

Ad esempio, consideriamo la grandezza fisica *velocità*; la sua dimensione in sistemi della classe MLT è $L \cdot T^{-1}$ e la misura della velocità è esprimibile come segue:

$$U = \frac{spazio}{tempo} = \frac{\text{misura dello spazio}}{\text{misura del tempo}}.$$ (1.21)

La misura dello spazio è il rapporto tra lo spazio percorso e l'unità di misura dello spazio nel sistema prescelto, ad esempio, il metro nel SI; la misura del tempo è il rapporto tra il tempo di percorrenza e l'unità di misura del tempo, il secondo nel SI. Per un qualunque altro sistema MLT, ad esempio il Sistema Imperiale Britannico, la misura dello spazio è il rapporto tra lo spazio percorso e l'unità di misura dello spazio nel Sistema Imperiale Britannico, lo yard; la misura del tempo è il rapporto tra il tempo di percorrenza e l'unità di misura del tempo, ancora il secondo. A valori numerici differenti della misura della stessa velocità nei due sistemi, deve corrispondere un valore intrinseco di velocità che è, dunque, calcolabile solo sulla base della dimensione della velocità.

Come già rammentato, convenzionalmente, la dimensione di una grandezza G si indica tra parentesi quadre, $[G]$; fa eccezione la dimensione delle grandezze fondamentali, che si indica senza l'uso delle parentesi quadre. Ad esempio, la dimensione della viscosità dinamica μ in ogni sistema della classe MLT è $[\mu] = M \cdot L^{-1} \cdot T^{-1}$. Se cambia la classe del sistema di unità di misura, cambia la forma della funzione dimensionale.

Così, mentre il valore intrinseco di una quantità fisica non dipende dal sistema di unità di misura scelto, la misura della quantità è strettamente legata all'unità di misura del sistema. Ciò che permette di conservare invariato il valore intrinseco è la *dimensione* della quantità.

Quando invece la misura di una quantità è la stessa per tutti i sistemi della stessa classe, la quantità è *adimensionale*. Si tenga presente il caso particolare dell'angolo piano (cfr. § 1.1, p. 1).

Allo scopo di individuare la struttura generale della dimensione di una grandezza, supponiamo che sia G una grandezza funzione di massa, lunghezza e tempo, ed esprimiamo la sua dimensione come:

$$[G] = f(M, L, T).$$ (1.22)

Tale equazione prende il nome di *equazione tipica*.

Indichiamo con g_1 la misura di G nel *sistema 1*; g_1 sarà funzione delle unità di misura scelte per le grandezze fondamentali, cioè m_1, l_1 e t_1:

$$g_1 = f(m_1, l_1, t_1).$$ (1.23)

Se indichiamo con *sistema 2* un nuovo sistema di unità di misura della stessa classe, variando cioè soltanto le unità, ma non le grandezze fondamentali (che saranno ancora massa, lunghezza e tempo), risulta:

$$g_2 = f(m_2, l_2, t_2).$$ (1.24)

La stessa classe dei due sistemi implica l'identità funzionale di f. Quindi, possiamo scrivere:

$$\frac{g_2}{g_1} = \frac{f(m_2, l_2, t_2)}{f(m_1, l_1, t_1)}. \tag{1.25}$$

Nell'ipotesi fondamentale che all'interno di una stessa classe tutti i sistemi siano equivalenti, cioè che non esista un sistema preferenziale e distinguibile rispetto a tutti gli altri, il *sistema 2* può ottenersi dal *sistema 1*, moltiplicando le unità di misura del *sistema 1* per i rapporti m_2/m_1, l_2/l_1 e t_2/t_1, e cioè:

$$\frac{g_2}{g_1} = f\left(\frac{m_2}{m_1}, \frac{l_2}{l_1}, \frac{t_2}{t_1}\right), \tag{1.26}$$

ovvero,

$$r_G = f(r_M, r_L, r_T), \tag{1.27}$$

in cui $r_G = g_2/g_1$ è il rapporto tra la misura di G nel nuovo sistema e nel vecchio sistema, r_M, r_L, r_T sono i rapporti tra le unità di misura per le grandezze fondamentali nei due sistemi. Possiamo supporre che la trasformazione dal *sistema 1* al *sistema 2* avvenga passando per un sistema intermedio della stessa classe, che indichiamo come *sistema 3*. Nel passaggio dal *sistema 1* al *sistema 3*, deve risultare:

$$r'_G = f\left(r'_M, r'_L, r'_T\right), \tag{1.28}$$

dove r'_G, r'_M, r'_L, r'_T sono i rapporti tra la misura di G e delle tre grandezze fondamentali, nel *sistema 3* e nel *sistema 1*. Il passaggio dal *sistema 3* al *sistema 2* richiede che sia

$$r''_G = f\left(r''_M, r''_L, r''_T\right), \tag{1.29}$$

dove r''_G, r''_M, r''_L, r''_T sono i rapporti tra la misura di G e delle tre grandezze fondamentali, nel *sistema 2* e nel *sistema 3*. Naturalmente dovrà risultare anche:

$$r_G = r'_G \cdot r''_G \tag{1.30}$$

e, quindi,

$$f(r_M, r_L, r_T) \equiv f\left(r'_M \cdot r''_M, r'_L \cdot r''_L, r'_T \cdot r''_T\right) = f\left(r'_M, r'_L, r'_T\right) \cdot f\left(r''_M, r''_L, r''_T\right). \tag{1.31}$$

Passando ai logaritmi e definendo l'operatore

$$\widetilde{f}(\ln r_M, \ln r_L, \ln r_T) = f(r_M, r_L, r_T), \tag{1.32}$$

risulta:

$$\ln\widetilde{f}\left(\ln r'_M + \ln r''_M, \ln r'_L + \ln r''_L, \ln r'_T + \ln r''_T\right) = \ln\widetilde{f}\left(\ln r'_M, \ln r'_L, \ln r'_T\right) + \ln\widetilde{f}\left(\ln r''_M, \ln r''_L, \ln r''_T\right). \tag{1.33}$$

Quest'ultima relazione implica che la funzione $\ln\widetilde{f}$ sia lineare e si possa, quindi, esprimere come:

$$\ln\widetilde{f}(\ln r_M, \ln r_L, \ln r_T) \equiv \ln r_G = \alpha \cdot \ln r_M + \beta \cdot \ln r_L + \gamma \cdot \ln r_T. \tag{1.34}$$

Per le proprietà dei logaritmi risulta anche:

$$r_G = r_M^{\alpha} \cdot r_L^{\beta} \cdot r_T^{\gamma} \tag{1.35}$$

e, quindi,

$$[G] = M^{\alpha} \cdot L^{\beta} \cdot T^{\gamma}. \tag{1.36}$$

In conclusione, la dimensione di una grandezza deve essere un'espressione monomia. Una grandezza è adimensionale, in un assegnato sistema di unità di misura, se tutti gli esponenti del monomio sono nulli.

L'equazione (1.35) ci permette di calcolare rapidamente la nuova misura della grandezza G, nel caso di cambiamento di unità di misura di massa, lunghezza e tempo.

Esempio 1.1. Assegnata un'accelerazione con misura a pari a 350 piedi $\cdot$ min^{-2} (ft $\cdot$ min^{-2}), si calcoli la sua misura a' in un sistema nel quale la lunghezza ha per unità il pollice e il tempo ha per unità il secondo.

I due sistemi appartengono alla stessa classe LT; la dimensione di a è pari a

$$[a] = L \cdot T^{-2}. \tag{1.37}$$

Utilizzando l'equazione (1.35), risulta:

$$r_a \equiv \frac{a'}{a} = r_L \cdot r_T^{-2} \tag{1.38}$$

e, quindi,

$$a' = a \cdot r_L \cdot r_T^{-2} = a \cdot \left(\frac{L'}{L}\right) \cdot \left(\frac{T'}{T}\right)^{-2} \rightarrow$$

$$a' = 350 \times \frac{12}{1} \times \left(\frac{60}{1}\right)^{-2} = 1.166 \ '' \cdot s^{-2}, \quad (1.39)$$

essendo, rispettivamente, i rapporti $12/1$ =pollici/piede e $60/1$ = secondi/minuto.

Esempio 1.2. Nota la misura di una pressione p pari a 1 psi (*pound per square inch*), si calcoli la misura p' della stessa pressione in pascal.

Dimensionalmente, la pressione è una forza per unità di superficie:

$$[p] \equiv F \cdot L^{-2}. \tag{1.40}$$

Facendo uso dell'equazione (1.35), risulta:

$$r_p = \frac{p'}{p} = r_F \cdot r_L^{-2} \tag{1.41}$$

e, quindi,

$$p' = p \cdot r_F \cdot r_L^{-2} = p \cdot \left(\frac{F'}{F}\right) \cdot \left(\frac{L'}{L}\right)^{-2} \rightarrow$$

$$p' = 1 \times \left(\frac{0.453 \times 9.806}{1}\right) \times \left(\frac{0.0254}{1}\right)^{-2} = 6885.3 \ \text{Pa}, \quad (1.42)$$

essendo, rispettivamente, i rapporti $(0.453 \times 9.806)/1$ =newton/pound e $0.0254/1 =$ metri/pollice.

Si noti che spesso si indica indistintemente con lo stesso simbolo la misura della grandezza e la grandezza.

1.2.5
Alcune regole di scrittura

Nella scrittura tecnica, per renderne più immediata la comprensione e per evitare errori di interpretazione, è bene attenersi ad alcune regole elementari.

Le unità di misura espresse in forma simbolica cominciano sempre con una lettera minuscola, tranne nel caso in cui derivino da un nome di persona. Ad esempio: 1 s e non 1 S; 12 A (dal nome di André-Marie Ampère) e non 12 a. Inoltre, è sempre necessario uno spazio tra il numero e il simbolo (23 m e non 23m) e i simboli non vanno indicati mai in corsivo o in grassetto: 1 s e non 1 *s* o 1 **s**.

Se nel testo è necessario scrivere per esteso l'unità di misura, si farà sempre uso di caratteri minuscoli, anche se l'unità deriva da un nome di persona: ampère e non Ampère, newton e non Newton.

Il simbolo di un'unità di misura costituita dal prodotto di due o più unità si può scrivere sia interponendo un punto, sia lasciando uno spazio: $13.2 \, \text{N} \cdot \text{m}$ oppure $13.2 \, \text{N} \, \text{m}$.

Nel caso del quoziente tra due unità di misura si può scrivere, ad esempio, 3.8 m/s, oppure $3.8 \, \text{m} \cdot \text{s}^{-1}$, oppure $3.8 \, \frac{\text{m}}{\text{s}}$. La seconda forma è quella consigliabile.

Per i prefissi dei multipli o sottomultipli, solo quelli maggiori di 10^6 sono indicati con lettera maiuscola; quindi: 1.5 MJ e non 1.5 mJ; 22 kg e non 22 Kg. Si noti, a tal proposito, che il prefisso 'm' (milli-) indica 10^{-3}, mentre il prefisso 'M' (Mega-) indica 10^6. Ancora, il simbolo del multiplo o del sottomultiplo è accostato al simbolo dell'unità di misura, senza spazio: 13.2 mW e non 13.2 m W.

Nella notazione scientifica è necessario che le unità siano quelle base: si scriva, quindi, 3.2×10^5 m e non 3.2×10^2 km. Nella notazione con i prefissi è opportuno, inoltre, scegliere il prefisso in modo che il numero sia compreso tra 0.1 e 1000, quindi 7.8 MJ e non 7800 kJ. I doppi prefissi non sono ammessi, quindi 1.2 μF (microfarad) e non 1.2 mmF (millimillifarad).

Nella scrittura di numeri contenenti più di 4 cifre in sequenza, è opportuna una spaziatura, raggruppando le cifre in gruppi di 3 verso sinistra e verso destra rispetto al punto di separazione decimale; quindi 12 000 e non 12000, quindi 13.224 32 e non 13.22432.

Si noti, infine, che l'Organizzazione Internazionale per la normazione (ISO) suggerisce la virgola quale separatore decimale, mentre, nei paesi a lingua Inglese, la virgola è il separatore delle migliaia e il punto è il separatore decimale. Pertanto, per evitare confusioni tra la notazione del Sistema Internazionale e la notazione anglosassone, è sconsigliabile l'uso del punto o della virgola per separare le migliaia. Dal 2003 nei testi in lingua inglese è ammesso anche l'uso del punto decimale.

1.3
Il principio dell'omogeneità dimensionale

Per il principio dell'omogeneità dimensionale,

Tutti i termini di un'equazione che rappresenti un processo fisico devono avere la stessa dimensione.

Consideriamo il moto di una massa oscillante vincolata a una molla, descrivibile dall'equazione:

$$\underbrace{m \cdot \frac{d^2 x}{d t^2}}_{I} + \underbrace{k \cdot (x - x_0)}_{II} = 0, \tag{1.43}$$

dove m è la massa, x è l'ascissa, x_0 è l'ascissa della posizione di equilibrio, t è il tempo, k è la rigidezza della molla.

La formalizzazione di questa equazione non richiede la selezione di un sistema di unità di misura, ma solo l'uso delle stesse unità di misura per tutte le grandezze della stessa natura che ivi compaiono (le lunghezze, le masse e i tempi); qui, ad esempio, x e x_0 hanno la dimensione di una lunghezza e devono essere espresse entrambe in metri, oppure entrambe in pollici. Sulla base del principio di omogeneità dimensionale, la dimensione del termine I deve essere coincidente con la dimensione del termine II. Inoltre, possiamo aggiungere che, indipendentemente da ciò che i due termini rappresentino (l'inerzia il primo, la forza esercitata dalla molla il secondo), sulla base dell'equazione che li lega, essi hanno lo stesso ruolo fisico.

Quanto esposto vale per ogni coppia di termini contenuti in un'equazione, con la logica conseguenza che, per le equazioni fisiche a più di due termini, tutti i termini devono avere la stessa dimensione.

Così, ad esempio, se un processo fisico è espresso da un'equazione del tipo:

$$A = B \cdot \tanh C + D \cdot e^F - \frac{G_1 + G_2}{H} + N, \tag{1.44}$$

il principio di omogeneità dimensionale richiede che C e F siano adimensionali, G_1 e G_2 abbiano dimensione pari a quella di $A \cdot H$, e che N, B e A abbiano la stessa dimensione.

Il principio dell'omogeneità dimensionale permette di controllare rapidamente la correttezza dimensionale di un'equazione e comporta, tra le varie conseguenze, che l'argomento delle funzioni trigonometriche o trascendenti, che compaiono nelle equazioni fisiche, debba essere necessariamente adimensionale.

Infatti, supponiamo, ad esempio, che in un'equazione compaia un termine del tipo $\cos x$; sviluppando in serie di Taylor nell'intorno dell'origine, risulta:

$$\cos x = 1 - \frac{x^2}{2!} + \frac{x^4}{4!} + \dots . \tag{1.45}$$

Poiché tutti i termini devono essere dimensionalmente omogenei, si conclude che x deve essere adimensionale. Si noti che tale affermazione potrebbe apparire restrittiva e potrebbe essere rimossa, dato che, ad esempio, nell'equazione (1.44) l'argomento C potrebbe avere dimensione pari a $\ln(A/B)$. In tal caso, per recuperare la contraddizione che deriva dallo sviluppo in serie di Taylor, basterà ricordare che è possibile sviluppare una funzione avente una qualunque dimensione, pur conservando la dimensione delle derivate della funzione medesima nei termini dello sviluppo. Se l'argomento x della funzione coseno ha dimensione non nulla, lo sviluppo in serie di Taylor di $\cos x$ dovrebbe essere espresso nella forma:

$$\cos x = a_0 - a_2 \cdot \frac{x^2}{2!} + a_4 \cdot \frac{x^4}{4!} + \dots, \qquad (1.46)$$

con a_0 di valore unitario e dimensione pari a $[\cos x]$, a_2 di valore unitario e dimensione pari a $[\cos x] \cdot [x]^{-2}$, a_4 di valore unitario e dimensione pari a $[\cos x] \cdot [x]^{-4}$.

L'enunciato del principio riportato all'inizio del paragrafo si riferisce, in realtà, a un caso particolare di un principio più generale. Possiamo, comunque, formulare qui una definizione più rigorosa e più estesa:

Un'equazione si dice dimensionalmente omogenea se la sua forma non dipende dalle unità di misura scelte.

Assegnata, dunque, la funzione

$$y = f(x_1, x_2, \dots, x_n), \qquad (1.47)$$

se, a seguito di un cambiamento di sistema di unità di misura, la variabile dipendente y e le variabili indipendenti $x_1, x_2, \dots, x_n$ assumono i nuovi valori $y', x_1', x_2', \dots, x_n'$, risulta ancora:

$$y' = f\left(x_1', x_2', \dots, x_n'\right), \qquad (1.48)$$

con f coincidente con la funzione dell'equazione (1.47).

Abbiamo già visto che una qualunque grandezza G deve essere espressa dimensionalmente in forma monomia, in funzione di un insieme di grandezze fondamentali:

$$[G] = M^\alpha \cdot L^\beta \cdot T^\gamma, \qquad (1.49)$$

e che il cambiamento di unità di misura, mantenendo la stessa base dimensionale, permette di calcolare la nuova misura di G in funzione della precedente, secondo la relazione:

$$G' = G \cdot r_M^\alpha \cdot r_L^\beta \cdot r_T^\gamma. \qquad (1.50)$$

Ciò significa che, se

$$y = M^\alpha \cdot L^\beta \cdot T^\gamma \qquad (1.51)$$

e se

$$[x_i] = M^{\alpha_i} \cdot L^{\beta_i} \cdot T^{\gamma_i}, \quad (i = 1, 2, \dots, n), \qquad (1.52)$$

allora risulta anche:

$$\begin{cases} y' = y \cdot r_M^{\alpha} \cdot r_L^{\beta} \cdot r_T^{\gamma} \equiv y \cdot k \\ x_i' = x_i \cdot r_M^{\alpha_i} \cdot r_L^{\beta_i} \cdot r_T^{\gamma_i} \equiv x_i \cdot k_i, \quad (i = 1, 2, \ldots, n), \end{cases} \tag{1.53}$$

dove k e k_i sono dei coefficienti adimensionali. L'equazione (1.47) diventa, pertanto,

$$k \cdot f(x_1, x_2, \ldots, x_n) = f(x_1 \cdot k_1, x_2 \cdot k_2, \ldots, x_n \cdot k_n), \tag{1.54}$$

e la condizione di omogeneità dimensionale richiede che l'identità (1.54), nelle variabili x_i, $(i = 1, 2, \ldots, n)$ e (r_M, r_L, r_T) (che definiscono sia k che i valori k_i), sia soddisfatta.

In particolare, se la funzione f è una somma (o generalmente una combinazione lineare di termini),

$$y = f(x_1, x_2, \ldots, x_n) \equiv x_1 + x_2 + \ldots + x_n, \tag{1.55}$$

la condizione di omogeneità dimensionale richiede che sia

$$k \cdot y = k \cdot (x_1 + x_2 + \ldots + x_n) \equiv k_1 \cdot x_1 + k_2 \cdot x_2 + \ldots + k_n \cdot x_n \tag{1.56}$$

e, quindi,

$$k \equiv k_1 \equiv k_2 \equiv \ldots \equiv k_n. \tag{1.57}$$

Tali identità sono soddisfatte se, e solo se, tutti i termini $x_1, x_2, \ldots, x_n$ e y hanno le stesse dimensioni.

Se invece la funzione f ha un'espressione monomia

$$y = f(x_1, x_2, \ldots, x_n) = x_1^{\delta_1} \cdot x_2^{\delta_2} \cdots x_n^{\delta_n}, \tag{1.58}$$

la condizione di omogeneità dimensionale si riconduce all'espressione:

$$k = k_1^{\delta_1} \cdot k_2^{\delta_2} \cdots k_n^{\delta_n} \tag{1.59}$$

e, quindi,

$$\begin{cases} \alpha_1 \cdot \delta_1 + \alpha_2 \cdot \delta_2 + \ldots + \alpha_n \cdot \delta_n = \alpha \\ \beta_1 \cdot \delta_1 + \beta_2 \cdot \delta_2 + \ldots + \beta_n \cdot \delta_n = \beta \\ \gamma_1 \cdot \delta_1 + \gamma_2 \cdot \delta_2 + \ldots + \gamma_n \cdot \delta_n = \gamma. \end{cases} \tag{1.60}$$

Si tratta di un sistema lineare di equazioni negli esponenti incogniti $\delta_1, \delta_2, \ldots, \delta_n$. Qui si evidenzia che le variabili dimensionali debbano essere definite positive, dato che monomi contenenti termini negativi con esponente frazionario sarebbero immaginari.

1.3.1
L'aritmetica del calcolo dimensionale

Nel calcolo dimensionale è vantaggioso utilizzare alcune regole dalla dimostrazione elementare, basata su semplici criteri algebrici e definizioni che qui si riportano.

Regola del prodotto. La dimensione del prodotto (o quoziente) delle dimensioni di due o più grandezze è pari alla dimensione della variabile prodotto (o quoziente). Avendo adottato le parentesi quadre per indicare la dimensione di una grandezza (eccetto il caso in cui la grandezza sia fondamentale nel sistema di unità di misura prefissato), tale regola ha la seguente formalizzazione:

$$[A_1] \cdot [A_2] \cdots [A_n] = [A_1 \cdot A_2 \cdots A_n]. \tag{1.61}$$

Regola dell'associazione. È la proprietà associativa estesa al calcolo dimensionale: raggruppando in maniera differente il prodotto tra coppie di termini, il prodotto della dimensione di più grandezze non cambia:

$$[A_1] \cdot ([A_2] \cdot [A_3]) = ([A_1] \cdot [A_2]) \cdot [A_3]. \tag{1.62}$$

Regola degli esponenti. La dimensione della potenza di una grandezza è pari alla potenza della dimensione della grandezza stessa:

$$[A^n] = [A]^n. \tag{1.63}$$

Regola della derivata semplice. La dimensione della derivata di una grandezza è pari al rapporto tra la dimensione della grandezza e la dimensione dell'incremento:

$$\left[\frac{dA}{dx} \right] = \frac{[A]}{[x]}. \tag{1.64}$$

La dimostrazione è immediata facendo uso della regola del prodotto e ricordando che la derivata è il limite di un rapporto incrementale.

Regola della derivata di ordine n. La dimensione della derivata di ordine n di una grandezza è pari al rapporto tra la dimensione della grandezza e la n-esima potenza della dimensione dell'incremento:

$$\left[\frac{d^n A}{dx^n} \right] = \frac{[A]}{[x]^n}. \tag{1.65}$$

Per la dimostrazione è sufficiente calcolare la derivata come derivata di derivata per $(n-1)$ volte e applicare ripetutamente la regola della derivata semplice.

Regola dell'integrale semplice. La dimensione dell'integrale di una grandezza è pari al prodotto tra la dimensione della grandezza e la dimensione dell'incremento:

$$\left[\int A \, dx \right] = [A] \cdot [x]. \tag{1.66}$$

La dimostrazione si ottiene considerando che l'integrale è definito come il limite di una funzione sommatoria di aree elementari, applicando la regola della dimensione del prodotto e il principio dell'omogeneità dimensionale.

Regola dell'integrale multiplo. La dimensione dell'integrale multiplo di una grandezza è pari al prodotto tra la dimensione della grandezza e il prodotto delle dimensioni degli incrementi:

$$\left[\int \int \cdots \int A \, dx_1 \, dx_2 \cdots dx_n \right] = [A] \cdot [x_1] \cdot [x_2] \cdots [x_n]. \qquad (1.67)$$

Anche in tal caso, la dimostrazione si ottiene partendo dalla definizione di integrale multiplo e applicando ripetutamente la regola della dimensione di un integrale semplice.

1.4
La struttura dell'equazione tipica sulla base dell'Analisi Dimensionale

Alcune utili informazioni su come si combinino le variabili che intervengono in un processo fisico, quando siano note, si possono ottenere applicando i criteri dell'Analisi Dimensionale e seguendo il *metodo di Rayleigh* e il *metodo di Buckingham*, ovvero le due procedure maggiormente citate e utilizzate.

1.4.1
Il metodo di Rayleigh

Il metodo di Rayleigh si basa sull'evidenza che, in un'eguaglianza tra due monomi dimensionalmente omogenei, l'esponente di ogni dimensione del monomio a sinistra deve essere uguale alla somma degli esponenti della dimensione corrispondente nel monomio a destra. Un esempio chiarirà il metodo.

Consideriamo la resistenza al moto F di una sfera di diametro D, che si muove con velocità U, in un fluido incomprimibile di densità di massa ρ e viscosità dinamica μ (Fig. 1.2): la legge fisica avrà l'equazione tipica

$$F = f(D, U, \rho, \mu). \qquad (1.68)$$

Un'espressione semplice della funzione f è quella monomia, per cui

$$F = C_1 \cdot D^a \cdot U^b \cdot \rho^c \cdot \mu^d, \qquad (1.69)$$

dove C_1 è un coefficiente adimensionale.

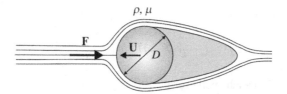

Figura 1.2 Schema per il calcolo della resistenza al moto di una sfera in un fluido incomprimibile

Esprimendo tutte le variabili in funzione delle grandezze fondamentali scelte, ad esempio M, L e T, risulta:

$$M \cdot L \cdot T^{-2} = L^a \cdot L^b \cdot T^{-b} \cdot M^c \cdot L^{-3c} \cdot M^d \cdot L^{-d} \cdot T^{-d}. \qquad (1.70)$$

Ancora, imponendo l'eguaglianza tra gli esponenti di un'uguale grandezza, si ottiene il sistema di 3 equazioni nelle 4 incognite

$$\begin{cases} 1 = c + d \\ 1 = a + b - 3c - d \,, \\ -2 = -b - d \end{cases} \qquad (1.71)$$

che ammette ∞^1 soluzioni. La soluzione per a, b e c, in funzione di d, è

$$\begin{cases} c = 1 - d \\ a = 2 - d \\ b = 2 - d \end{cases} \qquad (1.72)$$

e, quindi,

$$F = C_1 \cdot \rho \cdot D^2 \cdot U^2 \left(\frac{\mu}{\rho \cdot U \cdot D} \right)^d. \qquad (1.73)$$

In generale, se la variabile dipendente dipende da n variabili e se k è il numero di grandezze fondamentali, possiamo scrivere k equazioni negli n esponenti incogniti, che ammettono ∞^{n-k} soluzioni per valori arbitrari degli $(n-k)$ esponenti. Il risultato può essere espresso in forma monomia come prodotto delle grandezze fondamentali elevate ai k esponenti e di $(n-k)$ gruppi adimensionali elevati a esponenti incogniti.

Si noti che l'equazione (1.73) ha una struttura eccessivamente vincolata per rappresentare il fenomeno nella sua generalità. Per superare tale limite, Rayleigh suggerisce che, data l'arbitrarietà dell'esponente d nell'equazione, sia lecito esprimere la variabile dipendente come combinazione lineare di monomi aventi la medesima struttura, cioè:

$$F = C_1 \cdot \rho \cdot D^2 \cdot U^2 \cdot \sum_{n=0}^{\infty} a_n \cdot \left(\frac{\mu}{\rho \cdot U \cdot D} \right)^n, \qquad (1.74)$$

con a_n coefficienti adimensionali. Poiché la sommatoria può intendersi come sviluppo in serie della funzione f, in un opportuno spazio funzionale, l'equazione (1.74) può riscriversi come:

$$F = C_1 \cdot \rho \cdot D^2 \cdot U^2 \cdot f\left(\frac{\mu}{\rho \cdot U \cdot D}\right) \qquad (1.75)$$

e l'equazione (1.75) anche nella forma:

$$\underbrace{\frac{F}{\rho \cdot D^2 \cdot U^2}}_{\text{numero di Newton}} = C_1 \cdot f\left(\underbrace{\frac{\rho \cdot U \cdot D}{\mu}}_{\text{numero di Reynolds}}\right) \equiv C_1 \cdot f\,(\text{Re}). \qquad (1.76)$$

Il gruppo adimensionale a sinistra dell'equazione (1.76) prende il nome di *numero di Newton*, mentre il gruppo adimensionale, argomento della funzione, prende il nome di *numero di Reynolds* (cfr. § 8.1, p. 233).

Esempio 1.3. Sia assegnata la celerità di propagazione delle onde di gravità di superficie in un liquido. Si voglia calcolare la struttura dell'equazione tipica.

Assumiamo che le onde si propaghino su profondità infinita, che la componente stabilizzante sia la gravità e che, in definitiva, il processo fisico dipenda dalla lunghezza d'onda l, dall'accelerazione di gravità g e dalla densità di massa del fluido ρ. Applicando il metodo di Rayleigh possiamo scrivere:

$$c = C_1 \cdot l^a \cdot g^b \cdot \rho^d, \qquad (1.77)$$

dove C_1 è un coefficiente adimensionale, a, b e d sono degli esponenti. Esprimendo le variabili in funzione delle grandezze fondamentali M, L e T, risulta:

$$L \cdot T^{-1} = L^a \cdot L^b \cdot T^{-2b} \cdot M^d \cdot L^{-3d} \qquad (1.78)$$

e, quindi,

$$\begin{cases} 1 = a + b - 3d \\ -1 = -2b \\ 0 = d \end{cases} \longrightarrow \begin{cases} a = \dfrac{1}{2} \\ b = \dfrac{1}{2}, \\ d = 0 \end{cases} \qquad (1.79)$$

da cui si calcola

$$c = C_1 \cdot \sqrt{g \cdot l}, \qquad (1.80)$$

ovvero,

$$\frac{c^2}{g \cdot l} = \text{cost.} \qquad (1.81)$$

Il valore del coefficiente si ricava dall'analisi teorica del processo fisico ed è pari a $1/\sqrt{2\pi}$.

Se, invece, si analizza il processo fisico di propagazione su profondità finita pari a h, si può assumere che intervenga anche quest'ultima variabile. In tal caso, possiamo scrivere:

$$c = C_1 \cdot l^a \cdot g^b \cdot \rho^d \cdot h^e \qquad (1.82)$$

e, quindi,

$$\begin{cases} 1 = a + b - 3d + e \\ -1 = -2b \\ 0 = d \end{cases} \longrightarrow \begin{cases} a = \dfrac{1}{2} - e \\ b = \dfrac{1}{2} \\ d = 0 \end{cases}. \tag{1.83}$$

La soluzione è parametrica in funzione di e.

La celerità si può esprimere, quindi, come:

$$c = C_1 \cdot \sqrt{g \cdot l} \cdot \left(\frac{h}{l} \right)^e, \tag{1.84}$$

cioè, in generale

$$\frac{c^2}{g \cdot l} = f \left(\frac{h}{l} \right). \tag{1.85}$$

L'approccio teorico porta a definire la forma della funzione f come:

$$f \left(\frac{h}{l} \right) \equiv \frac{1}{2\pi} \cdot \tanh \left(\frac{2\pi h}{l} \right). \tag{1.86}$$

Si noti che la densità di massa, anche se è inclusa nella lista delle variabili, non compare nell'espressione finale poiché risulta dimensionalmente irrilevante (cfr. § 3.2, p. 74).

1.4.2
Il metodo di Buckingham (Teorema del $\varPi$)

Il metodo di Buckingham, in realtà formulato per la prima volta da Vaschy nel 1892 [81] e ripreso poi da Buckingham nel 1914 [16], può formalmente ricondursi al seguente enunciato:

Assegnato un processo fisico dipendente da n grandezze, è sempre possibile esprimerlo con una funzione di soli $(n - k)$ gruppi adimensionali, dove k è il numero di grandezze fondamentali.

Numerosi autori hanno fornito diverse dimostrazioni del teorema del $\varPi$. La dimostrazione di Buckingham, 1914 [16] si basa sulla espandibilità in serie di MacLaurin della relazione funzionale tra le grandezze coinvolte nel processo. Altre dimostrazioni, dovute, ad esempio, a Bridgman, 1922 [15], richiedono la differenziabilità della relazione funzionale e si basano sulle condizioni necessarie per la risoluzione di un sistema di equazioni lineari alle derivate parziali del primo ordine. La dimostrazione di Duncan, 1953 [28] fa ricorso alla teoria delle funzioni omogenee e al Teorema di Eulero. Altre ancora sono di natura algebrica o fanno uso della Teoria dei gruppi di Lie (Bluman e Kumei, 1989 [13]).

La dimostrazione più semplice e meno rigorosa del teorema viene fatta per assurdo. Supponiamo che un processo fisico dipenda da un certo numero n di grandezze e sia, quindi, esprimibile con una funzione del tipo

$$f(a_1, a_2, \ldots, a_n) = 0, \tag{1.87}$$

con $(a_1, a_2, \ldots, a_n)$ le grandezze che intervengono nel processo.

Se esiste un gruppo $(a_1, a_2, \ldots, a_k)$ di k grandezze che sono indipendenti, è possibile esprimere le grandezze residue $(a_{k+1}, a_{k+2}, \ldots, a_n)$ in funzione di $(a_1, a_2, \ldots, a_k)$, cioè delle k grandezze indipendenti. Si dice allora che $(a_1, a_2, \ldots, a_k)$ rappresentano una *base* (cfr. § 1.4.2.1, p. 25).

Per la generica grandezza che non appartenga alla base, si può indicare:

$$a_{k+i} = a_1^{\alpha_{k+i}} \cdot a_2^{\beta_{k+i}} \cdots a_k^{\delta_{k+i}}, \quad (i = 1, 2, \ldots, n-k). \tag{1.88}$$

Il processo descritto dall'equazione (1.87) può essere espresso con una nuova diversa funzione del nuovo insieme di variabili, e cioè

$$\tilde{f}\left(a_1, a_2, \ldots, a_k, \frac{a_{k+1}}{a_1^{\alpha_{k+1}} \cdot a_2^{\beta_{k+1}} \cdots a_k^{\delta_{k+1}}},\right.$$
$$\left.\frac{a_{k+2}}{a_1^{\alpha_{k+2}} \cdot a_2^{\beta_{k+2}} \cdots a_k^{\delta_{k+2}}}, \ldots, \frac{a_n}{a_1^{\alpha_n} \cdot a_2^{\beta_n} \cdots a_k^{\delta_n}}\right) = 0. \tag{1.89}$$

I monomi aventi l'espressione

$$\Pi_i = \frac{a_{k+i}}{a_1^{\alpha_{k+i}} \cdot a_2^{\beta_{k+i}} \cdots a_k^{\delta_{k+i}}}, \quad (i = 1, 2, \ldots, n-k), \tag{1.90}$$

sono adimensionali e sono indicati con il simbolo Π che, in matematica, indica l'operazione di prodotto multiplo.

Osserviamo, in particolare, che passando a un nuovo sistema di unità di misura, cambiando solo le unità e mantenendo invariate le grandezze della base (il nuovo sistema, quindi, appartiene alla stessa *classe*), i termini adimensionali non mutano il loro valore numerico, a differenza dei termini dimensionali e che rappresentano le grandezze fondamentali. In tal caso, la nuova funzione $\tilde{f}$ deve dipendere solo dai termini adimensionali e l'equazione (1.89) si riduce a:

$$\tilde{f}\left(\frac{a_{k+1}}{a_1^{\alpha_{k+1}} \cdot a_2^{\beta_{k+1}} \cdots a_k^{\delta_{k+1}}}, \frac{a_{k+2}}{a_1^{\alpha_{k+2}} \cdot a_2^{\beta_{k+2}} \cdots a_k^{\delta_{k+2}}},\right.$$
$$\left.\ldots, \frac{a_n}{a_1^{\alpha_n} \cdot a_2^{\beta_n} \cdots a_k^{\delta_n}}\right) \equiv \tilde{f}(\Pi_i) = 0, \quad (i = 1, 2, \ldots, n-k). \tag{1.91}$$

Se ciò non fosse vero, se cioè la funzione $\tilde{f}$ dipendesse da variabili dimensionali quali $(a_1, a_2, \ldots, a_k)$, al variare del sistema di unità di misura, cambierebbe la dipendenza analitica tra le grandezze, cosa evidentemente impossibile dato che il processo fisico non può dipendere dal sistema di unità di misura scelto. Questo conclude la dimostrazione per assurdo.

Una formulazione più rigorosa del teorema richiede anche la verifica dell'indipendenza e la completezza dell'insieme di gruppi adimensionali, oltre al riferimento al rango della matrice dimensionale. Secondo Van Driest, 1946 [80] è opportuno, quindi, modificare l'enunciato nella forma seguente:

Assegnato un processo fisico dipendente da n grandezze, è sempre possibile esprimerlo con una funzione di soli (n − r) gruppi adimensionali, dove il numero r rappresenta il massimo numero delle grandezze che non possono formare alcun gruppo adimensionale e che sono, pertanto, realmente indipendenti.

Si può dimostrare che il numero r rappresenta il rango della matrice dimensionale delle grandezze coinvolte, con $r \leq k$ (si definisce rango di una matrice il massimo ordine dei determinanti non nulli estratti dalla matrice stessa).

La dimostrazione di questo Teorema di Buckingham generalizzato (o di Vaschy) garantisce la completezza dell'insieme di gruppi adimensionali che si ottengono dalle variabili, una volta scelta la base:

L'insieme di gruppi adimensionali è completo se ogni gruppo adimensionale è indipendente dall'altro e ogni altro gruppo adimensionale che si ottiene dalle variabili coinvolte è un'espressione monomia dei gruppi adimensionali dell'insieme medesimo.

In definitiva, la nozione di completezza, analizzata in dettaglio nel § 1.4.2.2, p. 26, rispecchia la capacità dell'insieme di gruppi adimensionali di rappresentare compiutamente lo spazio delle variabili che compaiono nel processo fisico.

Si può dimostrare (Langhaar, 1951 [48]) che la dimensione dell'insieme completo di gruppi adimensionali è pari a $(n − r)$, con r rango della matrice dimensionale delle grandezze coinvolte.

1.4.2.1
La definizione di una base dimensionale

Per verificare se, ad esempio, 3 grandezze possano essere una base, esprimiamole in funzione di grandezze sicuramente indipendenti, quali M, L e T:

$$\begin{cases} [a_1] = M^{\alpha_1} \cdot L^{\beta_1} \cdot T^{\gamma_1} \\ [a_2] = M^{\alpha_2} \cdot L^{\beta_2} \cdot T^{\gamma_2} \\ [a_3] = M^{\alpha_3} \cdot L^{\beta_3} \cdot T^{\gamma_3} \end{cases} . \tag{1.92}$$

Passando ai logaritmi, risulta:

$$\begin{cases} \alpha_1 \cdot \ln M + \beta_1 \cdot \ln L + \gamma_1 \cdot \ln T = \ln a_1 \\ \alpha_2 \cdot \ln M + \beta_2 \cdot \ln L + \gamma_2 \cdot \ln T = \ln a_2 \\ \alpha_3 \cdot \ln M + \beta_3 \cdot \ln L + \gamma_3 \cdot \ln T = \ln a_3 \end{cases} . \tag{1.93}$$

Il sistema di equazioni ammette un'unica soluzione se, e solo se, risulta

$$\det \begin{bmatrix} \alpha_1 & \beta_1 & \gamma_1 \\ \alpha_2 & \beta_2 & \gamma_2 \\ \alpha_3 & \beta_3 & \gamma_3 \end{bmatrix} \neq 0. \tag{1.94}$$

Tale condizione assicura l'indipendenza dimensionale tra le grandezze della terna. La terna è una base se i suoi elementi sono in numero sufficiente a descrivere tutto lo spazio dimensionale. L'estensione al caso di k grandezze è immediata. In definitiva, risulta che:

Un insieme di grandezze è una base se la matrice dimensionale delle stesse, in funzione di un altro insieme di grandezze che rappresenti sicuramente una base, ha determinante non nullo. Inoltre, l'insieme di grandezze deve permettere di esprimere una qualunque grandezza dello spazio dimensionale.

Lo stesso risultato si ottiene con un approccio funzionale. Se è noto un sistema di grandezze sicuramente indipendenti, ad esempio M, L e T, ogni altra grandezza che interviene nel processo fisico è una funzione di M, L e T ed è esprimibile come:

$$\begin{cases} a_1 = f_1(M, L, T) \\ a_2 = f_2(M, L, T), \\ a_3 = f_3(M, L, T) \end{cases} \tag{1.95}$$

condizione necessaria e sufficiente affinché le 3 nuove grandezze siano indipendenti è che lo Jacobiano abbia determinante non nullo, cioè:

$$\left| \frac{\partial (a_1, a_2, a_3)}{\partial (M, L, T)} \right| = \begin{vmatrix} \dfrac{\partial a_1}{\partial M} & \dfrac{\partial a_1}{\partial L} & \dfrac{\partial a_1}{\partial T} \\ \dfrac{\partial a_2}{\partial M} & \dfrac{\partial a_2}{\partial L} & \dfrac{\partial a_2}{\partial T} \\ \dfrac{\partial a_3}{\partial M} & \dfrac{\partial a_3}{\partial L} & \dfrac{\partial a_3}{\partial T} \end{vmatrix} \neq 0. \tag{1.96}$$

1.4.2.2
La completezza dell'insieme di gruppi adimensionali

Supponiamo di avere individuato il seguente insieme di gruppi adimensionali:

$$\begin{cases} \Pi_1 = a_1^{\alpha_1} \cdot a_2^{\beta_1} \cdots a_k^{\delta_1} \\ \Pi_2 = a_1^{\alpha_2} \cdot a_2^{\beta_2} \cdots a_k^{\delta_2} \\ \cdots \\ \Pi_{n-k} = a_1^{\alpha_{n-k}} \cdot a_2^{\beta_{n-k}} \cdots a_k^{\delta_{n-k}} \end{cases}, \tag{1.97}$$

con la matrice dimensionale:

$$
\begin{array}{c|cccc}
 & a_1 & a_2 & \cdots & a_k \\
\hline
\Pi_1 & \alpha_1 & \beta_1 & \cdots & \delta_1 \\
\Pi_2 & \alpha_2 & \beta_2 & \cdots & \delta_2 \\
\cdots & \cdots & \cdots & \cdots & \cdots \\
\Pi_{n-k} & \alpha_{n-k} & \beta_{n-k} & \cdots & \delta_{n-k}
\end{array}
\qquad (1.98)
$$

La definizione di completezza dell'insieme dei gruppi adimensionali richiede che il seguente prodotto di potenze

$$
\Pi_1^{h_1} \cdot \Pi_2^{h_2} \cdots \Pi_{n-k}^{h_{n-k}} \qquad (1.99)
$$

assuma valore unitario solo per esponenti $(h_1, h_2, \ldots h_{n-k})$ tutti nulli. Difatti, se così non fosse, potremmo esprimere un gruppo adimensionale, ad esempio, il primo, in funzione degli altri,

$$
\Pi_1 = \frac{1}{\Pi_2^{h_2/h_1} \cdots \Pi_{n-k}^{h_{n-k}/h_1}} \qquad (1.100)
$$

e i gruppi adimensionali non sarebbero più indipendenti.

Dimostriamo che:

Condizione necessaria e sufficiente affinché un insieme di gruppi adimensionali sia indipendente è che le righe della matrice dimensionale (1.98) siano linearmente indipendenti.

La condizione è necessaria. Infatti, supponiamo che i gruppi siano indipendenti e che le righe siano linearmente dipendenti. Dalla definizione di dipendenza lineare, risulta che esiste un insieme di coefficienti $(h_1, h_2, \ldots h_{n-k})$ non tutti nulli, tale che

$$
\begin{cases}
h_1 \cdot \alpha_1 + h_2 \cdot \beta_1 + \ldots + h_{n-k} \cdot \delta_1 = 0 \\
h_1 \cdot \alpha_2 + h_2 \cdot \beta_2 + \ldots + h_{n-k} \cdot \delta_2 = 0 \\
\cdots \\
h_1 \cdot \alpha_{n-k} + h_2 \cdot \beta_{n-k} + \ldots + h_{n-k} \cdot \delta_{n-k} = 0
\end{cases} \qquad (1.101)
$$

e, quindi,

$$
\Pi_1^{h_1} \cdot \Pi_2^{h_2} \cdots \Pi_{n-k}^{h_{n-k}} =
$$
$$
a_1^{(h_1 \cdot \alpha_1 + h_2 \cdot \beta_1 + \ldots + h_{n-k} \cdot \delta_1)} \cdot a_2^{(h_1 \cdot \alpha_2 + h_2 \cdot \beta_2 + \ldots + h_{n-k} \cdot \delta_2)} \cdots
$$
$$
a_k^{(h_1 \cdot \alpha_{n-k} + h_2 \cdot \beta_{n-k} + \ldots + h_{n-k} \cdot \delta_{n-k})} = a_1^0 \cdot a_2^0 \cdots a_k^0 = 1, \quad (1.102)
$$

contrariamente alle ipotesi.

La condizione è anche sufficiente. Supponiamo che le righe della matrice dimensionale (1.98) siano linearmente indipendenti. Se esiste un insieme di esponenti $(h_1, h_2, \ldots h_{n-k})$ non tutti nulli, tali che

$$
\Pi_1^{h_1} \cdot \Pi_2^{h_2} \cdots \Pi_{n-k}^{h_{n-k}} = 1, \qquad (1.103)
$$

allora deve anche risultare:

$$a_1^{(h_1 \cdot \alpha_1 + h_2 \cdot \beta_1 + \dots + h_{n-k} \cdot \delta_1)} \cdot a_2^{(h_1 \cdot \alpha_2 + h_2 \cdot \beta_2 + \dots + h_{n-k} \cdot \delta_2)} \dots$$

$$a_k^{(h_1 \cdot \alpha_{n-k} + h_2 \cdot \beta_{n-k} + \dots + h_{n-k} \cdot \delta_{n-k})} = a_1^0 \cdot a_2^0 \dots a_k^0 = 1, \quad (1.104)$$

che è soddisfatta imponendo che sia soddisfatto il sistema (1.101) nelle incognite $(h_1, h_2, \dots h_{n-k})$, che ammette soluzione non banale solo se il determinante della matrice dei coefficienti è nullo, cioè se le righe sono linearmente dipendenti, contrariamente alle ipotesi.

1.4.3
Un'ulteriore dimostrazione del Teorema di Buckingham

La dimostrazione per assurdo del Teorema di Buckingham può non essere soddisfacente, ma esiste, anche, una dimostrazione più rigorosa, riportata da Duncan, 1953 [28], che richiede preliminarmente il richiamo ad alcune nozioni relative alle funzioni omogenee, riportate in Appendice A, p. 325.

Fatte salve le premesse che conducono alla formulazione del processo fisico con l'equazione (1.87), supponiamo che esistano k grandezze fondamentali (a_1, a_2, ..., a_k). Il Teorema di Buckingham stabilisce che la relazione di partenza tra le n variabili che definiscono il processo è esprimibile in funzione di $m = (n - k)$ nuove grandezze, nella forma:

$$f(\phi_1, \phi_2, \dots, \phi_m) = 0, \quad (1.105)$$

e che tali grandezze sono adimensionali e in *numero minimo* (il numero minimo ha qui un significato matematico e non contraddice il fatto che, sperimentalmente, il processo fisico possa essere descritto facendo uso di un numero di gruppi adimensionali anche minore rispetto a tale numero minimo).

Tali grandezze sono espressioni monomie delle grandezze fondamentali:

$$\phi_r = a_1^{\beta_{r1}} \cdot a_2^{\beta_{r2}} \cdots a_k^{\beta_{rk}}, \quad (r = 1, 2, \dots, m). \quad (1.106)$$

Per dimostrare che gli esponenti sono tutti nulli (e che, dunque, le grandezze sono adimensionali), modifichiamo le unità di misura delle k grandezze fondamentali in modo che le nuove unità siano pari a $(1/a_1)$ per la prima, $(1/a_2)$ per la seconda, $(1/a_k)$ per la $k-$esima. Per la prima grandezza si calcola:

$$\phi_1' = \left(\frac{1}{a_1}\right)^{\beta_{11}} \cdot \left(\frac{1}{a_2}\right)^{\beta_{12}} \cdots \left(\frac{1}{a_k}\right)^{\beta_{1k}} \cdot \phi_1 \rightarrow \phi_1 = \phi_1' \cdot a_1^{\beta_{11}} \cdot a_2^{\beta_{12}} \cdots a_k^{\beta_{1k}}.$$

$$(1.107)$$

Risultati simili si ottengono per le restanti grandezze coinvolte. L'equazione (1.105) si modifica come

$$f\left(\phi_1' \cdot a_1^{\beta_{11}} \cdots a_k^{\beta_{1k}}, \phi_2' \cdot a_1^{\beta_{21}} \cdots a_k^{\beta_{2k}}, \dots, \phi_m' \cdot a_1^{\beta_{m1}} \cdots a_k^{\beta_{mk}}\right) = 0. \quad (1.108)$$

Tale equazione deve essere valida per qualunque valore numerico assunto da $(a_1, a_2, \ldots, a_k)$.

Se differenziamo l'equazione (1.108) rispetto a a_1, risulta

$$\beta_{11} \cdot \phi_1' \cdot a_1^{\beta_{11}-1} \cdot a_2^{\beta_{12}} \cdots a_k^{\beta_{1k}} \cdot \frac{\partial f}{\partial \phi_1}$$

$$+ \beta_{21} \cdot \phi_2' \cdot a_1^{\beta_{21}-1} \cdot a_2^{\beta_{22}} \cdots a_k^{\beta_{2k}} \cdot \frac{\partial f}{\partial \phi_2} + \ldots$$

$$+ \beta_{m1} \cdot \phi_m' \cdot a_1^{\beta_{m1}-1} \cdot a_2^{\beta_{m2}} \cdots a_k^{\beta_{mk}} \cdot \frac{\partial f}{\partial \phi_m} = 0, \quad (1.109)$$

che si può scrivere anche nella forma

$$\beta_{11} \cdot \frac{\phi_1}{a_1} \cdot \frac{\partial f}{\partial \phi_1} + \beta_{21} \cdot \frac{\phi_2}{a_1} \cdot \frac{\partial f}{\partial \phi_2} + \ldots + \beta_{m1} \cdot \frac{\phi_m}{a_1} \cdot \frac{\partial f}{\partial \phi_m} = 0. \quad (1.110)$$

Ponendo uguale all'unità a_1, l'equazione (1.110) diventa

$$\beta_{11} \cdot \phi_1 \cdot \frac{\partial f}{\partial \phi_1} + \beta_{21} \cdot \phi_2 \cdot \frac{\partial f}{\partial \phi_2} + \ldots + \beta_{m1} \cdot \phi_m \cdot \frac{\partial f}{\partial \phi_m} = 0. \quad (1.111)$$

Introducendo le nuove variabili

$$\psi_1 = \phi_1^{\frac{1}{\beta_{11}}}, \ \psi_2 = \phi_2^{\frac{1}{\beta_{21}}}, \ \ldots, \ \psi_m = \phi_m^{\frac{1}{\beta_{m1}}}, \quad (1.112)$$

l'equazione diventa

$$\psi_1 \cdot \frac{\partial f}{\partial \psi_1} + \psi_2 \cdot \frac{\partial f}{\partial \psi_2} + \ldots + \psi_m \cdot \frac{\partial f}{\partial \psi_m} = 0 \quad (1.113)$$

che, in conseguenza del Teorema di Eulero (cfr. Appendice A, p. 325), ha per soluzione una funzione omogenea $f(\psi_1, \psi_2, \ldots, \psi_m)$.

Per una delle proprietà delle funzioni omogenee (cfr. Appendice A, p. 325), l'equazione $f(\psi_1, \psi_2, \ldots, \psi_m) = 0$ è equivalente a una relazione tra sole $(m-1)$ variabili, ma ciò contraddice l'ipotesi che m fosse il minimo numero di variabili. Pertanto, è necessario che tutti i coefficienti siano nulli e, quindi, le variabili $(\phi_1, \phi_2, \ldots, \phi_m)$ sono adimensionali.

Esempio 1.4. Sia assegnato un processo fisico esprimibile con l'equazione tipica

$$f(U, l, F, \rho, \mu, g) = 0, \quad (1.114)$$

dove U è la velocità, l è la lunghezza, F è la forza, ρ è la densità di massa, μ è la viscosità dinamica e g è l'accelerazione di gravità. La matrice dimensionale (avendo scelto M, L e T quali grandezze fondamentali) è

	U	l	F	ρ	μ	g
M	0	0	1	1	1	0
L	1	1	1	-3	-1	1
T	-1	0	-2	0	-1	-2

$$(1.115)$$

e ha rango pari a 3. Infatti, la matrice quadrata estratta

$$
\begin{array}{c|ccc}
 & \rho & \mu & g \\
\hline
M & 1 & 1 & 0 \\
L & -3 & -1 & 1 \\
T & 0 & -1 & -2
\end{array}
\tag{1.116}
$$

ha determinante non nullo ed è, inoltre, la matrice quadrata estraibile di dimensione massima.

Sulla base del Teorema di Buckingham, è possibile esprimere il processo fisico in funzione di $(6 - 3) = 3$ gruppi adimensionali.

Si noti che il Teorema di Buckingham non fornisce alcuna indicazione sulla forma della funzione $\widetilde{f}$ o sulla struttura dei gruppi adimensionali, dato che il prodotto di due o più gruppi adimensionali, o la potenza di un gruppo adimensionale, è ancora adimensionale. Le indicazioni possono, invece, provenire dall'indagine sperimentale accompagnata da un'attenta elaborazione dei risultati, oppure da alcune proprietà di simmetria del processo (cfr. Capitolo 3, p. 69).

È comunque consigliabile e opportuno che l'indagine sperimentale sia preceduta da un'analisi teorica, per l'individuazione di quei gruppi adimensionali che, alla luce di esperimenti mirati, potrebbero assumere dignità di gruppi rappresentativi del processo fisico.

Per facilitare la scelta di raggruppamenti con un significato fisico, secondo alcuni autori (ad esempio Woisin, 1992 [87]) sarebbe necessario e opportuno distinguere tra *variabili in ingresso o governanti*, che controllano un dato processo fisico e *variabili di risposta o governate*, che rappresentano la risposta del processo fisico all'azione delle variabili governanti; si tratta delle variabili in ingresso e in uscita ben note a chi studia l'analisi dei sistemi. In tal senso, la relazione funzionale di partenza dovrebbe essere non omogenea ed esplicitare le variabili di risposta in funzione delle variabili governanti.

Quindi, anziché scrivere

$$
f(a_1, a_2, \ldots, a_n) = 0,
\tag{1.117}
$$

sarebbe opportuno scrivere

$$
a_1 = \widetilde{f}(a_2, \ldots, a_n),
\tag{1.118}
$$

assumendo che a_1 sia la variabile di risposta del sistema.

Si tratta di argomentazioni fondate e logiche che, tuttavia, sono di limitato ausilio a priori (quando, cioè, si sta procedendo a individuare preliminarmente le variabili coinvolte in un dato processo fisico) e diventano logiche a posteriori (dopo avere eventualmente completato le necessarie sperimentazioni).

Altri autori suggeriscono che le variabili governanti debbano essere selezionate tra quelle il cui valore possa essere più facilmente modificato in laboratorio (in genere, le variabili rappresentative di grandezze estensive). Infatti, sebbene, in linea di principio, l'Analisi Dimensionale non richieda un'attività sperimentale di supporto, in pratica, essa trae spesso da quest'ultima forza e importanza applicativa, tale che un'opportuna scelta delle variabili governanti può risultare in una maggiore semplicità nella programmazione e nell'esecuzione degli esperimenti.

È ancora la sperimentazione che suggerisce la trascurabilità di alcuni gruppi adimensionali o di alcuni parametri ritenuti significativi nell'analisi preliminare, ovvero il maggior significato di combinazioni monomie di alcune delle variabili coinvolte, anziché delle singole variabili. Così, ad esempio, in molti processi fisici, la viscosità dinamica μ e la densità di massa ρ intervengono con il loro rapporto $\mu/\rho = \nu$, cioè la viscosità cinematica. Ciò porta a una riduzione del numero delle variabili e, conseguentemente, del numero di gruppi adimensionali. In tal senso, il Teorema di Buckingham indica il massimo numero di gruppi adimensionali (e parametri adimensionali) necessari per descrivere un dato processo, non il numero minimo.

Il grande vantaggio derivante dall'applicazione del Teorema di Buckingham consiste, quindi, nella riduzione delle dimensioni del dominio della funzione incognita, con una conseguente riduzione del numero di prove sperimentali da eseguire.

Esempio 1.5. Dimostriamo il Teorema di Pitagora utilizzando i criteri dell'Analisi Dimensionale (Barenblatt, 2003 [7]).

Osserviamo la Figura 1.3. L'area A_c della superficie del triangolo più grande dipende dalla lunghezza della diagonale e dall'angolo θ. L'equazione tipica è

$$A_c = f(\theta, c). \tag{1.119}$$

Il problema è esclusivamente geometrico: l'angolo è già una grandezza adimensionale e, quale grandezza fondamentale, possiamo assumere proprio la lunghezza dell'ipotenusa c e, dunque, possiamo scrivere l'espressione:

$$\frac{A_c}{c^2} = \widetilde{f}(\theta). \tag{1.120}$$

Analogamente, per i due triangoli contenuti nel triangolo rettangolo più grande, possiamo scrivere:

$$\frac{A_a}{a^2} = \widetilde{f}(\theta), \tag{1.121}$$

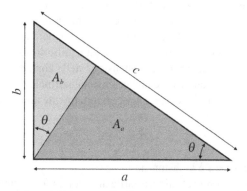

Figura 1.3   La dimostrazione del Teorema di Pitagora tramite l'Analisi Dimensionale

$$\frac{A_b}{b^2} = \widetilde{f}(\theta).$$
(1.122)

Nelle ultime tre equazioni indicate, la funzione $\widetilde{f}$ è la stessa, dato che i triangoli sono simili. Pertanto, risulta:

$$A_c = A_a + A_b \rightarrow c^2 \cdot \widetilde{f}(\theta) = a^2 \cdot \widetilde{f}(\theta) + b^2 \cdot \widetilde{f}(\theta)$$
(1.123)

e, eliminando la funzione $\widetilde{f}$ (ovvero, ponendola uguale all'unità), si ottiene l'espressione del Teorema di Pitagora:

$$c^2 = a^2 + b^2.$$
(1.124)

Nelle relazioni precedenti è implicita l'assunzione di una geometria Euclidea. Se invece si opera, ad esempio, in una geometria di Riemann o di Lobachevskii, è necessario introdurre un ulteriore parametro λ avente le dimensioni di una lunghezza. In tal caso, risulta:

$$A_c = c^2 \cdot \widetilde{f}\left(\theta, \frac{\lambda}{c}\right), \ A_a = a^2 \cdot \widetilde{f}\left(\theta, \frac{\lambda}{a}\right), \ A_b = b^2 \cdot \widetilde{f}\left(\theta, \frac{\lambda}{b}\right)$$
(1.125)

e non è più possibile eliminare la funzione $\widetilde{f}$, che ha una struttura identica in tutti i contributi ma con un differente valore di uno dei due argomenti.

Si noti che il Teorema di Pitagora si applica non solo per i quadrati, ma anche per tutti i poligoni simili che si possono costruire sui tre lati. Ad esempio, si dimostra facilmente che la somma delle aree dei triangoli equilateri costruiti sui due cateti è pari all'area del triangolo equilatero costruito sull'ipotenusa:

$$a^2 \frac{\sqrt{3}}{4} + b^2 \frac{\sqrt{3}}{4} = c^2 \frac{\sqrt{3}}{4}.$$
(1.126)

Ciò equivale a imporre che la funzione $\widetilde{f}$ assuma valore non unitario e dipendente dalla geometria dei poligoni simili costruiti sui lati del triangolo rettangolo.

Esempio 1.6. Facendo uso dei criteri dell'Analisi Dimensionale, si voglia derivare la relazione tra il diametro di una frattura conica in un materiale fragile e il carico applicato (Barenblatt, 2003 [7]). La frattura conica generata da un punzone in un materiale fragile (Fig. 1.4) è in una condizione di equilibrio variabile, nel senso che un incremento del carico comporta un'estensione della zona di frattura.

Dalla teoria dell'elasticità è noto che la tensione normale in un mezzo elastico al di sotto di un punto di carico decresce proporzionalmente alla radice quadrata della distanza:

$$\sigma \propto \frac{N}{\sqrt{s}},$$
(1.127)

dove N è una costante e s è la distanza.

Nell'ipotesi che il campo elastico, a parità di condizioni di carico, sia indipendente dalla natura del materiale, risulta che il fattore di intensità N della tensione normale

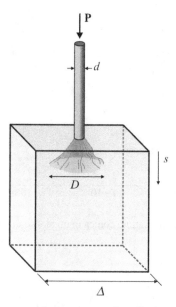

Figura 1.4 Frattura conica generata da un punzone che sollecita un blocco di materiale fragile

dipende esclusivamente dalle caratteristiche del materiale:

$$N = \frac{K}{\pi},$$ (1.128)

dove K prende il nome di *coefficiente di resistenza alla frattura*.

Nel caso più generale, il diametro D della base del cono di frattura dipende dal carico P, dal coefficiente di resistenza alla frattura K, dal modulo di Poisson v, dalla dimensione del provino Δ e dal diametro del punzone d, cioè:

$$D = f(P, K, v, \Delta, d).$$ (1.129)

Se il provino è di dimensioni molto maggiori del diametro D e se il diametro del punzone è molto più piccolo di D, risulta:

$$D = f(P, K, v),$$ (1.130)

dove P e K sono indipendenti. La matrice dimensionale è

	D	P	K	v
F	0	1	1	0
L	1	0	$-3/2$	0

(1.131)

e ha rango 2. Applicando il metodo di Rayleigh, si può scrivere:

$$\frac{D}{P^{2/3} \cdot K^{-2/3}} = \Phi(v),$$ (1.132)

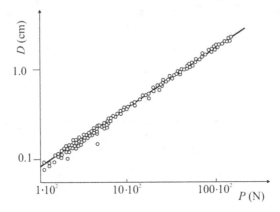

Figura 1.5 Propagazione di una frattura conica in un blocco di cristallo di silicio (modificata da Benbow, 1960 [10])

cioè

$$D = \left(\frac{P}{K}\right)^{2/3} \cdot \Phi(v). \qquad (1.133)$$

Numerose verifiche sperimentali (Fig. 1.5) hanno convalidato questo risultato.

Esempio 1.7. Facendo uso dei criteri dell'Analisi Dimensionale, si voglia determinare l'evoluzione del fronte d'onda di *shock* generato da un'esplosione.

L'analisi rigorosa del processo fisico coinvolge le classiche equazioni di conservazione della massa, di bilancio della quantità di moto e di bilancio dell'energia. Inoltre, è necessario indicare la condizione iniziale e le condizioni al contorno, in corrispondenza del fronte d'onda. Proprio tali condizioni al contorno, un'istante dopo l'esplosione, sono causa dell'elevata complessità analitica del fenomeno: velocità, densità e pressione sono essenzialmente incognite e, dunque, non possono essere prescritte.

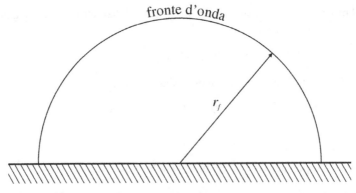

Figura 1.6 Schema per l'analisi dell'onda di *shock* generata da un'esplosione in aria in quiete

Un brillante approccio alla soluzione del problema fu sviluppato da Taylor, 1950 [74], il quale assunse che l'esplosione fosse assimilabile a un rilascio istantaneo di energia da una sorgente idealmente puntiforme, di raggio r_0 nullo. Ciò implica che le condizioni iniziali relative a densità, velocità e pressione, nel dominio $r < r_0$ diventino inessenziali. Taylor restrinse inoltre l'analisi a uno stadio nel quale la pressione, in corrispondenza del fronte d'onda, è molto maggiore della pressione ambiente p_0; ciò implica che la pressione p_0 scompaia sia dalle condizioni iniziali che dalle condizioni al contorno.

Il processo di espansione è esprimibile con l'equazione tipica:

$$r_f = f(E, t, \rho_0, \gamma), \tag{1.134}$$

dove r_f è il raggio del fronte d'onda, E è l'energia iniziale dell'esplosione, t è il tempo, ρ_0 è la densità di massa iniziale, γ è l'esponente della trasformazione, assunta adiabatica.

La matrice dimensionale è

$$\begin{array}{c|ccccc} & r_f & E & t & \rho_0 & \gamma \\ \hline M & 0 & 1 & 0 & 1 & 0 \\ L & 1 & 2 & 0 & -3 & 0 \\ T & 0 & -2 & 1 & 0 & 0 \end{array} \tag{1.135}$$

e ha rango 3. Se scegliamo E, t e ρ_0 come grandezze fondamentali (si può dimostrare che sono indipendenti), applicando il Teorema di Buckingham, si dimostra facilmente che esistono 2 gruppi adimensionali, uno dei quali è l'esponente della trasformazione adiabatica che è già un numero puro. L'altro possibile gruppo adimensionale è

$$\frac{r_f \cdot \rho_0^{1/5}}{E^{1/5} \cdot t^{2/5}} \tag{1.136}$$

e l'equazione tipica diventa

$$\tilde{f}\left(\frac{r_f \cdot \rho_0^{1/5}}{E^{1/5} \cdot t^{2/5}}, \gamma\right) = 0. \tag{1.137}$$

Quindi, è possibile scrivere

$$r_f = \Phi(\gamma) \cdot \left(\frac{E \cdot t^2}{\rho_0}\right)^{1/5}. \tag{1.138}$$

In scala logaritmica, risulta:

$$\frac{5}{2}\ln r_f = \ln t + \frac{5}{2}\ln \Phi(\gamma) + \frac{1}{2}\ln\left(\frac{E}{\rho_0}\right). \tag{1.139}$$

La validità delle ipotesi e i risultati teorici di Taylor sono stati ampiamente dimostrati sperimentalmente. Si noti che l'aver trascurato r_0 e p_0, cioè il raggio iniziale e la pressione iniziale, ha permesso di ottenere una relazione estremamente semplice e facilmente verificabile. Espressioni simili si possono calcolare anche per la pressione, la densità di massa e la velocità, in corrispondenza del fronte d'onda.

Se si vuole indagare, ad esempio, sulla distribuzione spaziale della pressione all'interno del fronte d'onda, è ipotizzabile una simmetria sferica e si può introdurre quale ulteriore variabile la distanza r dal centro dell'esplosione. In tal caso, si ottengono delle relazioni a struttura ripetuta della forma:

$$\rho = \rho_f \cdot f_r \left(\frac{r}{r_f}, \gamma \right). \tag{1.140}$$

Il fenomeno gode della proprietà dell'autosomiglianza (*self-similarity*) e il rapporto ρ/ρ_f non dipende dal tempo, ma solo dalla distanza adimensionale r/r_f e da γ. Tuttavia, è questo un caso fortuito di autosomiglianza e, quindi, assolutamente non generalizzabile.

Esempio 1.8. Si vogliano studiare i modi propri oscillanti di una stella (Rayleigh, 1915 [65]).

Una stella è schematizzabile come un corpo fluido che può oscillare, assumendo anche forme simmetriche rispetto a un asse. Alcuni dei modi oscillanti sono visibili in Figura 1.7. La viscosità, se non è molto elevata, non influenza significativamente i modi oscillanti e sarà trascurata. Si assuma, inoltre, che la densità di massa sia costante e omogenea e che la frequenza di un modo naturale di oscillazione n dipenda solo dal diametro D, dalla densità di massa ρ e dalla costante gravitazionale k:

$$n = f(D, \rho, k). \tag{1.141}$$

La matrice dimensionale è

$$
\begin{array}{c|cccc}
 & n & D & \rho & k \\
\hline
M & 0 & 0 & 1 & -1 \\
L & 0 & 1 & -3 & 3 \\
T & -1 & 0 & 0 & -2 \\
\end{array}
\tag{1.142}
$$

e ha rango 3. Se, quali grandezze fondamentali, si scelgono D, ρ e k, si dimostra che sono effettivamente indipendenti ma D è dimensionalmente irrilevante (cfr. § 3.2, p. 74), poiché la sua eliminazione comporta la riduzione del rango della matrice dimensionale da 3 a 2. La frequenza può esprimersi in funzione solo di ρ e di k, e cioè:

$$\tilde{f} \left(\frac{n^2}{k \cdot \rho} \right) = 0, \tag{1.143}$$

ovvero

$$n = C_1 \cdot \sqrt{k \cdot \rho}, \tag{1.144}$$

dove C_1 è un coefficiente adimensionale.

Figura 1.7 Tre modi oscillanti di una stella

Esempio 1.9. Si voglia studiare la portata volumetrica Q di una pompa centrifuga (Fig. 1.8), assumendo che dipenda dalla densità di massa del fluido ρ, dalla velocità di rotazione angolare n e dal diametro D della girante, dalla pressione p e dalla viscosità dinamica del fluido μ:

$$Q = f(\rho, n, D, p, \mu). \tag{1.145}$$

Delle 6 variabili, 3 sono indipendenti e possono essere scelte quali fondamentali. Difatti, la seguente matrice dimensionale, espressa in funzione di 3 grandezze sicuramente indipendenti, quali massa, lunghezza e tempo:

$$\begin{array}{c|cccccc} & Q & \rho & n & D & p & \mu \\ \hline M & 0 & 1 & 0 & 0 & 1 & 1 \\ L & 3 & -3 & 0 & 1 & -1 & -1 \\ T & -1 & 0 & -1 & 0 & -2 & -1 \end{array} \tag{1.146}$$

ha rango 3. Ad esempio, ρ, n e D sono 3 grandezze sicuramente indipendenti e la funzione può essere riscritta nei termini di 3 gruppi adimensionali. Questi gruppi si ottengono risolvendo le 3 equazioni dimensionali:

$$\begin{cases} Q = \rho^{\alpha_Q} \cdot n^{\beta_Q} \cdot D^{\gamma_Q} \\ p = \rho^{\alpha_p} \cdot n^{\beta_p} \cdot D^{\gamma_p} \\ \mu = \rho^{\alpha_\mu} \cdot n^{\beta_\mu} \cdot D^{\gamma_\mu} \end{cases} \longrightarrow \begin{cases} L^3 \cdot T^{-1} = M^{\alpha_Q} \cdot L^{-3\alpha_Q} \cdot T^{-\beta_Q} \cdot L^{\gamma_Q} \\ M \cdot L^{-1} \cdot T^{-2} = M^{\alpha_p} \cdot L^{-3\alpha_p} \cdot T^{-\beta_p} \cdot L^{\gamma_p} \\ M \cdot L^{-1} \cdot T^{-1} = M^{\alpha_\mu} \cdot L^{-3\alpha_\mu} \cdot T^{-\beta_\mu} \cdot L^{\gamma_\mu} \end{cases}.$$
$$\tag{1.147}$$

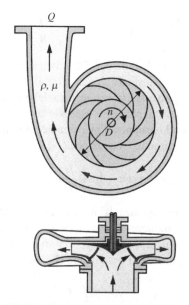

Figura 1.8 Schema e variabili di interesse per l'analisi della portata di una pompa centrifuga

Eguagliando gli esponenti della stessa grandezza, per la prima equazione si ottiene il seguente sistema di equazioni lineari:

$$\begin{cases} 0 = \alpha_Q \\ -1 = -\beta_Q \\ 3 = -3\,\alpha_Q + \gamma_Q \end{cases} \longrightarrow \begin{cases} \alpha_Q = 0 \\ \beta_Q = 1 \\ \gamma_Q = 3 \end{cases}. \tag{1.148}$$

Quindi, il primo gruppo adimensionale è

$$\frac{Q}{n \cdot D^3}. \tag{1.149}$$

Analogamente, per la seconda e la terza equazione, si calcola:

$$\begin{cases} 1 = \alpha_p \\ -2 = -\beta_p \\ -1 = -3\,\alpha_p + \gamma_p \end{cases} \longrightarrow \begin{cases} \alpha_p = 1 \\ \beta_p = 2 \\ \gamma_p = 2 \end{cases} \tag{1.150}$$

$$\begin{cases} 1 = \alpha_\mu \\ -1 = -\beta_\mu \\ -1 = -3\,\alpha_\mu + \gamma_\mu \end{cases} \longrightarrow \begin{cases} \alpha_\mu = 1 \\ \beta_\mu = 1 \\ \gamma_\mu = 2 \end{cases} \tag{1.151}$$

e gli altri 2 gruppi adimensionali sono:

$$\frac{p}{\rho \cdot n^2 \cdot D^2}, \quad \frac{\mu}{\rho \cdot n \cdot D^2}. \tag{1.152}$$

Il processo fisico può essere descritto con la nuova funzione

$$\frac{Q}{n \cdot D^3} = \widetilde{f}\left(\frac{p}{\rho \cdot n^2 \cdot D^2}, \frac{\mu}{\rho \cdot n \cdot D^2} \right). \tag{1.153}$$

È possibile dimostrare che la funzione $\widetilde{f}$ è univoca.

Talvolta, è vantaggioso trasformare alcune variabili attribuendo loro un significato fisico maggiormente legato alla natura specifica del problema. Nel caso in esame, la pressione può essere convenientemente espressa come $\rho \cdot g \cdot H$, indicando con H il carico specifico. Il secondo gruppo adimensionale, argomento della funzione, è il numero di Reynolds della girante. L'equazione (1.153) può scriversi come:

$$Q = n \cdot D^3 \widetilde{f}_1 \left(\frac{g \cdot H}{n^2 \cdot D^2}, \text{Re} \right). \tag{1.154}$$

Sperimentalmente, la dipendenza dal numero di Reynolds viene meno in condizioni di moto puramente turbolento (tale comportamento prende il nome di *indipendenza asintotica della turbolenza*, ed è tipico di tutti i campi di moto turbolento, sia interni che esterni). Ciò giustifica l'assunzione che, per Re $\rightarrow \infty$, la dipendenza sia del seguente tipo:

$$Q = n \cdot D^3 \cdot \widetilde{f}_2 \left(\frac{g \cdot H}{n^2 \cdot D^2} \right). \tag{1.155}$$

Per certi versi, il metodo di Buckingham, rispetto al metodo di Rayleigh, porta a una formulazione ancora più generale della struttura delle equazioni fisiche. Il metodo di Buckingham, infatti, non pone alcun vincolo sulla struttura della funzione, mentre il metodo di Rayleigh conduce almeno a una struttura binomia omogenea della funzione, anche se, come abbiamo visto, lo stesso Rayleigh ha suggerito il superamento formale di questa limitazione.

1.4.4
Un corollario del Teorema di Buckingham

Supponiamo che, in un dato processo fisico, reale o sperimentale, alcune variabili assumano un valore costante. Ci poniamo il problema di stabilire se tale evenienza permetta una riduzione del numero di gruppi adimensionali. Si può dimostrare che:

Data una relazione funzionale tra n grandezze, k delle quali sono indipendenti, se n_f grandezze assumono valore di fatto costante (per ipotesi o perché tali risultano nell'insieme di dati analizzati), indicato con k_f il numero delle grandezze costanti indipendenti (pari al rango della loro matrice dimensionale), è possibile esprimere il processo in funzione di $(n-k) - (n_f - k_f)$ gruppi adimensionali (Sonin, 2004 [71]).

Sia assegnato un processo fisico espresso dall'equazione tipica

$$f(a_1, a_2, \ldots, a_n) = 0, \qquad (1.156)$$

e siano $n_f < n$ le variabili, indicate con $(b_1, b_2, \ldots, b_{n_f})$, che assumono valore costante. Per metterle in evidenza, riscriviamo l'equazione tipica come:

$$f\left(a_1, a_2, \ldots, a_{n-n_f}, b_1, b_2, \ldots, b_{n_f}\right) = 0. \qquad (1.157)$$

Se k_f delle n_f variabili sono indipendenti, allora è possibile esprimere $(n_f - k_f)$ variabili dimensionali in forma adimensionale,

$$f\left(a_1, a_2, \ldots, a_{n-n_f}, \underbrace{b_1, b_2, \ldots, b_{k_f}}_{k_f}, \underbrace{\tilde{b}_{k_f+1}, \tilde{b}_{k_f+2}, \ldots, \tilde{b}_{n_f}}_{n_f-k_f}\right) = 0, \qquad (1.158)$$

dove il simbolo $\sim$ indica il valore adimensionale. Poiché $(\tilde{b}_{k_f+1}, \tilde{b}_{k_f+2}, \ldots, \tilde{b}_{n_f})$ sono costanti adimensionali per ipotesi, il processo può essere riscritto in funzione di solo $(n - n_f + k_f)$ variabili,

$$f_1\left(a_1, a_2, \ldots, a_{n-n_f}, b_1, b_2, \ldots, b_{k_f}\right) = 0. \qquad (1.159)$$

Il rango della matrice dimensionale è sempre pari a k e, applicando il Teorema di Buckingham, è possibile ricondurre l'insieme di variabili a $(n-k) - (n_f - k_f)$ gruppi adimensionali, come volevasi dimostrare.

Il minimo numero di variabili che, assumendo valore costante, possano far sperare in una riduzione del numero di gruppi adimensionali, è pari a 2, ed è improprio eliminare un gruppo adimensionale solo perché contiene una grandezza costante. La riduzione del numero di gruppi adimensionali richiede, talvolta, la riformulazione dei gruppi. Questo è un limite importante, dato che la scelta dei gruppi adimensionali viene possibilmente fatta in modo da attribuire loro un significato fisico, che potrebbe venir meno nei nuovi gruppi adimensionali.

La dimostrazione sarà più facilmente comprensibile se corredata da alcuni esempi.

Esempio 1.10. Consideriamo un cavo di lunghezza l e diametro d trascinato da una motobarca in movimento con velocità U (Fig. 1.9). La resistenza all'avanzamento F dipende, oltre che da l, d e U, dalla densità di massa dell'acqua ρ e dalla viscosità dinamica μ, ovvero

$$F = f(\rho, \mu, U, l, d).\qquad(1.160)$$

La matrice dimensionale delle 6 variabili

$$
\begin{array}{c|cccccc}
 & F & \rho & \mu & U & l & d \\
\hline
M & 1 & 1 & 1 & 0 & 0 & 0 \\
L & 1 & -3 & -1 & 1 & 1 & 1 \\
T & -2 & 0 & -1 & -1 & 0 & 0 \\
\end{array}
\qquad(1.161)
$$

ha rango 3. Sulla base del Teorema di Buckingham, il processo fisico è esprimibile in funzione di $(6-3) = 3$ gruppi adimensionali, ad esempio, come

$$\frac{F}{\rho \cdot U^2 \cdot l^2} = \widetilde{f}\left(\text{Re}, \frac{l}{d}\right).\qquad(1.162)$$

Supponiamo che la densità di massa del liquido e la viscosità dinamica siano costanti e pari ai valori che competono all'acqua di mare. Le 2 variabili ρ e μ sono

Figura 1.9 Resistenza all'avanzamento di un cavo trainato in acqua da una motobarca

linearmente indipendenti, dato che la loro matrice dimensionale

$$
\begin{array}{c|cc}
 & \rho & \mu \\
\hline
M & 1 & 1 \\
L & -3 & -1 \\
T & 0 & -1
\end{array}
\tag{1.163}
$$

ha rango 3 e, quindi, $n_f = k_f = 2$. Ciò significa che il numero massimo di gruppi adimensionali che descrive il processo fisico, pari a $(6-3)-(2-2)=3$, non cambia anche se ρ e μ hanno valore costante.

Infatti, non è possibile scrivere nessun gruppo adimensionale che contenga solo ρ e μ e che, quindi, assuma valore costante e tale da potersi eliminare dall'equazione tipica.

Esempio 1.11. Consideriamo il processo di trasferimento di calore da una sfera di raggio R verso un ambiente fluido infinitamente esteso, a pressione e temperatura uniformi, nel campo della gravità, con l'equazione tipica

$$
Q = f(R, \Delta\theta, g, \rho, v, c_p, \alpha, \beta),
\tag{1.164}
$$

dove Q è il flusso termico, $\Delta\theta$ è la differenza di temperatura tra sfera e ambiente fluido, g è l'accelerazione di gravità, ρ è la densità di massa del fluido, v è la viscosità cinematica del fluido, c_p è il calore specifico a pressione costante, α è la diffusività termica, β è il coefficiente di espansione termica. Le ultime 5 variabili sono proprietà del fluido. Delle 9 variabili, 4 sono linearmente indipendenti e il processo fisico può essere descritto in funzione di $(9-4)=5$ gruppi adimensionali, ad esempio:

$$
\frac{Q}{\rho \cdot c_p \cdot \alpha \cdot \Delta\theta \cdot R} = \widetilde{f}\left(\frac{\beta \cdot \Delta\theta \cdot g \cdot R^3}{v^2}, \beta \cdot \Delta\theta, \frac{v}{\alpha}, \frac{c_p \cdot \Delta\theta}{g \cdot R}\right).
\tag{1.165}
$$

Se siamo interessati alla stima del flusso termico in funzione del raggio della sfera e della differenza di temperatura, per uno stesso fluido e a parità di accelerazione di gravità, $n_f = 6$ grandezze hanno valore costante; queste grandezze sono l'accelerazione di gravità e le 5 proprietà del fluido. Per stabilire il minimo numero di gruppi adimensionali, calcoliamo k_f.

Il rango della matrice delle n_f grandezze che assumono valore costante

$$
\begin{array}{c|cccccc}
 & g & \rho & v & c_p & \alpha & \beta \\
\hline
M & 0 & 1 & 0 & 0 & 0 & 0 \\
L & 1 & -3 & 2 & 2 & 2 & 0 \\
T & -2 & 0 & -1 & -2 & -1 & 0 \\
\Theta & 0 & 0 & 0 & -1 & 0 & -1
\end{array}
\tag{1.166}
$$

è pari a 4. Quindi, possiamo descrivere il processo fisico in funzione di $(9-4)-(6-4)=3$ gruppi adimensionali.

Infatti, se scegliamo le k_f grandezze come fondamentali, il processo fisico può essere descritto in funzione di 5 gruppi adimensionali,

$$
\frac{Q}{\rho \cdot c_p \cdot \alpha \cdot \Delta\theta \cdot R} = \widetilde{f}\left(\frac{g \cdot R^3}{v^2}, \beta \cdot \Delta\theta, \frac{v}{\alpha}, \frac{c_p}{\beta \cdot (v \cdot g)^{2/3}}\right).
\tag{1.167}
$$

Gli ultimi 2 gruppi sono, evidentemente, costanti: pertanto, possono essere esclusi dall'equazione tipica, che si semplifica come

$$\frac{Q}{\rho \cdot c_p \cdot \alpha \cdot \Delta\theta \cdot R} = \widetilde{f}\left(\frac{g \cdot R^3}{v^2}, \beta \cdot \Delta\theta\right). \tag{1.168}$$

Risulta sempre possibile comporre $(n_f - k_f)$ gruppi adimensionali nei quali compaiono solo le grandezze che assumono valore costante e che, dunque, possono essere eliminati dalla relazione funzionale.

1.4.5
Il criterio della proporzionalità lineare

Un'utile indicazione sulla selezione dei gruppi adimensionali più appropriati può ottenersi applicando un criterio proposto da Barr, 1969 [8]. Non è un nuovo metodo rispetto a quelli già esposti, ma piuttosto una variante, in particolare, del metodo di Buckingham, rispetto al quale, anziché eseguire una trasformazione delle grandezze in modo da riorganizzarle in un numero minore di gruppi adimensionali, esegue una trasformazione per riorganizzarle in un numero minore di monomi aventi le dimensioni di una lunghezza.

Dalla riorganizzazione, in termini di lunghezze, deriva la definizione di proporzionalità *lineare*.

Inizialmente, la proporzionalità era stata sviluppata da Barr in termini di velocità, ma le applicazioni successive rivelarono una complicazione eccessiva a fronte dei vantaggi. La scelta della lunghezza, quale dimensione di omogeneizzazione, non è da privilegiare rispetto alla scelta di una qualunque altra grandezza.

Un termine ottenuto combinando 2 o più grandezze e avente la dimensione di una lunghezza è definito una *proporzionalità lineare*. Ad esempio, U^2/g è una proporzionalità lineare. Quando il termine contiene una sola grandezza con dimensione della massa non nulla, è necessario includere nella proporzionalità anche la densità di massa. Infatti, la presenza di 2 o più grandezze contenenti la massa, permette di combinarle in modo da ottenere un monomio nel quale la massa non compaia.

Poiché la relazione funzionale iniziale è trasformata in monomi omogenei aventi la dimensione di una lunghezza, tutte le grandezze iniziali, che già hanno la dimensione di una lunghezza, vengono semplicemente aggiunte nella formulazione, come si fa per i termini già adimensionali nell'applicazione del metodo di Buckingham.

Ad esempio, consideriamo un fluido in movimento con velocità U variabile governata,

$$U = f(g, v, l), \tag{1.169}$$

dove g è l'accelerazione di gravità, v è la viscosità cinematica e l è una scala geometrica. È possibile individuare le proporzionalità lineari per ogni termine, escludendo

l, combinando U con g, U con v e g con v:

$$\Phi\left(\underbrace{\frac{U^2}{g}, \frac{v}{U}, \frac{v^{2/3}}{g^{1/3}}}, l\right) = 0. \tag{1.170}$$

combinazione di 2
tra i 3 monomi

La matrice dimensionale ha rango 2 (il problema è puramente cinematico) e, in virtù del Teorema di Buckingham, ci aspettiamo non più di 2 gruppi adimensionali, che si otterranno dividendo la combinazione di monomi per la lunghezza l. Quindi, delle 3 proporzionalità lineari dovremo sceglierne solo 2. Le possibili combinazioni sono 3, cioè

$$\Phi_1\left(\frac{U^2}{g}, \frac{v}{U}, l\right) = 0$$

$$\Phi_2\left(\frac{U^2}{g}, \frac{v^{2/3}}{g^{1/3}}, l\right) = 0 \tag{1.171}$$

$$\Phi_3\left(\frac{v}{U}, \frac{v^{2/3}}{g^{1/3}}, l\right) = 0,$$

che originano 3 possibili combinazioni di gruppi adimensionali:

$$\Phi_1'\left(\frac{U^2}{g \cdot l}, \frac{v}{U \cdot l}\right) = 0$$

$$\Phi_2'\left(\frac{U^2}{g \cdot l}, \frac{v^{2/3}}{g^{1/3} \cdot l}\right) = 0 \tag{1.172}$$

$$\Phi_3'\left(\frac{v}{U \cdot l}, \frac{v^{2/3}}{g^{1/3} \cdot l}\right) = 0.$$

Le combinazioni dei gruppi adimensionali aumentano con l'aumentare delle grandezze coinvolte nel processo fisico. In generale, se sono coinvolte m grandezze (esclusa la densità di massa e tutte le lunghezze caratteristiche), è possibile generare $(m-1) + (m-2) + \ldots + 1$ proporzionalità lineari, tra le quali se ne devono scegliere $(m-1)$ per ogni combinazione. A tal fine è necessario:

- che ognuna delle grandezze coinvolte (che non siano lunghezze) compaia in almeno uno dei gruppi adimensionali;
- che il numero dei termini adimensionali sia pari al numero dei termini dimensionali (lunghezze) meno uno;
- che tutti i termini adimensionali debbano essere correlati tramite uno o più termini dimensionali (lunghezze).

Fisicamente, ognuno dei possibili gruppi adimensionali è il rapporto tra una caratteristica geometrica del processo fisico e una lunghezza scala controllata da almeno una delle grandezze che intervengono. Naturalmente si potrebbe utilizzare un criterio di proporzionalità *temporale*, scegliendo di omogeneizzare i termini rispetto alla variabile tempo, oppure un criterio di proporzionalità rispetto a una qualunque altra grandezza.

Nonostante l'apparente complicazione, in un approccio di questo tipo ci sono alcuni vantaggi.

La scelta di un'unica grandezza fondamentale (la lunghezza) determina un numero di gruppi dimensionali (aventi, appunto, la dimensione di una lunghezza) pari a $(n - k + 1)$ e, dunque, maggiore del numero dei gruppi adimensionali previsto dal Teorema di Buckingham. I gradi di libertà, in eccesso, permettono di selezionare i termini lineari da coinvolgere nella relazione funzionale. Tutto ciò facilita una soluzione nella quale la variabile dipendente appare nel minor numero possibile di gruppi adimensionali (idealmente dovrebbe apparire solo in un gruppo adimensionale).

I metodi matriciali nell'Analisi Dimensionale

2

I metodi matriciali si prestano, in particolare, per calcoli rapidi e formalmente eleganti, soprattutto nei casi in cui il numero di grandezze coinvolte sia particolarmente elevato. Una notazione matriciale può essere consigliabile, ad esempio, per ridurre la possibilità di errori e permettere una implementazione automatica (Sharp *et al.*, 1992 [69]). A tal fine è qui utile approfondire l'argomento, anche in considerazione del fatto che alcuni *software* commerciali offrono *toolboxes* per l'Analisi Dimensionale.

2.1
La formalizzazione dei metodi matriciali

Supponiamo che il processo fisico di nostro interesse sia esprimibile con la relazione funzionale tra n variabili

$$f(x_1, x_2, \ldots, x_n) = 0. \tag{2.1}$$

Indicate con $(y_1, y_2, \ldots, y_k)$ le k grandezze fondamentali, possiamo costruire una matrice nella quale a_{ij} è la dimensione di x_j, $(j = 1, 2, \ldots, n)$ rispetto a y_i, $(i = 1, 2, \ldots, k)$. Ad esempio, se le k grandezze sicuramente fondamentali sono M, L e T, risulta:

$$\mathbf{M} = \begin{array}{c|cccccc} & x_1 & x_2 & x_3 & x_4 & \ldots & x_n \\ \hline M & a_{11} & a_{12} & a_{13} & a_{14} & \ldots & a_{1n} \\ L & a_{21} & a_{22} & a_{23} & a_{24} & \ldots & a_{2n} \\ T & a_{31} & a_{32} & a_{33} & a_{34} & \ldots & a_{3n} \end{array}. \tag{2.2}$$

Supponiamo che il rango della matrice sia pari al numero di grandezze fondamentali scelte (3 nel caso in esame). La matrice dimensionale $\mathbf{M}$ può essere scomposta in due matrici $\mathbf{A}$ e $\mathbf{B}$, dove $\mathbf{A}$ è un minore di ordine 3, sicuramente presente, e $\mathbf{B}$ è la

Longo S.: Analisi Dimensionale e Modellistica Fisica.
Principi e applicazioni alle scienze ingegneristiche. © Springer-Verlag Italia 2011

parte residua:

$$\mathbf{A} = \begin{bmatrix} a_{1(n-2)} & a_{1(n-1)} & a_{1n} \\ a_{2(n-2)} & a_{2(n-1)} & a_{2n} \\ a_{3(n-2)} & a_{3(n-1)} & a_{3n} \end{bmatrix}, \tag{2.3}$$

$$\mathbf{B} = \begin{bmatrix} a_{11} & \cdots & a_{1(n-3)} \\ a_{21} & \cdots & a_{2(n-3)} \\ a_{31} & \cdots & a_{3(n-3)} \end{bmatrix}, \tag{2.4}$$

con $\mathbf{M} = [\mathbf{B} \quad \mathbf{A}]$. Quindi, si calcola la matrice

$$\mathbf{C} = \mathbf{A}^{-1} \cdot \mathbf{B}, \tag{2.5}$$

con $\mathbf{A}$ sicuramente invertibile. La matrice $\mathbf{C}$ contiene gli esponenti delle grandezze $(x_1, x_2, \ldots, x_{n-3})$ rispetto alle grandezze (sicuramente fondamentali) (x_{n-2}, x_{n-1}, x_n):

$$\mathbf{C} = \begin{array}{c|ccc} & x_1 & \cdots & x_{n-3} \\ \hline x_{n-2} & c_{11} & \cdots & c_{1(n-3)} \\ x_{n-1} & c_{21} & \cdots & c_{2(n-3)} \\ x_n & c_{31} & \cdots & c_{3(n-3)} \end{array}. \tag{2.6}$$

L'i-esimo gruppo adimensionale si calcola come:

$$\Pi_i = \frac{x_i}{x_{n-2}^{c_{1i}} \cdot x_{n-1}^{c_{2i}} \cdot x_n^{c_{3i}}}, \qquad (i = 1, 2, \ldots, n-3). \tag{2.7}$$

La tecnica matriciale, come ogni altra possibile tecnica nell'Analisi Dimensionale, non individua automaticamente i gruppi adimensionali più adatti, ma solo un insieme di possibili gruppi adimensionali. Ogni loro combinazione o potenza è ancora un gruppo adimensionale. Inoltre, se i minori estraibili a determinante non nullo sono più di uno, la matrice $\mathbf{C}$ non è univoca: la scelta di un minore invece di un altro, equivale a selezionare un insieme di grandezze fondamentali (tra le grandezze coinvolte nel processo) anziché un altro possibile insieme.

La scelta dell'ordine di scrittura delle grandezze nella matrice dimensionale non è ovvia, anche se è generalmente vantaggioso scrivere prima le grandezze dipendenti.

Esempio 2.1. Consideriamo una piastra quadrata ortotropa rinforzata da nervature (Fig. 2.1) e assumiamo che le nervature siano identiche e ugualmente spaziate nelle due direzioni. L'inflessione massima η è funzione delle caratteristiche geometriche e meccaniche della piastra e delle nervature, ovvero

$$\eta = f(l, t, b_n, d_n, s, E, E_n, v, v_n, \text{c.c., c.g.c.}, F), \tag{2.8}$$

dove E è il modulo di Young del materiale della piastra, v è il coefficiente di Poisson. Il pedice n riferisce le stesse grandezze al materiale delle nervature. Il simbolo c.c. indica le condizioni di carico (concentrato, distribuito uniformemente), c.g.c. indica la condizione geometrica al bordo (appoggio semplice, rotazione libera), F è il carico applicato.

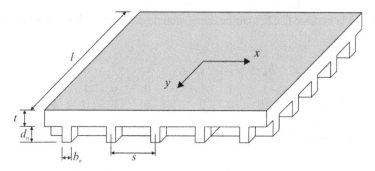

Figura 2.1 Geometria di una piastra ortotropa rinforzata

Per prefissate condizioni di carico e condizioni geometriche al bordo, l'equazione tipica si riduce a:

$$\eta = f\left(l, t, b_n, d_n, s, E, E_n, v, v_n, F\right). \qquad (2.9)$$

La matrice dimensionale, in funzione di massa, lunghezza e tempo

$$\begin{array}{c|ccccccccccc}
 & t & b_n & d_n & s & E_n & v & v_n & \eta & F & l & E \\
\hline
M & 0 & 0 & 0 & 0 & 1 & 0 & 0 & 0 & 1 & 0 & 1 \\
L & 1 & 1 & 1 & 1 & 1 & 0 & 0 & 1 & 1 & 1 & -1 \\
T & 0 & 0 & 0 & 0 & -2 & 0 & 0 & 0 & -2 & 0 & -2
\end{array} \qquad (2.10)$$

ha rango 2, dato che la riga T e la riga M sono linearmente dipendenti. Quindi, è possibile esprimere la relazione in funzione di $(11 - 2) = 9$ gruppi adimensionali. Dato l'elevato numero di variabili coinvolte, è conveniente utilizzare la notazione matriciale. Così, dopo aver ridotto la matrice (2.10) accorpando M e T in un'unica riga $M \cdot T^{-2}$ e avere individuato una matrice estratta a determinante non nullo (ad esempio, quella delimitata),

$$\mathbf{M} = \begin{array}{c|cccccccc|cc}
 & t & b_n & d_n & s & E_n & v & v_n & \eta & F & l & E \\
\hline
L & 1 & 1 & 1 & 1 & 1 & 0 & 0 & 1 & 1 & 1 & -1 \\
M \cdot T^{-2} & 0 & 0 & 0 & 0 & 1 & 0 & 0 & 0 & 1 & 0 & 1
\end{array} \equiv [\mathbf{B} \ \ \mathbf{A}], \qquad (2.11)$$

le sottomatrici sono:

$$\mathbf{A} = \begin{bmatrix} 1 & -1 \\ 0 & 1 \end{bmatrix} \qquad (2.12)$$

e

$$\mathbf{B} = \begin{bmatrix} 1 & 1 & 1 & 1 & 1 & 0 & 0 & 1 & 1 \\ 0 & 0 & 0 & 0 & 1 & 0 & 0 & 0 & 1 \end{bmatrix}. \qquad (2.13)$$

Quindi, si calcola la matrice

$$\mathbf{C} = \mathbf{A}^{-1} \cdot \mathbf{B} \equiv \begin{bmatrix} 1 & 1 & 1 & 1 & 0 & 0 & 0 & 1 & 2 \\ 0 & 0 & 0 & 0 & 1 & 0 & 0 & 0 & 1 \end{bmatrix}. \qquad (2.14)$$

Si noti che la matrice $\mathbf{C}$ è la matrice dimensionale delle variabili residue nella nuova base l, E, cioè:

	t	b_n	d_n	s	E_n	v	v_n	η	F
l	1	1	1	1	0	0	0	1	2
E	0	0	0	0	1	0	0	0	1

$$ \tag{2.15} $$

L'i–esimo gruppo adimensionale si calcola come

$$ \Pi_i = \frac{x_i}{l^{c_{1i}} \cdot E^{c_{2i}}}, \quad (i = 1, 2, \ldots, 9). \tag{2.16} $$

Pertanto, risulta:

$$ \Pi_1 = \frac{t}{l^1 \cdot E^0} \equiv \frac{t}{l}, \quad \Pi_2 = \frac{b_n}{l^1 \cdot E^0} \equiv \frac{b_n}{l}, \quad \Pi_3 = \frac{d_n}{l^1 \cdot E^0} \equiv \frac{d_n}{l}, $$

$$ \Pi_4 = \frac{s}{l^1 \cdot E^0} \equiv \frac{s}{l}, \quad \Pi_5 = \frac{E_n}{l^0 \cdot E^1} \equiv \frac{E_n}{E}, \quad \Pi_6 = \frac{v}{l^0 \cdot E^0} \equiv v, \tag{2.17} $$

$$ \Pi_7 = \frac{v_n}{l^0 \cdot E^0} \equiv v_n, \quad \Pi_8 = \frac{\eta}{l^1 \cdot E^0} \equiv \frac{\eta}{l}, \quad \Pi_9 = \frac{F}{l^2 \cdot E}. $$

2.1.1
Un'ulteriore generalizzazione della tecnica matriciale per il calcolo di monomi a dimensione non nulla

Abbiamo già trattato il metodo della proporzionalità lineare che riconduce i monomi a delle lunghezze (cfr. § 1.4.5, p. 42). Supponiamo di volere calcolare gli esponenti di un'espressione monomia tra grandezze, in modo che il risultato abbia una dimensione assegnata, per esempio, una lunghezza o una velocità. Come caso particolare, potremmo trattare una dimensione nulla e l'espressione monomia diverrebbe un gruppo adimensionale. Se $(x_1, x_2, \ldots, x_n)$ sono le n grandezze e (y_1, y_2, y_3) sono le 3 dimensioni, gli esponenti dell'espressione monomia cercata devono soddisfare l'equazione

$$ x_1^{\alpha_1} \cdot x_2^{\alpha_2} \cdots x_n^{\alpha_n} = y_1^{\beta_1} \cdot y_2^{\beta_2} \cdot y_3^{\beta_3}, \tag{2.18} $$

dove $y_1^{\beta_1} \cdot y_2^{\beta_2} \cdot y_3^{\beta_3}$ è il monomio *obiettivo*. Conosciamo le 3 dimensioni y_i, le dimensioni a_{ij} delle n grandezze x_j rispetto alle y_i, cioè gli esponenti dell'equazione dimensionale

$$ [x_j] = y_1^{a_{1j}} \cdot y_2^{a_{2j}} \cdot y_3^{a_{3j}}, \tag{2.19} $$

e abbiamo fissato i 3 esponenti (non tutti nulli) β_1, β_2, β_3. Vogliamo calcolare gli n esponenti α_1, α_2, α_3, $\ldots$, α_n. Dobbiamo, quindi, risolvere un sistema di equazioni che, in forma compatta, ha espressione

$$\begin{bmatrix} a_{11} \; a_{12} \ldots a_{1n} \\ a_{21} \; a_{22} \ldots a_{2n} \\ a_{31} \; a_{32} \ldots a_{3n} \end{bmatrix} \cdot \begin{Bmatrix} \alpha_1 \\ \alpha_2 \\ \alpha_3 \\ \vdots \\ \alpha_n \end{Bmatrix} = \begin{Bmatrix} \beta_1 \\ \beta_2 \\ \beta_3 \end{Bmatrix}, \qquad (2.20)$$

cioè

$$\underbrace{\mathbf{M}}_{3 \times n} \cdot \underbrace{\boldsymbol{\alpha}}_{n \times 1} = \underbrace{\boldsymbol{\beta}}_{3 \times 1}, \qquad (2.21)$$

dove β è il vettore degli esponenti del monomio obiettivo.

Il sistema di equazioni ammette una soluzione se, e solo se, il rango della matrice $\mathbf{M}$ è uguale al rango della matrice $[\mathbf{M} \quad \beta]$; se così non fosse, significa che il monomio obiettivo non è una combinazione delle grandezze $(x_1, x_2, \ldots, x_n)$ e, quindi, non è possibile soddisfare l'omogeneità dimensionale dell'equazione (2.18).

La matrice $\mathbf{M}$ può essere scomposta in due sottomatrici $\mathbf{A}$ e $\mathbf{B}$, $\mathbf{M} \equiv [\mathbf{B} \quad \mathbf{A}]$ con $\mathbf{A}$ quadrata (3×3) e non singolare e $\mathbf{B}$ di dimensioni $3 \times (n-3)$. Nel caso generale la dimensione di $\mathbf{A}$ è $(k \times k)$ e la dimensione di $\mathbf{B}$ è $k \times (n-k)$. Quindi, si può comporre il seguente sistema di equazioni equivalente al sistema (2.20)

$$\begin{bmatrix} \mathbf{I} & \mathbf{0} \\ \mathbf{B} & \mathbf{A} \end{bmatrix} \cdot \begin{Bmatrix} \alpha_1 \\ \alpha_2 \\ \alpha_3 \\ \vdots \\ \alpha_n \end{Bmatrix} = \begin{Bmatrix} \alpha_1 \\ \vdots \\ \beta_1 \\ \beta_2 \\ \beta_3 \end{Bmatrix} \equiv \mathbf{Z}, \qquad (2.22)$$

dove $\mathbf{I}$ è la matrice identità $(n-3 \times n-3)$ e $\mathbf{0}$ è la matrice di zeri di dimensione $(n-3 \times 3)$. Nel caso generale $\mathbf{I}$ ha dimensione $(n-k \times n-k)$ e $\mathbf{0}$ ha dimensione $(n-k \times k)$. Il vettore $\mathbf{Z}$ contiene, in coda, gli esponenti delle dimensioni che devono avere tutti i monomi raggruppamenti di variabile. Invertendo la matrice, risulta:

$$\begin{Bmatrix} \alpha_1 \\ \alpha_2 \\ \alpha_3 \\ \vdots \\ \alpha_n \end{Bmatrix} = \begin{bmatrix} \mathbf{I} & \mathbf{0} \\ -\mathbf{A}^{-1} \cdot \mathbf{B} & \mathbf{A}^{-1} \end{bmatrix} \cdot \mathbf{Z} \equiv \mathbf{E} \cdot \mathbf{Z}. \qquad (2.23)$$

La matrice $\mathbf{E}$ è la matrice degli esponenti di dimensione $(n \times n)$ che, moltiplicata per il vettore $\mathbf{Z}$, permette di calcolare gli esponenti di un'espressione monomia di dimensioni volute.

Nel caso in cui $\mathbf{A}$ sia singolare, può succedere che:

- il rango di $\mathbf{M}$ sia pari al numero di dimensioni (righe); in tal caso, è possibile permutare le colonne di $\mathbf{M}$ fino a ottenere una matrice estratta $\mathbf{A}$ non singolare;

- il rango di **M** sia minore del numero di dimensioni (righe) e non sia possibile trovare una permutazione che permetta di soddisfare la condizione precedente; ciò significa che lo spazio dimensionale ha una dimensione minore di quella ipotizzata e si rende necessario accorpare le righe in combinazione lineare fino a soddisfare la condizione ricercata.

Esempio 2.2. Consideriamo un processo di diffusione del calore nel quale compaiano le seguenti 7 grandezze:

$$c_p, k, Q, \theta, x, t, \rho, \tag{2.24}$$

dove c_p è il calore specifico, k la conducibilità termica, Q l'intensità della sorgente, θ la temperatura, x la coordinata spaziale, t il tempo, ρ la densità di massa.

La matrice dimensionale

$$
\begin{array}{c|ccccccc}
 & c_p & k & Q & \theta & x & t & \rho \\
\hline
M & 0 & 1 & 1 & 0 & 0 & 0 & 1 \\
L & 2 & 1 & -1 & 0 & 1 & 0 & -3 \\
T & -2 & -3 & -2 & 0 & 0 & 1 & 0 \\
\Theta & -1 & -3 & 0 & 1 & 0 & 0 & 0
\end{array}
\tag{2.25}
$$

ha rango 4. Il minore estratto, costituito dalle ultime 4 colonne, ha determinante non nullo. Quindi, definite le matrici estratte **A** e **B**:

$$\underbrace{\mathbf{A}}_{k \times k} = \begin{bmatrix} 0 & 0 & 0 & 1 \\ 0 & 1 & 0 & -3 \\ 0 & 0 & 1 & 0 \\ 1 & 0 & 0 & 0 \end{bmatrix}, \tag{2.26}$$

$$\underbrace{\mathbf{B}}_{k \times (n-k)} = \begin{bmatrix} 0 & 1 & 1 \\ 2 & 1 & -1 \\ -2 & -3 & -2 \\ -1 & -3 & 0 \end{bmatrix}, \tag{2.27}$$

la matrice degli esponenti è

$$\underbrace{\mathbf{E}}_{n \times n} = \left[\begin{array}{ccc|cccc} 1 & 0 & 0 & 0 & 0 & 0 & 0 \\ 0 & 1 & 0 & 0 & 0 & 0 & 0 \\ 0 & 0 & 1 & 0 & 0 & 0 & 0 \\ \hline 1 & 3 & 0 & 0 & 0 & 0 & 1 \\ -2 & -4 & -2 & 3 & 1 & 0 & 0 \\ 2 & 3 & 2 & 0 & 0 & 1 & 0 \\ 0 & -1 & -1 & 1 & 0 & 0 & 0 \end{array} \right]. \tag{2.28}$$

Se vogliamo calcolare gli esponenti del monomio di 7 grandezze che sia dimensionalmente equivalente, ad esempio, a una forza

$$[F] = M \cdot L \cdot T^{-2} \cdot \Theta^0 \rightarrow \beta_1 = 1, \ \beta_2 = 1, \ \beta_3 = -2, \ \beta_4 = 0, \tag{2.29}$$

sarà sufficiente eseguire il prodotto tra la matrice **E** e il vettore **Z**, generato, per esempio, ponendo i primi termini uguali a zero

$$
\mathbf{Z} \equiv \left\{ \begin{array}{c} \alpha_1 \\ \alpha_2 \\ \alpha_3 \\ \beta_1 \\ \beta_2 \\ \beta_3 \\ \beta_4 \end{array} \right\} \equiv \left\{ \begin{array}{c} 0 \\ 0 \\ 0 \\ 1 \\ 1 \\ -2 \\ 0 \end{array} \right\},
\tag{2.30}
$$

ottenendo il seguente risultato:

$$
\left\{ \begin{array}{c} \alpha_1 \\ \alpha_2 \\ \alpha_3 \\ \alpha_4 \\ \alpha_5 \\ \alpha_6 \\ \alpha_7 \end{array} \right\} = \left[\begin{array}{ccccccc} 1 & 0 & 0 & 0 & 0 & 0 & 0 \\ 0 & 1 & 0 & 0 & 0 & 0 & 0 \\ 0 & 0 & 1 & 0 & 0 & 0 & 0 \\ 1 & 3 & 0 & 0 & 0 & 0 & 1 \\ -2 & -4 & -2 & 3 & 1 & 0 & 0 \\ 2 & 3 & 2 & 0 & 0 & 1 & 0 \\ 0 & -1 & -1 & 1 & 0 & 0 & 0 \end{array} \right] \cdot \left\{ \begin{array}{c} 0 \\ 0 \\ 0 \\ 1 \\ 1 \\ -2 \\ 0 \end{array} \right\} \rightarrow
$$

$$
\left\{ \begin{array}{c} \alpha_1 \\ \alpha_2 \\ \alpha_3 \\ \alpha_4 \\ \alpha_5 \\ \alpha_6 \\ \alpha_7 \end{array} \right\} = \left\{ \begin{array}{c} 0 \\ 0 \\ 0 \\ 0 \\ 4 \\ -2 \\ 1 \end{array} \right\}.
\tag{2.31}
$$

Pertanto, risulta

$$
[c_p^0 \cdot k^0 \cdot Q^0 \cdot \theta^0 \cdot x^4 \cdot t^{-2} \cdot \rho] \equiv [x^4 \cdot t^{-2} \cdot \rho] \equiv [F].
\tag{2.32}
$$

Il vettore **Z** può costruirsi scegliendo tutte le possibili combinazioni dei primi $(n-k)$ valori. Ad esempio, se il vettore **Z** è pari a

$$
\mathbf{Z} \equiv \left\{ \begin{array}{c} \alpha_1 \\ \alpha_2 \\ \alpha_3 \\ \beta_1 \\ \beta_2 \\ \beta_3 \\ \beta_4 \end{array} \right\} \equiv \left\{ \begin{array}{c} 2 \\ 0 \\ 0 \\ 1 \\ 1 \\ -2 \\ 0 \end{array} \right\},
\tag{2.33}
$$

si calcola

$$\left\{\begin{array}{c} \alpha_1 \\ \alpha_2 \\ \alpha_3 \\ \alpha_4 \\ \alpha_5 \\ \alpha_6 \\ \alpha_7 \end{array}\right\} = \mathbf{E} \cdot \mathbf{Z} \rightarrow \left\{\begin{array}{c} \alpha_1 \\ \alpha_2 \\ \alpha_3 \\ \alpha_4 \\ \alpha_5 \\ \alpha_6 \\ \alpha_7 \end{array}\right\} = \left\{\begin{array}{c} 2 \\ 0 \\ 0 \\ 2 \\ 0 \\ 2 \\ 1 \end{array}\right\} \tag{2.34}$$

e risulta

$$[c_p^2 \cdot k^0 \cdot Q^0 \cdot \theta^2 \cdot x^0 \cdot t^2 \cdot \rho] \equiv [c_p^2 \cdot \theta^2 \cdot t^2] \equiv [F]. \tag{2.35}$$

Tale monomio è diverso ed è indipendente da quello riportato nell'equazione (2.32).

Il metodo matriciale è sicuramente un ottimo ausilio quando il numero delle variabili coinvolte sia particolarmente elevato, ma è spesso considerato con sufficienza poiché privilegia, secondo il pensiero dei critici, l'aspetto puramente matematico rispetto a quello fisico. Effettivamente, i gruppi adimensionali calcolati per via matriciale non sempre hanno un significato fisico immediato. Tuttavia, va detto che tale problema si presenta qualunque sia la modalità scelta per l'applicazione del Teorema di Buckingham; pertanto, i gruppi adimensionali devono essere selezionati preferibilmente tra quelli che hanno un significato fisico immediato, ovvero, che in base alle conoscenze del settore, risultano essere i più rappresentativi.

2.1.2
Il numero di soluzioni indipendenti

Ci poniamo ora il problema di calcolare quante soluzioni indipendenti ammetta il problema dell'Esempio 2.2, p. 50.

Distinguiamo due casi.

Se il numero di esponenti non nulli è zero (se, cioè, vogliamo trovare il numero di soluzioni del problema che rendono adimensionale la combinazione monomia tra tutte le grandezze coinvolte), allora il sistema di equazioni (2.20) è omogeneo e ammette ∞^{n-k} soluzioni, dove n è il numero delle grandezze e k è il rango della matrice dimensionale. Di tali infinità, solo $(n-k)$ sono indipendenti. È questo il Teorema di Buckingham.

Se almeno un esponente è non nullo, il sistema è non omogeneo e può essere trasformato come:

$$\mathbf{M} \cdot \boldsymbol{\alpha} = \boldsymbol{\beta} \rightarrow [\mathbf{M}\,\beta] \cdot \left\{\begin{array}{c} \boldsymbol{\alpha} \\ -\alpha_{n+1} \end{array}\right\} = 0. \tag{2.36}$$

Riscritto in forma di sistema omogeneo equivalente, con l'aggiunta della nuova variabile che, cambiata di segno, rappresenta l'esponente non nullo del monomio obiettivo, il sistema può essere discusso nei modi noti. Nell'ipotesi che il monomio obiettivo sia dimensionalmente omogeneo con un'espressione monomia della grandezze, l'aggiunta di una colonna non modifica il rango della matrice $[\mathbf{M}\,\beta]$ rispetto a quello della matrice $\mathbf{M}$, mentre è comunque aumentato di un'unità il numero delle incognite. Pertanto, il numero di soluzioni indipendenti è pari a $(n-k+1)$ e le soluzioni si calcolano come segue.

Consideriamo l'esempio precedente, con 7 variabili, delle quali 4 sono fondamentali. Ci aspettiamo $(7-4+1)=4$ combinazioni degli esponenti che generino 4 monomi indipendenti che abbiano le dimensioni di una forza. L'indipendenza dei monomi implica che non possano essere ricavati gli uni dagli altri con operazioni di prodotto (incluse elevazioni a potenza e rapporti) (cfr. § 1.4.2.2, p. 26). È dunque possibile scrivere formalmente le 4 soluzioni:

$$
\begin{Bmatrix} \alpha_{11} \\ \alpha_{21} \\ \alpha_{31} \\ \alpha_{41} \\ \alpha_{51} \\ \alpha_{61} \\ \alpha_{71} \end{Bmatrix} = \mathbf{E}\cdot \begin{Bmatrix} \alpha_{11} \\ \alpha_{21} \\ \alpha_{31} \\ \beta_1 \\ \beta_2 \\ \beta_3 \\ \beta_4 \end{Bmatrix},\quad
\begin{Bmatrix} \alpha_{12} \\ \alpha_{22} \\ \alpha_{32} \\ \alpha_{42} \\ \alpha_{52} \\ \alpha_{62} \\ \alpha_{72} \end{Bmatrix} = \mathbf{E}\cdot \begin{Bmatrix} \alpha_{12} \\ \alpha_{22} \\ \alpha_{32} \\ \beta_1 \\ \beta_2 \\ \beta_3 \\ \beta_4 \end{Bmatrix},
$$

$$
\begin{Bmatrix} \alpha_{13} \\ \alpha_{23} \\ \alpha_{33} \\ \alpha_{43} \\ \alpha_{53} \\ \alpha_{63} \\ \alpha_{73} \end{Bmatrix} = \mathbf{E}\cdot \begin{Bmatrix} \alpha_{13} \\ \alpha_{23} \\ \alpha_{33} \\ \beta_1 \\ \beta_2 \\ \beta_3 \\ \beta_4 \end{Bmatrix},\quad
\begin{Bmatrix} \alpha_{14} \\ \alpha_{24} \\ \alpha_{34} \\ \alpha_{44} \\ \alpha_{54} \\ \alpha_{64} \\ \alpha_{74} \end{Bmatrix} = \mathbf{E}\cdot \begin{Bmatrix} \alpha_{14} \\ \alpha_{24} \\ \alpha_{34} \\ \beta_1 \\ \beta_2 \\ \beta_3 \\ \beta_4 \end{Bmatrix},
$$

(2.37)

ottenute moltiplicando la matrice degli esponenti $\mathbf{E}$ per 4 vettori colonna, nei quali le ultime 4 righe sono sempre uguali (e sono pari agli esponenti dimensionali della grandezza alla quale si vuole ricondurre il monomio tra le grandezze del processo), mentre le prime 3 righe assumono le 4 combinazioni che forniscono il risultato.

In forma compatta:

$$
\mathbf{P}=\mathbf{E}\cdot\mathbf{H} \quad \text{con}\quad \mathbf{H}=\begin{bmatrix} \alpha_{11} & \alpha_{12} & \alpha_{13} & \alpha_{14} \\ \alpha_{21} & \alpha_{22} & \alpha_{23} & \alpha_{24} \\ \alpha_{31} & \alpha_{32} & \alpha_{33} & \alpha_{34} \\ \beta_1 & \beta_1 & \beta_1 & \beta_1 \\ \beta_2 & \beta_2 & \beta_2 & \beta_2 \\ \beta_3 & \beta_3 & \beta_3 & \beta_3 \\ \beta_4 & \beta_4 & \beta_4 & \beta_4 \end{bmatrix}.
$$

(2.38)

Le due matrici $\mathbf{P}$ e $\mathbf{H}$ hanno dimensione $n \times (n-k+1)$ e devono avere lo stesso rango, dato che la matrice $\mathbf{E}$ è non singolare. Le prime $(n-k)$ righe della matrice $\mathbf{H}$ sono fissate arbitrariamente, con l'unica condizione che la matrice quadrata che si ottiene aggiungendo a queste una riga non nulla tra le altre k righe, sia non singolare. Ciò equivale a imporre che il rango di $\mathbf{H}$ sia uguale a $(n-k+1)$, dato che per ottenere $(n-k+1)=4$ soluzioni indipendenti, il rango di $\mathbf{P}$ deve essere uguale a

$(n-k+1)=4$. Poiché i valori sono arbitrari, per semplicità li sceglieremo pari a 0 oppure a 1, ad esempio:

$$\begin{bmatrix} \alpha_{11} & \alpha_{12} & \alpha_{13} & \alpha_{14} \\ \alpha_{21} & \alpha_{22} & \alpha_{23} & \alpha_{24} \\ \alpha_{31} & \alpha_{32} & \alpha_{33} & \alpha_{34} \end{bmatrix} \equiv \begin{bmatrix} 1 & 0 & 0 & 0 \\ 0 & 1 & 0 & 0 \\ 0 & 0 & 1 & 0 \end{bmatrix}. \tag{2.39}$$

Aggiungendo una delle righe non nulle, ad esempio $[\,1\ 1\ 1\ 1\,]$, il rango è pari a 4, come richiesto. Pertanto, la matrice composta

$$\mathbf{H} = \begin{bmatrix} 1 & 0 & 0 & 0 \\ 0 & 1 & 0 & 0 \\ 0 & 0 & 1 & 0 \\ 1 & 1 & 1 & 1 \\ 1 & 1 & 1 & 1 \\ -2 & -2 & -2 & -2 \\ 0 & 0 & 0 & 0 \end{bmatrix} \tag{2.40}$$

ha rango 4. Risolvendo, si calcola

$$\mathbf{P} = \mathbf{E} \cdot \mathbf{H} \rightarrow \mathbf{P} = \begin{bmatrix} 1 & 0 & 0 & 0 \\ 0 & 1 & 0 & 0 \\ 0 & 0 & 1 & 0 \\ 1 & 3 & 0 & 0 \\ 2 & 0 & 2 & 4 \\ 0 & 1 & 0 & -2 \\ 1 & 0 & 0 & 1 \end{bmatrix}, \tag{2.41}$$

dove $\mathbf{P}$ è la matrice a 7 righe e 4 colonne che contiene gli esponenti incogniti delle 7 grandezze del monomio. Ogni colonna contiene gli esponenti dei monomi indipendenti aventi le dimensioni di una forza:

$$c^1 \cdot K^0 \cdot Q^0 \cdot \theta^1 \cdot x^2 \cdot t^0 \cdot \rho^1, \quad c^0 \cdot K^1 \cdot Q^0 \cdot \theta^3 \cdot x^0 \cdot t^1 \cdot \rho^0,$$
$$c^0 \cdot K^0 \cdot Q^1 \cdot \theta^0 \cdot x^2 \cdot t^0 \cdot \rho^0, \quad c^0 \cdot K^0 \cdot Q^0 \cdot \theta^0 \cdot x^4 \cdot t^{-2} \cdot \rho^1, \tag{2.42}$$

ovvero,

$$c \cdot \theta \cdot x^2 \cdot \rho, \quad K \cdot \theta^3 \cdot t, \quad Q \cdot x^2, \quad x^4 \cdot t^{-2} \cdot \rho. \tag{2.43}$$

Si può dimostrare che tutti e 4 i monomi hanno dimensioni $[F] = M \cdot L \cdot T^{-2}$ e sono indipendenti.

In una trattazione generale, ricondotta per semplicità a 3 grandezze fondamentali, la matrice $\mathbf{P}$ può essere trasposta e composta con la matrice $[\mathbf{B}\ \ \mathbf{A}]$ come segue:

$$\begin{bmatrix} \mathbf{B} & \mathbf{A} \\ \mathbf{P}^T \end{bmatrix} \equiv \begin{bmatrix} \mathbf{B} & \mathbf{A} \\ \mathbf{D} & \mathbf{K} \end{bmatrix}. \tag{2.44}$$

La matrice risultante, in forma esplicita, ha l'espressione:

	x_1	x_2	x_3	...	x_{n-2}	x_{n-1}	x_n
y_1	a_{11}	a_{12}	a_{13}	...	$a_{1(n-2)}$	$a_{1(n-1)}$	a_{1n}
y_2	a_{21}	a_{32}	a_{23}	...	$a_{2(n-2)}$	$a_{2(n-1)}$	a_{2n}
y_3	a_{31}	a_{32}	a_{33}	...	$a_{3(n-2)}$	$a_{3(n-1)}$	a_{3n}
Π_1	d_{11}	d_{12}	d_{13}	...	k_{11}	k_{12}	k_{13}
Π_2	d_{21}	d_{22}	d_{23}	...	k_{21}	k_{22}	k_{23}
...	...	...	...	...	...	...	...
Π_{n-3}	$d_{(n-3)1}$	$d_{(n-3)2}$	$d_{(n-3)3}$	...	$k_{(n-3)1}$	$k_{(n-3)2}$	$k_{(n-3)3}$
Π_{n-2}	$d_{(n-2)1}$	$d_{(n-2)2}$	$d_{(n-2)3}$	...	$k_{(n-2)1}$	$k_{(n-2)2}$	$k_{(n-2)3}$

$$(2.45)$$

Quindi, la matrice $[\mathbf{D} \quad \mathbf{K}]$ contiene gli esponenti delle variabili che compaiono negli $(n-k+1)$ raggruppamenti Π_1, Π_2, ..., Π_{n-2} aventi tutti la stessa dimensione imposta $y_1^{\beta_1} \cdot y_2^{\beta_2} \cdot y_3^{\beta_3}$. La matrice $\mathbf{D}$ ha dimensioni $(n-k+1) \times (n-k)$, mentre $\mathbf{K}$ è una matrice $(n-k+1) \times k$.

Nell'esempio a 3 grandezze fondamentali, i raggruppamenti Π_1, Π_2, ..., Π_{n-2} sono $(n-2)$, $\mathbf{D}$ è una matrice $(n-2) \times (n-3)$ e $\mathbf{K}$ è una matrice $(n-2) \times 3$.

Se la dimensione dei monomi è posta pari a zero (se, cioè, $\beta_1 = \beta_2 = \beta_3 = 0$), i monomi sono adimensionali e in numero di $(n-k)$, sulla base del Teorema di Buckingham. Allora la matrice $\mathbf{D}$ diventa quadrata $(n-k) \times (n-k)$ e la matrice $\mathbf{K}$ diventa $(n-k) \times k$.

Nell'esempio a 3 grandezze fondamentali, se la dimensione dei monomi è posta pari a zero, i monomi sono adimensionali e in numero di $(n-3)$, la matrice $\mathbf{D}$ diventa quadrata $(n-3) \times (n-3)$ e la matrice $\mathbf{K}$ diventa $(n-3) \times 3$.

L'insieme dei monomi dimensionali (o adimensionali) calcolati con tale procedimento è, dunque, un insieme *completo* e sufficiente a descrivere lo spazio funzionale del processo in sostituzione delle grandezze di partenza.

Il vantaggio, nell'uso di tale insieme, consiste nella riduzione della dimensione, che passa da n a $(n-k+1)$. Un vantaggio ancora più evidente, con l'ulteriore riduzione di variabili a $(n-k)$, si ravvisa nella scelta di un insieme di monomi a dimensione nulla (Teorema di Buckingham).

Supponiamo di volere individuare gli esponenti di un'espressione monomia delle grandezze coinvolte nel processo fisico, tali che il monomio sia esprimibile come combinazione monomia tra 2 possibili grandezze aventi dimensioni differenti, con esponenti non tutti nulli. Per semplicità, ipotizziamo che il numero di grandezze fondamentali sia $k = 3$.

Se $(x_1, x_2, ..., x_n)$ sono le n grandezze e (y_1, y_2, y_3) sono le 3 dimensioni, gli esponenti dell'espressione monomia cercata devono soddisfare l'equazione

$$x_1^{\alpha_1} \cdot x_2^{\alpha_2} \cdots x_n^{\alpha_n} = \left(y_1^{\beta_1} \cdot y_2^{\beta_2} \cdot y_3^{\beta_3} \right)^{\delta_1} \cdot \left(y_1^{\beta_4} \cdot y_2^{\beta_5} \cdot y_3^{\beta_6} \right)^{\delta_2}, \qquad (2.46)$$

dove β_1, β_2, β_3 sono gli esponenti noti della prima grandezza, β_4, β_5, β_6 sono gli esponenti noti della seconda grandezza e δ_1, δ_2 sono gli esponenti incogniti delle 2 grandezze. Il monomio obiettivo è una combinazione dei 2 monomi

$\left(y_1^{\beta_1} \cdot y_2^{\beta_2} \cdot y_3^{\beta_3} \right)$ e $\left(y_1^{\beta_4} \cdot y_2^{\beta_5} \cdot y_3^{\beta_6} \right)$. Conosciamo le 3 dimensioni y_i, le dimensioni a_{ij} delle n grandezze x_j rispetto alle y_i, cioè gli esponenti dell'equazione dimensionale

$$[x_j] = y_1^{a_{1j}} \cdot y_2^{a_{2j}} \cdot y_3^{a_{3j}}. \qquad (2.47)$$

Posto che il rango della matrice **M** non vari aggiungendo le due colonne contenenti le dimensioni dei 2 monomi (se così non fosse, non sarebbe possibile soddisfare l'omogeneità dimensionale dell'equazione (2.46)), vogliamo calcolare quante soluzioni indipendenti si possono ricavare per gli n esponenti α_1, α_2, α_3, ..., α_n. La procedura è identica a quella adottata nel § 2.1.1, p. 48. Imponendo l'omogeneità dimensionale, si ricava il seguente sistema di equazioni:

$$\mathbf{M} \cdot \boldsymbol{\alpha} = \delta_1 \cdot \boldsymbol{\beta}_{(1)} + \delta_2 \cdot \boldsymbol{\beta}_{(2)}, \quad \boldsymbol{\beta}_{(1)} = \left\{ \begin{array}{c} \beta_1 \\ \beta_2 \\ \beta_3 \end{array} \right\}, \quad \boldsymbol{\beta}_{(2)} = \left\{ \begin{array}{c} \beta_4 \\ \beta_5 \\ \beta_6 \end{array} \right\}. \qquad (2.48)$$

Tale sistema non omogeneo, assumendo δ_1 e δ_2 come due incognite, può essere riscritto in forma di sistema omogeneo equivalente:

$$\mathbf{M} \cdot \boldsymbol{\alpha} = \delta_1 \cdot \boldsymbol{\beta}_{(1)} + \delta_2 \cdot \boldsymbol{\beta}_{(2)} \rightarrow \left[\mathbf{M} \; \boldsymbol{\beta}_{(1)} \; \boldsymbol{\beta}_{(2)} \right] \cdot \left\{ \begin{array}{c} \boldsymbol{\alpha} \\ -\delta_1 \\ -\delta_2 \end{array} \right\} = 0. \qquad (2.49)$$

Per l'ipotesi di omogeneità dimensionale, il rango della nuova matrice $[\mathbf{M} \; \boldsymbol{\beta}_{(1)} \; \boldsymbol{\beta}_{(2)}]$ è uguale a quello della matrice **M**, ma il numero di incognite è aumentato a $(n+2)$. Il sistema ammette ∞^{n-k+2} soluzioni, delle quali $(n-k+2)$ sono indipendenti.

L'estensione al caso di r grandezze è immediato, con $r \le k$.

In conclusione, la riduzione delle n variabili a un insieme di raggruppamenti monomi, aventi un numero r di dimensioni differenti e indipendenti non nulle ($r \le k$), porta a $(n-k+r)$ raggruppamenti. Per $r=0$, si calcola $(n-k+0) = (n-k)$; per $r=1$, si calcola $(n-k+r) = (n-k+1)$; per $r=k$, si calcola $(n-k+r)=n$.

2.1.2.1
Gli esponenti selezionabili o vincolati dei monomi dimensionali

Abbiamo già analizzato nel Capitolo 2, p. 45, come operare se la sottomatrice **A** selezionata dalla matrice **M** è singolare, notando che se una permutazione di colonne della matrice **M** (cioè, una differente scelta della grandezze da assumere quali fondamentali) non permette di renderla non singolare, significa che il rango della matrice è minore del numero delle righe e, dunque, è necessario cancellare una o più righe; più correttamente, è necessario inglobare in una riga la combinazione delle due righe linearmente dipendenti. Ciò significa che il numero di grandezze fonda-

mentali è minore di quello ipotizzato. Un caso classico è quello dei processi fisici
che coinvolgano forze, cioè massa, lunghezza e tempo, in regime stazionario, senza
eccitare l'inerzia: il processo è a 2 dimensioni, anche se la matrice dimensionale è a
3 righe.

Le righe da eliminare devono essere scelte in numero minimo, necessario per
ottenere la matrice dimensionale con numero di righe massimo e pari al suo rango.
Quindi, non è possibile cancellare una qualunque riga o ricombinare una qualunque
coppia di righe.

Esempio 2.3. Consideriamo l'inflessione di una mensola, a sezione rettangolare,
caricata all'estremità libera. Il processo fisico può essere descritto con l'equazione
tipica

$$\eta = f(F, h, b, E, l), \tag{2.50}$$

dove η è lo spostamento verticale di una sezione, F è il carico nella sezione di
estremità, h è l'altezza, b è la larghezza, E è il modulo di Young, l è la lunghezza. La
matrice dimensionale

$$
\begin{array}{c|cccccc}
 & \eta & F & h & b & E & l \\
\hline
M & 0 & 1 & 0 & 0 & 1 & 0 \\
L & 1 & 1 & 1 & 1 & -1 & 1 \\
T & 0 & -2 & 0 & 0 & -2 & 0
\end{array}
\tag{2.51}
$$

ha rango 2 e, dunque, non è possibile estrarre un minore di ordine 3 a determinante
non nullo, qualunque sia la permutazione delle colonne. È necessario cancellare una
riga, ad esempio la prima o la terza, ottenendo una matrice dimensionale ridotta a
due righe, ancora di rango 2. Non è possibile cancellare la seconda riga poiché le
due righe rimanenti sono in combinazione lineare.

Se eliminiamo la terza riga, la matrice dimensionale ridotta risulta:

$$
\begin{array}{c|cccccc}
 & \eta & F & h & b & E & l \\
\hline
M & 0 & 1 & 0 & 0 & 1 & 0 \\
L & 1 & 1 & 1 & 1 & -1 & 1
\end{array} \, ,
\tag{2.52}
$$

e le due sottomatrici sono

$$
\mathbf{B} = \begin{bmatrix} 0 & 1 & 0 & 0 \\ 1 & 1 & 1 & 1 \end{bmatrix}, \quad
\mathbf{A} = \begin{bmatrix} 1 & 0 \\ -1 & 1 \end{bmatrix}.
\tag{2.53}
$$

Si calcola la matrice degli esponenti

$$
\mathbf{E} = \begin{bmatrix}
1 & 0 & 0 & 0 & 0 & 0 \\
0 & 1 & 0 & 0 & 0 & 0 \\
0 & 0 & 1 & 0 & 0 & 0 \\
0 & 0 & 0 & 1 & 0 & 0 \\
0 & -1 & 0 & 0 & 1 & 0 \\
-1 & -2 & -1 & -1 & 1 & 1
\end{bmatrix}.
\tag{2.54}
$$

Supponiamo di volere calcolare i raggruppamenti monomi aventi la dimensione $M^{-1} \cdot L^3$. La matrice dei termini noti è pari a

$$\mathbf{H} = \begin{bmatrix} 1 & 0 & 0 & 0 & 0 \\ 0 & 1 & 0 & 0 & 0 \\ 0 & 0 & 1 & 0 & 0 \\ 0 & 0 & 0 & 1 & 0 \\ -1 & -1 & -1 & -1 & -1 \\ 3 & 3 & 3 & 3 & 3 \end{bmatrix}, \qquad (2.55)$$

e la matrice degli esponenti dei 5 gruppi aventi le dimensioni $M^{-1} \cdot L^3$ è pari a

$$\mathbf{P} = \mathbf{E} \cdot \mathbf{H} \equiv \begin{bmatrix} 1 & 0 & 0 & 0 & 0 \\ 0 & 1 & 0 & 0 & 0 \\ 0 & 0 & 1 & 0 & 0 \\ 0 & 0 & 0 & 1 & 0 \\ -1 & -2 & -1 & -1 & -1 \\ 1 & 0 & 1 & 1 & 2 \end{bmatrix}. \qquad (2.56)$$

I gruppi adimensionali sono:

$$\Pi_1 = \frac{\eta \cdot l}{E}, \quad \Pi_2 = \frac{F}{E^2}, \quad \Pi_3 = \frac{h \cdot l}{E}, \quad \Pi_4 = \frac{b \cdot l}{E}, \quad \Pi_5 = \frac{l^2}{E}. \qquad (2.57)$$

Si può dimostrare che tutti i gruppi hanno dimensione $M^{-1} \cdot L^3 \cdot T^2$ anziché $M^{-1} \cdot L^3$ come era stato imposto. Ciò indica che l'esponente della dimensione T non è selezionabile, ma deriva dal valore attribuito agli altri esponenti. Per altra via, si dimostra che aggiungendo alla matrice dimensionale (2.10), di rango 2, una colonna con le dimensioni del monomio obiettivo, si ricava una nuova matrice che ha rango 3; pertanto il monomio obiettivo avente dimensioni $M^{-1} \cdot L^3$ non soddisfa l'omogeneità dimensionale con un monomio delle altre 6 grandezze. Al contrario, aggiungendo una colonna corrispondente alle dimensioni $M^{-1} \cdot L^3 \cdot T^2$, il rango è invariato.

In generale, la dimensione associata alla riga cancellata (quella del tempo, nell'esempio precedente) non può più essere fissata a piacere e il numero degli esponenti vincolati (che non possono essere fissati arbitrariamente) è pari alla differenza tra il numero di dimensioni coinvolte e il rango della matrice dimensionale. Sono comunque vincolati gli esponenti delle righe eliminate. Infatti, la matrice (2.52) non è una matrice dimensionale corretta, dato che, ad esempio, la forza non ha la dimensione $[F] = M \cdot L$, come sembrerebbe desumersi dalla corrispondente colonna. Anziché eliminare la riga di T è necessario combinarla con la riga L, ottenendo una nuova riga $L \cdot T^{-2}$. Si verifica immediatamente che l'esponente di T non è selezionabile a piacere, ma è sempre vincolato ad assumere un valore pari a $-2\times$ il valore dell'esponente di L.

2.1.3
Alcune proprietà dei gruppi dimensionali e adimensionali

Sulla base delle relazioni precedenti, risulta che il minimo numero di gruppi *adimensionali* indipendenti è pari a 1, il minimo numero di gruppi *dimensionali* indipendenti (aventi la stessa dimensione) è pari a 2.

Se una relazione funzionale ha un unico argomento adimensionale, allora l'argomento deve essere costante.

Infatti, se è possibile individuare un unico gruppo adimensionale, allora è possibile scrivere che $f(\Pi_1) = 0$, ovvero $f(\Pi_1) = $ cost. Data l'arbitrarietà della funzione f, è necessario che sia $\Pi_1 = $ cost.

Se la matrice dimensionale è quadrata, allora la matrice deve essere singolare, altrimenti non è possibile individuare alcuna relazione tra le grandezze.

La dimostrazione è immediata: il numero di gruppi adimensionali è pari a $(n - k)$ ed è nullo se $n = k$. Analogamente, se il numero di righe della matrice dimensionale è maggiore del numero di colonne (se, cioè, le dimensioni sono in numero maggiore delle grandezze), allora per ottenere almeno 1 gruppo adimensionale, il rango della matrice deve essere pari al numero di grandezze meno 1.

Esempio 2.4. Consideriamo le tre grandezze k, h e k_B, rispettivamente la costante di gravitazione universale, la costante di Planck e la costante di Boltzmann. La matrice dimensionale è

$$
\begin{array}{c|ccc}
 & k & h & k_B \\
\hline
M & -1 & 1 & 1 \\
L & 3 & 2 & 2 \\
T & -2 & -1 & -2 \\
\Theta & 0 & 0 & -1
\end{array} \, , \tag{2.58}
$$

con un numero di righe (le dimensioni) maggiore del numero di colonne (le grandezze). Il rango è pari a 3 e, dunque, non è possibile trovare nessuna relazione tra le 3 grandezze.

Se, invece, andiamo alla ricerca di una relazione funzionale che coinvolga anche la velocità della luce c e la temperatura:

$$
\theta = f(c, k, h, k_B) \tag{2.59}
$$

si calcola la matrice dimensionale

$$
\begin{array}{c|ccccc}
 & \theta & c & k & h & k_B \\
\hline
M & 0 & 0 & -1 & 1 & 1 \\
L & 0 & 1 & 3 & 2 & 2 \\
T & 0 & -1 & -2 & -1 & -2 \\
\Theta & 1 & 0 & 0 & 0 & -1
\end{array} \tag{2.60}
$$

che ha rango 4. Il gruppo adimensionale di pratico interesse è

$$\frac{\theta^2 \cdot k \cdot k_B^2}{h \cdot c^5} \tag{2.61}$$

che deve essere costante. Quindi, si calcola

$$\theta = C_1 \cdot \sqrt{\frac{h \cdot c^5}{k \cdot k_B^2}}, \tag{2.62}$$

dove C_1 è un coefficiente adimensionale. Per $C_1 = 1/\sqrt{2\,\pi}$ la temperatura θ prende il nome di *temperatura di Planck* ed è la massima temperatura termodinamica ammissibile nei limiti di validità della teoria gravitazionale e della teoria dei quanti. Essa è pari a

$$\theta_P = \frac{1}{2\,\pi} \cdot \sqrt{\frac{h \cdot c^5}{k \cdot k_B^2}} = 1.416\,785(\pm 0.000\,071) \times 10^{32}\ \text{K}. \tag{2.63}$$

2.2
La riduzione del numero di gruppi adimensionali

Le relazioni funzionali tra più di 3 gruppi adimensionali sono, di fatto, inutilizzabili, dato che, in assenza di indicazioni derivanti da principi di simmetria, di conservazione o di altra natura (cfr. Capitolo 3, p. 69), che permettano di individuare o semplificare la struttura della funzione (combinando, eventualmente, alcuni gruppi), si renderebbe necessario eseguire un numero di esperimenti troppo elevato per ricavare delle indicazioni sulla forma dell'equazione tipica. Per questo motivo, può essere conveniente cercare di ridurre il numero dei gruppi, aumentando il numero delle grandezze fondamentali, senza modificare il numero delle variabili, oppure riducendo, per accorpamento, il numero di variabili significative coinvolte.

A tal fine, si può operare:

- differenziando la grandezza fondamentale lunghezza, in base alla direzione (*vettorializzazione*);
- attribuendo significato diverso a una stessa grandezza fondamentale, in base al ruolo che essa ha nelle variabili (*discriminazione*);
- scegliendo opportunamente le grandezze fondamentali, in modo da accorpare alcune variabili.

Analizziamo di seguito alcune applicazioni dei tre metodi.

2.2.1
La vettorializzazione e la discriminazione delle grandezze

Una critica talvolta mossa nei confronti dell'Analisi Dimensionale classica, è la sua natura scalare che non considera, ad esempio, che la velocità ha tre componenti e che alcune grandezze coinvolte nei processi fisici possano essere anisotrope, di fatto o in uno schema concettuale del processo fisico. Rendere vettoriale l'Analisi Dimensionale richiede l'introduzione di grandezze fondamentali di lunghezza differenti nelle tre direzioni. Pertanto, un sistema della classe MLT, in coordinate cartesiane diventa un sistema della classe $ML_x L_y L_z T$ con tre distinte grandezze fondamentali per la lunghezza; in coordinate cilindriche, diventa un sistema della classe $ML_r L_\theta L_z T$. La densità di massa, ad esempio, in un sistema di coordinate cartesiane ortogonali avrà dimensione $[\rho] = M \cdot L_x^{-1} \cdot L_y^{-1} \cdot L_z^{-1}$, mentre in un sistema di coordinate cilindriche avrà dimensione $[\rho] = M \cdot L_\theta^{-1} \cdot L_r^{-1} \cdot L_z^{-1}$. Per tutte le altre variabili che coinvolgano lunghezze solo in una o in due direzioni, le variabili diventano esse stesse direzionali ed è necessario prestare attenzione alla selezione della direzione di azione. Ad esempio, la viscosità cinematica per uno scorrimento parallelo al piano $x - y$ avrà dimensione $[v_z] = L_z^2 \cdot T^{-1}$, mentre per uno scorrimento parallelo al piano $x - z$ avrà dimensione $[v_y] = L_y^2 \cdot T^{-1}$.

Un approccio simile si adotta nello studio di problemi differenziali di processi multiscala, con l'introduzione di scale geometriche diverse nelle diverse direzioni. Un classico esempio è lo studio dello strato limite della Meccanica dei fluidi.

Indubbiamente, l'individuazione della corretta dimensione delle variabili, in presenza di un insieme esteso di grandezze fondamentali (l'estensione si riferisce alla lunghezza, ma può valere anche per altre grandezze), richiede una conoscenza più approfondita del fenomeno, e non è esente da errori. Inoltre, non mancano le critiche all'attribuzione di una direzionalità alla lunghezza (e alle grandezze derivate contenenti una lunghezza), giudicata da alcuni uno strumento che rende più complessa e artificiosa l'analisi e che mira solo a giustificare risultati già noti (Massey, 1971 [53]). Ciò non toglie che l'Analisi Dimensionale vettoriale possa essere uno strumento di affinamento d'indagine.

A titolo esemplificativo, consideriamo il processo di risalita capillare di un liquido in un tubo verticale (da Szirtes, 2007 [72]) e applichiamo per prima l'Analisi Dimensionale classica. Lo schema è visibile in Figura 2.2. L'altezza di risalita h è esprimibile come

$$h = f(\rho, D, g, \sigma), \tag{2.64}$$

dove ρ è la densità di massa del liquido, D è il diametro del tubo verticale, g è l'accelerazione di gravità, σ è la tensione superficiale del liquido rispetto all'aria. La matrice dimensionale

$$
\begin{array}{c|ccccc}
 & h & \rho & D & g & \sigma \\
\hline
M & 0 & 1 & 0 & 0 & 1 \\
L & 1 & -3 & 1 & 1 & 0 \\
T & 0 & 0 & 0 & -2 & -2 \\
\end{array}
\tag{2.65}
$$

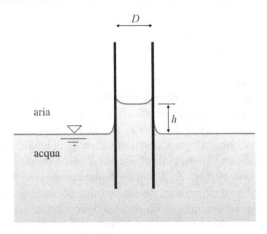

Figura 2.2   La risalita capillare in un tubo

ha rango 3 ed è possibile riscrivere l'equazione tipica con due soli argomenti adimensionali, ad esempio:

$$\Pi_1 = \frac{h}{D}, \quad \Pi_2 = \frac{\rho \cdot D^2 \cdot g}{\sigma}. \tag{2.66}$$

L'equazione (2.64) può essere così riscritta come

$$\Pi_1 = \widetilde{f}(\Pi_2), \tag{2.67}$$

cioè,

$$h = D \cdot \widetilde{f}\left(\frac{\rho \cdot D^2 \cdot g}{\sigma}\right). \tag{2.68}$$

Non abbiamo alcuna indicazione per determinare la forma della funzione, sebbene su basi logiche si intuisca che, per diametro molto grande e per $\sigma \to 0$, la risalita capillare debba annullarsi. Quindi, si potrebbe proporre una struttura monomia della funzione nell'inverso di Π_2, e cioè

$$\Pi_1 = \frac{\text{cost}}{\Pi_2} \to h = C_1 \cdot D \cdot \frac{\sigma}{\rho \cdot D^2 \cdot g} \equiv C_1 \cdot \frac{\sigma}{\rho \cdot D \cdot g}, \tag{2.69}$$

che corrisponde alla relazione teorica, con valore del coefficiente adimensionale C_1 pari a $4 \cos \psi$, dove ψ è l'angolo di contatto tra liquido e parete interna.

Applichiamo ora l'Analisi Dimensionale vettoriale in coordinate cilindriche, con la lunghezza discriminata in direzione verticale, indicata con L_z, e in direzione radiale, indicata con L_r.

Le dimensioni lineari di h, D e g sono intuitive. Le dimensioni lineari di ρ derivano dal fatto che ρ interviene con la gravità, per bilanciare la forza di tensione superficiale, con una risalita di un volumetto cilindrico con base di scala geometrica L_r^2 e altezza di scala geometrica L_z. Quindi, $[\rho] = M \cdot L_r^2 \cdot L_z^{-1}$.

Infine, la tensione superficiale esercita una forza secondo l'asse z, di dimensioni $M \cdot L_z \cdot T^{-2}$, agendo su una circonferenza di scala geometrica L_r. Quindi, $[\sigma] = [F_z] \cdot L_r^{-1} \equiv M \cdot L_r^{-1} \cdot L_z \cdot T^{-2}$.

La matrice dimensionale diventa

$$
\begin{array}{c|ccccc}
 & h & \rho & D & g & \sigma \\
\hline
M & 0 & 1 & 0 & 0 & 1 \\
L_r & 0 & -2 & 1 & 0 & -1 \\
L_z & 1 & -1 & 0 & 1 & 1 \\
T & 0 & 0 & 0 & -2 & -2 \\
\end{array}
\tag{2.70}
$$

e ha rango pari a 4. Applicando il Teorema di Buckingham, è possibile ricondurre il tutto a una funzione di un solo gruppo adimensionale, evidentemente costante:

$$
\Pi_1 = \frac{h \cdot \rho \cdot D \cdot g}{\sigma} \rightarrow \widetilde{f}(\Pi_1) = 0 \rightarrow \Pi_1 = \text{cost.}
\tag{2.71}
$$

Tale risultato coincide con la relazione teorica. Le ipotesi fatte sono in numero limitato e il risultato è molto più immediato, rispetto a quello dell'Analisi Dimensionale classica.

Esempio 2.5. Vogliamo calcolare l'angolo di rotazione ϕ di una barra prismatica, a sezione circolare, di lunghezza l e per un momento torcente applicato M_t (Fig. 2.3) (da Szirtes, 2007 [72]). Possiamo scrivere l'equazione tipica

$$
\phi = f(l, M_t, I_p, G),
\tag{2.72}
$$

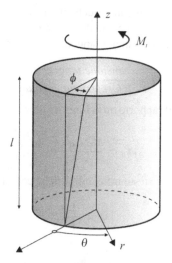

Figura 2.3 Barra prismatica a sezione circolare sollecitata da un momento torcente

dove I_p è il momento d'inerzia polare della sezione trasversale della barra, G è il modulo di elasticità tangenziale. La matrice dimensionale

$$
\begin{array}{c|ccccc}
 & \phi & l & M_t & I_p & G \\
\hline
M & 0 & 0 & 1 & 0 & 1 \\
L & 0 & 1 & 2 & 4 & -1 \\
T & 0 & 0 & -2 & 0 & -2
\end{array}
\tag{2.73}
$$

ha rango 2 e, applicando il Teorema di Buckingham, è possibile esprimere la relazione funzionale con soli $(5-2) = 3$ gruppi adimensionali, ad esempio:

$$
\Pi_1 = \phi, \quad \Pi_2 = \frac{l}{I_p^{1/4}}, \quad \Pi_3 = \frac{M_t}{G \cdot I_p^{3/4}}.
\tag{2.74}
$$

Quindi, risulta

$$
\phi = \widetilde{f}\left(\frac{l}{I_p^{1/4}}, \frac{M_t}{G \cdot I_p^{3/4}} \right).
\tag{2.75}
$$

Tale relazione è di limitata applicazione pratica e richiederebbe una serie di numerosi esperimenti per individuare la forma della funzione.

Se applichiamo i criteri dell'Analisi Dimensionale vettoriale, dobbiamo anzitutto specificare a quale asse riferire tutte le lunghezze che intervengono nelle variabili. Indichiamo con L_r, L_θ e L_z le dimensioni della lunghezza nella direzione radiale, tangenziale e assiale. L'angolo di rotazione ϕ, anche se adimensionale, è esprimibile come rapporto tra la lunghezza tangenziale e quella radiale, $[\phi] = L_\theta \cdot L_r^{-1}$. La dimensione di l è inequivocabilmente $[l] = L_z$. La dimensione del momento d'inerzia polare si calcola a partire dalla definizione di I_p:

$$
I_p = \int 2\pi r^3 \, dr \rightarrow [I_p] = L_r^4.
\tag{2.76}
$$

La dimensione del momento torcente è quella di una forza che si applica in direzione tangenziale moltiplicata per il braccio in direzione radiale, $[M_t] = M \cdot L_\theta \cdot L_r \cdot T^{-2}$; la dimensione del modulo di elasticità tangenziale G si calcola sulla base della sua definizione:

$$
G = \frac{\textit{tensione tangenziale}}{\textit{deformazione angolare}}.
\tag{2.77}
$$

La tensione tangenziale è il rapporto tra la forza in direzione θ e l'area della superficie, che scala secondo L_r^2:

$$
[\tau] = \frac{M \cdot L_\theta \cdot T^{-2}}{L_r^2}.
\tag{2.78}
$$

La deformazione angolare è su superfici cilindriche coassiali alla barra, e ha dimensione

$$
[\psi] = \frac{L_\theta}{L_z}.
\tag{2.79}
$$

In definitiva, risulta:

$$
[G] = M \cdot L_r^{-2} \cdot L_z \cdot T^{-2}.
\tag{2.80}
$$

La matrice dimensionale diventa

$$
\begin{array}{c|ccccc}
 & \phi & l & M_t & I_p & G \\
\hline
M & 0 & 0 & 1 & 0 & 1 \\
L_r & -1 & 0 & 1 & 4 & -2 \\
L_\theta & 1 & 0 & 1 & 0 & 0 \\
L_z & 0 & 1 & 0 & 0 & 1 \\
T & 0 & 0 & -2 & 0 & -2
\end{array}
\tag{2.81}
$$

e ha rango 4. Pertanto, è possibile individuare un unico gruppo adimensionale, ad esempio,

$$
\Pi_1 = \frac{\phi \cdot I_p \cdot G}{l \cdot M_t}
\tag{2.82}
$$

e, quindi,

$$
\tilde{f}(\Pi_1) = 0 \to \Pi_1 = \text{cost} \to \phi = C_1 \cdot \frac{l \cdot M_t}{I_p \cdot G},
\tag{2.83}
$$

dove C_1 è un coefficiente adimensionale.

Tale risultato è molto più immediato di quello ottenuto applicando l'Analisi Dimensionale classica. Tuttavia, una modesta variante nella selezione della grandezze direzionali porta a risultati scorretti. Ad esempio, se calcoliamo la dimensione del momento d'inerzia polare come $[I_p] = L_r^3 \cdot L_\theta$, la matrice dimensionale diventa

$$
\begin{array}{c|ccccc}
 & \phi & l & M_t & I_p & G \\
\hline
M & 0 & 0 & 1 & 0 & 1 \\
L_r & -1 & 0 & 1 & 3 & -2 \\
L_\theta & 1 & 0 & 1 & 1 & 0 \\
L_z & 0 & 1 & 0 & 0 & -1 \\
T & 0 & 0 & -2 & 0 & -2
\end{array}
\tag{2.84}
$$

che ha ancora rango 4, ma la variabile ϕ appare come dimensionalmente irrilevante (cfr. § 3.2, p. 74), dato che la sua eliminazione comporta una riduzione del rango a 3.

2.2.2
L'incremento del numero delle grandezze fondamentali

L'incremento del numero delle grandezze fondamentali può ottenersi anche attribuendo un diverso significato fisico alla stessa grandezza, cioè eseguendo una *discriminazione*. Ad esempio, la massa che interviene dimensionalmente nella viscosità dinamica o nella pressione, può intendersi come massa inerziale (sulla base del significato fisico della viscosità e della pressione), mentre la massa che interviene nella densità può intendersi quale quantità di materia (anche in tal caso sulla base del significato fisico della densità). In presenza di accelerazione di gravità, è possibile discriminare anche una massa gravitazionale, cioè una massa che ha rilevanza in virtù dell'azione della gravità.

Esempio 2.6. Consideriamo il flusso di un liquido in una condotta circolare cilindrica. La portata massica Q_m è esprimibile come

$$Q_m = f(\Delta p/l, \rho, \mu, D), \tag{2.85}$$

dove $\Delta p/l$ è la variazione di pressione per unità di lunghezza, ρ è la densità di massa, μ è la viscosità dinamica, D è il diametro della condotta. La matrice dimensionale

$$
\begin{array}{c|ccccc}
 & Q_m & \Delta p/l & \rho & \mu & D \\
\hline
M & 1 & 1 & 1 & 1 & 0 \\
L & 0 & -2 & -3 & -1 & 1 \\
T & -1 & -2 & 0 & -1 & 0 \\
\end{array}
\tag{2.86}
$$

ha rango 3 e, scelte ρ, μ e D quali grandezze fondamentali, si calcolano i $(5-3) = 2$ gruppi adimensionali:

$$\Pi_1 = \frac{Q_m}{\mu \cdot D}, \quad \Pi_2 = \frac{\Delta p \cdot \rho \cdot D^3}{l \cdot \mu^2}. \tag{2.87}$$

Quindi, si può scrivere

$$\Pi_1 = \tilde{f}(\Pi_2) \rightarrow Q_m = \mu \cdot D \cdot \tilde{f}\left(\frac{\Delta p \cdot \rho \cdot D^3}{l \cdot \mu^2}\right). \tag{2.88}$$

Se, invece, distinguiamo tra massa inerziale e massa intesa come quantità di materia e assumiamo che la prima sia coinvolta nelle variabili $\Delta p/l$ e μ, la seconda nelle variabili Q_m e ρ, la matrice dimensionale diventa

$$
\begin{array}{c|ccccc}
 & Q_m & \Delta p/l & \rho & \mu & D \\
\hline
M_i & 0 & 1 & 0 & 1 & 0 \\
M_q & 1 & 0 & 1 & 0 & 0 \\
L & 0 & -2 & -3 & -1 & 1 \\
T & -1 & -2 & 0 & -1 & 0 \\
\end{array}
\tag{2.89}
$$

e ha rango 4. È sufficiente un unico gruppo adimensionale, per esempio

$$\Pi_1 = \frac{Q_m \cdot \mu \cdot l}{\Delta p \cdot \rho \cdot D^4}. \tag{2.90}$$

Quindi,

$$\tilde{f}(\Pi_1) = 0 \rightarrow \Pi_1 = \text{cost} \rightarrow Q_m = C_1 \cdot \frac{\Delta p \cdot \rho \cdot D^4}{\mu \cdot l}, \tag{2.91}$$

che rappresenta la legge di Poiseuille (moto laminare), con un valore del coefficiente C_1 pari a $\pi/128$.

2.2.3
Il cambiamento delle grandezze fondamentali e l'accorpamento delle variabili

In altri processi un cambiamento delle grandezze fondamentali permette l'accorpamento di alcune variabili e una conseguente riduzione del loro numero.

Ad esempio, consideriamo una sfera in un fluido soggetta alla gravità e che abbia raggiunto la velocità terminale V. Tale velocità è esprimibile come

$$V = f(D, \rho, \rho_s, \mu, g), \tag{2.92}$$

dove D è il diametro della sfera, ρ è la densità di massa del fluido e ρ_s è la densità di massa del materiale della sfera, μ è la viscosità dinamica e g è l'accelerazione di gravità. La matrice dimensionale delle 6 variabili è

$$
\begin{array}{c|cccccc}
 & V & D & \rho & \rho_s & \mu & g \\
\hline
M & 0 & 0 & 1 & 1 & 1 & 0 \\
L & 1 & 1 & -3 & -3 & -1 & 1 \\
T & -1 & 0 & 0 & 0 & -1 & -2
\end{array}
\tag{2.93}
$$

e ha rango 3. La relazione funzionale può esprimersi utilizzando solo $(6-3) = 3$ gruppi adimensionali. Scelte D, ρ e μ quale terna di grandezze fondamentali, si calcolano, ad esempio, i gruppi:

$$\Pi_1 = \frac{V \cdot D \cdot \rho}{\mu}, \quad \Pi_2 = \frac{\rho_s}{\rho}, \quad \Pi_3 = \frac{g \cdot D}{V^2}. \tag{2.94}$$

In generale, si può scrivere

$$\Pi_1 = \widetilde{f}(\Pi_2, \Pi_3), \tag{2.95}$$

anche se è preferibile combinare i gruppi adimensionali come

$$\Pi_3' \equiv \frac{1}{\Pi_1 \cdot \Pi_3} = \widetilde{f}_1(\Pi_1, \Pi_2) \rightarrow \frac{V \cdot \mu}{\rho \cdot g \cdot D^2} = \widetilde{f}_1\left(\frac{V \cdot D \cdot \rho}{\mu}, \frac{\rho_s}{\rho}\right). \tag{2.96}$$

Se introduciamo la forza F in luogo della massa, possiamo eliminare l'accelerazione di gravità sostituendo il peso specifico γ alla densità di massa. La nuova matrice dimensionale diventa

$$
\begin{array}{c|ccccc}
 & V & D & \gamma & \gamma_s & \mu \\
\hline
F & 0 & 0 & 1 & 1 & 1 \\
L & 1 & 1 & -3 & -3 & -2 \\
T & -1 & 0 & 0 & 0 & 1
\end{array}
\tag{2.97}
$$

e ha rango 3. La relazione funzionale coinvolge solo $(5-3) = 2$ gruppi adimensionali ed è riconducibile all'equazione

$$V = \frac{D^2 \cdot \gamma}{\mu} \cdot f\left(\frac{\gamma}{\gamma_s}\right), \tag{2.98}$$

che è più compatta dell'equazione (2.96).

La simmetria e le trasformazioni affini

3

Come abbiamo più volte ricordato, la struttura dell'equazione tipica tra i gruppi adimensionali è generalmente incognita. Fortunatamente ci sono dei casi in cui alcune informazioni possono desumersi da eventuali simmetrie del processo fisico o da alcuni principi (quale, ad esempio, il secondo principio della Termodinamica).

3.1
La struttura delle funzioni dei gruppi adimensionali

Una classificazione generale della struttura dell'equazione tipica, tra gruppi adimensionali, prevede una distinzione tra struttura *monomia* e struttura *non monomia*.

Una relazione funzionale è *monomia*, se è esprimibile come prodotto di potenze delle variabili. Una relazione funzionale è *non monomia*, se contiene simboli di somma o sottrazione (somma algebrica), oppure se contiene relazioni trascendenti (funzioni trigonometriche, esponenziali, logaritmiche, iperboliche). Quest'ultima definizione deriva dalla precedente, poiché una funzione trascendente può essere sviluppata in serie di Taylor come combinazione lineare di monomi.

Le relazioni monomie tra gruppi adimensionali contengono il minor numero di costanti, intese sia come esponenti che come costanti moltiplicative. Infatti, se i gruppi adimensionali sono $(n-k)$ e sono in relazione monomia tra di loro, ad esempio,

$$\Pi_1^{\alpha_1} \cdot \Pi_2^{\alpha_2} \cdots \Pi_{n-k}^{\alpha_{n-k}} = C_1, \tag{3.1}$$

è presente un'unica costante adimensionale C_1 e $(n-k-1)$ esponenti indipendenti, per un totale di $(n-k)$ incognite, pari al numero dei gruppi adimensionali.

Se, invece, i gruppi sono in relazione non monomia, il numero di costanti è almeno pari a 2 e il numero di esponenti è ancora pari a $(n-k-1)$. La somma del numero delle costanti e del numero degli esponenti indipendenti è almeno pari a $(n-k+1)$, cioè almeno un'unità in più rispetto al numero di gruppi adimensionali.

Longo S.: Analisi Dimensionale e Modellistica Fisica.
Principi e applicazioni alle scienze ingegneristiche. © Springer-Verlag Italia 2011

Per una relazione binomia, risulta, ad esempio,

$$\Pi_1^{\alpha_1} = C_1 \cdot \Pi_2^{\alpha_2} + C_2 \cdot \Pi_3^{\alpha_3} \cdots \Pi_{n-k}^{\alpha_{n-k}}. \tag{3.2}$$

Oltre alla riduzione del numero di incognite, vi sono altri vantaggi conseguenti all'individuazione di una relazione monomia tra i gruppi adimensionali. Infatti, se la relazione è monomia tra $(n-k)$ gruppi adimensionali, è sufficiente eseguire $(n-k)$ esperimenti per stimare il valore numerico delle costanti e degli esponenti. Invece, se la relazione è non monomia, il minimo numero di esperimenti è indefinito, così come è indefinita la stessa forma della funzione.

Per questi motivi, la ricerca di una relazione monomia tra i gruppi adimensionali è il primo tentativo di rappresentazione della funzione.

3.1.1
La struttura della funzione dei gruppi adimensionali forzatamente monomia

Vi sono alcuni casi in cui la struttura monomia della funzione si desume direttamente dall'analisi del processo fisico. Ad esempio, consideriamo il processo di efflusso da uno stramazzo Bélanger a soglia larga (Fig. 3.1), descrivibile con l'equazione tipica

$$Q = f(b, h, g), \tag{3.3}$$

dove Q è la portata volumetrica, b è la larghezza, h è il tirante idrico rispetto alla soglia, g è l'accelerazione di gravità.

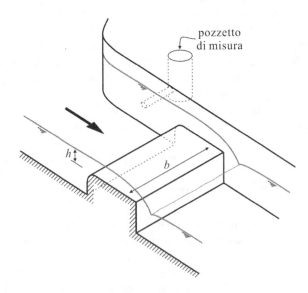

Figura 3.1   Stramazzo Bélanger a soglia larga

La matrice dimensionale

$$
\begin{array}{c|cccc}
 & Q & b & h & g \\
\hline
L & 3 & 1 & 1 & 1 \\
T & -1 & 0 & 0 & -2
\end{array}
\tag{3.4}
$$

ha rango 2 e, scelte h e g quali grandezze fondamentali, si calcolano i due seguenti gruppi adimensionali:

$$
\Pi_1 = \frac{Q}{h^{5/2} \cdot g^{1/2}}, \quad \Pi_2 = \frac{b}{h}.
\tag{3.5}
$$

L'equazione tipica che coinvolge i due gruppi adimensionali,

$$
\Phi\left(\frac{Q}{h^{5/2} \cdot g^{1/2}}, \frac{b}{h}\right) = 0
\tag{3.6}
$$

deve essere monomia. Sappiamo, infatti, che se raddoppia la larghezza b, raddoppia anche la portata Q. La dipendenza lineare tra Q e b (su basi logiche) obbliga a una relazione monomia del tipo:

$$
\frac{Q}{h^{5/2} \cdot g^{1/2}} = C_1 \cdot \left(\frac{b}{h}\right) \rightarrow Q = C_1 \cdot h^{3/2} \cdot g^{1/2},
\tag{3.7}
$$

dove C_1 è un coefficiente adimensionale.

In maniera più diretta, si può giungere allo stesso risultato scegliendo, quale variabile governata del processo fisico, la portata volumetrica per unità di larghezza $q = Q/b$. In tal caso, il numero di grandezze coinvolte si riduce a 3 in uno spazio a 2 dimensioni

$$
\begin{array}{c|ccc}
 & q & h & g \\
\hline
L & 2 & 1 & 1 \\
T & -1 & 0 & -2
\end{array} ,
\tag{3.8}
$$

ed è possibile individuare un unico gruppo adimensionale

$$
\Pi_1 = \frac{q}{h^{3/2} \cdot g^{1/2}}
\tag{3.9}
$$

che, in virtù delle proprietà elencate nel § 2.1.3, p. 59, deve essere necessariamente costante, ossia:

$$
\Pi_1 = \text{cost} \rightarrow q \equiv \frac{Q}{b} = C_1 \cdot h^{3/2} \cdot g^{1/2}.
\tag{3.10}
$$

3.1.2
La struttura della funzione dei gruppi adimensionali forzatamente non monomia

In altri casi, la struttura della relazione funzionale tra i gruppi adimensionali non può essere monomia su basi logiche o fisiche.

Consideriamo il processo *probabilità che una persona, recandosi alla stazione di Parma, riesca a vedere un treno diretto a Bologna, in sosta o in transito*. La probabilità p dipende dall'intervallo di tempo T_t tra due treni successivi ugualmente utili, dal tempo di permanenza del treno in stazione (incluso il tempo di attraversamento della stazione) Δt_t, dal tempo di attesa della persona Δt_p:

$$p = f(\Delta t_t, \Delta t_p, T_t). \tag{3.11}$$

La matrice dimensionale del processo fisico è

$$
\begin{array}{c|cccc}
 & p & \Delta t_t & \Delta t_p & T_t \\
\hline
T & 0 & 1 & 1 & 1
\end{array}, \tag{3.12}
$$

dove p è già adimensionale. I due gruppi adimensionali oltre a p sono

$$\Pi_1 = \frac{\Delta t_t}{T_t}, \quad \Pi_2 = \frac{\Delta t_p}{T_t} \tag{3.13}$$

e l'equazione tipica si può scrivere come

$$p = \Phi(\Pi_1, \Pi_2). \tag{3.14}$$

Supponiamo che Φ sia monomia:

$$p = C_1 \cdot \Pi_1^\alpha \cdot \Pi_2^\beta \equiv C_1 \cdot \left(\frac{\Delta t_t}{T_t}\right)^\alpha \cdot \left(\frac{\Delta t_p}{T_t}\right)^\beta. \tag{3.15}$$

Il processo è simmetrico, poiché potrebbe essere espresso come *probabilità che mentre il treno per Bologna è in sosta o in transito nella stazione di Parma, la persona sia in attesa.*

Quindi, risulta:

$$p = C_1 \cdot \left(\frac{\Delta t_t \cdot \Delta t_p}{T_t^2}\right)^\gamma. \tag{3.16}$$

L'esponente γ non può che essere positivo, poiché la probabilità p cresce monotonicamente al crescere di Δt_t o di Δt_p. Tuttavia, si noti che anche se il tempo di attesa della persona è nullo, la probabilità di vedere il treno non può essere nulla: all'arrivo in stazione, seguito dall'immediato allontanamento, la persona vede subito il treno che è in attesa di ripartire. Analogamente, se il tempo di attesa del treno è nullo (il treno è solo in transito), la probabilità p non è nulla: il treno attraversa la stazione quando la persona è in attesa. Per questo motivo, la relazione non può avere la struttura dell'equazione (3.16) né altra struttura monomia. Infatti, facendo uso del calcolo probabilistico, si perviene all'espressione:

$$p = \frac{\Delta t_t}{T_t} + \frac{\Delta t_p}{T_t} - \frac{1}{2}\left[\left(\frac{\Delta t_t}{T_t}\right)^2 + \left(\frac{\Delta t_p}{T_t}\right)^2\right]. \tag{3.17}$$

3.1.3
La struttura della funzione dei gruppi adimensionali possibilmente monomia

Infine, vi sono dei processi fisici per i quali una struttura della relazione funzionale, sulla base dell'intuizione fisica e dei vincoli imposti, potrebbe anche essere monomia, mentre poi si rivela *non monomia*.

Consideriamo lo scenario seguente (Szirtes, 2007 [72]). Un passante si trova sotto un palazzo di altezza h e, dall'ultimo piano, cade un vaso urtato dal proprietario dell'appartamento. Il proprietario che ha urtato il vaso avvisa a voce per permettere al passante di mettersi in salvo. A tal fine, è necessario che l'avviso giunga prima del vaso, nell'ipotesi che il tempo di reazione sia nullo per tutte e due le persone. Il processo fisico si può esprimere funzionalmente come

$$\Delta t = f(h, c, g), \tag{3.18}$$

dove Δt è la differenza tra il tempo di volo del vaso e il tempo di transito dell'avviso, c è la celerità del suono e g è l'accelerazione di gravità. L'incolumità del passante richiede che sia $\Delta t > 0$. La matrice dimensionale

$$\begin{array}{c|cccc} & \Delta t & h & c & g \\ \hline L & 0 & 1 & 1 & 1 \\ T & 1 & 0 & -1 & -2 \end{array} \tag{3.19}$$

ha rango 2. Scelte c e g quali grandezze fondamentali, si calcolano i due gruppi adimensionali:

$$\Pi_1 = \frac{\Delta t \cdot g}{c}, \quad \Pi_2 = \frac{h \cdot g}{c^2} \tag{3.20}$$

e, quindi,

$$\Pi_1 = \Phi(\Pi_2). \tag{3.21}$$

Una struttura monomia della funzione Φ avrebbe espressione

$$\Pi_1 = C_1 \cdot \Pi_2^\alpha \rightarrow \Delta t = C_1 \cdot \frac{c}{g} \cdot \left(\frac{h \cdot g}{c^2}\right)^\alpha, \tag{3.22}$$

dove C_1 è un coefficiente adimensionale. Se $h = 0$, allora $\Delta t = 0$ e, quindi, $\alpha > 0$. Inoltre, se la celerità del suono c aumenta, anche Δt deve aumentare e, quindi, $(1 - 2\alpha) > 0 \rightarrow \alpha < 1/2$. Se g aumentasse, allora Δt dovrebbe diminuire e, quindi, $\alpha < 1$.

Il risultato finale è che l'espressione monomia è compatibile con il processo fisico, purché l'esponente α sia positivo e minore di $1/2$.

Tuttavia, in assenza di resistenze al moto, il problema ha una soluzione analitica e bastano semplici calcoli per verificare che, in realtà, risulta:

$$\Delta t = \sqrt{\frac{2h}{g}} - \frac{h}{c} \rightarrow \Pi_1 = \sqrt{2\Pi_2} - \Pi_2, \tag{3.23}$$

espressione, quest'ultima, chiaramente non monomia.

3.2
La rilevanza dimensionale e fisica delle variabili

L'individuazione delle variabili coinvolte in un processo fisico si basa sull'intuito, sull'esperienza, sulle indicazioni sperimentali, sulle equazioni che lo descrivono. Talvolta accade che, nell'insieme di variabili selezionate, alcune siano irrilevanti dimensionalmente o fisicamente.

3.2.1
Le variabili dimensionalmente irrilevanti

Una variabile è *dimensionalmente irrilevante* se, in virtù delle sole sue dimensioni, non può fare parte di nessuna relazione tra la variabili residue.

Dimostriamo che:

Condizione sufficiente affinché una variabile sia dimensionalmente irrilevante è che la sua dimensione contenga una grandezza fondamentale (cioè, dell'insieme di grandezze scelte come fondamentali) che non sia contenuta in nessun'altra variabile.

Assumiamo, per esempio, che il processo fisico dipenda da 4 variabili con 3 grandezze fondamentali d_1, d_2 e d_3. Il processo è esprimibile come:

$$f(a_1, a_2, a_3, a_4) = 0. \tag{3.24}$$

In virtù del Teorema di Buckingham, è possibile raggruppare tutte le variabili in un unico gruppo adimensionale, tale da soddisfare l'equazione dimensionale

$$[a_1]^{\alpha_1} \cdot [a_2]^{\alpha_2} \cdot [a_3]^{\alpha_3} \cdot [a_4]^{\alpha_4} = d_1^0 \cdot d_2^0 \cdot d_3^0, \tag{3.25}$$

dove le parentesi per le dimensioni fondamentali sono state omesse, come da convenzione. Se a_4 è l'unica variabile nella quale compare, ad esempio, la grandezza fondamentale d_3, risulta:

$$[a_1]^{\alpha_1} \cdot [a_2]^{\alpha_2} \cdot [a_3]^{\alpha_3} \cdot \left(d_1^{\beta_1} \cdot d_2^{\beta_2} \cdot d_3^{\beta_3}\right)^{\alpha_4} = d_1^0 \cdot d_2^0 \cdot d_3^0 \tag{3.26}$$

che, per essere soddisfatta, richiede che sia

$$\beta_3 \cdot \alpha_4 = 0. \tag{3.27}$$

Poiché per ipotesi $\beta_3 \neq 0$, deve risultare necessariamente $\alpha_4 = 0$. Ciò significa che la variabile a_4 è inessenziale e può essere eliminata. Di conseguenza, la grandezza d_3 non è più necessaria e può essere eliminata e il rango della matrice dimensionale si riduce di un'unità.

Consideriamo, ad esempio, il sistema massa-molla in presenza di gravità. Assumiamo che il periodo di oscillazione t sia funzione della massa m, della rigidezza della molla k, dell'accelerazione di gravità g:

$$t = f(m, k, g). \tag{3.28}$$

La matrice dimensionale

$$
\begin{array}{c|cccc}
 & t & m & k & g \\
\hline
M & 0 & 1 & 1 & 0 \\
L & 0 & 0 & 0 & 1 \\
T & 1 & 0 & -2 & -2 \\
\end{array}
\tag{3.29}
$$

ha rango 3. L'unico minore di rango 3 non nullo contiene sempre g, che è l'unica variabile che contenga la grandezza fondamentale L. È possibile eliminare g e, conseguentemente, anche L, dato che non compare in nessuna delle altre variabili. Si può calcolare un unico gruppo adimensionale, ad esempio:

$$\Pi_1 = t \cdot \sqrt{\frac{k}{m}}. \tag{3.30}$$

L'equazione tipica richiede che Π_1 assuma valore costante, quindi,

$$t = C_1 \cdot \sqrt{\frac{m}{k}}, \tag{3.31}$$

dove C_1 è un coefficiente adimensionale. Pertanto, l'accelerazione di gravità g risulta dimensionalmente irrilevante. Si noti che l'eliminazione dell'accelerazione di gravità riduce il rango della matrice dimensionale e la riga corrispondente alla dimensione L può essere eliminata.

La condizione è necessaria, oltre che sufficiente:

Una variabile è dimensionalmente irrilevante se la sua eliminazione comporta la riduzione del rango della matrice dimensionale.

Infatti, l'eliminazione di una variabile porterebbe a $(n - 1 - k)$ il numero dei gruppi adimensionali, ma la riduzione del rango riduce k di un'unità e, dunque, il numero dei gruppi adimensionali è ancora pari a $(n - k)$, anche in assenza della variabile eliminata. Dunque, la variabile eliminata non ha alcun ruolo ed è inessenziale.

Individuata la variabile dimensionalmente irrilevante, si procede eliminandola dall'equazione tipica ed eliminando anche una dimensione, quella che riduce di una sola unità il rango della matrice dimensionale delle variabili residue.

Nel caso in cui siano presenti più gruppi adimensionali, una variabile è dimensionalmente irrilevante se non compare in nessuno dei gruppi scelti.

Si può dimostrare che, se una variabile è dimensionalmente irrilevante, rimane irrilevante qualunque sia la sua espressione monomia. Difatti, se non compare in nessun gruppo adimensionale, significa che le altre variabili sono sufficienti a descrivere il problema e la dimensione della variabile irrilevante (e di qualunque altra variabile che si dovesse aggiungere) è inessenziale.

In definitiva, l'irrilevanza dimensionale di una variabile è conseguenza della sufficienza dimensionale delle altre variabili che descrivono il fenomeno.

3.2.1.1
L'effetto cascata nelle variabili dimensionalmente irrilevanti

Può succedere che la procedura di eliminazione di una variabile, che risulti dimensionalmente irrilevante, comporti la riduzione a un problema nel quale un'altra variabile diventi a sua volta dimensionalmente irrilevante.

Supponiamo che un processo fisico sia descritto da 5 variabili con 4 grandezze fondamentali, con la matrice dimensionale

$$
\begin{array}{c|ccccc}
 & a_1 & a_2 & a_3 & a_4 & a_5 \\
\hline
d_1 & 2 & 2 & 1 & 2 & 3 \\
d_2 & 0 & 1 & 1 & 1 & 0 \\
d_3 & 0 & 0 & -2 & 3 & 0 \\
d_4 & 0 & 0 & 1 & 0 & 0
\end{array}
\tag{3.32}
$$

La matrice ha rango 4, ma a_3 è dimensionalmente irrilevante (eliminando tale variabile, il rango si riduce a 3 e d_4 è eliminabile). Eliminando a_3 e d_4, risulta che anche la variabile a_4 è dimensionalmente irrilevante e può essere eliminata insieme a d_3. Per ultimo, anche a_2 risulta irrilevante e il problema si riduce a una funzione di a_1 e a_5, con d_1 grandezza fondamentale:

$$
f(a_1, a_5) = 0 \rightarrow \Pi_1 = \frac{a_1}{a_5^{2/3}} = \text{cost.}
\tag{3.33}
$$

Pertanto, l'irrilevanza dimensionale di una variabile comporta, a cascata, l'irrilevanza dimensionale di altre variabili.

Tale situazione può essere vantaggiosamente utilizzata per ridurre la complessità del problema ovvero per individuare errori e omissioni nell'impostazione. In proposito, un esempio, tratto da Szirtes, 2007 [72] potrà essere illuminante.

Esempio 3.1. Consideriamo una sfera che si muova su un piano inclinato (Fig. 3.2). Se l'attrito ha un valore minore di un valore critico, la sfera slitta, altrimenti rotola. Possiamo assumere che l'angolo di attrito critico μ_c dipenda dal raggio della sfera R, dall'inclinazione del piano ϕ, dall'accelerazione di gravità g, dalla densità di massa ρ:

$$
\mu_c = f(\phi, R, g, \rho).
\tag{3.34}
$$

La matrice dimensionale è

$$
\begin{array}{c|ccccc}
 & \mu_c & \phi & R & g & \rho \\
\hline
M & 0 & 0 & 0 & 0 & 1 \\
L & 0 & 0 & 1 & 1 & -3 \\
T & 0 & 0 & 0 & -2 & 0
\end{array}
\tag{3.35}
$$

e si può dimostrare che, a cascata, g, ρ e R sono dimensionalmente irrilevanti. Ne consegue che il processo fisico è esprimibile come

$$
\mu_c = \widetilde{f}(\phi).
\tag{3.36}
$$

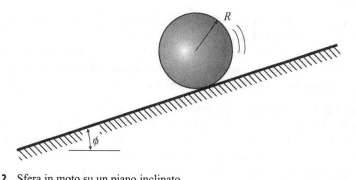

Figura 3.2 Sfera in moto su un piano inclinato

In effetti, per una sfera, risulta $\mu_c = 7/2\tan\phi$. Si noti che, se avessimo escluso la dipendenza dall'angolo di inclinazione del piano ϕ, saremmo giunti a una conclusione assurda, sebbene la formulazione del problema apparisse corretta.

3.2.2
Le variabili fisicamente irrilevanti

La definizione di irrilevanza fisica di una variabile è meno accurata di quella di irrilevanza dimensionale.

Una variabile è *fisicamente irrilevante* se la sua influenza sulla variabile governata è al di sotto di una soglia prefissata. Si noti che non avrebbe senso trattare il caso di una variabile governata fisicamente irrilevante.

Naturalmente, una tale definizione sposta il problema sulla scelta del valore di soglia. Per fortuna, oltre al buon senso che, ad esempio, suggerisce l'irrilevanza fisica dello spessore di vernice esterno di una condotta sul flusso del fluido all'interno della stessa, esistono alcuni criteri che non necessitano di una verifica di superamento di una soglia e, quindi, non richiedono la definizione del valore di soglia.

L'individuazione di una variabile fisicamente irrilevante si basa:

- sull'esistenza di una irrilevanza dimensionale;
- sul ragionamento euristico;
- sugli esperimenti combinati con un'interpretazione dei dati.

3.2.2.1
L'irrilevanza fisica a seguito di irrilevanza dimensionale

È possibile dimostrare che, condizione sufficiente e non necessaria, affinché una variabile sia fisicamente irrilevante, è che sia *dimensionalmente irrilevante*. Difatti, se una variabile fosse fisicamente rilevante, dovrebbe essere inclusa nella matrice dimensionale senza possibilità di eliminazione, operazione invece permessa per una variabile dimensionalmente irrilevante.

Al contrario, se una variabile è dimensionalmente rilevante, la sua azione può essere talmente modesta da renderla di fatto ininfluente sulla variabile dipendente e, dunque, classificabile come fisicamente irrilevante.

Esempio 3.2. Consideriamo il fenomeno dell'*aquaplaning*.

Se il fondo stradale è bagnato e la velocità dell'automezzo è al di sotto di una velocità critica, le sculpture del battistrada permettono di allontanare l'acqua garantendo sufficiente aderenza (Fig. 3.3). In corrispondenza della velocità critica, ciò non avviene efficacemente: si forma un velo d'acqua tra pneumatico e fondo stradale e lo pneumatico perde aderenza. In generale, tra le variabili di interesse, dovremmo includere la quota parte di peso del veicolo supportata dallo pneumatico e l'area di impronta dello stesso. Tuttavia, ciò che sperimentalmente interviene è il rapporto tra le due grandezze, coincidente con la pressione di gonfiaggio dello pneumatico, se trascuriamo la rigidezza del rivestimento. Tale pressione coincide anche con la pressione idrostatica del velo d'acqua che si forma in condizioni di *aquaplaning* incipiente. Possiamo assumere che la velocità critica U_c sia funzione della pressione p dello pneumatico, della densità dell'acqua ρ, dell'accelerazione di gravità g:

$$U_c = f(p, \rho, g). \tag{3.37}$$

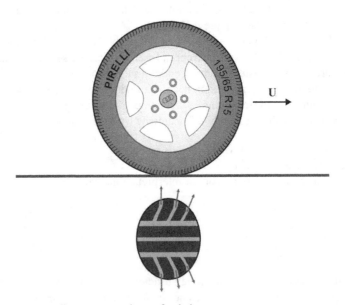

Figura 3.3 Impronta di uno pneumatico su fondo bagnato

La matrice dimensionale

$$
\begin{array}{c|cccc}
 & U_c & p & \rho & g \\
\hline
M & 0 & 1 & 1 & 0 \\
L & 1 & -1 & -3 & 1 \\
T & -1 & -2 & 0 & -2
\end{array}
\tag{3.38}
$$

ha rango 3 ma, eliminando l'accelerazione di gravità, diventa di rango 2. Ciò significa che l'accelerazione di gravità è dimensionalmente irrilevante e la matrice dimensionale ridotta coinvolge solo U_c, p e ρ:

$$
\begin{array}{c|ccc}
 & U_c & p & \rho \\
\hline
M & 0 & 1 & 1 \\
L & 1 & -1 & -3 \\
T & -1 & -2 & 0
\end{array}
\;.
\tag{3.39}
$$

Osserviamo che è sufficiente accorpare la variabili p e ρ nella nuova variabile p/ρ per rendere inessenziale la massa M:

$$
\begin{array}{c|cc}
 & U_c & p/\rho \\
\hline
M & 0 & 0 \\
L & 1 & 2 \\
T & -1 & -2
\end{array}
\;.
\tag{3.40}
$$

Con quest'ultima espressione, la matrice ha rango 1 e si calcola immediatamente l'unico gruppo adimensionale, pari a

$$
\Pi_1 = U_c \cdot \sqrt{\frac{\rho}{p}},
\tag{3.41}
$$

che assume valore costante. Quindi, risulta:

$$
\Pi_1 = \text{cost} \rightarrow U_c \propto \sqrt{\frac{p}{\rho}}.
\tag{3.42}
$$

Da tale relazione si desume che, sul bagnato, è conveniente aumentare la pressione degli pneumatici. Inoltre, l'accelerazione di gravità è dimensionalmente irrilevante e, quindi, anche fisicamente irrilevante. Per velocità molto elevate, potrebbe manifestarsi anche l'*ariaplaning*, un processo fisico che andrebbe analizzato, tuttavia, includendo l'esponente della trasformazione politropica dell'aria.

3.2.2.2
L'irrilevanza fisica a seguito di ragionamento euristico

Per dimostrare l'irrilevanza fisica, talvolta può essere sufficiente eseguire degli esperimenti mentali, spesso di notevole eleganza ed efficacia. A tal proposito riportiamo un celebre ragionamento di Einstein che si configura come un esperimento mentale in grado di dimostrare che la velocità di caduta di un grave, in assenza di resistenze al moto, non dipende dalla sua massa.

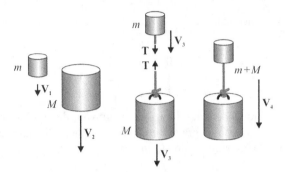

Figura 3.4 Esperimento mentale di Einstein per dimostrare che la velocità di caduta di un grave non dipende dalla sua massa

Supponiamo, per assurdo, che due corpi di massa m e M, con $m < M$, cadano con velocità V_1 e V_2, rispettivamente, con $V_1 < V_2$ (Fig. 3.4). Se legassimo i due corpi con una corda, il corpo di massa m sarebbe accelerato dalla trazione della corda e dovrebbe aumentare la velocità rispetto alla velocità propria V_1, mentre il corpo di massa M sarebbe rallentato dalla forza di trazione e dovrebbe ridurre la velocità rispetto alla velocità propria V_2. Ovviamente, la velocità comune V_3 dei corpi legati sarebbe intermedia tra V_1 e V_2, cioè risulterebbe $V_1 < V_3 < V_2$. Tuttavia, se la velocità fosse proporzionale alla massa, il corpo equivalente ai due corpi legati, di massa $m + M$ (trascurando la massa della corda) dovrebbe cadere con una velocità V_4 anche maggiore di V_2, cioè $V_4 > V_2 > V_3 > V_1$ che, evidentemente, non può essere uguale a V_3. I risultati contrastanti possono essere ricomposti solo assumendo che la velocità di caduta sia indipendente dalla massa del corpo, cioè $V_1 = V_2 \equiv V_3 \equiv V_4$.

La massa è, quindi, fisicamente irrilevante.

3.2.2.3
L'irrilevanza fisica a seguito di esperimenti combinati con l'interpretazione dei dati

Talvolta, nessuno dei due metodi finora riportati permette di identificare una grandezza fisicamente irrilevante, per cui non rimane altro che eseguire le prove sperimentali.

Si può dimostrare che, se in una relazione tra gruppi adimensionali del tipo $\Pi_1 = f(\Pi_2)$, una variazione di Π_2 lascia invariato Π_1, allora tutte le grandezze presenti in Π_2 ma assenti in Π_1, sono fisicamente irrilevanti.

Supponiamo che i gruppi adimensionali vengano così espressi:

$$\Pi_1 = a_1^{\alpha_1} \cdot a_2^{\alpha_2} \cdot a_3^{\alpha_3}, \qquad \Pi_2 = a_2^{\beta_2} \cdot a_3^{\beta_3} \cdot a_4^{\beta_4}. \qquad (3.43)$$

Se $\Pi_1 = C_1 = \text{cost}$ per qualunque valore assunto da Π_2, selezionando a_2 e a_3 (comuni ai due gruppi adimensionali), possiamo scrivere:

$$a_1 = \left(\frac{C_1}{a_2^{\alpha_2} \cdot a_3^{\alpha_3}} \right)^{1/\alpha_1}. \qquad (3.44)$$

Dunque, fissato un valore di a_1, le grandezze a_2 e a_3 non possono assumere valori generici, ma solo quei valori che soddisfano l'equazione (3.44). La grandezza a_4, invece, può assumere un qualunque valore per generare, insieme alla coppia a_2 e a_3, la sequenza di valori di Π_2, senza modificare il valore di Π_1. Ciò coincide con la definizione di irrilevanza fisica di a_4: una variazione del valore numerico di a_4 modifica il valore numerico di Π_2, ma non quello di $f(\Pi_2)$ e, dunque, lascia invariato il valore numerico di Π_1.

Non è vero, tuttavia, che la grandezza a_1, presente in Π_1 ma non in Π_2, sia fisicamente irrilevante.

Esempio 3.3. Analizziamo l'irrigatore a girandola schematizzato in Figura 3.5. Vogliamo calcolare la velocità di rotazione angolare ω a regime, in funzione della velocità relativa dell'acqua V_r, del diametro dei tubicini d, del raggio R, dell'angolo di efflusso θ, assumendo l'equazione tipica

$$\omega = f(d, V_r, R, \theta). \tag{3.45}$$

La matrice dimensionale

$$
\begin{array}{c|ccccc}
 & \omega & d & V_r & R & \theta \\
\hline
L & 0 & 1 & 1 & 1 & 0 \\
T & -1 & 0 & -1 & 0 & 0
\end{array}
\tag{3.46}
$$

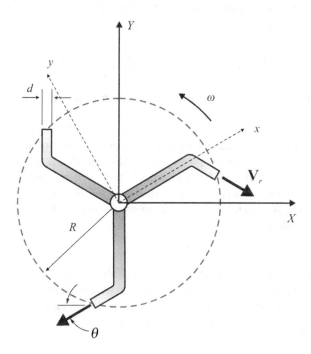

Figura 3.5   Irrigatore a girandola a tre bracci

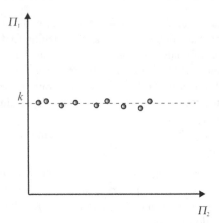

Figura 3.6   Risultati sperimentali per l'irrigatore a girandola a tre bracci

ha rango 2. L'angolo di efflusso è adimensionale e, quindi, l'equazione tipica può ricondursi a una funzione di 2 gruppi adimensionali e di θ:

$$\Pi_1 = \tilde{f}(\Pi_2, \theta). \tag{3.47}$$

Calcoliamo i due seguenti possibili gruppi adimensionali, $\Pi_1 = \dfrac{\omega \cdot R}{V_r}$ e $\Pi_2 = \dfrac{d}{R}$. Assumendo una espressione monomia della funzione, si può scrivere

$$\Pi_1 = \Pi_2^\alpha \cdot \Phi(\theta) \rightarrow \omega = \frac{V_r}{R} \cdot \left(\frac{d}{R}\right)^\alpha \cdot \Phi(\theta). \tag{3.48}$$

Una serie di rilievi sperimentali condotti su un dispositivo, con un prefissato angolo di efflusso θ, permettono di tracciare il diagramma riportato in Figura 3.6. Sulla base dell'evidenza sperimentale, si può concludere che il diametro d, presente in Π_2 ma non in Π_1, è fisicamente irrilevante. In merito alla struttura della funzione $\Phi(\theta)$, analizzando il fenomeno possiamo solo dire che debba essere una funzione periodica di periodo pari a 360°(passante per lo zero in corrispondenza di $\theta = 90°$e $\theta = 270°$), che inverte il segno passando da $\theta \in [-90°, 90°]$ a $\theta \in [90°, 270°]$.

In effetti, applicando il bilancio del momento angolare della quantità di moto, si calcola l'espressione

$$\omega = \frac{V_r \cdot \cos\theta}{R}, \tag{3.49}$$

nella quale non compare il diametro d. Si noti che l'invarianza di un gruppo adimensionale, sulla base di dati sperimentali, è verificata solo con riferimento a un assegnato livello di confidenza che quantifichi le incertezze nelle misurazioni eseguite (Longo e Petti, 2006 [51]), quindi, in termini probabilistici.

3.3
Il Teorema di Buckingham e le trasformazioni affini

La procedura che ci permette di ridurre il numero di argomenti di una relazione funzionale che descrive un processo fisico, ha un'interpretazione matematica molto più generale, inquadrata nella Teoria dei gruppi e, in particolare, dei gruppi di Lie e delle trasformazioni affini (Bluman e Kumei, 1989 [13]).

Un *gruppo* è una struttura algebrica formata da un insieme con un'operazione binaria (la somma o il prodotto) che soddisfa l'assioma dell'associatività, dell'esistenza dell'elemento neutro e dell'inverso. Un *gruppo di Lie* è un gruppo con specifiche proprietà riferite alla differenziabilità.

Una *trasformazione affine* fra due spazi euclidei

$$f : \mathbb{R}^n \to \mathbb{R}^m \tag{3.50}$$

è una trasformazione lineare del tipo

$$\mathbf{x} \mapsto \mathbf{A} \cdot \mathbf{x} + \mathbf{b}, \tag{3.51}$$

dove $\mathbf{A}$ è una matrice $(m \times n)$, $\mathbf{b}$ è un vettore di $\mathbb{R}^m$; la trasformazione permette di mappare linearmente un vettore $\mathbf{x}$ di $\mathbb{R}^n$ in un nuovo vettore di $\mathbb{R}^m$, tramite la matrice $\mathbf{A}$, e una traslazione (eventualmente nulla) rappresentata dal vettore $\mathbf{b}$.

Consideriamo una relazione funzionale tra n grandezze che descrivono un processo fisico:

$$f(a_1, a_2, \ldots, a_k, a_{k+1}, \ldots, a_n) = 0. \tag{3.52}$$

Da un punto di vista matematico, la riduzione a $(n-k)$ del numero di argomenti di una relazione funzionale rispetto alle n grandezze coinvolte, è definita come una trasformazione affine a k parametri di un gruppo di Lie che lascia invariata l'equazione (3.52):

$$\begin{cases} a_1^* = \beta_1 \cdot a_1 \\ a_2^* = \beta_2 \cdot a_2 \\ \ldots \\ a_k^* = \beta_k \cdot a_k \\ a_{k+1}^* = \beta_{k+1} \cdot a_{k+1} \\ \ldots \\ a_n^* = \beta_n \cdot a_n \end{cases}, \tag{3.53}$$

con $\beta_1 > 0$, $\beta_2 > 0$, $\ldots$, $\beta_k > 0$ costanti arbitrarie e con le costanti residue espressioni monomie delle k costanti arbitrarie:

$$\begin{cases} \beta_{k+1} = \beta_1^{\gamma_1} \cdot \beta_2^{\gamma_2} \cdots \beta_k^{\gamma_k} \\ \ldots \\ \beta_n = \beta_1^{\delta_1} \cdot \beta_2^{\delta_2} \cdots \beta_k^{\delta_k} \end{cases}. \tag{3.54}$$

Si può effettuare la stessa operazione per un problema differenziale, in modo da ridurre il numero di variabili, permettendo di ottenere delle soluzioni simili, eventualmente anche auto-simili.

Esempio 3.4. Consideriamo il processo di diffusione del calore con una sorgente puntiforme nell'origine, descritto dal seguente problema differenziale:

$$\begin{cases} \rho \cdot c_p \cdot \dfrac{\partial \theta}{\partial t} - k \cdot \dfrac{\partial^2 \theta}{\partial x^2} = 0, \quad -\infty < x < \infty,\, t > 0 \\[2mm] \theta(x,0) = \dfrac{Q}{\rho \cdot c_p} \cdot \delta(x) \\[2mm] \lim_{x \to \pm\infty} \theta(x,\,t) = 0 \end{cases} \qquad , \qquad (3.55)$$

dove ρ è la densità di massa, c_p è il calore specifico, θ è la temperatura, k è la conducibilità termica, Q è l'intensità della sorgente, $\delta(x)$ è la funzione di Dirac. Una soluzione auto-simile esiste se è possibile individuare una trasformazione affine del tipo

$$\begin{cases} x^* = \beta \cdot x \\ t^* = \beta^n \cdot t \\ \theta^* = \beta^m \cdot \theta \end{cases} \qquad (3.56)$$

che trasformi identicamente il problema differenziale, con β coefficiente adimensionale positivo e $|n| + |m| \neq 0$. Sostituendo nel problema differenziale (3.55), risulta:

$$\begin{cases} \rho \cdot c_p \cdot \beta^{(n-m)} \cdot \dfrac{\partial \theta^*}{\partial t^*} - k \cdot \beta^{(2-m)} \cdot \dfrac{\partial^2 \theta^*}{\partial x^{*2}} = 0, \quad -\infty < x^* < \infty,\, t^* > 0 \\[2mm] \beta^m \cdot \theta^*(x^*,\, 0) = \dfrac{1}{\beta} \cdot \dfrac{Q}{\rho \cdot c_p} \cdot \delta(x^*) \\[2mm] \lim_{x^* \to \pm\infty} \theta^*(x^*,\, t^*) = 0 \end{cases} \qquad . \qquad (3.57)$$

Il principio dell'omogeneità dimensionale richiede che tutti i termini dell'equazione differenziale (e delle condizioni al contorno) abbiano la stessa dimensione. Dunque, gli esponenti di β devono essere uguali per ogni coppia di termini della stessa equazione:

$$\begin{cases} n - m = 2 - m \\ m + 1 = 0 \end{cases} \qquad . \qquad (3.58)$$

La soluzione è $n = 2$, $m = -1$.

La trasformazione affine ricercata è

$$\begin{cases} x^* = \beta \cdot x \\ t^* = \beta^2 \cdot t \\ \theta^* = \dfrac{1}{\beta} \cdot \theta \end{cases} \qquad . \qquad (3.59)$$

Una soluzione auto-simile ha espressione

$$\theta(x, t) = t^r \cdot U(\xi), \quad \xi = x \cdot t^s. \tag{3.60}$$

Sulla base dei risultati della trasformazione affine, la soluzione auto-simile richiede che sia:

$$\theta(x, t) = \beta \cdot \theta \left(\beta \cdot x, \beta^2 \cdot t \right) \rightarrow t^r \cdot U(x \cdot t^s) = \beta^{(2r+1)} \cdot t^r \cdot U \left(\beta^{(2s+1)} \cdot t^s \right). \tag{3.61}$$

L'equazione (3.61) è soddisfatta per qualunque valore di α se $s = r = -1/2$. Quindi, la soluzione auto-simile ha l'espressione

$$\theta(x, t) = \frac{U \cdot \left(x / \sqrt{t} \right)}{\sqrt{t}}. \tag{3.62}$$

Sostituendo le espressioni calcolate nell'equazione di partenza, si ottiene un'equazione differenziale ordinaria nella variabile dipendente $U(\xi)$ e nell'unica variabile indipendente $\xi = x / \sqrt{t}$,

$$\begin{cases} \dfrac{k \cdot \tau}{\rho \cdot c_p \cdot l^2} \cdot U'' + \dfrac{\xi}{2} \cdot U' + U = 0 \\[2mm] U(\xi) = \dfrac{Q}{\rho \cdot c_p} \cdot \delta(\xi) \\[2mm] \lim_{\xi \to \pm\infty} U(\xi) = 0 \end{cases}, \tag{3.63}$$

dove τ e l sono, rispettivamente, una scala dei tempi e una scala della lunghezza. L'apice e il doppio apice indicano, rispettivamente, la derivata prima e la derivata seconda.

Si può dimostrare che il problema differenziale (3.63) è invariante per una trasformazione del gruppo di Lie a un parametro che, infine, conduce a una soluzione analitica:

$$\theta(x, t) = \frac{Q}{\rho \cdot c_p \cdot \sqrt{4\pi k \cdot t}} \cdot \exp\left(-\frac{x^2}{4 k \cdot t} \right). \tag{3.64}$$

La trasformazione affine ha permesso di ridurre il numero di variabili che compaiono esplicitamente nel processo fisico, raggruppandole in un numero minore di variabili; in particolare, ha raggruppato le variabili indipendenti permettendo di trasformare un'equazione alle derivate parziali in un'equazione alle derivate totali.

3.3.1
L'adimensionalizzazione delle equazioni algebriche e dei problemi differenziali

L'adimensionalizzazione delle equazioni e dei problemi differenziali può risultare conveniente per individuare l'ordine di grandezza dei termini, permettendo, ad esempio, in certe situazioni di trascurarne alcuni. Anche per questa operazione si può fare uso dei criteri dell'Analisi Dimensionale.

Analizziamo la procedura applicata all'esempio della diffusione del calore (cfr. Esempio 3.4, p. 84). Si tratta di un processo fisico nel quale compaiono le seguenti grandezze legate da una relazione funzionale:

$$\theta = f(x, t, \rho, c_p, k, Q). \tag{3.65}$$

La matrice dimensionale

	θ	x	t	ρ	c_p	k	Q
M	0	0	0	1	0	1	1
L	0	1	0	-3	2	1	-1
T	0	0	1	0	-2	-3	-2
Θ	1	0	0	0	-1	-3	0

$$(3.66)$$

ha rango 4. È possibile individuare $(7 - 4) = 3$ gruppi adimensionali sufficienti a descrivere compiutamente il problema differenziale.

Scelte come grandezze fondamentali ρ, c_p, k e Q (si dimostra che sono indipendenti), si calcolano i seguenti gruppi adimensionali:

$$\Pi_1 = \frac{\rho \cdot c_p}{Q} \cdot \theta, \quad \Pi_2 = \frac{c_p \cdot \sqrt{\rho \cdot Q}}{k} \cdot x, \quad \Pi_3 = \frac{Q \cdot c_p}{k} \cdot t, \tag{3.67}$$

che possono essere più convenientemente ridefiniti come *temperatura adimensionale*, *ascissa adimensionale* e *tempo adimensionale*:

$$\widetilde{\theta} = \frac{\rho \cdot c}{Q} \cdot \theta, \quad \widetilde{x} = \frac{c \cdot \sqrt{\rho \cdot Q}}{k} \cdot x, \quad \widetilde{t} = \frac{Q \cdot c}{k} \cdot t. \tag{3.68}$$

Il problema differenziale si può riscrivere in funzione di variabili adimensionali:

$$\begin{cases} \dfrac{\partial \widetilde{\theta}}{\partial \widetilde{t}} - \dfrac{\partial^2 \widetilde{\theta}}{\partial \widetilde{x}^2} = 0, & -\infty < \widetilde{x} < \infty, \, \widetilde{t} > 0 \\[2mm] \widetilde{\theta}(\widetilde{x}, 0) = \delta(\widetilde{x}) \\[2mm] \lim_{\widetilde{x} \to \pm\infty} \widetilde{\theta}(\widetilde{x}) = 0 \end{cases} \tag{3.69}$$

Conducendo la stessa analisi condotta per il problema differenziale con variabili dimensionali, si perviene a una soluzione auto-simile, della forma

$$\widetilde{\theta}(\widetilde{x}, \widetilde{t}) = \frac{\widetilde{U}\left(\widetilde{x}/\sqrt{\widetilde{t}}\right)}{\sqrt{\widetilde{t}}}. \tag{3.70}$$

3.4
L'uso della simmetria per specificare la forma della funzione

La grande generalità dell'approccio dimensionale ha lo svantaggio di non fornire alcuna indicazione sulla scelta dei gruppi adimensionali e sulla struttura della relazione funzionale. In alcuni casi, tuttavia, è possibile approfondire e dettagliare maggiormente le indicazioni fornite dal Teorema di Buckingham. Ciò avviene, per esempio, se il processo fisico analizzato ha una qualche forma di simmetria.

La simmetria è matematicamente definita in modo rigoroso ma, per semplicità, intenderemo per simmetria una qualunque trasformazione che lasci invariata una o più proprietà del sistema.

La simmetria è uno dei cardini della Fisica ed è strettamente legata alla conservazione di alcune grandezze. Ad esempio, l'invarianza rispetto a una traslazione nel tempo (stazionarietà), ha come conseguenza la conservazione dell'energia. L'invarianza rispetto a una traslazione nello spazio (omogeneità) e a una rotazione (isotropia), hanno come conseguenza la conservazione della quantità di moto e del momento angolare della quantità di moto.

Naturalmente è vero anche il contrario: la conservazione dell'energia richiede l'invarianza a una traslazione del tempo.

Di seguito si riportano alcuni esempi applicativi nei quali si fa uso delle proprietà di simmetria per specificare la forma dell'equazione tipica tra gruppi adimensionali.

Esempio 3.5. Consideriamo un pistone che si muova in un cilindro pieno di gas, generando un'onda che si propaghi con celerità finita. Trascuriamo l'attrito del gas alla parete. Di fronte al pistone si forma una regione di gas in movimento, separata da una regione indisturbata a valle. La posizione x del fronte d'onda dipende, in generale, dal tempo t, dalla velocità U del pistone, dalla densità di massa del gas ρ, dalla pressione p e dall'energia specifica interna e nella regione indisturbata:

$$x = f\left(t,\, U,\, \rho,\, p,\, e\right). \tag{3.71}$$

La matrice dimensionale

$$
\begin{array}{c|cccccc}
 & x & t & U & \rho & p & e \\
\hline
M & 0 & 0 & 0 & 1 & 1 & 0 \\
L & 1 & 0 & 1 & -3 & -1 & 2 \\
T & 0 & 1 & -1 & 0 & -2 & -2
\end{array}
\tag{3.72}
$$

ha rango 3. Scelte x, t e ρ come terna di grandezze fondamentali, si individuano i seguenti 3 gruppi adimensionali:

$$\Pi_1 = \frac{U \cdot t}{x}, \quad \Pi_2 = \frac{p \cdot t^2}{x^2 \cdot \rho}, \quad \Pi_3 = \frac{e \cdot t^2}{x^2}. \tag{3.73}$$

Si noti che x e t compaiono sempre con il loro rapporto; quindi, possiamo ridurre il numero di variabili definendo $c = x/t$, la velocità di avanzamento del fronte d'onda.

La matrice dimensionale diventa

$$
\begin{array}{c|ccccc}
 & c & U & \rho & p & e \\
\hline
M & 0 & 0 & 1 & 1 & 0 \\
L & 1 & 1 & -3 & -1 & 2 \\
T & -1 & -1 & 0 & -2 & -2
\end{array}
\tag{3.74}
$$

e ha rango 2. Si osservi, a tal proposito, che la massa compare solo in ρ e p le quali, pertanto, possono apparire solo come rapporto p/ρ.

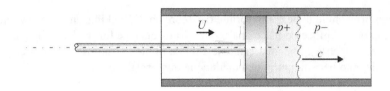

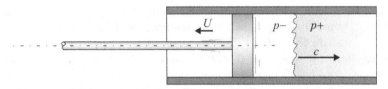

Figura 3.7   Onde di compressione e di rarefazione per limitata velocità del pistone

Sulla scorta di tali osservazioni, possiamo raggruppare p e ρ ed eliminare la riga M. La matrice dimensionale diventa

$$
\begin{array}{c|cccc}
 & c & U & p/\rho & e \\
\hline
L & 1 & 1 & 2 & 2 \\
T & -1 & -1 & -2 & -2
\end{array}
\tag{3.75}
$$

e ha rango 1. Scelta p/ρ come grandezza fondamentale, si perviene alla relazione funzionale

$$
\frac{c}{\sqrt{p/\rho}} = \Phi\left(\frac{U}{\sqrt{p/\rho}}, \frac{p}{\rho \cdot e}\right).
\tag{3.76}
$$

Se il pistone si muove verso destra ($U > 0$), si genera un'onda di compressione che si propaga verso destra, con $c > 0$ (Fig. 3.7).

Se il pistone si muove verso sinistra ($U < 0$), l'onda è di rarefazione ma continua a propagarsi verso destra, cioè $c > 0$. Quindi, la funzione Φ è dispari rispetto a $U/\sqrt{p/\rho}$. Inoltre, per velocità del pistone sufficientemente piccole, le onde che si generano si propagano con la celerità del suono, cioè

$$
\lim_{(U/\sqrt{p/\rho}) \to 0} \frac{c}{\sqrt{p/\rho}} = \widetilde{\Phi}_1\left(\frac{p}{\rho \cdot e}\right).
\tag{3.77}
$$

Per velocità del pistone molto elevate e verso destra, l'onda di *shock* ha una velocità proporzionale alla velocità del pistone

$$
\lim_{(U/\sqrt{p/\rho}) \to \infty} \frac{c}{\sqrt{p/\rho}} = \frac{U}{\sqrt{p/\rho}} \cdot \widetilde{\Phi}_2\left(\frac{p}{\rho \cdot e}\right) \to \frac{c}{U} = \widetilde{\Phi}_2\left(\frac{p}{\rho \cdot e}\right).
\tag{3.78}
$$

Dalla gasdinamica, risulta che $\widetilde{\Phi}_1(p/\rho \cdot e) = \sqrt{\gamma}$ e $\widetilde{\Phi}_2(p/\rho \cdot e) = (\gamma + 1)/2$, con γ rapporto tra il calore specifico a pressione costante e a volume costante.

Esempio 3.6. Consideriamo una particella sferica di raggio r, di densità pari a quella del fluido, in un campo di moto tra due piani paralleli, quello inferiore in quiete (Fig. 3.8) e quello superiore in moto uniforme verso destra. Il campo di moto ha una velocità di deformazione angolare uniforme, pari a $\dot{\gamma} = U/h$. La forza trasversale esercitata dal fluido sulla particella è esprimibile come

$$F = f(h, H, r, \rho, \mu, \dot{\gamma}), \tag{3.79}$$

dove ρ è la densità comune del fluido e della particella, μ è la viscosità dinamica, $\dot{\gamma}$ è la velocità di deformazione angolare del flusso. La matrice dimensionale

$$\begin{array}{c|ccccccc} & F & h & H & r & \rho & \mu & \dot{\gamma} \\ \hline M & 1 & 0 & 0 & 0 & 1 & 1 & 0 \\ L & 1 & 1 & 1 & 1 & -3 & -1 & 0 \\ T & -2 & 0 & 0 & 0 & 0 & -1 & -1 \end{array} \tag{3.80}$$

ha rango 3 ed è possibile individuare $(7-3) = 4$ gruppi adimensionali. In definitiva, si può scrivere

$$\frac{F}{\mu \cdot \dot{\gamma} \cdot r^2} = \Phi\left(\frac{\rho \cdot \dot{\gamma} \cdot r^2}{\mu}, \frac{r}{H}, \frac{h}{H}\right), \tag{3.81}$$

dove $(\rho \cdot \dot{\gamma} \cdot r^2/\mu)$ è il numero di Reynolds.

Se si inverte il verso del moto, il segno della forza F non deve cambiare e, quindi, F deve essere funzione dispari del numero di Reynolds.

Inoltre, per Re $\rightarrow 0$, la forza deve annullarsi. Ciò permette di riscrivere l'equazione (3.81) come

$$\frac{F}{\mu \cdot \dot{\gamma} \cdot r^2} = \text{Re} \cdot \Phi_1\left(\frac{r}{H}, \frac{h}{H}\right). \tag{3.82}$$

Più correttamente, se il numero di Reynolds si intende calcolato con riferimento al valore assoluto della velocità di deformazione angolare, l'equazione (3.82) può essere riscritta come

$$\frac{F}{\mu \cdot \dot{\gamma} \cdot r^2} = \text{Re}^n \cdot \Phi_1\left(\frac{r}{H}, \frac{h}{H}\right), \tag{3.83}$$

dove n è un esponente qualsiasi diverso da zero (altrimenti ρ sarebbe dimensionalmente irrilevante).

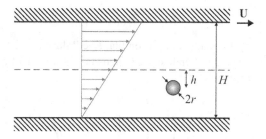

Figura 3.8 Sfera in un campo di moto tra due piani paralleli

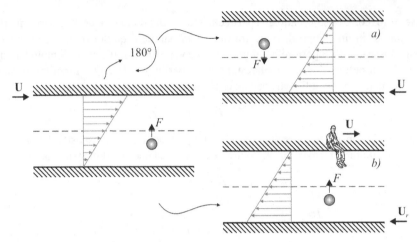

Figura 3.9 Trasformazione a seguito *a)* di una rotazione di 180°; *b)* di una trasformazione galileiana

Ulteriori informazioni sulla struttura di Φ_1 derivano dalla simmetria.

Se operiamo una rotazione di 180° intorno a un asse ortogonale al foglio, otteniamo un campo di moto in cui la particella, inizialmente sotto il piano medio, si ritrova sopra e riceve una spinta verso il medesimo (Fig. 3.9*a*). Se eseguiamo una trasformazione galileiana, ponendoci in un sistema di coordinate che trasla con velocità uniforme e pari alla velocità del piano superiore (Fig. 3.9*b*), otteniamo un campo di moto identico a quello ottenuto per rotazione di 180°, ma con la particella ancora al di sotto del piano medio, verso il quale riceve una spinta. Ne consegue che il verso della forza è sempre diretto verso il piano medio, cioè F è una funzione dispari di h/H e si annulla per $h = 0$. Quindi, in definitiva

$$\frac{F}{\mu \cdot \dot{\gamma} \cdot r^2} = \mathrm{Re}^n \cdot \left(\frac{h}{H}\right)^{(2m-1)} \cdot \Phi_2\left(\frac{r}{H}\right), \tag{3.84}$$

con m intero positivo non nullo.

Esempio 3.7. Consideriamo le fluttuazioni dell'interfaccia tra un liquido e un gas che si manifestano in forma di onde. La loro celerità c può essere espressa come

$$c = f(l, h, H, g, \sigma, \rho), \tag{3.85}$$

dove l è la lunghezza d'onda, h è la profondità, H è l'altezza, g è l'accelerazione di gravità, σ è la tensione superficiale e ρ è la densità di massa del liquido.

La matrice dimensionale

	c	l	h	H	g	σ	ρ
M	0	0	0	0	0	1	1
L	1	1	1	1	1	0	-3
T	-1	0	0	0	-2	-2	0

$$(3.86)$$

ha rango 3 ed è, quindi, possibile esprimere la relazione (3.85) in funzione di $(7-3) =$ 4 gruppi adimensionali, ad esempio

$$\frac{c}{\sqrt{l \cdot g}} = \Phi \left(\frac{\sigma}{\rho \cdot l^2 \cdot g}, \frac{h}{l}, \frac{H}{l} \right), \tag{3.87}$$

dove H/l prende il nome di *ripidità* dell'onda. Per onde di ripidità molto piccola, viene meno la dipendenza da H/l e l'equazione (3.87) si semplifica:

$$\frac{c}{\sqrt{l \cdot g}} = \Phi_1 \left(\frac{\sigma}{\rho \cdot l^2 \cdot g}, \frac{h}{l} \right). \tag{3.88}$$

Se la gravità ha un ruolo trascurabile rispetto alla tensione superficiale, può essere eliminata dalla matrice dimensionale, che comunque conserva il rango 3. L'effetto della gravità (presente in tutti e due i gruppi adimensionali) è nullo solo se la funzione Φ_1 ha la struttura

$$\Phi_1 \left(\frac{\sigma}{\rho \cdot l^2 \cdot g}, \frac{h}{l} \right) \equiv \sqrt{\frac{\sigma}{\rho \cdot l^2 \cdot g}} \cdot \Phi_2 \left(\frac{h}{l} \right). \tag{3.89}$$

In tal modo, risulta

$$c = \Phi_2 \left(\frac{h}{l} \right) \cdot \sqrt{\frac{\sigma}{\rho \cdot l}}. \tag{3.90}$$

Sperimentalmente, se h/l è sufficientemente grande, risulta fisicamente irrilevante. Le onde che si propagano con la celerità così espressa sono controllate dalla tensione superficiale e sono definite *onde capillari*.

Se è la tensione superficiale a essere trascurabile, per eliminare la dipendenza da σ è necessario che la funzione Φ_1 sia solo funzione di h/l. Ne risulta l'espressione della celerità

$$c = \sqrt{g \cdot l} \cdot \Phi_2 \left(\frac{h}{l} \right). \tag{3.91}$$

Le onde che si propagano con questa celerità sono controllate dall'accelerazione di gravità e sono definite *onde di gravità*.

Il risultato della riduzione del numero dei gruppi adimensionali è coerente con il fatto che l'eliminazione di σ conduce alla irrilevanza dimensionale di ρ. Pertanto, la massa M non interviene e la matrice dimensionale di un processo fisico diventato puramente cinematico ha rango 2. Le 4 variabili residue possono essere organizzate in 2 gruppi adimensionali, uno dei quali è la ripidità dell'onda che non interviene se è sufficientemente piccola.

L'Analisi Dimensionale non è più di ausilio per individuare la struttura della funzione Φ_1, quando la gravità e la tensione superficiale siano ugualmente importanti. Tuttavia, possiamo cercare di trovare un'equivalenza tra l'azione della gravità e quella della tensione superficiale.

La forza stabilizzante della gravità su una semionda di equazione

$$z = a \cdot \sin \frac{2\pi}{l} \cdot x, \quad 0 < x < l/2 \tag{3.92}$$

è pari al suo peso

$$\rho \cdot g \cdot \frac{a \cdot l}{\pi}. \tag{3.93}$$

La forza stabilizzante dovuta alla tensione superficiale è pari a:

$$\int_0^{l/2} \frac{\sigma \cdot \dfrac{d^2 z}{dx^2}}{\left[1 + \left(\dfrac{dy}{dx}\right)^2\right]^{3/2}} \approx \int_0^{l/2} \sigma \cdot \frac{d^2 z}{dx^2} = \frac{4 a \pi \sigma}{l}. \tag{3.94}$$

Il contributo della tensione superficiale può intendersi come un incremento della gravità, cioè:

$$g' = \frac{\rho \cdot a \cdot l}{\pi} \cdot \left(g + \frac{4\pi^2 \sigma}{\rho \cdot l^2}\right), \tag{3.95}$$

quindi, la celerità dell'onda si può esprimere come

$$c = C_3 \cdot \sqrt{g \cdot l + \frac{4\pi^2 \sigma}{\rho \cdot l}}, \tag{3.96}$$

dove C_3 è un coefficiente adimensionale.

Esempio 3.8. Consideriamo un fluido viscoelastico in un contenitore cilindrico con una barra circolare cilindrica e coassiale in rotazione. Se il diametro della barra è sufficientemente piccolo, le caratteristiche del fluido danno luogo a una risalita in corrispondenza dell'asse (Fig. 3.10): esattamente il contrario di ciò che accade in un fluido Newtoniano per il quale la componente centrifuga genera una depressione del pelo libero nella stessa regione. È questo l'effetto Weissenberg.

Figura 3.10 Effetto Weissenberg, risalita di un fluido viscoelastico in corrispondenza della barra circolare cilindrica posta in rotazione (da http://web.mit.edu/nnf/, per g.c. di Gareth McKinley)

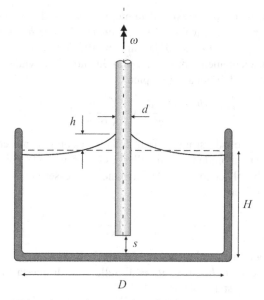

Figura 3.11   Effetto Weissenberg, schema per l'analisi del processo fisico

Con riferimento allo schema visibile in Figura 3.11, la risalita h è funzione di una serie di grandezze caratterizzanti la geometria, il campo di moto e il fluido, quindi

$$h = f(\omega, \mu, v_1, \rho, g, d, s, D, H), \tag{3.97}$$

dove μ è la viscosità dinamica, ρ è la densità di massa, g è l'accelerazione di gravità, v_1 è il parametro che caratterizza lo scostamento dalla distribuzione idrostatica di una delle componenti della tensione normale, cioè $\sigma_{22} = v_1 \cdot \dot{\gamma}^2 - p$; si trascura lo scostamento delle altre componenti. La matrice dimensionale delle 10 grandezze

$$
\begin{array}{c|cccccccccc}
 & h & \omega & \mu & v_1 & \rho & g & d & s & D & H \\
\hline
M & 0 & 0 & 1 & 1 & 1 & 0 & 0 & 0 & 0 & 0 \\
L & 1 & 0 & -1 & -1 & -3 & 1 & 1 & 1 & 1 & 1 \\
T & 0 & -1 & -1 & 0 & 0 & -2 & 0 & 0 & 0 & 0
\end{array} \tag{3.98}
$$

ha rango 3. Quindi, è possibile esprimere la relazione facendo uso di soli $(10-3) = 7$ gruppi adimensionali, ad esempio

$$\frac{h}{d} = \Phi\left(\frac{\rho \cdot \omega \cdot d^2}{\mu}, \frac{v_1}{\rho \cdot d^2}, \frac{g}{\omega^2 \cdot d}, \frac{s}{d}, \frac{D}{d}, \frac{H}{d}\right). \tag{3.99}$$

Nelle condizioni asintotiche $D \gg d$, $H \gg d$, e per un preciso valore di s, ad esempio $s = d$, la relazione si semplifica come segue:

$$\frac{h}{d} = \Phi_1\left(\frac{\rho \cdot \omega \cdot d^2}{\mu}, \frac{v_1}{\rho \cdot d^2}, \frac{g}{\omega^2 \cdot d}\right). \tag{3.100}$$

Il primo gruppo tra parentesi è il numero di Reynolds, basato sulla velocità periferica della barra cilindrica e sul suo diametro. Poiché h è sempre positivo e non dipende dall'orientazione di ω, la funzione Φ_1 deve essere pari in ω. Inoltre, per Reynolds sufficientemente piccolo, h non dipende da Reynolds. Quindi, si può ipotizzare la struttura dell'equazione tipica

$$\frac{h}{d} = \frac{\omega^2 \cdot d}{g} \cdot \Phi_2 \left(\frac{v_1}{\rho \cdot d^2} \right). \tag{3.101}$$

Tale espressione deve ridursi agli effetti della sola componente centrifuga, se gli effetti non-Newtoniani tendono ad annullarsi, cioè se $v_1 \to 0$. Poiché il segno di h si inverte se cambia il segno di v_1, la funzione deve essere lineare in $v_1/(\rho \cdot d^2)$. Pertanto, si può scrivere

$$\frac{h}{d} = -C_1 \cdot \frac{\omega^2 \cdot d}{g} \cdot \left(1 - C_2 \cdot \frac{v_1}{\rho \cdot d^2} \right), \tag{3.102}$$

dove C_1 è una coefficiente adimensionale positivo; il segno negativo che lo precede serve a garantire che sia $h < 0$ se $v_1 = 0$. Sulla base di questa funzione, l'effetto Weissenberg si manifesterà solo se risulta

$$\frac{v_1}{\rho \cdot d^2} > \frac{1}{C_2}, \tag{3.103}$$

altrimenti diventerà dominante la depressione dovuta alla componente centrifuga.

Analiticamente si calcola $C_2 = 8$ e, quindi, $d < \sqrt{8 \, v_1/\rho}$.

Si noti che le due condizioni asintotiche per le variabili D e H permettono di eliminare i corrispondenti gruppi adimensionali solo a seguito di una verifica sperimentale o sulla base della struttura di una eventuale equazione algebrica o differenziale che descriva il processo: sarebbe arbitrario farlo senza riscontro alcuno. Inoltre, la condizione $s = d$ non elimina la dipendenza dell'equazione tipica dal corrispondente gruppo adimensionale s/d, né riduce il numero delle variabili, ma semplicemente permette di analizzare l'equazione in un dominio ridotto. Tale analisi ha significato nell'ipotesi che l'insieme dei gruppi adimensionali scelto sia effettivamente il più appropriato per rappresentare il processo fisico. Infatti, una scelta differente dei gruppi adimensionali, con la variabile s che si rapporti ad una variabile diversa da d, non permetterebbe di ridurre la dimensione del dominio.

Esempio 3.9. Consideriamo un misuratore di portata massica di Coriolis, schematizzato da un tubicino rettilineo di lunghezza l attraversato da fluido con velocità U e densità di massa ρ_f, incastrato agli estremi (Fig. 3.12). Analizziamo matematicamente il comportamento del sistema tubicino-fluido in presenza di oscillazioni indotte, ad esempio, da un *pick-up* elettromagnetico esterno.

L'equazione che descrive le vibrazioni trasversali $\delta_t (x, t)$ del tubicino, schematizzato come una trave rettilinea di Eulero, deriva dal principio di azione stazionaria di Lagrange della funzione (Raszillier e Durst, 1991 [63])

$$\mathscr{L}_t(\delta_t) = \frac{1}{2} \left[m_t \cdot \left(\frac{\partial \delta_t}{\partial t} \right)^2 - T_t \cdot \left(\frac{\partial \delta_t}{\partial x} \right)^2 - E \cdot I \cdot \left(\frac{\partial^2 \delta_t}{\partial x^2} \right)^2 \right], \tag{3.104}$$

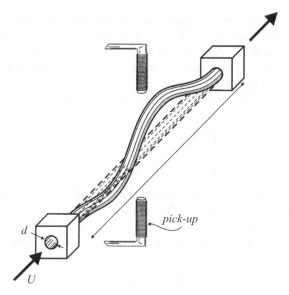

Figura 3.12 Misuratore di portata massica di Coriolis. A tratteggio la configurazione indisturbata (cioè con *pick-up* spenti)

dove m_t è la massa del tubicino per unità di lunghezza, T_t è la forza assiale, E è il modulo di Young e I è il momento d'inerzia della sezione trasversale nel piano di oscillazione. Analogamente, l'equazione che descrive le vibrazioni trasversali $\delta_f(x, t)$ del fluido, schematizzato come una stringa, cioè un continuo la cui unica interazione con le pareti interne del tubicino sia riconducibile a forze di pressione, deriva dal principio di azione stazionaria di Lagrange della funzione

$$\mathscr{L}_f\left(\delta_f\right) = \frac{1}{2}\left[m_f \cdot \left(\frac{\partial \delta_f}{\partial t} + U \cdot \frac{\partial \delta_f}{\partial x}\right)^2 - T_f \cdot \left(\frac{\partial \delta_f}{\partial x}\right)^2\right], \qquad (3.105)$$

dove m_f è la massa di fluido per unità di lunghezza e T_f è la forza assiale che sollecita la stringa di fluido (solo di compressione). I due continui oscillano con pari ampiezza

$$\delta_t(x, t) = \delta_f(x, t). \qquad (3.106)$$

La funzione di Lagrange del sistema diventa

$$\mathscr{L}(\delta_t, \delta_f, \lambda) = \mathscr{L}_t + \mathscr{L}_f + \lambda \cdot \left(\delta_t - \delta_f\right) \qquad (3.107)$$

(λ è il moltiplicatore di Lagrange) che, minimizzata, conduce all'equazione

$$(m_t + m_f) \cdot \frac{\partial^2 \delta}{\partial t^2} + 2m_f \cdot U \cdot \frac{\partial^2 \delta}{\partial t \partial x} + m_f \cdot U^2 \cdot \frac{\partial^2 \delta}{\partial x^2} + E \cdot I \cdot \frac{\partial^4 \delta}{\partial x^4} = 0, \quad (3.108)$$

dove $\delta \equiv \delta_t \equiv \delta_f$ rappresenta l'ampiezza di oscillazione comune al fluido e al tubicino, mentre la forza assiale $T = T_t + T_f$ è stata annullata poiché, di fatto, non ha un ruolo di rilievo. In tale equazione, il secondo e il terzo termine sono i contributi non inerziali; in particolare, il secondo termine è la componente di Coriolis e il terzo termine è la componente centrifuga.

Le condizioni al contorno (tubicino incastrato agli estremi) sono:

$$
\begin{cases}
\delta\,(0,\,t) = \delta\,(l,\,t) = 0 \\[2mm]
\left.\dfrac{\partial\,\delta}{\partial\,x}\right|_{(0,\,t)} = \left.\dfrac{\partial\,\delta}{\partial\,x}\right|_{(l,\,t)} = 0
\end{cases}.
\tag{3.109}
$$

La soluzione analitica del problema non è elementare e viene calcolata considerando l'effetto del flusso del fluido come una perturbazione dei modi oscillanti propri del tubicino quando il fluido è in quiete.

Con fluido in quiete, l'equazione (3.108) si riduce all'espressione

$$
\left(m_t + m_f\right) \cdot \frac{\partial^2\,\delta}{\partial\,t^2} + E \cdot I \cdot \frac{\partial^4\,\delta}{\partial\,x^4} = 0.
\tag{3.110}
$$

La soluzione si ottiene separando le variabili e calcolando gli autovalori che soddisfano le condizioni al contorno. Si individuano due famiglie di autoscillazioni, la prima contiene i modi simmetrici, la seconda i modi antimetrici. I primi due modi simmetrici e antimetrici sono diagrammati in Figura 3.13.

Introducendo gli effetti del fluido in movimento, si calcola una deformata del tubicino che, per istanti di tempo successivi, è diagrammata in Figura 3.14.

La soluzione della deformata del primo modo oscillante simmetrico, a meno di una coefficiente numerico, è

$$
\delta\,(x,\,t) = \delta_0\,(x) \cdot \sin\omega_1 \cdot t - \frac{U}{l \cdot \omega_1} \cdot \frac{m_f}{m_f + m_t} \cdot \delta_1\,(x) \cdot \cos\omega_1 \cdot t,
\tag{3.111}
$$

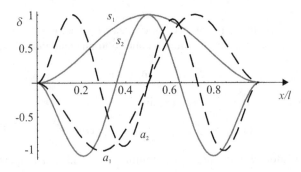

Figura 3.13 Deformata dei primi due modi simmetrici (s_1 e s_2) e antimetrici (a_1 e a_2). L'ampiezza è arbitrariamente normalizzata allo stesso valore per tutti i modi

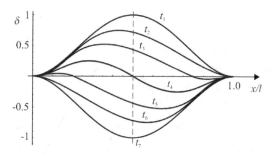

Figura 3.14 Deformata del primo modo simmetrico con fluido in moto per istanti di tempo successivi. Ampiezza normalizzata

con

$$
\begin{cases}
\delta_0\left(x\right) = \cosh\gamma_1 \cdot \cos\left[\gamma_1 \cdot \left(\dfrac{2x}{l} - 1\right)\right] - \cos\gamma_1 \cdot \cosh\left[\gamma_1\left(\dfrac{2x}{l} - 1\right)\right] \\[3mm]
\delta_1\left(x\right) = \dfrac{l^2}{4}\left[\left(\dfrac{2x}{l} - 1\right)\cdot\dfrac{d^2\delta_0}{dx^2} + C_1 \cdot \dfrac{d\delta}{dx} + l^2 \cdot C_2 \cdot \dfrac{d^3\delta}{dx^3}\right] \\[3mm]
\omega_1 = \left(\dfrac{2\gamma_1}{l}\right)^2 \cdot \sqrt{\dfrac{E\cdot I}{m_f + m_t}} \\[3mm]
C_1 = -2\left(1 + \gamma_1 \cdot \tanh\gamma_1\right) \\[3mm]
C_2 = -\dfrac{1}{2}\dfrac{1}{\gamma_1}\cdot\coth\gamma_1
\end{cases}
\qquad (3.112)
$$

e γ_1 la soluzione più piccola dell'equazione trascendente $\tan\gamma = -\tanh\gamma$.

La deformata non è simmetrica e tra due sezioni del tubicino si verifica uno sfasamento, in funzione della portata massica, oltre che di tutte le altre caratteristiche del sistema.

La misura del ritardo temporale della deformata tra due sezioni (normalmente simmetriche rispetto alla mezzeria) permette la stima della portata massica. L'istante di riferimento può essere l'istante di attraversamento dello zero (*zero-crossing*).

In Figura 3.15 è visibile la deformata del tubicino che attraversa lo zero nella sezione di ascissa $x/l = 0.2$ all'istante t_0 e attraversa lo zero nella sezione di ascissa $x/l = 0.8$ all'istante $(t_0 + \tau)$, dove τ è lo sfasamento temporale tra due sezioni simmetriche di ascissa x e $(l - x)$.

Per ogni ciclo di oscillazione del tubicino, si verificano due attraversamenti dello zero per ogni sezione (escluse, naturalmente, le sezioni di estremità) e, quindi, è possibile eseguire due letture di τ. Si calcola un ritardo temporale tra due sezioni simmetriche di ascissa x e $(l - x)$ pari a:

$$
\tau\left(x\right) = Q_m \cdot \left(\dfrac{1}{2\gamma_1}\right)^4 \cdot \dfrac{l^3}{8E\cdot I}\cdot\dfrac{\delta_1\left(x\right)}{\delta_0\left(x\right)}. \qquad (3.113)
$$

La misura di τ si esegue come media di un campione sufficientemente numeroso di letture.

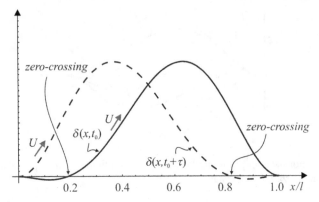

Figura 3.15 Deformata del tubicino all'istante t_0 di attraversamento dello zero nella sezione di ascissa $x/l = 0.2$ e all'istante $t_0 + \tau$ di attraversamento dello zero nella sezione simmetrica di ascissa $x/l = 0.8$

La frequenza delle oscillazioni è generalmente molto elevata. Per un tubicino di lunghezza $l = 0.25$ m, diametro interno $d_i = 20$ mm, spessore $s = 1$ mm realizzato in Alluminio ($E_{Al} = 70 \cdot 10^9$ Pa, $\rho_{Al} = 2700$ kg/m^3), con un flusso di acqua a 20 °C ($\rho_f = 998.21$ kg/m^3), la frequenza del primo modo oscillante è pari a circa 1300 Hz. Volendo ottenere una risposta in frequenza dello strumento di 10 Hz, la stima della portata massica si baserà su circa 260 letture dello sfasamento.

In conclusione, è questo un problema che possiamo risolvere analiticamente, ma con un livello di complessità relativamente elevato.

Analizziamo nuovamente lo stesso problema facendo uso dei criteri dell'Analisi Dimensionale (Raszillier e Raszillier, 1991 [64]).

Le equazioni che reggono il processo fisico permettono di individuare le grandezze di interesse, cioè:

$$\tau = f\left(l,\ U,\ m_f,\ m_g,\ E \cdot I,\ x,\ n\right),\qquad (3.114)$$

dove n è il modo di oscillazione e $m_g = (m_f + m_t)$. La portata massica è implicitamente inclusa, poiché è pari a $Q_m = m_f \cdot U$. Si noti che il modulo di Young e il momento d'inerzia appaiono accoppiati, come si desume dall'equazione che descrive il processo fisico. Lo stesso dicasi per la massa lineare del tubicino, che appare sommata alla massa lineare del fluido.

La matrice dimensionale

	τ	l	U	m_f	m_g	$E \cdot I$	x	n
M	0	0	0	1	1	1	0	0
L	0	1	1	-1	-1	3	1	0
T	1	0	-1	0	0	-2	0	0

$$(3.115)$$

ha rango 3. Il minore estratto, corrispondente alle colonne l, m_g e $(E \cdot I)$, ha determinante non nullo. Possiamo ora esprimere tutte le altre grandezze in funzione di questa nuova base

	τ	U	m_f	x	n
l	2	-1	0	1	0
m_g	$1/2$	$-1/2$	1	0	0
$E \cdot I$	$-1/2$	$1/2$	0	0	0

$$(3.116)$$

calcolando i seguenti gruppi adimensionali:

$$\Pi_1 = \frac{\tau}{l^2} \cdot \sqrt{\frac{E \cdot I}{m_g}}, \quad \Pi_2 = U \cdot l \cdot \sqrt{\frac{m_g}{E \cdot I}},$$

$$\Pi_3 = \frac{m_f}{m_g}, \quad \Pi_4 = \frac{x}{l}, \quad \Pi_5 = n,$$

$$(3.117)$$

dove n è già adimensionale.

La relazione funzionale (3.114) può essere riscritta nella forma

$$\Pi_1 = \tilde{f}(\Pi_2, \Pi_3, \Pi_4, n).$$

$$(3.118)$$

Alcune utili indicazioni sulla struttura della funzione $\tilde{f}$ derivano dalle proprietà di simmetria del processo fisico.

Le equazioni di partenza (3.108) e le condizioni al contorno (3.109) sono invarianti per una trasformazione di riflessione della variabile spazio e della velocità:

$$\begin{cases} t \to t \\ x \to l - x \\ U \to -U \end{cases}.$$

$$(3.119)$$

Pertanto, la soluzione soddisfa la condizione

$$\delta(x, U) = \delta(l - x, -U).$$

$$(3.120)$$

Il ritardo temporale τ si misura normalmente tra due sezioni simmetriche rispetto alla mezzeria. Se l'origine dei tempi t_0 coincide con l'istante di *zero-crossing* della deformata nella sezione di ascissa $x_s < l/2$, è soddisfatta la condizione $\delta[x_s, t_0(x_s, U), U] = 0$. Naturalmente, per la simmetria della deformata, deve anche risultare $\delta[l - x_s, t_0(l - x_s, -U), -U] = 0$.

Il ritardo temporale è pari a

$$\tau(x_s, U) = t_0(x_s, U) - t_0(l - x_s, U).$$

$$(3.121)$$

Se si inverte il flusso, risulta

$$\tau(x_s, -U) = t_0(l - x_s, -U) - t_0(x_s, -U).$$

$$(3.122)$$

Ciò in quanto il ritardo deve assumere lo stesso valore assoluto per flusso diretto o inverso (cioè per U e per $-U$), ma se con flusso diretto la sezione di ascissa $(l - x_s)$ attraversa lo zero in ritardo, rispetto alla sezione di ascissa x_s (determinando un valore di τ positivo), con flusso inverso la sezione di ascissa $(l - x_s)$ attraversa lo zero in anticipo rispetto alla sezione di ascissa x_s (determinando un valore di τ negativo). Pertanto, risulta:

$$\tau(x_s, U) = -\tau(l - x_s, -U).$$ (3.123)

Per soddisfare tali condizioni, il gruppo Π_1 deve comparire già combinato con una potenza dispari di Π_2 (in modo da rendere il monomio antimetrico rispetto a U) e la funzione deve dipendere da Π_2^2 o da una potenza pari superiore a 2 di Π_2. Inoltre, poiché per $U = 0$ il ritardo τ è nullo, ci aspettiamo che τ sia funzione crescente di U. Quindi, risulta:

$$\Pi_1 \cdot \Pi_2^{(1-2r)} = \Phi\left(\Pi_2^2, \Pi_3, \Pi_4, n\right),$$ (3.124)

dove r è intero positivo. Il valore minimo di $r = 1$ e, per il primo modo, il valore $n = 1$ conducono all'espressione

$$\tau = U \cdot l^3 \cdot \frac{m_f + m_t}{E \cdot I} \cdot \Phi_1\left(U^2 \cdot l^2 \cdot \frac{m_f + m_t}{E \cdot I}, \frac{m_f}{m_f + m_t}, \frac{x}{l}\right),$$ (3.125)

dove x indica la sezione di misura dell'attraversamento dello zero, per cui $\tau(x) = t_0(l - x) - t_0(x)$.

Il ritardo τ deve essere funzione dispari simmetrica rispetto alla trasformazione $x \rightarrow (l - x)$, ovvero deve essere simmetrica rispetto alla mezzeria del tubicino; ciò richiede che sia funzione dispari di argomento $(2x/l - 1)$.

Il confronto con il risultato teorico (3.113) ci indica che, in realtà, risulta:

$$\tau = U \cdot l^3 \cdot \frac{m_f + m_t}{E \cdot I} \cdot \frac{m_f}{m_f + m_t} \cdot \Phi_1\left(\frac{2x - l}{l}\right) \equiv$$
$$U \cdot l^3 \cdot \frac{m_f}{E \cdot I} \cdot \Phi_1\left(\frac{2x - l}{l}\right).$$ (3.126)

Un'analisi dello stesso tipo per l'autopulsazione ω porta a scrivere l'equazione tipica

$$\omega = f\left(l, U, m_f, m_f + m_t, E \cdot I, n\right),$$ (3.127)

nella quale ω dipende dalle caratteristiche globali della sezione e non da una specifica sezione di ascissa x, che è stata esclusa, pertanto, dalla lista delle variabili coinvolte.

Applicando i criteri dell'Analisi Dimensionale, si calcolano i seguenti gruppi adimensionali:

$$\Pi_1 = \omega \cdot l^2 \cdot \sqrt{\frac{m_f + m_t}{E \cdot I}}, \quad \Pi_2 = U \cdot l \cdot \sqrt{\frac{m_f + m_t}{E \cdot I}},$$
$$\Pi_3 = \frac{m_f}{m_f + m_t}, \quad \Pi_4 = n.$$ (3.128)

Poiché ω deve essere una funzione pari di U, la relazione funzionale deve coinvolgere termini quadratici in U e, quindi, Π_2^2:

$$\omega = \frac{1}{l^2} \cdot \sqrt{\frac{E \cdot I}{m_f + m_t}} \cdot \Phi_1\left(U^2 \cdot l^2 \cdot \frac{m_f + m_t}{E \cdot I}, \frac{m_f + m_t}{m_f}\right),$$ (3.129)

dove Φ_1 è la funzione Φ calcolata per $n = 1$.

I misuratori di portata massica basati su questo principio vengono normalmente calibrati sperimentalmente. Per progettare la procedura di calibrazione, è sufficiente la sola Analisi Dimensionale.

3.5
Alcuni suggerimenti per l'individuazione dei gruppi adimensionali

Per eseguire correttamente l'Analisi Dimensionale e per individuare i gruppi adimensionali che potrebbero rivelarsi i più rappresentativi, è opportuno procedere come segue:

- elencare le variabili che appaiono rilevanti intuitivamente, o sulla base di un'equazione che descrive il processo fisico;
- verificare che non ci siano variabili dimensionalmente irrilevanti;
- scrivere la matrice dimensionale con riferimento a un insieme di grandezze fondamentali sicuramente indipendenti, ad esempio, le grandezze fondamentali adottate nel Sistema Internazionale;
- calcolare il rango della matrice dimensionale e, quindi, il numero dei gruppi adimensionali sulla base del Teorema di Buckingham;
- calcolare un insieme di possibili gruppi adimensionali applicando il metodo di Rayleigh, o il metodo di Buckingham, o la proporzionalità lineare;
- eventualmente, combinare i gruppi adimensionali calcolati in modo da ricavare un altro insieme di gruppi adimensionali che appaiano più rappresentativi del processo fisico, che abbiano possibilmente un significato fisico anche a confronto con i gruppi adimensionali riportati in letteratura;
- verificare che il nuovo insieme di gruppi adimensionali sia completo.

La teoria della similitudine e le applicazioni ai modelli

4

Il concetto di similitudine è ampiamente utilizzato in molti campi della geometria e della matematica; ai fini applicativi, è necessario estenderlo e specificarlo in base al settore di interesse. Nel nostro caso, il concetto di similitudine è strettamente correlato alla teoria dei modelli fisici, con numerose applicazione anche alla soluzione dei modelli analitici per via algebrica o differenziale.

4.1
I modelli fisici e la similitudine

Un *modello fisico* è una riproduzione fisica, in scala geometrica, di un *prototipo*, cioè di un manufatto, di un sistema, di un dispositivo sul quale eseguire esperimenti, che permette di apportare delle modifiche e delle correzioni, a costi contenuti, al fine di ottimizzare le prestazioni e i risultati.

Generalmente, il modello fisico è richiesto quando si desiderino ottenere dati sperimentali da estrapolare in scala reale, o nel caso in cui si vogliano ottenere delle relazioni empiriche tra le variabili coinvolte nel processo fisico in presenza di relazioni analitiche complicate o di non facile soluzione, inaccurate o, più semplicemente, sconosciute. Il modello fisico è suggerito quando il prototipo sia troppo piccolo o troppo grande, quando non sia accessibile, quando le grandezze da misurare assumano valori troppo grandi o troppo piccoli, quando l'esecuzione delle misure richiederebbe troppo o troppo poco tempo.

La *teoria della similitudine* fornisce il necessario supporto conoscitivo per progettare i modelli e per estrapolare in scala reale le misure eseguite e i risultati ottenuti. Tale processo di estrapolazione non è esente da errori e incertezze, spesso attribuiti genericamente agli *effetti scala*.

Quasi sempre i modelli fisici sono in scala geometrica ridotta, ma non mancano esempi di modelli che devono essere realizzati in scala geometrica ingrandita, oppure senza variazione di scala.

Longo S.: Analisi Dimensionale e Modellistica Fisica.
Principi e applicazioni alle scienze ingegneristiche. © Springer-Verlag Italia 2011

Così, ad esempio, per interpretare la meccanica del volo degli insetti, sono stati realizzati dei modelli fisici in scala geometrica fortemente ingrandita, in modo da trovare lo spazio per posizionare fisicamente i sensori e ridurre la scala della velocità e della frequenza del battito delle ali. Talvolta, per necessità dettate dalla condizione di similitudine o per convenienza di costo (si pensi, ad esempio, a sistemi reali nei quali i fluidi impiegati, quali idrogeno, vapore ad alta temperatura, olio, sono pericolosi o costosi o di difficile gestione), nei modelli fisici si usa un fluido differente rispetto a quello reale; nella maggior parte dei casi, comunque, il fluido utilizzato è lo stesso nel modello e nel prototipo.

Vi sono alcuni processi fisici per i quali la modellazione fisica non è applicabile, come, ad esempio, per lo studio della propagazione delle fratture, per lo studio dello scorrimento viscoso o plastico (*creep*), dello *shrinkage*, degli effetti di aderenza. Si tratta di processi fisici fortemente condizionati dall'effetto scala, che mal sopportano le modifiche rispetto alle condizioni del prototipo e i modelli, in casi del genere, possono fornire indicazioni del tutto errate.

4.1.1
La similitudine geometrica

Come abbiamo dimostrato nel § 1.2.4, p. 11, due sistemi di unità di misura basati sulle stesse grandezze fondamentali (appartenenti, quindi, alla stessa classe), sono legati tra di loro dai rapporti tra le unità di misura scelte. Per due sistemi della classe M, L, T risulta:

$$\begin{cases} M'' = r_M \cdot M' \\ L'' = r_L \cdot L' \\ T'' = r_T \cdot T' \end{cases} . \tag{4.1}$$

I rapporti r_M, r_L, r_T sono dei numeri puri e prendono il nome di *rapporti scala* o, più semplicemente, di *scale*. Convenzionalmente, il rapporto scala della lunghezza si indica con λ. Per definizione, i gruppi adimensionali (o numeri) sono invarianti rispetto alla trasformazione (4.1). Ogni rapporto si può intendere sia come fattore di conversione da un'unità di misura a un'altra unità di misura della stessa grandezza (ad esempio, il fattore di conversione della lunghezza tra l'unità di misura nel Sistema Imperiale Britannico e l'unità di misura nel Sistema Internazionale è $r_L = 1''/0.0254$ m), sia come fattore di proporzionalità tra le misure della stessa grandezza, nello stesso sistema di unità di misura, ma in due spazi differenti. In quest'ultima accezione, definiamo i due spazi come lo *spazio del modello* e lo *spazio del prototipo* (o *spazio del reale*). Se i due spazi sono legati solo dal rapporto della scala delle lunghezze

$$\lambda = \frac{L''}{L'}, \tag{4.2}$$

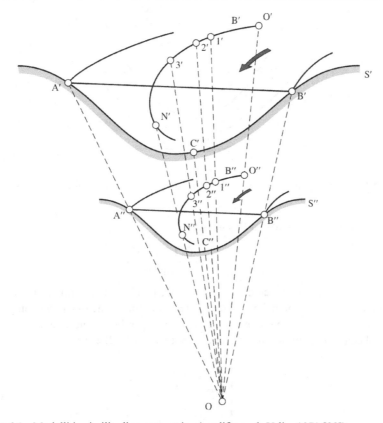

Figura 4.1 Modelli in similitudine geometrica (modificata da Yalin, 1971 [88])

gli oggetti che si trovano nei due spazi si dicono *geometricamente simili*, hanno la stessa forma e differiscono solo nelle dimensioni. Si può allora individuare un *centro di similitudine* O (Fig. 4.1) tale che risulti:

$$\frac{\overline{OA'}}{\overline{OA''}} = \frac{\overline{OB'}}{\overline{OB''}} = \frac{\overline{OC'}}{\overline{OC''}} = \dots . \qquad (4.3)$$

Se i due oggetti occupano lo stesso semispazio e soddisfano le condizioni di similitudine, si definiscono *omotetici* e le aree e i volumi si rapportano, rispettivamente, secondo λ^2 e λ^3.

In alcuni casi, la similitudine geometrica è di immediata verifica: due sfere di diametro differente oppure due cubi di lunghezza dello spigolo differente, sono sicuramente geometricamente simili.

Per altre curve, figure piane o solidi, la verifica non è così immediata. Ad esempio, si voglia verificare se due parabole sono simili. È conveniente esprimere l'equazione della parabola in coordinate polari, con un'espressione del tipo $\rho = \Psi(\theta)$, dove ρ è il raggio vettore e θ è l'anomalia. Scelta l'origine del raggio vettore nel fuoco,

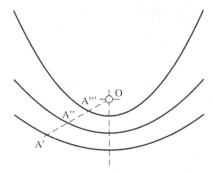

Figura 4.2 Parabole simili, con centro di similitudine coincidente con il fuoco comune

l'equazione di una parabola ha l'espressione:

$$\frac{\rho}{F} = \Phi(\theta) = \frac{2(1 - \cos\theta)}{\sin^2\theta}, \qquad (4.4)$$

dove F è la distanza del fuoco dal vertice. Le due parabole sono simili se la funzione $\Phi(\theta)$ è la stessa. Poiché nella funzione $\Phi(\theta)$ dell'equazione (4.4) non compaiono parametri di alcun tipo, ne consegue che tutte le parabole sono geometricamente simili, il centro di similitudine è il fuoco comune (Fig. 4.2) e risulta:

$$\begin{cases} \dfrac{\overline{OA'}}{\overline{OA''}} = \dfrac{F'}{F''} \\[2ex] \dfrac{\overline{OA'}}{\overline{OA'''}} = \dfrac{F'}{F'''} \end{cases} . \qquad (4.5)$$

Nel caso delle ellissi, invece, l'equazione in coordinate polari è

$$\frac{\rho}{a} = \frac{1}{\sqrt{\cos^2\theta + \left(\dfrac{a}{b}\right)^2 \sin^2\theta}}, \qquad (4.6)$$

dove a è il semiasse minore, b è il semiasse maggiore. Due ellissi sono simili se la funzione $\Phi(\theta)$ è la stessa. È quindi necessario che il rapporto a/b sia lo stesso. Il centro di similitudine è l'intersezione degli assi, comune a tutte le ellissi, e risulta:

$$\frac{\overline{OA'}}{\overline{OA''}} = \frac{a'}{a''} \equiv \frac{b'}{b''}. \qquad (4.7)$$

Infine, i *frattali* sono degli enti geometrici caratterizzati da una forma particolare di auto-similitudine geometrica, definita *omotetia interna*.

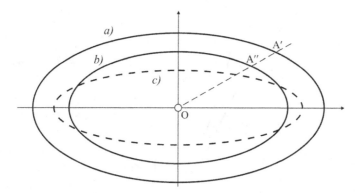

Figura 4.3 Ellissi geometricamente simili *a)* e *b)* e dissimili, *a)* e *c)* oppure *b)* e *c)*

4.1.2
La similitudine cinematica

Consideriamo un modello e un prototipo soggetti a un processo fisico che modifica, nel tempo, la posizione geometrica dell'insieme o di un solo oggetto. Il prerequisito della similitudine cinematica è che le traiettorie della parti omologhe in movimento siano geometricamente simili. Analizziamo le condizioni richieste per avere una similitudine cinematica completa.

Consideriamo il punto P_1 nello spazio *1)* e il punto P_2 nello spazio *2)* e indichiamo con r_1 e con r_2 i loro vettori posizione, rispettivamente, all'istante t_1 e t_2 (Fig. 4.4). Abbiamo scelto l'origine dei tempi in modo che, nell'ipotesi che lo scorrere del tempo possa essere differente per i due spazi, all'istante t_1 il vettore $\mathbf{r}_1$ sia parallelo ed equiverso al vettore $\mathbf{r}_2$ all'istante t_2. In un intervallo di tempo dt_1 il vettore $\mathbf{r}_1$ diventa $\mathbf{r}_1 + d\mathbf{r}_1$ e in un intervallo di tempo dt_2 il vettore $\mathbf{r}_2$ diventa $\mathbf{r}_2 + d\mathbf{r}_2$. Affinché i vettori posizione, inizialmente paralleli ed equiversi, si mantengano tali in tutti gli istanti successivi, è necessario che gli incrementi $d\mathbf{r}_1$ e $d\mathbf{r}_2$ siano paralleli ed equiversi (e ciò richiede la similitudine delle traiettorie) e che il rapporto tra i moduli sia pari a λ. Inoltre, se il rapporto tra gli incrementi temporali è definito con r_T, possiamo scrivere:

$$\begin{cases} d\mathbf{r}_2 = \lambda \cdot d\mathbf{r}_1 \\ dt_2 = r_T \cdot dt_1 \end{cases} \qquad (4.8)$$

e, dividendo membro a membro,

$$\frac{d\mathbf{r}_2}{dt_2} = \frac{\lambda}{r_T} \cdot \frac{d\mathbf{r}_1}{dt_1} \rightarrow \dot{\mathbf{r}}_2 = \frac{\lambda}{r_T} \cdot \dot{\mathbf{r}}_1. \qquad (4.9)$$

Differenziando ulteriormente rispetto al tempo, si calcola

$$\ddot{\mathbf{r}}_2 = \frac{\lambda}{r_T^2} \cdot \ddot{\mathbf{r}}_1. \qquad (4.10)$$

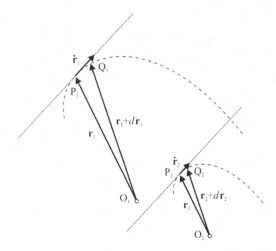

Figura 4.4 Schema per l'analisi delle condizioni di similitudine cinematica

Quindi, la similitudine cinematica impone un vincolo tra la scala geometrica λ e la scala dei tempi r_T che interviene in tutte le grandezze cinematiche. I poligoni dei vettori velocità, nel modello e nel prototipo, sono geometricamente simili. La velocità, l'accelerazione e la portata volumetrica (solo per citare alcune grandezze cinematiche di uso più frequente), si rapportano secondo le relazioni:

$$
\begin{cases}
r_V = \dfrac{L''/T''}{L'/T'} = \dfrac{\lambda}{r_T} \\[2mm]
r_a = \dfrac{L''/T''^2}{L'/T'^2} = \dfrac{\lambda}{r_T^2} \\[2mm]
r_Q = \dfrac{L''^3/T''}{L'^3/T'} = \dfrac{\lambda^3}{r_T}
\end{cases}
\tag{4.11}
$$

4.1.3
La similitudine dinamica

La similitudine dinamica è, di fatto, la similitudine delle forze agenti nel modello e nel prototipo. Se è fissato il rapporto tra le forze che agiscono su un corpo nel modello e nel prototipo, quel rapporto deve governare la relazione tra tutte le forze agenti nel modello e nel prototipo su quel corpo e su tutti i corpi corrispondenti. Di conseguenza, i poligoni delle forze nel modello e nel prototipo saranno geometricamente simili. Il prerequisito per la similitudine dinamica è l'esistenza di una similitudine cinematica.

Analizziamo il moto non vincolato, senza attrito, di particelle puntiformi, dotate di massa. Consideriamo una particella materiale che si muove in uno spazio *1)* e la sua omologa che si muove in uno spazio *2)* e sia P_1 il punto nello spazio *1)* che corrisponde a P_2 nello spazio 2), dove P_1 e P_2 appartengono alle traiettorie delle due particelle nei due spazi. Vogliamo calcolare le condizioni necessarie affinché le traiettorie siano geometricamente simili e, inoltre, il movimento sia in similitudine cinematica.

Assumiamo che i vettori posizione siano in relazione tra di loro come

$$\overline{O_2 P_2} = \lambda \cdot \overline{O_1 P_1}, \tag{4.12}$$

e postuliamo che le forze per unità di massa agenti sulle due particelle, nei due rispettivi spazi, definite *forze specifiche di massa*, siano rappresentate da due vettori paralleli ed equiversi a ogni istante corrispondente e correlati in modulo come

$$|\mathbf{f}_2| = r_f \cdot |\mathbf{f}_1|, \tag{4.13}$$

dove r_f è una costante, all'interno dello stesso processo fisico. Le due forze specifiche si intendono applicate sulle due particelle negli istanti omologhi e nelle posizioni omologhe occupate dalle particelle medesime nei due spazi. Ancora, postuliamo che le velocità delle due particelle si comportino come le forze specifiche di massa (siano, quindi, parallele ed equiverse), con rapporto tra i moduli all'istante in cui le particelle occupino i punti P_1 e P_2, pari a:

$$|\mathbf{V}_2| = r_V \cdot |\mathbf{V}_1|. \tag{4.14}$$

Vogliamo verificare sotto quali condizioni il valore di r_V rimane invariato (e invariate rimangono anche le relazioni geometriche tra i due vettori) nel momento in cui le particelle si spostano, rispettivamente, da P_1 a Q_1 e da P_2 a Q_2.

Dalla condizione di proporzionalità delle forze specifiche di massa consegue una pari proporzionalità delle accelerazioni. Inoltre, il rapporto tra i tempi per il percorso da P_2 a Q_2 e da P_1 a Q_1 sarà pari a:

$$\frac{\Delta t_{P_2 \to Q_2}}{\Delta t_{P_1 \to Q_1}} = \frac{\dfrac{\overline{P_2 Q_2}}{|\mathbf{V}_2|}}{\dfrac{\overline{P_1 Q_1}}{|\mathbf{V}_1|}} \equiv \frac{\lambda}{r_V}, \tag{4.15}$$

dato che $\overline{P_2 Q_2} = \overline{P_2 O_2} + \overline{O_2 Q_2} = \lambda \cdot \overline{P_1 O_1} + \lambda \cdot \overline{O_1 Q_1} = \lambda \cdot \overline{P_1 Q_1}$.

Gli incrementi di velocità saranno due vettori paralleli ed equiversi con rapporto tra i moduli pari a:

$$\frac{\Delta |\mathbf{V}|_{P_2 \to Q_2}}{\Delta |\mathbf{V}|_{P_1 \to Q_1}} = \frac{\Delta t_{P_2 \to Q_2} |\mathbf{f}_2|}{\Delta t_{P_1 \to Q_1} |\mathbf{f}_1|} \equiv \frac{\lambda \cdot r_f}{r_V}. \tag{4.16}$$

Affinché r_V rimanga invariato, è necessario che risulti:

$$r_V = \frac{\lambda \cdot r_f}{r_V} \rightarrow \frac{r_V^2}{\lambda \cdot r_f} = 1. \tag{4.17}$$

Ciò richiede che sia

$$\frac{V_1^2}{l_1 \cdot f_1} = \frac{V_2^2}{l_2 \cdot f_2} \tag{4.18}$$

e, quindi, che il rapporto

$$\frac{V^2}{l \cdot f} \tag{4.19}$$

assuma lo stesso valore nei due spazi, che abbiamo già definito spazio del modello e spazio del prototipo. Tale rapporto prende il nome di *numero di Reech [66] (o di Froude)*. Si noti che, per garantire la similitudine dinamica, oltre a garantire lo stesso numero di Reech nel modello e nel prototipo, è anche necessario garantire il parallelismo e lo stesso verso per i vettori omologhi nel modello e nel prototipo.

In definitiva, nella similitudine dinamica risulta che le traiettorie di due particelle materiali sono geometricamente simili e il moto è cinematicamente simile se:

- le forze specifiche di massa agenti sulle particelle, quando queste occupino punti corrispondenti nei due percorsi, sono parallele, equiverse e in rapporto invariante;
- i rapporti di scala geometrica, scala delle velocità e scala delle forze specifiche di massa soddisfano l'equazione (4.17).

Risulta, allora, che i vettori velocità sono paralleli a ogni istante corrispondente (ovvero, per ogni punto corrispondente), con rapporto dei moduli invariante. Inoltre, il rapporto tra i tempi di percorrenza è pari a λ / r_V.

Questo risultato può essere ricavato più rigorosamente facendo uso delle equazioni del moto delle particelle materiali.

Le equazioni del moto di due particelle omologhe nei due spazi sono:

$$\begin{cases} m_1 \cdot \dfrac{d^2 x_1}{dt^2} = F_{x1} \\[2mm] m_1 \cdot \dfrac{d^2 y_1}{dt^2} = F_{y1} \,, \\[2mm] m_1 \cdot \dfrac{d^2 z_1}{dt^2} = F_{z1} \end{cases} \tag{4.20}$$

$$\begin{cases} m_2 \cdot \dfrac{d^2 x_2}{dt^2} = F_{x2} \\[2mm] m_2 \cdot \dfrac{d^2 y_2}{dt^2} = F_{y2} \\[2mm] m_2 \cdot \dfrac{d^2 z_2}{dt^2} = F_{z2} \end{cases} \tag{4.21}$$

e possono essere riscritte come:

$$\begin{cases} u_{x1} \cdot \dfrac{d\,u_{x1}}{d\,t} = f_{x1}(\mathbf{r}_1) \\[2mm] u_{y1} \cdot \dfrac{d\,u_{y1}}{d\,t} = f_{y1}(\mathbf{r}_1) \,, \\[2mm] u_{z1} \cdot \dfrac{d\,u_{z1}}{d\,t} = f_{z1}(\mathbf{r}_1) \end{cases} \tag{4.22}$$

$$\begin{cases} u_{x2} \cdot \dfrac{d\,u_{x2}}{d\,t} = f_{x2}(\mathbf{r}_2) \\[2mm] u_{y2} \cdot \dfrac{d\,u_{y2}}{d\,t} = f_{y2}(\mathbf{r}_2) \,, \\[2mm] u_{z2} \cdot \dfrac{d\,u_{z2}}{d\,t} = f_{z2}(\mathbf{r}_2) \end{cases} \tag{4.23}$$

dove f sono le forze specifiche di massa, calcolate nei punti omologhi individuati dai vettori posizione $\mathbf{r}_1$ e $\mathbf{r}_2$ occupati dalle particelle in istanti omologhi. Infatti, ad esempio, risulta:

$$\frac{d^2 x}{d\,t^2} = \frac{d\,u_x}{d\,t} = \frac{d\,u_x}{d\,x} \cdot \frac{d\,x}{d\,t} = u_x \cdot \frac{d\,u_x}{d\,x}. \tag{4.24}$$

Poiché, per ipotesi, le forze specifiche di massa devono essere parallele ed equiverse, deve risultare:

$$\begin{cases} f_{x2}(\mathbf{r}_2) = r_f \cdot f_{x1}(\mathbf{r}_1) \equiv r_f \cdot f_{x1}\left(\dfrac{\mathbf{r}_2}{\lambda}\right) \\[2mm] f_{y2}(\mathbf{r}_2) = r_f \cdot f_{y1}(\mathbf{r}_1) \equiv r_f \cdot f_{y1}\left(\dfrac{\mathbf{r}_2}{\lambda}\right) \,, \\[2mm] f_{z2}(\mathbf{r}_2) = r_f \cdot f_{z1}(\mathbf{r}_1) \equiv r_f \cdot f_{z1}\left(\dfrac{\mathbf{r}_2}{\lambda}\right) \end{cases} \tag{4.25}$$

dove r_f è il rapporto tra le forze specifiche di massa e λ è la scala geometrica.

La similitudine cinematica è soddisfatta purché risulti:

$$\begin{cases} \mathbf{r}_2 = \lambda \cdot \mathbf{r}_1 \rightarrow x_2 = \lambda \cdot x_1, \quad y_2 = \lambda \cdot y_1, \quad z_2 = \lambda \cdot z_1 \\[2mm] u_{x2} = r_V \cdot u_{x1}, \quad u_{y2} = r_V \cdot u_{y1}, \quad u_{z2} = r_V \cdot u_{z1} \end{cases}. \tag{4.26}$$

Sostituendo nelle equazioni (4.23), risulta:

$$\begin{cases} \dfrac{r_V^2}{\lambda \cdot r_f} \cdot u_{x1} \cdot \dfrac{d\,u_{x1}}{d\,x_1} = f_{x1}(\mathbf{r}_1) \\[2mm] \dfrac{r_V^2}{\lambda \cdot r_f} \cdot u_{y1} \cdot \dfrac{d\,u_{y1}}{d\,y_1} = f_{y1}(\mathbf{r}_1) \,, \\[2mm] \dfrac{r_V^2}{\lambda \cdot r_f} \cdot u_{z1} \cdot \dfrac{d\,u_{z1}}{d\,z_1} = f_{z1}(\mathbf{r}_1) \end{cases} \tag{4.27}$$

che diventano identiche alle equazioni (4.22) se

$$\frac{r_V^2}{\lambda \cdot r_f} = 1. \tag{4.28}$$

Quindi, per garantire la similitudine dinamica, è necessario che il moto delle particelle materiali omologhe sia caratterizzato dallo stesso numero di Reech.

Se tra le forze agenti è presente l'attrito dinamico, è immediato dimostrare che il parallelismo della forza specifica totale sulla superficie di contatto (componente normale e componente d'attrito) nel modello e nel prototipo, richiede che il coefficiente d'attrito assuma lo stesso valore nel modello e nel prototipo.

Esempio 4.1. Consideriamo il moto dei pianeti intorno al Sole e indichiamo con r_0 il perielio.

Assumiamo la posizione iniziale di un pianeta coincidente con il perielio e che ivi la velocità abbia valore V_0, diretta tangenzialmente all'orbita. L'unica forza specifica considerata è quella gravitazionale che, all'istante iniziale, è pari a:

$$f_0 = \frac{k \cdot M_s}{r_0^2}, \qquad (4.29)$$

dove k è la costante gravitazionale e M_s è la massa solare. La condizione di similitudine dinamica delle orbite dei pianeti richiede che sia

$$\begin{cases} r_V^2 = r_f \cdot \lambda \\ r_f = \dfrac{1}{\lambda^2} \end{cases} \rightarrow r_V^2 = \frac{1}{\lambda}, \qquad (4.30)$$

cioè $V_0^2 \cdot r_0 = $ cost. La scala dei tempi è pari a $r_T = \lambda / r_V \rightarrow r_T^2 = \lambda^3$. È questa la terza legge di Keplero, in base alla quale il periodo di rotazione dei pianeti intorno al Sole varia secondo la potenza $3/2$ della distanza media dal Sole, pari al semiasse maggiore delle orbite ellittiche (Fig. 4.5).

Esempio 4.2. Vogliamo calcolare il periodo di oscillazione di un pendolo, che schematizza il moto vincolato di una particella materiale.

Supponiamo di spostare il pendolo dalla configurazione di equilibrio di un angolo α_0 e di rilasciarlo a un certo istante con velocità iniziale nulla. Possiamo ricorrere alla similitudine tra due pendoli di lunghezza diversa (Fig. 4.6), con masse soggette

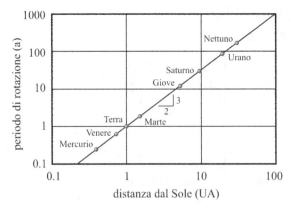

Figura 4.5 Verifica sperimentale della terza legge di Keplero per il sistema solare

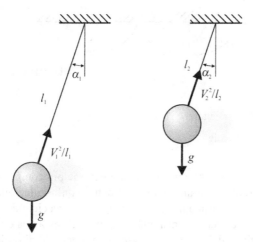

Figura 4.6 Similitudine dinamica tra due pendoli

all'accelerazione di gravità e all'accelerazione centripeta (sono due forze specifiche di massa). All'istante iniziale sono soddisfatti tutti i prerequisiti cinematici e geometrici della similitudine dinamica (le traiettorie sono circolari) ed è sufficiente verificare che il numero di Reech sia lo stesso:

$$\frac{V_{1,0}^2}{g \cdot l_1} = \frac{V_{2,0}^2}{g \cdot l_2} \rightarrow r_V = \sqrt{\lambda}. \tag{4.31}$$

Il rapporto tra l'accelerazione centripeta nei due pendoli deve essere pari a:

$$\frac{V_1^2/l_1}{V_2^2/l_2} = 1 \tag{4.32}$$

ed è sempre soddisfatto.

In generale, risulta:

$$\frac{V^2}{g \cdot l} = \text{cost} \rightarrow V = C_1 \cdot \sqrt{g \cdot l} \rightarrow t = C_1 \cdot \sqrt{\frac{l}{g}}, \tag{4.33}$$

dove t è il periodo e, in realtà, il coefficiente C_1 è funzione dell'angolo iniziale α_0,

$$C_1 = f(\alpha_0). \tag{4.34}$$

Integrando l'equazione del moto, si calcola:

$$f(\alpha_0) = 4K \left(\sin \frac{\alpha_0}{2} \right), \tag{4.35}$$

dove K è l'integrale ellittico di prima specie. Sviluppando in serie la funzione K, per $\alpha_0 \rightarrow 0$, risulta $f(\alpha_0) = 2\pi$. Sostituendo, si ottiene la classica formula del periodo di oscillazione di un pendolo per ampiezza di oscillazione infinitesima. Si noti l'assenza della massa nell'espressione del periodo.

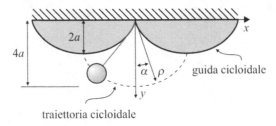

Figura 4.7 Pendolo cicloidale

L'analisi può essere estesa a pendoli con traiettorie più complesse. Ad esempio, se anziché vincolare il filo in un punto e permettere un'oscillazione senza ulteriori vincoli geometrici, si costringe il filo ad appoggiarsi a una cicloide, la traiettoria del pendolo non è più una circonferenza, ma diventa essa stessa una cicloide (Fig. 4.7). Integrando l'equazione del moto, si dimostra che il periodo di oscillazione è ancora formalmente espresso dall'equazione (4.33), ma risulta indipendente dall'angolo iniziale α_0 ed è, quindi, indipendente dall'ampiezza dell'oscillazione. È questo il pendolo cicloidale, presentato da Huygens (1629-1645) nel trattato *Horologium oscillatorium sive de motu pendulorum* del 1673 e analizzato da Newton nei suoi *Principia Mathematica* del 1687, come equivalente dell'oscillazione di un liquido in un tubo a U.

Per un pendolo cicloidale e per una qualunque ampiezza dell'oscillazione, risulta:

$$t = 2\pi \sqrt{\frac{4a}{g}}. \tag{4.36}$$

L'equazione parametrica della traiettoria nel sistema di coordinate $x - y$ in Figura 4.7 è

$$\begin{cases} x = a \cdot (n + \sin n) \\ y = 2a + a \cdot (1 + \cos n) \end{cases}, \tag{4.37}$$

dove n è il parametro, e può essere riscritta in coordinate polari parametriche come:

$$\begin{cases} \dfrac{\rho}{a} = \sqrt{(n + \sin n)^2 + (3 + \cos n)^2} \\ \alpha = \arctan\left(\dfrac{n + \sin n}{3 + \cos n}\right) \end{cases}. \tag{4.38}$$

Tale equazione soddisfa sempre le condizioni di similitudine geometrica, indipendentemente dal valore di a (cfr. § 4.1.1, p. 104).

Vogliamo verificare ora che non si tratti solo di similitudine geometrica, ma anche di similitudine cinematica e dinamica.

Consideriamo due pendoli cicloidali che descrivono traiettorie geometricamente simili (Fig. 4.8) e analizziamo se siano soddisfatte tutte le condizioni che descrivono una similitudine dinamica.

Se, in un istante iniziale, le velocità dei due pendoli sono vettori paralleli in scala r_V, allora, nell'ipotesi di similitudine dinamica, la scala delle velocità deve essere

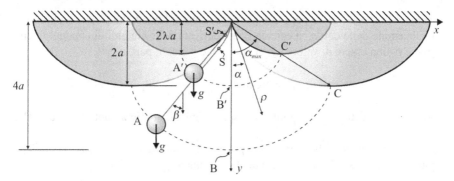

Figura 4.8 Pendoli cicloidali in similitudine

invariante in tutti gli istanti successivi e il rapporto delle forze specifiche di massa deve soddisfare la condizione $r_V^2 = \lambda \cdot r_f$. Poiché abbiamo già calcolato che $r_t = \sqrt{\lambda/r_f}$, deve essere anche $r_f = 1$, cioè le forze specifiche di massa (accelerazione di gravità e tutte le altre componenti associate al moto) che agiscono sui due pendoli in istanti omologhi (in posizione omologa), devono essere parallele, equiverse e uguali in modulo. Poiché l'accelerazione di gravità è la stessa per i due pendoli, la condizione $r_g = 1$ è già soddisfatta ed è sufficiente che la condizione $r_f = 1$ sia soddisfatta per tutte le altre forze specifiche di massa.

Le accelerazioni si calcolano a partire dalle coordinate dei baricentri A e A':

$$\begin{cases} x_A = a \cdot (n + \sin n) \\ y_A = 2a + a \cdot (1 + \cos n) \end{cases}, \quad \begin{cases} x_{A'} = \lambda \cdot a \cdot (n' + \sin n') \\ y_{A'} = 2\lambda \cdot a + \lambda \cdot a \cdot (1 + \cos n') \end{cases}. \quad (4.39)$$

Differenziando due volte rispetto al tempo, risulta:

$$\begin{cases} \ddot{x}_A = a \cdot \dfrac{d^2 n}{dt^2} \cdot (1 + \cos n) - a \cdot \left(\dfrac{dn}{dt}\right)^2 \cdot \sin n \\ \ddot{y}_A = -a \cdot \dfrac{d^2 n}{dt^2} \cdot \sin n - a \cdot \left(\dfrac{dn}{dt}\right)^2 \cdot \cos n \end{cases} \quad (4.40)$$

e

$$\begin{cases} \ddot{x}_{A'} = \lambda \cdot a \cdot \dfrac{d^2 n'}{dt'^2} \cdot (1 + \cos n') - \lambda \cdot a \cdot \left(\dfrac{dn'}{dt'}\right)^2 \cdot \sin n' \\ \ddot{y}_{A'} = -\lambda \cdot a \cdot \dfrac{d^2 n'}{dt'^2} \cdot \sin n' - \lambda \cdot a \cdot \left(\dfrac{dn'}{dt'}\right)^2 \cdot \cos n' \end{cases}. \quad (4.41)$$

Poiché $t' = \sqrt{\lambda} \cdot t$, è immediato verificare che le accelerazioni sono parallele tra di loro ed equiverse solo se risulta $n = n'$. Conseguentemente, l'anomalia α del vettore posizione passante per i punti di stacco delle corde dalle cicloidi S e S', pari a:

$$\alpha = \arctan\left(\frac{n - \sin n}{1 - \cos n}\right), \quad (4.42)$$

assumerà lo stesso valore per i due pendoli. Ancora, l'anomalia β, che rappresenta l'inclinazione delle corde, si calcola come derivata delle cicloidi di appoggio delle corde e risulta essere di valore uguale per i due pendoli, pari a:

$$\beta = \arctan\left(\frac{1 - \cos n_1}{\sin n_1}\right), \tag{4.43}$$

con $n_1 \neq n$, eccetto che nel punto corrispondente alla minima quota (nei punti B e B').

Le corde, quando i baricentri occupano punti omologhi, sono tra loro parallele. I punti di stacco S e S' hanno le seguenti coordinate:

$$\begin{cases} x_S = a \cdot (n - \sin n) \\ y_S = a \cdot (1 - \cos n) \end{cases}, \quad \begin{cases} x_{S'} = \lambda \cdot a \cdot (n - \sin n) \\ y_{S'} = \lambda \cdot a \cdot (1 - \cos n) \end{cases}. \tag{4.44}$$

A partire dalla verticale, se un pendolo giunge in A all'istante t_A, il pendolo simile giungerà in A' all'istante $t_{A'} = \sqrt{\lambda} \cdot t_A$.

Facendo uso dell'equazione del baricentro dei pendoli, si dimostra che le velocità dei due pendoli, in punti omologhi, sono parallele e in rapporto pari a $\sqrt{\lambda}$. Per altra via, applicando la conservazione dell'energia e ipotizzando una velocità nulla in corrispondenza della massima elongazione dei pendoli, si calcola che il modulo della velocità in funzione dei parametri a e n è pari a:

$$V = \sqrt{2a \cdot g \cdot (1 + \cos n)}, \quad V' = \sqrt{2\lambda \cdot a \cdot g \cdot (1 + \cos n)}. \tag{4.45}$$

Pertanto, i due pendoli sono in similitudine dinamica.

4.1.4
La similitudine dinamica per sistemi di particelle materiali interagenti

Nel caso di sistemi di particelle interagenti, per garantire la similitudine dinamica devono essere soddisfatte per ogni particella le condizioni già analizzate per una particella isolata in condizioni di moto libero o vincolato. Quindi, le condizioni sono: similitudine geometrica e velocità iniziali (vettorialmente intese) in rapporto invariante; le forze specifiche di massa (vettorialmente intese) in rapporto invariante; il rapporto tra le masse di coppie di particelle corrispondenti, identico per tutte le coppie.

Quest'ultima condizione deriva dalla necessità di garantire che tutte le forze, comprese quelle derivanti dall'interazione, siano parallele, equiverse e in rapporto invariante dei moduli nei due sistemi simili; ciò può avvenire solo se la natura delle interazioni è identica (per esempio, lo stesso coefficiente di attrito per urti tra particelle) e se le masse delle particelle sono in rapporto invariante (cioè, lo stesso rapporto per tutte le coppie di particelle simili). Se così non fosse, un'interazione quale, ad esempio, l'urto tra coppie di particelle caratterizzate da un rapporto di massa differente, nel modello e nel prototipo, darebbe luogo ad accelerazioni in rapporto non invariante. Si può generalizzare questa condizione coinvolgendo anche le masse e imponendo che tutte le forze, comprese quelle derivanti dall'interazione tra la particelle, siano vettorialmente in rapporto invariante. Conseguentemente, il numero di Reech relativo alle forze di interazione F deve soddisfare l'eguaglianza

$$\frac{m_1 \cdot V_1^2}{l_1 \cdot F_1} = \frac{m_2 \cdot V_2^2}{l_2 \cdot F_2}, \tag{4.46}$$

dove m_1 e m_2 sono le masse nei due spazi. Si noti che F_1 e F_2 sono delle forze, mentre f_1 e f_2 nell'equazione (4.18) sono delle forze specifiche di massa, dimensionalmente corrispondenti a un'accelerazione.

4.1.5
La similitudine dinamica per continui rigidi

I continui rigidi possono essere descritti come sistemi di particelle con il vincolo che le distanze tra due qualunque particelle del sistema siano invarianti nel tempo.

Dunque, le condizioni per la similitudine dinamica per i continui rigidi sono:

- similitudine geometrica dei due corpi;
- rapporto costante della densità di massa nell'intorno di punti corrispondenti per tutte le coppie di punti;
- identico orientamento iniziale dei vettori posizione, velocità, accelerazione, forza;
- rapporto invariante delle velocità iniziali (vettorialmente intese) di punti corrispondenti e per tutte le coppie di punti;
- rapporto invariante delle forze (vettorialmente intese) agenti nell'intorno di punti corrispondenti e per tutte le coppie di punti;
- eguaglianza del numero di Reech nella forma $m_1 \cdot V_1^2/(l_1 \cdot F_1) = m_2 \cdot V_2^2/(l_2 \cdot F_2)$, dove m_1 e m_2 sono le masse dei due corpi, V_1 e V_2 sono le loro velocità, F_1 e F_2 sono le forze applicate.

La condizione sul rapporto di densità può essere sostituita dalla condizione di colinearità degli assi principali d'inerzia e da un opportuno rapporto tra i momenti d'inerzia.

La condizione sulle velocità iniziali può essere sostituita da una analoga relazione tra le velocità dei centri di massa e tra le velocità di rotazione angolare.

In ultimo, la condizione relativa alle forze può essere sostituita da una analoga relazione tra le forze e le coppie risultanti applicate ai due continui rigidi.

Verifichiamo ora la sufficienza e le conseguenze delle condizioni elencate.

Le equazioni del moto per un continuo rigido, in coordinate cartesiane ortogonali, hanno l'espressione:

$$
\begin{cases}
m \cdot \dfrac{d^2 x}{d t^2} = F_x \\[2mm]
m \cdot \dfrac{d^2 y}{d t^2} = F_y \\[2mm]
m \cdot \dfrac{d^2 z}{d t^2} = F_z \\[2mm]
m \cdot r_x^2 \cdot \dfrac{d^2 \theta}{d t^2} = M_x \\[2mm]
m \cdot r_y^2 \cdot \dfrac{d^2 \phi}{d t^2} = M_y \\[2mm]
m \cdot r_z^2 \cdot \dfrac{d^2 \psi}{d t^2} = M_z
\end{cases}
\qquad (4.47)
$$

dove m è la massa, r_x, r_y e r_z sono i raggi giratori per rotazione rispetto all'asse x, y e z, F e M sono forze e coppie risultanti agenti, x, y, z, θ, ϕ e ψ sono i parametri lagrangiani del moto. Le equazioni possono essere riscritte nella forma:

$$
\begin{cases}
u_x \cdot \dfrac{d u_x}{d x} = f_x \\[2mm]
u_y \cdot \dfrac{d u_y}{d y} = f_y \\[2mm]
u_z \cdot \dfrac{d u_z}{d z} = f_z \\[2mm]
\omega_x \cdot \dfrac{d \omega_x}{d \theta} = n_x \\[2mm]
\omega_y \cdot \dfrac{d \omega_y}{d \phi} = n_y \\[2mm]
\omega_z \cdot \dfrac{d \omega_z}{d \psi} = n_z
\end{cases}
\qquad (4.48)
$$

dove f sono le forze specifiche di massa, ω è la velocità di rotazione angolare, $n_{(\ldots)} = M_{(\ldots)}/(m \cdot r_{(\ldots)}^2)$ sono le coppie per unità di momento d'inerzia.

Se consideriamo due corpi rigidi in due spazi differenti *1)* e *2)* e ipotizziamo che i processi fisici che li coinvolgono siano in similitudine dinamica, con riferimento a due sole equazioni che coinvolgono forze e momenti, per il primo corpo deve risultare

$$
\begin{cases}
u_{x1} \cdot \dfrac{d u_{x1}}{d x_1} = f_{x1}(\mathbf{r}_1, \chi_1) \\[2mm]
\ldots \\[2mm]
\omega_{x1} \cdot \dfrac{d \omega_{x1}}{d \theta_1} = n_{x1}(\mathbf{r}_1, \chi_1) \\[2mm]
\ldots
\end{cases}
\qquad (4.49)
$$

dove $\mathbf{r}_1$ è il vettore posizione del baricentro e χ_1 è il vettore che individua l'orientazione. Stiamo assumendo che le forze specifiche e le coppie specifiche dipendano sia dalla posizione del baricentro che dall'orientazione del corpo. Per il secondo corpo, risulta:

$$
\begin{cases}
u_{x2} \cdot \dfrac{d\,u_{x2}}{d\,x_2} = f_{x2}\,(\mathbf{r}_2, \chi_2) \\
\dots \\
\omega_{x2} \cdot \dfrac{d\,\omega_{x2}}{d\,\theta_2} = n_{x2}\,(\mathbf{r}_2, \chi_2) \\
\dots
\end{cases}
\tag{4.50}
$$

Poiché, per ipotesi, le forze specifiche di massa devono essere parallele ed equiverse, deve risultare:

$$
f_{x2}\,(\mathbf{r}_2, \chi_2) = r_f \cdot f_{x1}\,(\mathbf{r}_1, \chi_1) \equiv r_f \cdot f_{x1}\left(\frac{\mathbf{r}_2}{\lambda}, \chi_2\right),
\tag{4.51}
$$

dove r_f è il rapporto tra le forze specifiche di massa e λ è la scala geometrica.

Si noti che i due vettori χ_1 e χ_2 devono essere coincidenti, a differenza dei vettori posizione $\mathbf{r}_1$ e $\mathbf{r}_2$ che, pur essendo paralleli ed equiversi, hanno un modulo in rapporto pari alla scala geometrica

Le coppie specifiche per unità di momento d'inerzia devono essere parallele ed equiverse e, quindi,

$$
n_{x2}\,(\mathbf{r}_2, \chi_2) = \frac{r_f}{\lambda} \cdot n_{x1}\,(\mathbf{r}_1, \chi_1) \equiv \frac{r_f}{\lambda} \cdot n_{x1}\left(\frac{\mathbf{r}_2}{\lambda}\,\chi_2\right).
\tag{4.52}
$$

Le equazioni per il secondo corpo si riscrivono come:

$$
\begin{cases}
u_{x2} \cdot \dfrac{d\,u_{x2}}{d\,x_2} = r_f \cdot f_{x1}\left(\dfrac{\mathbf{r}_2}{\lambda}, \chi_2\right) \\
\dots \\
\omega_{x2} \cdot \dfrac{d\,\omega_{x2}}{d\,\theta_2} = \dfrac{r_f}{\lambda} \cdot n_{x1}\left(\dfrac{\mathbf{r}_2}{\lambda}, \chi_2\right) \\
\dots
\end{cases}
\tag{4.53}
$$

La similitudine cinematica è soddisfatta purché risulti:

$$
\begin{cases}
\mathbf{r}_2 = \lambda \cdot \mathbf{r}_1 \rightarrow x_2 = \lambda \cdot x_1, \quad y_2 = \lambda \cdot y_1, \quad z_2 = \lambda \cdot z_1 \\
\chi_2 = \chi_1 \rightarrow \theta_2 = \theta_1, \quad \phi_2 = \phi_1, \quad \psi_2 = \psi_1 \\
u_{x2} = r_V \cdot u_{x1}, \quad u_{y2} = r_V \cdot u_{y1}, \quad u_{z2} = r_V \cdot u_{z1} \\
\omega_{x2} = \dfrac{r_V}{\lambda} \cdot \omega_{x1}, \quad \omega_{y2} = \dfrac{r_V}{\lambda} \cdot \omega_{y1}, \quad \omega_{z2} = \dfrac{r_V}{\lambda} \cdot \omega_{z1}.
\end{cases}
\tag{4.54}
$$

Sostituendo nelle equazioni (4.53), risultano le equazioni

$$
\begin{cases}
\dfrac{r_V^2}{\lambda \cdot r_f} \cdot u_{x1} \cdot \dfrac{d\,u_{x1}}{d\,x_1} = f_{x1}\,(\mathbf{r}_1,\,\chi_1) \\[2mm]
\dots \\[2mm]
\dfrac{r_V^2}{\lambda \cdot r_f} \cdot \omega_{x1} \cdot \dfrac{d\,\omega_{x1}}{d\,\theta_1} = n_{x1}\,(\mathbf{r}_1,\,\chi_1) \\[2mm]
\dots
\end{cases}
\tag{4.55}
$$

che diventano identiche alle equazioni (4.49) se

$$
\frac{r_V^2}{\lambda \cdot r_f} = 1.
\tag{4.56}
$$

Quindi, i due continui rigidi in moto simile devono essere caratterizzati dallo stesso numero di Reech.

Il caso di continui rigidi è trattato, dunque, in maniera analoga al caso di sistemi di particelle materiali discrete non interagenti. È immediata l'estensione al caso di continui rigidi interagenti, che conduce all'invarianza del numero di Reech nella forma:

$$
\frac{r_m \cdot r_V^2}{\lambda \cdot r_F} = 1,
\tag{4.57}
$$

nella quale compaiono separatamente le forze di massa e le masse, anziché le sole forze specifiche di massa.

4.1.6
Le trasformazioni affini delle traiettorie e le condizioni di similitudine geometricamente distorta

Abbiamo visto che, per le componenti di una grandezza vettoriale, la condizione di similitudine nella direzione di un certo asse, richiede che il numero di Reech sia lo stesso nel modello e nel prototipo. Verifichiamo quale condizione di similitudine sia possibile se le scale della velocità, della forza di massa e la scala geometrica, assumono valori differenti per due assi differenti, cioè in *similitudine geometricamente distorta*.

Se le forze di massa in una direzione non dipendono dagli spostamenti nelle altre direzioni (se, quindi, la forza di massa è colineare con il vettore spostamento), è possibile garantire la similitudine distorta. Inoltre, se la scala dei tempi è univoca per tutte le direzioni, le traiettorie saranno connesse da una trasformazione affine:

$$
\begin{cases}
x_2 = \lambda_{11} \cdot x_1 + \lambda_{12} \cdot y_1 + \lambda_{13} \cdot z_1 \\
y_2 = \lambda_{21} \cdot x_1 + \lambda_{22} \cdot y_1 + \lambda_{23} \cdot z_1 \,, \\
z_2 = \lambda_{31} \cdot x_1 + \lambda_{32} \cdot y_1 + \lambda_{33} \cdot z_1
\end{cases}
\tag{4.58}
$$

dove il pedice delle coordinate x, y, z si riferisce ai due spazi simili e λ_{ij} sono i termini della matrice Λ di trasformazione. In forma compatta, risulta:

$$\mathbf{r}_2 = \Lambda \cdot \mathbf{r}_1. \tag{4.59}$$

Il rapporto scala tra le velocità può essere espresso come un tensore del secondo ordine

$$\mathbf{R}_V = \begin{bmatrix} \dfrac{V_{x2}}{V_{x1}} & \dfrac{V_{x2}}{V_{y1}} & \dfrac{V_{x2}}{V_{z1}} \\[3mm] \dfrac{V_{y2}}{V_{x1}} & \dfrac{V_{y2}}{V_{y1}} & \dfrac{V_{y2}}{V_{z1}} \\[3mm] \dfrac{V_{z2}}{V_{x1}} & \dfrac{V_{z2}}{V_{y1}} & \dfrac{V_{z2}}{V_{z1}} \end{bmatrix} \tag{4.60}$$

che si considera sempre diagonale

$$\mathbf{R}_V = \begin{bmatrix} \dfrac{V_{x2}}{V_{x1}} & 0 & 0 \\[3mm] 0 & \dfrac{V_{y2}}{V_{y1}} & 0 \\[3mm] 0 & 0 & \dfrac{V_{z2}}{V_{z1}} \end{bmatrix} \tag{4.61}$$

e isotropo, se la similitudine è indistorta:

$$\mathbf{R}_V = \frac{V_2}{V_1} \cdot \begin{bmatrix} 1 & 0 & 0 \\ 0 & 1 & 0 \\ 0 & 0 & 1 \end{bmatrix}. \tag{4.62}$$

In maniera analoga, anche il rapporto tra le forze specifiche di massa può essere espresso come un tensore del secondo ordine $\mathbf{R}_f$, che deve essere diagonale per l'ipotesi di colinearità tra forze e spostamenti, mentre la scala geometrica è già generalizzata dalla matrice di trasformazione Λ.

Eseguendo nuovamente i calcoli, la condizione di similitudine cinematica richiede che sia

$$\mathbf{R}_V = \frac{1}{r_T} \cdot \Lambda, \tag{4.63}$$

dove il rapporto dei tempi si considera uno scalare.

La condizione di similitudine dinamica richiede che sia

$$\mathbf{R}_V \cdot \mathbf{R}_V = \Lambda \cdot \mathbf{R}_f, \tag{4.64}$$

dove il prodotto tra i tensori è righe per colonne.

Quindi, i termini non diagonali del tensore $\mathbf{R}_V$ devono essere nulli, dato che $\Lambda \cdot \mathbf{R}_f$ è diagonale, mentre per i tre termini diagonali deve risultare:

$$\frac{r_{V_x}^2}{\lambda_x \cdot r_{f_x}} = \frac{r_{V_y}^2}{\lambda_y \cdot r_{f_y}} = \frac{r_{V_z}^2}{\lambda_z \cdot r_{f_z}} = 1, \tag{4.65}$$

dove abbiamo posto $\lambda_x \equiv \lambda_{11}$, $\lambda_y \equiv \lambda_{22}$, $\lambda_z \equiv \lambda_{33}$.

Inoltre, per l'isotropia del rapporto scala dei tempi, deve anche risultare:

$$r_T = \frac{\lambda_x}{r_{V_x}} = \frac{\lambda_y}{r_{V_y}} = \frac{\lambda_z}{r_{V_z}} \rightarrow \frac{r_{V_x}}{r_{f_x}} = \frac{r_{V_y}}{r_{f_y}} = \frac{r_{V_z}}{r_{f_z}}. \tag{4.66}$$

4.1.7
La similitudine costitutiva e gli altri criteri di similitudine

Esistono altri criteri di similitudine che si applicano, ad esempio alle equazioni di chiusura, quali le equazioni costitutive. In similitudine costitutiva i materiali, nel modello e nel prototipo, sono caratterizzati da proprietà reologiche omologhe. Le proprietà reologiche dei materiali sono definite da un'equazione costitutiva che correla lo stato tensionale allo stato deformativo (o di velocità di deformazione, nel caso dei fluidi). L'equazione costitutiva deve soddisfare alcuni principi: deve essere indipendente dal sistema di unità di misura e, dunque, in forma adimensionale; deve essere indipendente dal sistema di coordinate e, dunque, in forma tensoriale; deve rispettare il secondo principio della Termodinamica; deve essere indipendente dal sistema di riferimento e, dunque, deve rispettare il principio di *obiettività materiale*. In molti casi di pratico interesse, la formulazione tensoriale dell'equazione costitutiva appare complessa o, semplicemente, non è nota. Per tale motivo, si opta per un'equazione empirica o semi-empirica che, ad esempio, per un continuo elastico, correla lo stato tensionale allo stato deformativo, in funzione della temperatura (nei fenomeni di *creep* e di rilassamento), dello spazio (eventuale inomogeneità), dell'orientamento (eventuale anisotropia). Interviene anche la descrizione dell'interazione della tensione tra due distinte direzioni, tramite il coefficiente di Poisson, e dell'interazione tra due punti vicini, tramite il gradiente spaziale della tensione. Per un materiale elastico, nel caso uniassiale, un'espressione empirica dell'equazione costitutiva è (Harris *et al.*, 1962 [36])

$$\sigma(x, \varepsilon, t, \theta, \dot{\varepsilon}) = \sigma_0(x, \varepsilon_0, t_0, \theta_0, \dot{\varepsilon}_0) + \sum_{n=1}^{\infty} \frac{(\varepsilon - \varepsilon_0)^n}{n!} \cdot \left\{ \frac{\partial^n \sigma}{\partial \varepsilon^n} \bigg|_0 + \right.$$

$$\sum_{j=1}^{\infty} \frac{(t - t_0)^j}{j!} \cdot \frac{\partial^{n+j} \sigma}{\partial \varepsilon^n \partial t^j} \bigg|_{t=t_0} + \sum_{l=1}^{\infty} \frac{(\theta - \theta_0)^l}{l!} \cdot \frac{\partial^{n+l} \sigma}{\partial \varepsilon^n \partial \theta^l} \bigg|_{\theta=\theta_0} +$$

$$\left. \sum_{k=1}^{\infty} \frac{(\dot{\varepsilon} - \dot{\varepsilon}_0)^k}{k!} \cdot \frac{\partial^{n+k} \sigma}{\partial \varepsilon^n \partial \dot{\varepsilon}^k} \bigg|_{\dot{\varepsilon}=\dot{\varepsilon}_0} \right\} \bigg|_{\sigma=\sigma_0}, \tag{4.67}$$

dove ε è la deformazione specifica, t è il tempo, θ è la temperatura, $\dot{\varepsilon}$ è il gradiente temporale della deformazione specifica. La massima deformazione specifica è espressa come:

$$\varepsilon_{max}(x, t, \theta, \dot{\varepsilon}) = \varepsilon_{max}(x, t_0, \theta_0, \dot{\varepsilon}_0) + \sum_{j=1}^{\infty} \frac{(t - t_0)^j}{j!} \cdot \left.\frac{\partial^j \varepsilon_{max}}{\partial t^j}\right|_{t=t_0} +$$

$$\sum_{l=1}^{\infty} \frac{(\theta - \theta_0)^l}{l!} \cdot \left.\frac{\partial^l \varepsilon_{max}}{\partial \theta^l}\right|_{\theta=\theta_0} + \sum_{k=1}^{\infty} \frac{(\dot{\varepsilon} - \dot{\varepsilon}_0)^k}{k!} \cdot \left.\frac{\partial^k \varepsilon_{max}}{\partial \dot{\varepsilon}^k}\right|_{\dot{\varepsilon}=\dot{\varepsilon}_0}. \quad (4.68)$$

Se il continuo è dotato di memoria, le equazioni devono essere sviluppate sia per la fase di carico che per la fase di scarico. Le condizioni di similitudine costitutiva, conseguenza dell'equazione (4.67), sono:

$$\begin{cases} r_{\left(\frac{\partial^n \sigma}{\partial \varepsilon^n}\right)} = r_\sigma \\ r_{\left(\frac{\partial^j}{\partial t^j} \cdot \frac{\partial^n \sigma}{\partial \varepsilon^n}\right)} = r_\sigma \cdot r_t^{-j} \\ r_{\left(\frac{\partial \varepsilon}{\partial t}\right)} = r_t^{-1} \\ r_{\left(\frac{\partial^l}{\partial \theta^l} \cdot \frac{\partial^n \sigma}{\partial \varepsilon^n}\right)} = r_\sigma \cdot r_\theta^{-l} \\ r_{\left(\frac{\partial^k}{\partial \dot{\varepsilon}^k} \cdot \frac{\partial^n \sigma}{\partial \varepsilon^n}\right)} = r_\sigma \cdot r_t^k \end{cases} \quad (4.69)$$

Le ulteriori condizioni, conseguenza dell'equazione (4.68), sono:

$$\begin{cases} r_{\left(\frac{\partial^j \varepsilon_{max}}{\partial t^j}\right)} = r_t^{-j} \\ r_{\left(\frac{\partial^l \varepsilon_{max}}{\partial \theta^l}\right)} = r_\theta^{-l} \\ r_{\left(\frac{\partial^k \varepsilon_{max}}{\partial \dot{\varepsilon}^k}\right)} = r_t^k \end{cases} \quad (4.70)$$

Le condizioni di similitudine devono essere soddisfatte per tutti i punti e per ogni valore dei contatori n, j, k e l.

Esempio 4.3. Sia assegnato un materiale nel prototipo con la seguente equazione costitutiva:

$$\begin{cases} \sigma_p = (a + b \cdot t + c \cdot \theta^2 + d \cdot \dot{\varepsilon}) \cdot \varepsilon + (e + g \cdot \theta) \cdot \varepsilon^2 \\ \varepsilon_{p,max} = a_1 + b_1 \cdot t + c_1 \cdot \theta + d_1 \cdot \dot{\varepsilon} \end{cases} \quad (4.71)$$

Vogliamo calcolare i coefficienti di un materiale in similitudine costitutiva.

Facendo uso delle definizioni dei coefficienti delle equazioni (4.67) e (4.68), si calcola:

$$\begin{cases} \dfrac{\partial \sigma}{\partial \varepsilon}(t_0,\, \theta_0,\, \dot{\varepsilon}_0) = a, & \dfrac{\partial^2 \sigma}{\partial \varepsilon \partial t} = b, \\[2mm] \dfrac{\partial^3 \sigma}{\partial \varepsilon \partial \theta^2} = 2\,c, & \dfrac{\partial^2 \sigma}{\partial \varepsilon \partial \dot{\varepsilon}} = d, \\[2mm] \dfrac{\partial^2 \sigma}{\partial \varepsilon^2}(t_0,\, \theta_0,\, \dot{\varepsilon}_0) = 2\,e, & \dfrac{\partial^3 \sigma}{\partial \varepsilon^2 \partial \theta} = g, \\[2mm] \dfrac{\partial \varepsilon_{max}}{\partial t} = b_1, & \dfrac{\partial \varepsilon_{max}}{\partial \theta} = c_1, \\[2mm] \dfrac{\partial \varepsilon_{max}}{\partial \dot{\varepsilon}} = d_1. \end{cases} \qquad (4.72)$$

Sulla base delle condizioni di similitudine, nel modello deve risultare:

$$\begin{cases} \dfrac{\partial \sigma}{\partial \varepsilon}(t_0,\, \theta_0,\, \dot{\varepsilon}_0) = r_\sigma \cdot a, & \dfrac{\partial^2 \sigma}{\partial \varepsilon \partial t} = r_\sigma \cdot r_t^{-1} \cdot b, \\[2mm] \dfrac{\partial^3 \sigma}{\partial \varepsilon \partial \theta^2} = 2\, r_\sigma \cdot r_\theta^{-2} \cdot c, & \dfrac{\partial^2 \sigma}{\partial \varepsilon \partial \dot{\varepsilon}} = r_\sigma \cdot r_t \cdot d, \\[2mm] \dfrac{\partial^2 \sigma}{\partial \varepsilon^2}(t_0,\, \theta_0,\, \dot{\varepsilon}_0) = 2\, r_\sigma \cdot e, & \dfrac{\partial^3 \sigma}{\partial \varepsilon^2 \partial \theta} = r_\sigma \cdot r_\theta^{-1} \cdot g, \\[2mm] \dfrac{\partial \varepsilon_{max}}{\partial t} = r_t^{-1} \cdot b_1, & \dfrac{\partial \varepsilon_{max}}{\partial \theta} = r_\theta^{-1} \cdot c_1, \\[2mm] \dfrac{\partial \varepsilon_{max}}{\partial \dot{\varepsilon}} = r_t \cdot d_1. \end{cases} \qquad (4.73)$$

Quindi, un materiale in similitudine dovrà avere la seguente equazione costitutiva:

$$\begin{cases} \sigma_m = \left(r_\sigma \cdot a + r_\sigma \cdot r_t^{-1} \cdot b \cdot t + r_\sigma \cdot r_\theta^{-2} \cdot c \cdot \theta^2 + r_\sigma \cdot r_t \cdot d \cdot \dot{\varepsilon} \right) \cdot \varepsilon + \\[1mm] \qquad \left(r_\sigma \cdot e + r_\sigma \cdot r_\theta^{-1} \cdot g \cdot \theta \right) \cdot \varepsilon^2 \\[2mm] \varepsilon_{m,max} = a_1 + r_t^{-1} \cdot b_1 \cdot t + r_\theta^{-1} \cdot c_1 \cdot \theta + r_t \cdot d_1 \cdot \dot{\varepsilon} \end{cases} \qquad (4.74)$$

L'elevato numero dei coefficienti che intervengono e l'impossibilità di realizzare dei materiali programmabili, cioè con caratteristiche reologiche che possano essere fissate e imposte, scoraggia l'adozione di criteri di similitudine costitutiva rigorosi. In molti casi, è possibile prescindere dalla dipendenza dalla temperatura e dal tempo, ed è anche possibile trascurare i contributi di ε superiori al primo ordine. Allora, la similitudine costitutiva impone solo che $\sigma_m = r_\sigma \cdot a \cdot \varepsilon$, $\varepsilon_{m,max} = \varepsilon_{p,max}$. Poiché deve essere $r_\varepsilon = 1$, è necessario che sia $r_\sigma = r_a$.

Se il materiale è un *fluido viscoso* (altrimenti definito *fluido di Stokes* o *fluido di Reiner-Rivlin*), facendo uso del Teorema di Cayley-Hamilton, l'equazione costitutiva ha la struttura

$$T_{ij} = A \cdot \delta_{ij} + B \cdot D_{ij} + C \cdot (D_{ij})^2, \qquad (4.75)$$

dove $T_{ij} \equiv \mathbf{T}$ è il tensore delle tensioni, $D_{ij} \equiv \mathbf{D}$ è il tensore delle velocità di deformazione, δ_{ij} è il tensore di Kronecker, A, B e C sono funzioni degli invarianti principali del tensore delle velocità di deformazione: I_1, I_2 e I_3. La struttura delle 3 funzioni è differente per differenti categorie di materiali; di qui la definizione di *funzioni materiali*. Si può dimostrare che le due funzioni A e B non possono essere delle costanti se C non è nullo.

Il caso in cui C sia nullo e il legame $\mathbf{T} = f(\mathbf{D})$ sia lineare, è proprio dei *fluidi Newtoniani*, per i quali risulta:

$$\mathbf{T} = (-p + \xi \cdot \nabla \mathbf{V}) \cdot \mathbf{I} + 2\,\mu \cdot \mathbf{D}, \qquad (4.76)$$

dove ξ è la viscosità di volume e μ è la viscosità dinamica.

Le condizioni di similitudine costitutiva sono:

$$r_\tau = r_p = r_\xi \cdot \frac{r_V}{\lambda} = r_\mu \cdot \frac{r_V}{\lambda}. \qquad (4.77)$$

Si noti che, per i gas ideali, risulta $3\,\lambda + 2\,\mu = 0$ e, quindi, una condizione è superflua. Inoltre, nel caso in cui il campo di moto sia isocoro, la viscosità di volume non interviene, e anche in questo caso una condizione è superflua.

Infine, se la pressione si rapporta come $r_p = r_\rho \cdot r_V^2$, si dimostra facilmente che la similitudine costitutiva equivale alla similitudine di Reynolds, cioè

$$\frac{r_\rho \cdot r_V \cdot \lambda}{r_\mu} = 1. \qquad (4.78)$$

4.2
La condizione di similitudine sulla base dell'Analisi Dimensionale

Due processi fisici che coinvolgono le stesse grandezze x_i e sono descritti dalla stessa funzione omogenea $f(x_i) = 0$, si definiscono in *similitudine* tra di loro se sono noti i rapporti $r_{x_i} = x_i''/x_i'$ tra la misura della i-esima grandezza, letta per il secondo processo (x_i''), e la misura della stessa grandezza, letta per il primo processo (x_i').

Dimostriamo che una funzione omogenea che consenta la similitudine senza alcun vincolo sui rapporti r_{x_i} è una funzione monomia del tipo:

$$f(x_i) = C_1 \cdot x_1^{\delta_1} \cdot x_2^{\delta_2} \cdots x_n^{\delta_n} = 0. \qquad (4.79)$$

Infatti, la condizione di similitudine implica che sia

$$f\left(x_i''\right) = f\left(x_i'\right) = 0 \rightarrow f\left(r_{x_i} \cdot x_i'\right) = f\left(x_i'\right) = 0. \qquad (4.80)$$

Per gli sviluppi successivi, deve essere possibile raccogliere i rapporti scala a fattore comune,

$$f\left(r_{x_i} \cdot x_i'\right) = \Phi\left(r_{x_i}\right) \cdot f\left(x_i'\right) = 0 \qquad (4.81)$$

e, differenziando rispetto a r_{x_1}, si calcola:

$$\frac{\partial f\left(x_i''\right)}{\partial r_{x_1}} = \frac{\partial \Phi}{\partial r_{x_1}} \cdot f\left(x_i'\right) \qquad (4.82)$$

e, quindi:

$$x'_1 \cdot \frac{\partial f (r_{x_i} \cdot x'_i)}{\partial (r_{x_1} \cdot x'_1)} = \frac{\partial \Phi}{\partial r_{x_1}} \cdot f (x'_i). \tag{4.83}$$

Tale espressione deve essere valida per qualunque valore di $r_{x_1}, r_{x_2}, \ldots, r_{x_n}$, incluso il valore unitario $r_{x_i} = 1$, $(i = 1, 2, \ldots, n)$. Pertanto, risulta:

$$x'_1 \cdot \frac{\partial f (x'_i)}{\partial x'_1} = \frac{\partial \Phi}{\partial r_{x_1}}\bigg|_{r_{x_i}=1} \cdot f (x'_i). \tag{4.84}$$

La derivata della funzione Φ è calcolata per un valore unitario del suo argomento ed è un numero che indicheremo con δ_1. Separando le variabili, è agevole eseguire l'integrazione dell'equazione (4.84), ottenendo

$$\ln f = \delta_1 \cdot \ln x'_1 + \text{cost} \rightarrow f (x'_i) = C_1 \cdot x_1'^{\delta_1}, \tag{4.85}$$

dove C_1 è un coefficiente adimensionale. Ripetendo la procedura per tutte le altre variabili, risulta:

$$f (x_i) = C_2 \cdot x_1^{\delta_1} \cdot x_2^{\delta_2} \cdots x_n^{\delta_n}. \tag{4.86}$$

Dunque, la funzione che definisce il processo fisico deve essere monomia omogenea.

Purtroppo, però, non esiste alcun fenomeno fisico retto da un'equazione monomia omogenea e, quindi, bisogna accettare che i valori dei rapporti r_{x_i} non possano essere fissati arbitrariamente.

Il modo più semplice per imporre la condizione di similitudine è quello di esprimere la funzione omogenea che descrive il fenomeno in studio come funzione di gruppi adimensionali, utilizzando il Teorema di Buckingham:

$$f (x_1, x_2, \ldots, x_n) = 0 \rightarrow \tilde{f} (\Pi_1, \Pi_2, \ldots, \Pi_{n-k}) = 0. \tag{4.87}$$

La condizione di similitudine è sicuramente soddisfatta se i gruppi adimensionali corrispondenti, che nei due processi fisici hanno l'espressione

$$\Pi''_i = \frac{x''_{k+i}}{(x''_1)^{\alpha_i} \cdot (x''_2)^{\beta_i} \cdots (x''_k)^{\delta_i}}, \quad \Pi'_i = \frac{x'_{k+i}}{(x'_1)^{\alpha_i} \cdot (x'_2)^{\beta_i} \cdots (x'_k)^{\delta_i}},$$
$$(i = 1, 2, \ldots, n-k), \tag{4.88}$$

assumono lo stesso valore numerico, cioè se

$$\Pi''_i = \Pi'_i, \quad (i = 1, 2, \ldots, n-k). \tag{4.89}$$

Poiché risulta:

$$\Pi_i'' = \frac{x_{k+i}''}{\left(x_1''\right)^{\alpha_i} \cdot \left(x_2''\right)^{\beta_i} \cdots \left(x_k''\right)^{\delta_i}} = \frac{r_{x_{k+i}} \cdot x_{k+i}'}{\left(r_{x_1} \cdot x_1'\right)^{\alpha_i} \cdot \left(r_{x_2} \cdot x_2'\right)^{\beta_i} \cdots \left(r_{x_k} \cdot x_k'\right)^{\delta_i}} =$$

$$\frac{r_{x_{k+i}}}{r_{x_1}^{\alpha_i} \cdot r_{x_2}^{\beta_i} \cdot r_{x_k}^{\delta_i}} \cdot \frac{x_{k+i}'}{\left(x_1'\right)^{\alpha} \cdot \left(x_2'\right)^{\beta_i} \cdots \left(x_k'\right)^{\delta_i}} = \frac{r_{x_{k+i}}}{r_{x_1}^{\alpha_i} \cdot r_{x_2}^{\beta_i} \cdot r_{x_k}^{\delta_i}} \cdot \Pi_i',$$

$$(i = 1, 2, \ldots, n-k), \quad (4.90)$$

l'insieme di equazioni (4.88) si riconduce alle $(n-k)$ equazioni

$$\frac{r_{x_{k+i}}}{r_{x_1}^{\alpha_i} \cdot r_{x_2}^{\beta_i} \cdots r_{x_k}^{\delta_i}} = 1, \quad (i = 1, 2, \ldots, n-k). \tag{4.91}$$

Pertanto, i due fenomeni sono in similitudine se i gruppi adimensionali, calcolati introducendo i rapporti scala delle variabili in sostituzione delle variabili, assumono valore unitario.

Ciò conduce a un sistema di $(n-k)$ equazioni nelle n incognite rappresentate dagli n rapporti scala r_{x_i} che ammette ∞^k soluzioni e lascia k gradi di libertà. Spesso, tuttavia, si aggiungono ulteriori vincoli che riducono il numero di gradi di libertà nella scelta dei rapporti scala e, talvolta, il sistema di equazioni finisce per ammettere solo la soluzione banale $r_{x_i} = 1$.

Esempio 4.4. Analizziamo una struttura elastica caricata staticamente. Le grandezze coinvolte sono le variabili geometriche che definiscono la struttura, come, ad esempio, una lunghezza l e i rapporti delle altre dimensioni geometriche rispetto a l, indicati con $h_1, h_2, \ldots, h_n$. Sono coinvolte le caratteristiche meccaniche del materiale della struttura e cioè: il modulo di Young E e il coefficiente di Poisson ν; la condizione di carico, indicata con un carico concentrato P e con i rapporti degli altri carichi concentrati rispetto a P, cioè $s_1, s_2, \ldots, s_m$; il punto di applicazione dei carichi concentrati, espresso adimensionalmente come rapporto rispetto alla dimensione di riferimento l, cioè $p_0, p_1, \ldots, p_m$; l'angolo di inclinazione genericamente espresso come $\theta_0, \theta_1, \ldots, \theta_m$.

Supponiamo di volere conoscere la dipendenza della tensione normale σ (variabile governata) agente su una superficie nell'intorno di un punto di coordinate x, y e z. L'equazione tipica è

$$\sigma = f(x, y, z, E, l, P, \nu,$$
$$h_1, \ldots, h_n, s_1, \ldots, s_m, p_0, p_1, \ldots, p_m, \theta_0, \theta_1, \ldots, \theta_m). \tag{4.92}$$

Senza perdere di generalità, possiamo analizzare la tensione normale agente in una specifica sezione di ascissa x, dovuta all'azione di un solo carico concentrato, ortogonale all'asse in una sezione definita. L'equazione tipica diventa

$$\sigma = f(x, E, l, P, \nu). \tag{4.93}$$

La matrice dimensionale delle 6 grandezze coinvolte è

$$
\begin{array}{c|cccccc}
 & \sigma & x & E & l & P & v \\
\hline
M & 1 & 0 & 1 & 0 & 1 & 0 \\
L & -1 & 1 & -1 & 1 & 1 & 0 \\
T & -2 & 0 & -2 & 0 & -2 & 0
\end{array}
\tag{4.94}
$$

e ha rango 2 (la prima e l'ultima riga sono in combinazione lineare). Scelte 2 grandezze sicuramente indipendenti, ad esempio E e l, è possibile definire $(6-2) = 4$ gruppi adimensionali, come:

$$
\Pi_1 = \frac{\sigma}{E}, \quad \Pi_2 = \frac{x}{l}, \quad \Pi_3 = \frac{P}{E \cdot l^2}, \quad \Pi_4 = v.
\tag{4.95}
$$

Pertanto, la relazione funzionale tra i gruppi adimensionali assume la forma

$$
\frac{\sigma}{E} = \widetilde{f} \left(\frac{x}{l}, \frac{P}{E \cdot l^2}, v \right).
\tag{4.96}
$$

In maniera analoga è possibile definire la relazione funzionale per altre variabili come, ad esempio, per la deformazione δ:

$$
\frac{\delta}{l} = \widetilde{f_1} \left(\frac{x}{l}, \frac{P}{E \cdot l^2}, v \right).
\tag{4.97}
$$

Si noti che tali espressioni sono del tutto generali e sono valide anche nell'ipotesi di grandi deformazioni, purché siano soddisfatti i criteri di completezza dell'insieme di variabili coinvolte: per materiali elastici non lineari o in regime plastico, sarà necessario aggiungere le altre variabili che intervengono.

Il criterio di similitudine richiede che siano:

$$
\begin{cases}
\Pi'_1 = \Pi''_1 \rightarrow r_\sigma = r_E \\
\Pi'_2 = \Pi''_2 \rightarrow r_x = \lambda \\
\Pi'_3 = \Pi''_3 \rightarrow r_P = r_E \cdot \lambda^2 \\
v' = v'' \rightarrow r_v = 1
\end{cases}
\tag{4.98}
$$

Le incognite sono i 6 rapporti scala, vincolati da 4 equazioni indipendenti. Fissata, ad esempio, la scala geometrica λ e il rapporto dei moduli di Young r_E, è immediato calcolare tutte le altre scale, con il vincolo che il coefficiente di Poisson debba assumere lo stesso valore nel modello e nel prototipo.

4.3
La condizione di similitudine sulla base dell'Analisi Diretta

La condizione di similitudine sulla base dell'Analisi Dimensionale, analizzata nel § 4.2, è caratterizzata da una grande indeterminazione, pur avendo il pregio di una assoluta generalità.

Una minore indeterminazione si ottiene quando è nota l'equazione che descrive il processo fisico che si intende analizzare in similitudine. In tal caso, per ottenere un sistema di equazioni nelle variabili r_{x_i}, è sufficiente applicare il criterio di omogeneità dimensionale. Ad esempio, se il processo è esprimibile con un'eguaglianza di due monomi (aventi necessariamente la stessa dimensione) del tipo

$$P_1(x_i) = P_2(x_i), \qquad (4.99)$$

nel modello e nel prototipo deve risultare:

$$\begin{cases} P_1\left(x_i'\right) = P_2\left(x_i'\right) \\ P_1\left(x_i''\right) = P_2\left(x_i''\right) \end{cases} \rightarrow$$
$$P_1\left(r_{x_i} \cdot x_i'\right) = P_2\left(r_{x_i} \cdot x_i'\right) \rightarrow P_1\left(r_{x_i}\right) \cdot P_1\left(x_i'\right) = P_2\left(r_{x_i}\right) \cdot P_2\left(x_i'\right). \qquad (4.100)$$

Tali equazioni sono soddisfatte purché risulti:

$$P_1\left(r_{x_i}\right) = P_2\left(r_{x_i}\right). \qquad (4.101)$$

Ad esempio, supponiamo di volere studiare in similitudine la portata in un canale e di scegliere, tra le varie formule di resistenza, la formula di Chézy con coefficiente di Gauckler-Strickler:

$$U = k \cdot R^{1/6} \cdot \sqrt{R \cdot i_f}. \qquad (4.102)$$

I criteri di similitudine dell'Analisi Diretta ci indicano che deve essere soddisfatta l'equazione

$$r_U = r_k \cdot \lambda^{2/3} \cdot r_{i_f}^{1/2}. \qquad (4.103)$$

Dall'equazione (4.103) risultano 2 gradi di libertà nella scelta dei 3 rapporti incogniti r_U, r_k e λ (assumiamo, per semplicità, $r_{i_f} = 1$): fissati a piacere 2 di questi rapporti, il terzo si ricava immediatamente.

Nel caso in cui i monomi contengano delle funzioni di gruppi adimensionali, la condizione di similitudine richiede non solo l'eguaglianza dei monomi calcolati nei rapporti incogniti, ma anche l'eguaglianza dei gruppi adimensionali.

Ad esempio, vogliamo studiare la perdita di carico in una condotta circolare e assumiamo che sia valida la legge di Darcy

$$J = f\left(\text{Re}, \frac{\varepsilon}{D}\right) \cdot \frac{U^2}{2g} \cdot \frac{1}{D}, \qquad (4.104)$$

dove J è la cadente dell'energia, f è l'indice di resistenza, funzione del numero di Reynolds e della scabrezza relativa ε/D, U è la velocità media in condotta, g è l'accelerazione di gravità e D è il diametro della condotta. Sulla base dei criteri dell'Analisi Diretta, possiamo concludere che la similitudine è soddisfatta se

$$\begin{cases} r_J = \dfrac{r_U^2}{r_g} \cdot \dfrac{1}{\lambda} \\[2mm] \dfrac{r_\rho \cdot r_U \cdot \lambda}{r_\mu} = 1 \\[2mm] r_\varepsilon = \lambda \end{cases}, \qquad (4.105)$$

che garantisce 3 gradi di libertà nella scelta dei 4 rapporti incogniti. La seconda e la terza equazione impongono l'eguaglianza del numero di Reynolds e della scabrezza relativa, rispettivamente, nel modello e nel prototipo.

Nel caso generale, se l'equazione che descrive il processo fisico ha la struttura:

$$\sum_{j=1}^{N} \varsigma_j \cdot P_j(x_i) = 0, \qquad (4.106)$$

dove ς_j sono dei termini adimensionali in forma di costanti o funzioni trascendenti con argomenti adimensionali, cioè

$$\varsigma_j = \varsigma_j(\Pi_k(x_i)), \quad (k = 1, 2, \ldots, m), \qquad (4.107)$$

e P_j sono i termini dell'equazione, la condizione di similitudine richiede che siano:

$$\begin{cases} \displaystyle\sum_{j=1}^{N} \varsigma_j(\Pi_k(x_i)) \cdot P_j(x_i) = 0 \\[2mm] \displaystyle\sum_{j=1}^{N} \varsigma_j(\Pi_k(r_{x_i} \cdot x_i)) \cdot P_j(r_{x_i} \cdot x_i) = 0 \end{cases}. \qquad (4.108)$$

La seconda equazione si può riscrivere come

$$\sum_{j=1}^{N} \varsigma_j(\Pi_k(r_{x_i}) \cdot \Pi_k(x_i)) \cdot P_j(r_{x_i}) \cdot P_j(x_i) = 0 \qquad (4.109)$$

e il sistema di equazioni è soddisfatto se

$$\begin{cases} \Pi_k(r_{x_i}) = 1, \quad (k = 1, 2, \ldots, m) \\ P_1(r_{x_i}) = P_2(r_{x_i}) = \ldots = P_N(r_{x_i}) \end{cases}. \qquad (4.110)$$

In totale, si possono scrivere $(m + N - 1)$ equazioni, m derivanti dai gruppi adimensionali coinvolti, $(N - 1)$ derivanti dalle condizioni imposte sugli N termini dell'equazione che definisce il processo.

Esempio 4.5. La lunghezza d'onda l delle onde di gravità è pari a:

$$l = \frac{g \cdot t^2}{2\pi} \cdot \tanh\frac{2\pi h}{l}, \qquad (4.111)$$

dove t è il periodo dell'onda, h è la profondità media locale, g è l'accelerazione di gravità. Vogliamo calcolare i rapporti di scala se la scala geometrica della profondità media è λ.

L'Analisi Diretta ci suggerisce che la similitudine è soddisfatta se risulta

$$\begin{cases} r_l = r_g \cdot r_t^2 \equiv r_t^2 \\ r_l = \lambda \end{cases}. \tag{4.112}$$

Quindi,

$$\begin{cases} r_t = \sqrt{\lambda} \\ r_l = \lambda \end{cases}. \tag{4.113}$$

Ad esempio, in un modello in scala ridotta $\lambda = 1/25$, il rapporto dei tempi è pari a $r_t = 1/5$ e il rapporto delle lunghezze d'onda è pari a $r_l = 1/25$.

Naturalmente, la condizione di similitudine sulla base dei criteri dell'Analisi Diretta è valida limitatamente all'intervallo di validità dell'equazione utilizzata per descrivere il processo fisico: nell'esempio precedente, i rapporti scala calcolati sono validi fino a che non intervenga la tensione superficiale a modificare l'espressione della lunghezza d'onda.

4.4
La similitudine completa e incompleta

Consideriamo la funzione che descrive il processo in funzione di $(n - k)$ gruppi adimensionali:

$$\Pi_1 = \tilde{f}(\Pi_2, \Pi_3, \ldots, \Pi_{n-k}). \tag{4.114}$$

Se la funzione tende a un limite finito, per uno dei gruppi adimensionali (per esempio, Π_2) che tende a zero o a infinito, allora si può trascurare quel gruppo adimensionale e ridurre il numero dei gruppi, studiando la nuova funzione

$$\Pi_1 = \tilde{f}'(\Pi_3, \ldots, \Pi_{n-k}). \tag{4.115}$$

Si tratta di *similitudine completa, o similitudine di prima specie, del processo fisico nel parametro* Π_2, che permette di eliminare il gruppo adimensionale Π_2 (ovvero la variabile x_2 che lo genera).

Un'altra situazione che può eccezionalmente verificarsi è che, per Π_2 sufficientemente grande o sufficientemente piccolo, la funzione $\tilde{f}$ sia esprimibile come:

$$\Pi_1 = \Pi_2^{\alpha} \cdot \tilde{f}(\Pi_3, \ldots, \Pi_{n-k}) + o(\Pi_2^{\alpha}). \tag{4.116}$$

In tal caso, si può scrivere:

$$\frac{\Pi_1}{\Pi_2^{\alpha}} = \tilde{f}(\Pi_3, \ldots, \Pi_{n-k}) \tag{4.117}$$

che, solo apparentemente, riduce il numero delle incognite, considerato che l'esponente α non è desumibile dall'Analisi Dimensionale e che la variabile x_2 non è eliminabile. Trattasi di *similitudine incompleta, o similitudine di seconda specie, nel* parametro Π_2.

Maggiori approfondimenti sull'argomento sono riportati in Barenblatt, 1996 [6].

4.5
Una estensione del concetto di similitudine: alcune leggi scala in biologia

La similitudine non è solo uno strumento per estrapolare le misure eseguite nel modello al prototipo, ma anche per analizzare, in maniera sintetica, il comportamento di alcuni sistemi complessi che godono di proprietà scala-invarianti. Si pensi, ad esempio, al profilo delle coste o alla chioma di un albero: la geometria del contorno (nel primo caso) o dei rami (nel secondo caso) appare simile o identica se si mette a confronto ciò che si osserva a livelli differenti di dettaglio. Tale proprietà è definita anche *omotetia interna*.

Già Galileo (*Discorsi e dimostrazioni matematiche intorno a due nuove scienze*, 1683), si interrogò sull'effetto di una dilatazione di uno stesso fattore di tutte le dimensioni lineari di un essere vivente, concludendo che un simile animale gigante non reggerebbe il suo stesso peso. Pertanto, lo scheletro di animali di grossa taglia deve necessariamente occupare una porzione maggiore del volume del corpo rispetto a quanto avviene in animali più piccoli. Le ossa dovrebbero essere di materiale molto più resistente nel gigante, oppure dovrebbero scalare non isometricamente (Fig. 4.9). Infatti, la resistenza delle ossa e dei tendini, a parità di caratteristiche del materiale strutturale, varia secondo λ^2, mentre il peso varia secondo λ^3 e la tensione media varia secondo $\lambda^3/\lambda^2 = \lambda$. Ecco perché, superato il limite di tensione massima ammissibile, l'area della sezione resistente delle ossa deve variare più che quadraticamente rispetto alla scala geometrica. Fanno eccezione gli animali che vivono in acqua, per i quali un notevole contributo alla riduzione dei carichi deriva dalla spinta di Archimede: le balene hanno, in proporzione, ossa più piccole rispetto a quelle che dovrebbero avere se vivessero sulla terra ferma. Ne è una conferma il

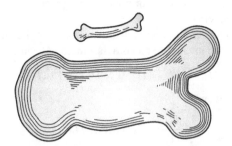

Figura 4.9 Ossa riprodotte in scala geometrica distorta (da Galileo Galilei, *Discorsi e dimostrazioni matematiche intorno a due nuove scienze*, 1683)

fatto che, in caso di spiaggiamento, senza la spinta di Archimede, la morte avviene per soffocamento e schiacciamento dell'animale sotto il proprio peso.

Ancora, è noto che i bambini si muovono con maggiore agilità sui sassi, o sulle superfici irregolari, rispetto agli adulti. Ciò è dovuto al fatto che il peso del corpo varia secondo λ^3, mentre l'area della superficie d'impronta dei piedi varia secondo λ^2, quindi, la pressione di contatto varia secondo λ ed è minore nei bambini, rispetto agli adulti.

A parte gli esempi precedenti, i sistemi biologici e gli organismi viventi sono di tale complessità che l'unica analisi quantitativa possibile utilizza delle leggi scala per correlare i processi a livello macroscopico con i processi a livello cellulare o molecolare. Alcune di queste leggi scala e l'analisi che le correla appaiono talmente fondate da permettere di interpretare correttamente molte variabili in un intervallo di più di 20 ordini di grandezza. Ad esempio, è possibile prevedere la dipendenza dalla massa corporea (a) del tasso metabolico basale (la potenza necessaria per garantire il sostentamento), (b) di alcuni tempi caratteristici (la durata della vita, il periodo della pulsazione del cuore), (c) di molte caratteristiche geometriche (la lunghezza dell'aorta, l'altezza di un albero).

Una relazione si definisce *allometrica*, in contrapposizione a una relazione *isometrica*, se è una parametrizzazione di una qualche misura (relativa, ad esempio, alla fisiologia di un organismo), in relazione alla misura di qualche altra grandezza (di solito la dimensione globale, cioè massa o volume), con una proporzionalità non lineare. Ad esempio, la frequenza cardiaca varia secondo la massa corporea elevata alla potenza di $-1/4$, $f \propto M^{-1/4}$; la durata della vita è $\propto M^{1/4}$ e, dunque, gli organismi più piccoli muoiono prima; ancora, il raggio e la lunghezza sia dell'aorta che dei rami degli alberi sono, rispettivamente $\propto M^{3/8}$ e $\propto M^{1/4}$.

La relazione allometrica più nota correla il metabolismo basale alla massa dell'organismo con un esponente pari a $3/4 \pm 0.10$, valido in un intervallo di ben 6 ordini di grandezza (*Legge di Kleiber*, 1947 [46]). Lo stesso esponente si misura, sia pure con forme di normalizzazione diverse, anche a livello molecolare, come, ad esempio, nei mitocondri, estendendo a 27 ordini di grandezza il suo intervallo di applicazione.

Secondo le legge di Kleiber, un aumento di massa porta a un aumento di efficienza degli organismi viventi (per confronto, nei motori a combustione interna la potenza varia isometricamente con la massa).

Alcune relazioni allometriche si combinano per fornire degli invarianti o delle relazioni isometriche: ad esempio, il prodotto tra la frequenza cardiaca e la durata della vita è invariante, come se gli organismi fossero programmati per un massimo numero di cicli da realizzarsi ad alta frequenza e tempi brevi, negli organismi piccoli, a bassa frequenza e per tempi più lunghi, negli organismi più grandi.

È un fatto di rilievo e apparentemente anomalo, che la maggior parte delle variabili dipendenti possano essere espresse con funzione monomia della massa corporea o di altre grandezze con esponente che è multiplo di $\frac{1}{4}$.

L'interpretazione delle leggi scala note fa riferimento ai meccanismi di trasporto dei nutrienti e delle scorie, che si basano su strutture, in parte invarianti, in parte variabili con la scala. I sistemi di distribuzione dei nutrienti e di raccolta delle scorie

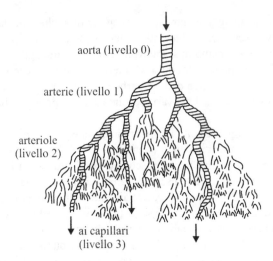

aorta (livello 0)

arterie (livello 1)

arteriole
(livello 2)

ai capillari
(livello 3)

Figura 4.10 Schema di una rete di vasi sanguigni (modificata da Antonets *et al.*, 1991 [3])

possono essere descritti come una rete ramificata, nella quale la dimensione dei vasi decresce, e strutturata con caratteristiche leggermente differenti nelle piante e nei mammiferi. Nelle piante, i vasi sono in parallelo e non esistono vasi grossi corrispondenti all'aorta; qui anche il meccanismo di scambio e la natura dei fluidi è differente (liquidi o gas), così come il sistema di pompaggio (pulsante a compressione come il cuore nel circolo cardiovascolare, pulsante a soffietto nel sistema respiratorio, osmotico e a pressione di vapore come nelle piante).

Appare utile presentare qui uno di questi modelli, così da evidenziare la grande potenzialità dell'analisi della similitudine dei sistemi complessi. Si noti che molti sistemi di interesse ingegneristico sono complessi nella stessa accezione dei sistemi biologici.

Consideriamo un modello rappresentativo del sistema circolatorio in un mammifero, nei casi in cui:

a) una rete, per rifornire un organismo, debba avere una struttura ramificata gerarchica che raggiunga tutto l'organismo;

b) le parti terminali della rete, dove avviene lo scambio dei nutrienti, siano scala-invarianti (cioè, abbiano dimensioni che non dipendano dalla dimensione dell'organismo);

c) gli organismi si siano evoluti in modo tale da ottimizzare l'efficienza.

Per l'ipotesi a), i vasi della rete sono classificati in livelli gerarchici, dove il livello 0 corrisponde alla loro massima dimensione (l'aorta), il livello N corrisponde alla minima dimensione (i capillari) (Fig. 4.10). La portata volumetrica Q per i vasi al livello k (nell'intervallo da 0 a N) è pari a:

$$Q_k = \pi r_k^2 \cdot \bar{u}_k, \qquad (4.118)$$

dove r è il raggio e $\bar{u}$ la velocità media. Il pedice riferisce la grandezza al livello gerarchico k.

Indichiamo con R_k il numero di vasi al livello k. In virtù della struttura ramificata, non esistono *bypass* tra livelli non contigui e allo stesso livello gerarchico i vasi funzionano in parallelo. Applicando la conservazione della portata volumetrica, risulta:

$$Q = R_k \cdot Q_k = R_k \, \pi \, r_k^2 \cdot \bar{u}_k = R_N \, \pi \, r_N^2 \cdot \bar{u}_N. \tag{4.119}$$

Poiché i nutrienti necessari al metabolismo basale sono trasportati dal fluido che scorre nei vasi con proporzionalità lineare (cioè, se raddoppia la portata volumetrica, raddoppia la portata massica dei nutrienti), risulta che, se il metabolismo basale è $B \propto M^a$, allora $Q \propto M^a$ con lo stesso esponente, pari a 3/4 secondo Kleiber. Inoltre, per l'ipotesi b) il raggio dei vasi capillari e la velocità media del fluido in moto nei capillari sono scala-invarianti. Quindi, risulta $R_N \propto M^a$. Per $a = 3/4$ tale relazione indica che il numero di capillari cresce meno che isometricamente. Dato che il numero di cellule cresce isometricamente (la dimensione caratteristica delle cellule in un organismo sostanzialmente non varia), ne consegue una maggior efficienza dei capillari per gli organismi più grandi: ogni capillare serve un numero maggiore di cellule.

Per descrivere la rete, è necessario individuare come variano il raggio e la lunghezza dei vasi al variare del rango. Possiamo allora introdurre i seguenti fattori scala:

$$\beta_k = \frac{r_{k+1}}{r_k}, \; \gamma_k = \frac{l_{k+1}}{l_k}, \; n_k = \frac{R_{k+1}}{R_k}, \tag{4.120}$$

dove l_k è la lunghezza del vaso al rango k.

Per garantire che tutte le cellule vengano alimentate, è necessario che la rete si estenda a tutto l'organismo e riempia completamente lo spazio (*space-filling*). Poiché è il vaso capillare che alimenta direttamente le cellule, se indichiamo con w_N il volume delle cellule asservite da ogni capillare, deve risultare $W = R_N \cdot w_N$, avendo indicato con W il volume dell'organismo. In una rete con molte ramificazioni, tale concetto può essere esteso a qualunque rango, indicando con w_k il volume di cellule asservite da ogni vaso di rango k. Dunque, risulta anche $W = R_k \cdot w_k$. Poiché i vasi hanno raggio molto minore della lunghezza, risulta anche $w_k \propto l_k^3$ per k sufficientemente grande. Ad ogni livello, deve risultare $W \approx R_k \cdot w_k \propto R_k \cdot l_k^3$. In definitiva, risulta:

$$\frac{R_{k+1} \cdot w_{k+1}}{R_k \cdot w_k} \equiv \frac{R_{k+1} \cdot l_{k+1}^3}{R_k \cdot l_k^3} = 1 \rightarrow n_k \cdot \gamma_k^3 = 1. \tag{4.121}$$

L'ulteriore ipotesi di indipendenza dal livello k richiede che risulti:

$$n_k = n \rightarrow \gamma_k \equiv \gamma = \frac{1}{n^3}. \tag{4.122}$$

Tale risultato può essere esteso a uno spazio con numero di dimensioni pari a d, ricavando che $\gamma_k = n^{-d}$.

Per calcolare β_k è necessario fare uso dell'ipotesi c). Se consideriamo un flusso laminare di un fluido Newtoniano, l'impedenza generalizzata Z (cioè il rapporto tra la variabile di sforzo, coincidente con la variazione di pressione, e la variabile di flusso, coincidente con la portata volumetrica) è pari a:

$$Z_k \equiv \left(\frac{\Delta p}{Q}\right)_k = \frac{8\mu \cdot l_k}{\pi r_k^4}, \tag{4.123}$$

dove Δp è la variazione di pressione, μ è la viscosità dinamica. Per la struttura della rete, i vasi dello stesso rango sono in parallelo mentre i vasi di rango differente sono in cascata. Pertanto, l'impedenza della rete è pari a:

$$Z \equiv \left(\frac{\Delta p}{Q}\right) = \sum_{k=0}^{N} \frac{8\mu \cdot l_k}{\pi r_k^4} \cdot \frac{1}{R_k}. \tag{4.124}$$

Il contributo maggiore è quello dei capillari e risulta:

$$Z \propto R_N^{-1} \propto M^{-a}, \tag{4.125}$$

vale a dire che le resistenze al flusso si riducono con la dimensione della rete. Da questo punto di vista, un organismo più grande è anche più efficiente. Si noti che la sovrapressione nell'aorta è pari a:

$$\Delta p = Q \cdot Z \tag{4.126}$$

ed è indipendente dalla massa dell'organismo, dato che la portata è proporzionale a M^a e le impedenze sono proporzionali a M^{-a}. La sovrapressione aortica è la stessa per una balena (con diametro dell'aorta 60 cm) e per un topolino (con diametro dell'aorta di meno di 0.2 mm). Anche la velocità media del flusso in aorta è identica nei due mammiferi.

Facendo uso dell'ipotesi c), imponiamo che con un assegnato tasso metabolico e con un volume di fluido in circolo W_b, la potenza del muscolo cardiaco debba essere minimizzata in presenza di una rete *space-filling*. Facendo uso dei moltiplicatori di Lagrange, imponiamo che una combinazione lineare della potenza del muscolo cardiaco, del volume totale di fluido in circolo, del volume di cellule asservito dalla rete a ogni rango e della massa, assuma valore minimo:

$$f(r_k, l_k, n_k) = P(r_k, l_k, n_k, M) + \lambda \cdot W_b(r_k, l_k, n_k, M) +$$
$$\sum_{k=0}^{N} \lambda_k \cdot R_k \cdot l_k^3 + \lambda_M \cdot M, \tag{4.127}$$

dove λ, λ_k e λ_M sono i moltiplicatori di Lagrange. Minimizzare la potenza P è equivalente a minimizzare le impedenze. Imponendo che risulti:

$$\frac{\partial F}{\partial r_k} = \frac{\partial F}{\partial l_k} = \frac{\partial F}{\partial n_k} = 0, \tag{4.128}$$

si calcola $\beta_k = n^{1/3}$ con $n_k = n$ a ogni rango k. Ciò equivale a un aumento dell'area della sezione trasversale totale dei vasi all'aumentare del rango e, conseguentemente, a una riduzione della velocità media del flusso passando dall'aorta verso i capillari.

Tabella 4.1 Alcune caratteristiche geometriche e la numerosità dei vasi sanguigni nell'uomo

	Raggio (cm)	R	Sezione totale (cm^2)	Spessore delle pareti (cm)	Lunghezza (cm)
aorta	1.25	1	4.9	0.2	50
arterie	0.2	159	20	0.1	50
arteriole	1.5×10^{-3}	5.7×10^7	400	2×10^{-3}	1
capillari	3×10^{-4}	1.6×10^{10}	4500	1×10^{-4}	0.1
venule	1×10^{-3}	1.3×10^9	4000	2×10^{-4}	0.2
vene	0.25	200	40	0.05	2.5
vena cava	1.5	1	18	0.15	50

Facendo uso dell'equazione (4.119) e dato che $n^N = R_N$, si calcola che il rapporto tra la velocità media nei capillari e la velocità media in aorta è pari a:

$$\frac{\bar{u}_N}{\bar{u}_0} = \frac{\bar{u}_N}{\bar{u}_{N-1}} \cdot \frac{\bar{u}_{N-1}}{\bar{u}_{N-2}} \cdots \frac{\bar{u}_1}{\bar{u}_0} =$$

$$\left(\frac{R_{N-1}}{R_N} \cdot \frac{r_{N-1}^2}{r_N^2} \right) \cdot \left(\frac{R_{N-2}}{R_{N-1}} \cdot \frac{r_{N-2}^2}{r_{N-1}^2} \right) \cdots \left(\frac{R_0}{R_1} \cdot \frac{r_0^2}{r_1^2} \right) =$$

$$\frac{1}{\left(n \cdot \beta_N^{-2} \right)} \cdot \frac{1}{\left(n \cdot \beta_{N-1}^{-2} \right)} \cdots \frac{1}{\left(n \cdot \beta_1^{-2} \right)} = \frac{1}{\left(n^N \cdot \beta^{-2N} \right)} \equiv \frac{1}{R_N^{1/3}}. \quad (4.129)$$

Per l'uomo, il numero di vasi capillari è $R_N \approx 10^{10}$ e si calcola $\bar{u}_N/\bar{u}_0 \approx 10^{-3}$; in altri termini, la velocità media del flusso nei capillari e pari a un millesimo della velocità media in aorta.

Si noti che una velocità nei capillari pari alla velocità in aorta renderebbe impossibile lo scambio diffusivo con la parete dei vasi.

4.5.1
Una derivazione dell'esponente della legge di Kleiber

Indicato con W_b il volume totale del fluido nella rete dei vasi, in funzione del volume W_N nei capillari, si calcola:

$$W_b = \sum_{k=0}^{N} W_k =$$

$$W_N \cdot \left(1 + \frac{1}{\beta^2 \cdot \gamma \cdot n} + \frac{1}{(\beta^2 \cdot \gamma \cdot n)^2} + \ldots + \frac{1}{(\beta^2 \cdot \gamma \cdot n)^N} \right). \quad (4.130)$$

Il termine che moltiplica il volume W_N è una serie geometrica:

$$1 + \frac{1}{\beta^2 \cdot \gamma \cdot n} + \frac{1}{(\beta^2 \cdot \gamma \cdot n)^2} + \ldots + \frac{1}{(\beta^2 \cdot \gamma \cdot n)^N} \equiv$$

$$\frac{(\beta^2 \cdot \gamma \cdot n)^{-(N+1)} - 1}{(\beta^2 \cdot \gamma \cdot n)^{-1} - 1} = \frac{1}{(\beta^2 \cdot \gamma \cdot n)^N} \cdot \frac{1 - (\beta^2 \cdot \gamma \cdot n)^{N+1}}{1 - \beta^2 \cdot \gamma \cdot n} \quad (4.131)$$

e, in via approssimata (West, 1999 [84]), risulta

$$W_b \approx \frac{W_N \cdot (\beta^2 \cdot \gamma)^{-N}}{1 - \beta^2 \cdot \gamma \cdot n}. \quad (4.132)$$

Dal principio di minima energia, risulta $W_b \propto M$ e, poiché $W_N \propto M^0$, si calcola $(\beta^2 \cdot \gamma)^{-N} \propto M$. Assumendo per il metabolismo basale B una relazione allometrica del tipo $B \propto M^a$ e considerato che il numero dei capillari è $R_N \propto M^a$, si calcola:

$$R_N \equiv n^N \propto M^a \to N \cdot \ln n = a \cdot \ln M \to N \cdot \ln n =$$

$$a \cdot \ln (\beta^2 \cdot \gamma)^{-N} \to a = -\frac{\ln n}{\ln (\beta^2 \cdot \gamma)}. \quad (4.133)$$

Se è soddisfatta l'ipotesi che conduce all'equazione (4.122) che porta a ottenere $\gamma = n^{-1/3}$, e se $\beta = n^{-1/3}$, si calcola $a = 1$, un valore differente da quello della legge di Kleiber.

La derivazione corretta della legge di Kleiber richiede l'analisi del comportamento idraulico della rete, includendo la natura pulsante del flusso (ciò non avviene, evidentemente, nelle reti linfatiche delle piante).

In un fluido che occupa una condotta elastica con pareti sottili, un'onda di pressione si propaga con una celerità pari a:

$$\left(\frac{c}{c_0}\right)^2 = -\frac{J_2 (i^{3/2} \cdot \alpha)}{J_0 (i^{3/2} \cdot \alpha)}, \quad (4.134)$$

dove $c_0 = \sqrt{E\delta/2\rho \cdot r}$ è la celerità di Korteweg-Moens, che si calcola, come caso limite, per $E\delta \ll (\varepsilon \cdot D)$ della propagazione di un'onda elastica in un fluido, in un dominio limitato da una condotta circolare cilindrica con parete sottile (a comportamento elastico lineare):

$$c_{el} = \frac{\sqrt{\dfrac{\varepsilon}{\rho}}}{\sqrt{1 + \dfrac{2\varepsilon \cdot r}{E \cdot \delta}}}, \quad (4.135)$$

dove E è il modulo di Young delle pareti, ε è il modulo di comprimibilità adiabatico del fluido, r è il raggio e δ è lo spessore. Il simbolo $\alpha = (\omega \cdot \rho/\mu)^{1/2} \cdot r$ è il *numero di Womersley*, ρ è la densità di massa del fluido, μ è la viscosità dinamica, J_0 e J_2 sono funzioni di Bessel, rispettivamente, di ordine 0 e 2, $i^2 = -1$.

L'impedenza è pari a:

$$Z = \frac{c_0^2 \cdot \rho}{\pi r^2 \cdot c}.$$ (4.136)

Generalmente, c e Z sono funzioni complesse di ω, l'onda di pressione si attenua ed è dispersiva. Per i grossi vasi, α assume valori elevati e la viscosità gioca un ruolo marginale; pertanto, si calcola $c \approx c_0$ e $Z \approx c_0 \cdot \rho / \pi r^2$ e l'onda si propaga senza attenuazioni (celerità e impedenza, infatti, sono reali). Per α sufficientemente piccolo, celerità e impedenza sono complesse, quest'ultima con una dipendenza da r^{-2} rispetto a r^{-4} del caso non pulsante.

La condizione di minimo dell'energia conduce alla condizione di conservazione dell'area della sezione trasversale totale, a ogni livello della rete, cioè $\beta_k = n^{-1/2}$. Questa condizione garantisce l'adattamento di impedenza tra i grossi vasi, che limita l'energia riflessa e ottimizza l'energia trasmessa. Per k crescente, $\alpha \to 0$ e la viscosità domina il campo di moto, con $c \to 0$. L'oscillazione è fortemente smorzata e domina la componente media del flusso, secondo la legge di Poiseuille, con una dipendenza dell'impedenza da r^{-4}. Quindi, per i vasi piccoli risulta $\beta_k = n^{-1/3}$.

In conclusione, se il flusso nella rete è pulsante, l'evoluzione biologica porta a uno sviluppo tale da adattare l'impedenza tra i livelli contigui e β_k non è più invariante per tutta la rete ma è una funzione a gradino che assume valore pari a $\beta_< = n^{-1/2}$ per $k < k_{crit}$ e a $\beta_> = n^{-1/3}$ per $k > k_{crit}$.

Tenuto conto della transizione di β, il volume del fluido ha un'espressione più complicata di quella dell'equazione (4.132) (West *et al.*, 1997 [85]), ossia:

$$W_b = \frac{W_N}{(\beta_>^2 \cdot \gamma)^N} \left\{ \left(\frac{\beta_>}{\beta_<}\right)^{2k_{crit}} \cdot \frac{1 - (n \cdot \beta_<^2 \cdot \gamma)^{k_{crit}}}{1 - (n \cdot \beta_<^2 \cdot \gamma)} \right.$$
$$\left. + \left[\frac{1 - (n \cdot \beta_>^2 \cdot \gamma)^N}{1 - (n \cdot \beta_>^2 \cdot \gamma)} - \frac{1 - (n \cdot \beta_>^2 \cdot \gamma)^{k_{crit}}}{1 - (n \cdot \beta_>^2 \cdot \gamma)}\right] \right\}.$$ (4.137)

Il valore di k_{crit} di transizione coincide con il rango in corrispondenza del quale l'impedenza del sistema pulsante e l'impedenza di Poiseuille diventano dello stesso ordine di grandezza. Si dimostra che $k_{crit} \propto N \propto \ln M$. L'espressione (4.137) è dominata dal primo contributo, corrispondente ai grossi vasi e, pertanto, $W_b \propto n^{(N+1/3)} \cdot k_{crit} \propto n^{4/3} \cdot N$. Ciò conduce a $a = 3/4$, secondo quanto indicato dalla legge di Kleiber. Tale analisi spiega gli scostamenti dalla legge di Kleiber per gli animali piccoli, nei quali la transizione di β si manifesta quasi subito e per i quali il contributo al volume di fluido W_b dei grossi vasi è confrontabile con quello dei piccoli vasi.

Tabella 4.2 Esponenti allometrici della relazione $y \propto M^a$ per alcune variabili del sistema cardiovascolare nei mammiferi (modificata da West *et al.*, 1997 [85])

Variabile y	Esponente teorico a	Esponente osservato a
raggio dell'aorta r_0	$3/8 = 0.375$	0.36
pressione aortica Δp_0	$0 = 0.00$	0.032
velocità aortica u_0	$0 = 0.00$	0.07
volume di sangue W_b	$1 = ; 1.00$	1.00
tempo di circolo	$1/4 = 0.25$	0.25
volume cardiaco	$1 = 1.00$	1.03
frequenza cardiaca ω	$-1/4 = -0.25$	−0.25
potenza cardiaca	$3/4 = 0.75$	0.74
numero di capillari R_N	$3/4 = 0.75$	–
numero di Womersley α	$1/4 = 0.25$	0.25
densità dei capillari	$-1/12 = -0.083$	−0.095
impedenza totale Z	$-3/4 = -0.75$	−0.76
metabolismo basale B	$3/4 = 0.75$	0.75

Le applicazioni dell'Analisi Dimensionale a problemi di forze e deformazioni

Al pari di molte altre discipline, anche la Scienza e la Tecnica delle costruzioni hanno tratto grande beneficio dall'applicazione dell'Analisi Dimensionale e dalla Modellistica fisica.

Le strutture particolarmente complesse possono, infatti, essere vantaggiosamente studiate con un modello fisico e la stessa pratica costruttiva, codificata in norme e codici, si basa, in gran parte, su risultati sperimentali ottenuti da modelli strutturali fisici.

5.1
La classificazione dei modelli strutturali

Un modello strutturale fisico è una rappresentazione di una struttura, o di una sua porzione, quasi sempre in scala geometrica ridotta, con riproduzione della forma e dei carichi statici, dinamici, termici, o dovuti all'azione del vento.

Una classificazione generale distingue i modelli strutturali in: modelli elastici, diretti, indiretti, a resistenza ultima, e modelli per lo studio degli effetti del vento.

- I *modelli elastici* sono geometricamente simili al prototipo, ma sono realizzati in materiale omogeneo elastico, non necessariamente corrispondente, in similitudine, al materiale nel prototipo. Tali modelli servono a indagare il comportamento in regime elastico e non sono in grado, in alcun modo, di riprodurre un regime differente quale, ad esempio, il comportamento anelastico post-frattura del calcestruzzo armato o post-snervamento dell'acciaio.
- I *modelli diretti* sono in similitudine geometrica con carichi corrispondenti ai carichi applicati al prototipo. Gli sforzi e le deformazioni nel modello riproducono il comportamento nel prototipo.
- I *modelli indiretti* sono un tipo particolare di modelli elastici utilizzati per tracciare le linee di influenza, nei quali, quindi, i carichi di prova non hanno atti-

Longo S.: Analisi Dimensionale e Modellistica Fisica.
Principi e applicazioni alle scienze ingegneristiche. © Springer-Verlag Italia 2011

nenza con i carichi reali (i cui effetti saranno calcolati per sovrapposizione di effetti); inoltre, anche la geometria può non essere riprodotta fedelmente, mentre è sufficiente riprodurre correttamente quella componente che determina il comportamento di interesse. Ad esempio, se si vuole studiare il comportamento torsionale di un elemento strutturale, sarà sufficiente riprodurre correttamente la sola rigidezza torsionale. Questa classe di modelli è attualmente poco in uso, dato che l'indagine può essere condotta in maniera efficace e accurata con i modelli matematici.

- I *modelli a resistenza ultima* sono dei modelli diretti realizzati con materiali che riproducono anche il comportamento anelastico, fino al collasso della struttura. Il problema della realizzazione di siffatti modelli è tecnicamente complicato per le strutture in materiale composito, dato che è richiesta la riproduzione in similitudine costitutiva di tutte le componenti (barre d'acciaio, inerti). Anche per strutture in materiale omogeneo (acciaio, legno), si presenta comunque la difficoltà di reperire dei materiali che riproducano correttamente in scala il comportamento post-elastico e a frattura dei materiali usati nel prototipo.

- I *modelli per lo studio degli effetti del vento* possono essere utilizzati sia per individuare le sole azioni del vento (in tal caso, è sufficiente la sola riproduzione della forma della struttura), sia per analizzare il comportamento della struttura in presenza dell'azione del vento. In quest'ultimo caso, si tratta di *modelli aeroelastici* che richiedono la riproduzione della forma del prototipo e delle caratteristiche di rigidezza della struttura.

Per lo studio delle azioni termiche, esistono altri modelli, normalmente diretti ed elastici, e i modelli fotomeccanici, nei quali si sfrutta l'effetto fotoelastico dei materiali, per stimare le tensioni, o altri principi ottici (ad esempio, fenomeni di interferenza), per studiare gli spostamenti di elementi piani.

Si noti che, da tempo, molti codici autorizzano l'uso di modelli fisici per la progettazione delle strutture, anche se con alcune limitazioni. Ciò è perfettamente ammissibile, anche perché molte relazioni analitiche e numerosi modelli numerici correntemente applicati sono il risultato di sperimentazioni su modelli fisici.

Quasi sempre i modelli fisici strutturali sono in scala geometrica ridotta. Sabnis *et al.*, 1983 [67] suggeriscono i limiti di scala geometrica, in relazione al tipo di struttura, riportati in Tabella 5.1. Per i modelli per lo studio degli effetti del vento (tipicamente solo modelli elastici), suggeriscono un rapporto di scala geometrica tra 1/300 e 1/50.

I modelli a resistenza ultima hanno un limite di riduzione in scala dettato dalla difficoltà che si incontra a realizzare la similitudine dei materiali con elementi costruttivi eccessivamente piccoli.

Tabella 5.1 Scala geometrica consigliata in relazione al tipo di struttura (modificata da Sabnis *et al.*, 1983 [67])

Tipo di struttura	Modello elastico	Modello a resistenza ultima
coperture membranali	$\dfrac{1}{200} \div \dfrac{1}{50}$	$\dfrac{1}{30} \div \dfrac{1}{10}$
ponti	$\dfrac{1}{25}$	$\dfrac{1}{20} \div \dfrac{1}{40}$
reattori	$\dfrac{1}{100} \div \dfrac{1}{50}$	$\dfrac{1}{20} \div \dfrac{1}{4}$
lastre	$\dfrac{1}{25}$	$\dfrac{1}{10} \div \dfrac{1}{4}$
dighe	$\dfrac{1}{400}$	$\dfrac{1}{75}$

5.2
La similitudine nei modelli strutturali

I modelli strutturali possono essere: *a similitudine completa*, *a similitudine parziale*, *distorti*.

Sarebbe auspicabile realizzare dei modelli a similitudine completa, ma una serie di motivi indirizzano spesso alla realizzazione di modelli a similitudine parziale o di modelli distorti.

I modelli a similitudine completa richiedono che tutti i gruppi adimensionali che descrivono i processi assumano, nel modello, lo stesso valore numerico che hanno nel prototipo. Gli eventuali parametri adimensionali (ad esempio, il coefficiente di Poisson), devono avere lo stesso valore nel modello e nel prototipo. Il numero di equazioni da risolvere per garantire la similitudine è pari al numero di gruppi adimensionali ed è sempre inferiore al numero delle incognite, che sono i rapporti scala delle variabili. In teoria, rimarrebbero sempre dei gradi di libertà in numero pari alle grandezze fondamentali ma, quasi sempre, si opta per utilizzare lo stesso materiale nel modello e nel prototipo: di conseguenza, alcuni rapporti scala sono vincolati (assumono valore unitario) e il numero di equazioni può diventare superiore al numero delle incognite, rendendo possibile solo la soluzione banale, cioè, con tutti i rapporti unitari. Si aggiunga che l'accelerazione di gravità è sempre in rapporto unitario, tranne nel caso di esperimenti in condizioni di microgravità, ovviamente dedicati a ben altre applicazioni rispetto ai modelli fisici strutturali, oppure in centrifuga (cfr.§ 6.2, p. 186), per modelli con specifiche caratteristiche e di limitata dimensione.

Vi sono altre cause di scostamento dalla similitudine completa come, ad esempio, l'utilizzo di carichi concentrati nel modello al posto di carichi distribuiti; un'altra causa è data dalla mancanza di similitudine nell'aderenza per le barre d'acciaio o l'uso di calcestruzzo con comportamento a rottura diverso nel modello e nel prototipo nei modelli di strutture in calcestruzzo armato.

La similitudine è parziale se, per varie ragioni, non è possibile soddisfare i criteri rigorosi derivanti dall'Analisi Dimensionale o dall'Analisi Diretta. Questo accade, come già accennato, qualora si utilizzino gli stessi materiali nel modello e nel prototipo, con conseguente imposizione di rapporti scala unitari per la grandezze che caratterizzano i materiali. In tal caso, può essere accettabile una similitudine parziale nella quale solo alcuni gruppi adimensionali, i più rappresentativi per il processo fisico di interesse, assumano lo stesso valore numerico nel modello e nel prototipo. Se la similitudine è parziale, è richiesto che gli effetti di scostamento dalla similitudine completa siano noti e, possibilmente, molto piccoli.

Qualora anche la similitudine parziale sia inadeguata, una possibile soluzione è rappresentata dai modelli distorti. Nella realizzazione dei modelli distorti si assume che, in linea di principio, una qualunque deviazione dai modelli perfettamente simili sia possibile, purché si riesca a quantificare lo scostamento dei risultati rispetto al caso di similitudine completa. La distorsione può originare da mancanza di similitudine nelle condizioni iniziali e al contorno, nella geometria o nelle proprietà dei materiali. Quest'ultimo tipo di distorsione è quella maggiormente utilizzata per i modelli strutturali.

Ad esempio, con riferimento alla sollecitazione uniassiale, la similitudine completa richiederebbe anche la similitudine costitutiva, e cioè che il materiale nel modello seguisse una relazione sforzo-deformazione, a confronto con il materiale nel prototipo, secondo quanto diagrammato in Figura 5.1a: le curve $\sigma/E = f(\varepsilon)$ per il modello e per il prototipo devono essere geometricamente simili (cfr. § 4.1.1, p. 104). Se, invece, il materiale nel modello è caratterizzato da una legge sforzo-deformazione come quella riportata in Figura 5.1b o in Figura 5.1c, le deformazioni specifiche nel modello sono in difetto (o in eccesso), rispetto a quelle che si avrebbero per un modello indistorto. La distorsione è, in questi casi, accettabile, se il comportamento strutturale dell'elemento riprodotto in scala è solo marginalmente influenzato dalle deformazioni.

Analogo ragionamento vale se la distorsione è relativa al coefficiente di Poisson: se il comportamento strutturale è caratterizzato da stati tensionali piani, la distorsione introdotta dal coefficiente di Poisson, diverso nel modello e nel prototipo, è perfettamente accettabile. Nei casi in cui, invece, lo stato tensionale sia incognito, una distorsione del coefficiente di Poisson può dare risultati gravemente errati.

5.3
Le strutture sollecitate staticamente

Nei processi fisici stazionari che coinvolgono forze e momenti applicati a strutture, di norma, il rango della matrice dimensionale è pari a 2, nonostante compaiano massa, lunghezza e tempo. Infatti, la massa compare sempre in gruppi nei quali è individuabile un termine del tipo $M \cdot L \cdot T^{-2}$, avente le dimensioni di una forza. Ciò

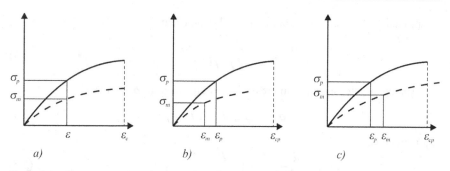

Figura 5.1 Comportamento *a)* per un materiale in similitudine costitutiva; *b)* e *c)* per una materiale in similitudine costitutiva distorta. Le curve continue si riferiscono al prototipo, quelle a tratteggio al modello (modificata da Sabnis *et al.*, 1983 [67])

introduce un ulteriore vincolo che riduce il numero di grandezze fondamentali e privilegia l'uso di un sistema $F\,L$. In assoluto, la riduzione del numero di grandezze fondamentali non è vantaggiosa (anzi, è auspicabile un incremento), poiché aumenta di un'unità il numero massimo di gruppi adimensionali necessari per descrivere il processo fisico. Diverso, come vedremo, è il caso di sistemi non stazionari, nei quali la massa compare anche come termine inerziale e non semplicemente come dimensione di una forza.

Trarremo vantaggio dal fatto che, in un sistema di forze, in alcuni casi, i momenti generano effetti riconducibili a quelli di forze applicate equivalenti per considerare le azioni riferibili solo a queste ultime.

5.3.1
I rapporti scala nella similitudine strutturale indistorta per modelli elastici statici

Analizziamo il caso di strutture con grandi deformazioni, con riferimento, quindi, a situazioni nelle quali la relazione carico-deformazione è generalmente non-lineare.

Consideriamo un continuo elastico sollecitato da una forza P e un momento M_f. La generica componente della tensione σ agente su una superficie nell'intorno di un punto è esprimibile con l'equazione tipica

$$\sigma = f\left(P,\ M_f,\ l,\ E,\ \nu\right),\tag{5.1}$$

dove l è una scala geometrica, E è il modulo di Young e ν è il coefficiente di Poisson del materiale. Scegliendo quali grandezze fondamentali F e L, la matrice dimensionale

$$
\begin{array}{c|cccccc}
 & \sigma & P & M_f & l & E & \nu \\
\hline
F & 1 & 1 & 1 & 0 & 1 & 0 \\
L & -2 & 0 & 1 & 1 & -2 & 0
\end{array}
\tag{5.2}
$$

ha rango 2, ed è possibile esprimere l'equazione tipica con una nuova funzione di 3 gruppi adimensionali e di v (adimensionale), ad esempio

$$\frac{\sigma \cdot l^2}{P} = \tilde{f}\left(\frac{P}{E \cdot l^2}, \frac{M_f}{P \cdot l}, v\right). \tag{5.3}$$

Analogamente, se siamo interessati alle deformazioni δ, risulta:

$$\delta = f\left(P, M_f, l, E, v\right), \tag{5.4}$$

equivalente a

$$\frac{\delta \cdot l^2}{E \cdot P} = \tilde{f}\left(\frac{P}{E \cdot l^2}, \frac{M_f}{P \cdot l}, v\right). \tag{5.5}$$

Per garantire una similitudine completa tra modello e prototipo, è necessario che risulti:

$$\begin{cases} \dfrac{r_\sigma \cdot \lambda^2}{r_P} = 1 \\[2mm] \dfrac{r_P}{r_E \cdot \lambda^2} = 1 \\[2mm] \dfrac{r_{M_f}}{r_P \cdot \lambda} = 1 \\[2mm] r_v = 1 \end{cases}. \tag{5.6}$$

Si tratta di un sistema di 4 equazioni in 6 incognite e, nella soluzione, rimangono 2 gradi di libertà. Fissando la scala geometrica λ e la scala del modulo elastico, si calcola

$$\begin{cases} r_v = 1 \\[2mm] r_P = r_E \cdot \lambda^2 \\[2mm] r_{M_f} = r_P \cdot \lambda \equiv r_E \cdot \lambda^3 \\[2mm] r_\sigma = \dfrac{r_P}{\lambda^2} = r_E \end{cases}. \tag{5.7}$$

In molti casi, il coefficiente di Poisson non interviene e la corrispondente condizione $r_v = 1$ è inessenziale.

Esempio 5.1. Supponiamo di avere realizzato un modello di un arco per frecce in scala geometrica $\lambda = 3/4$, utilizzando legno con modulo di elasticità $E = 1.45 \cdot 10^{10}$ Pa. Il prototipo verrà realizzato in Alluminio, con modulo di elasticità $E = 7.23 \cdot 10^{10}$ Pa. Nel modello, la forza necessaria per tendere l'arco di una lunghezza pari alla lunghezza di una freccia è pari a $P_m = 19.8$ N. Calcoliamo la forza che sarà necessario applicare nel prototipo.

Facendo uso della condizione di similitudine $r_P = r_E \cdot \lambda^2$, risulta:

$$P_p = \frac{P_m}{\dfrac{E_m}{E_p} \cdot \lambda^2} = \frac{19.8}{\dfrac{1.45 \cdot 10^{10}}{7.23 \cdot 10^{10}} \times \left(\dfrac{3}{4}\right)^2} = 175.5 \text{ N}. \tag{5.8}$$

Esempio 5.2. Un modello di una diga ad arco è realizzato in resina, che ha lo stesso coefficiente di Poisson del calcestruzzo. La spinta dell'acqua è simulata dalla spinta

Tabella 5.2 I rapporti scala nella similitudine di modelli elastici statici

Grandezza	Dimensioni	Rapporto scala
tensione	$M \cdot L^{-1} \cdot T^{-2}$	r_E
modulo di elasticità	$M \cdot L^{-1} \cdot T^{-2}$	r_E
coefficiente di Poisson	–	1
densità di massa	$M \cdot L^{-3}$	r_E/λ
deformazione specifica	–	1
dimensione lineare	L	λ
rotazione angolare	–	1
area della superficie	L^2	λ^2
momento d'inerzia	L^4	λ^4
carico concentrato	$M \cdot L \cdot T^{-2}$	$r_E \cdot \lambda^2$
carico lineare	$M \cdot T^{-2}$	$r_E \cdot \lambda$
pressione o carico distribuito	$M \cdot L^{-1} \cdot T^{-2}$	r_E
momento flettente e torcente	$M \cdot L^2 \cdot T^{-2}$	$r_E \cdot \lambda^3$
taglio	$M \cdot L \cdot T^{-2}$	$r_E \cdot \lambda^2$

di mercurio, mentre le deformazioni nel modello sono registrate da alcuni *strain gages*. Il modello è in scala geometrica $\lambda = 1/50$. La pressione in ogni punto è pari al prodotto del peso specifico del fluido per l'affondamento e il suo rapporto scala è pari a:

$$\frac{p_m}{p_p} \equiv r_p = \frac{\gamma_m}{\gamma_p} \cdot \frac{\zeta_m}{\zeta_p} = 13.6 \times \frac{1}{50} = 0.272, \qquad (5.9)$$

dove γ è il peso specifico del fluido, ζ è l'affondamento rispetto al pelo libero. Lo stesso rapporto scala vale anche per le tensioni interne alla diga. La scala delle forze è pari a:

$$F = p \cdot L^2 \rightarrow r_F = r_p \cdot \lambda^2 = 0.272 \times \left(\frac{1}{50}\right)^2 = 1.09 \cdot 10^{-4}. \qquad (5.10)$$

Per le altre variabili coinvolte, si calcolano i rapporti scala riportati in Tabella 5.2.

I maggiori vantaggi sono dovuti ai rapporti scala dei carichi estremamente piccoli: ad esempio, se il modello è in materiale plastico, il rapporto scala del modulo elastico varia da 1/8, per strutture in calcestruzzo, a 1/75, per strutture in acciaio. Con una scala geometrica 1/50 si calcola una scala dei carichi concentrati pari, rispettivamente, a 1/20 000 e a 1/187 500. Spesso, per aumentare le deformazioni nel modello e rendere più accurate le misure, i carichi applicati nel modello sono in eccesso rispetto a quelli teorici. Naturalmente i risultati devono essere successivamente corretti per la distorsione imposta.

5.3.2
Il comportamento plastico

Quando la tensione nel materiale supera il limite di comportamento elastico, una parte delle deformazioni diventa permanente e non esiste una corrispondenza biunivoca tra sforzo e deformazione. Tuttavia, è possibile limitare l'analisi al caso in cui tale regime venga raggiunto per un incremento progressivo e monotono degli sforzi, in assenza di fessure, eliminando ogni effetto di isteresi.

Nel modello di plasticità di von Mises, la relazione sforzo-deformazione in regime plastico è definita dalla stessa relazione in regime elastico e dal coefficiente di Poisson. Due materiali condividono la stessa funzione sforzo-deformazione se le curve adimensionali $\sigma/E = f(\varepsilon)$ sono simili, dove ε è la deformazione specifica. In tali condizioni, dal punto di vista dell'Analisi Dimensionale, la distinzione tra materiali a comportamento elastico e materiali a comportamento plastico è irrilevante. Pertanto, è possibile utilizzare le relazioni riportate nel sistema di equazioni (5.7). La condizione di similitudine delle curve $\sigma/E = f(\varepsilon)$ implica che se le dimensioni lineari di una struttura sono modificate di un fattore λ, le forze variano secondo λ^2, i momenti secondo λ^3, le deformazioni secondo λ e le tensioni rimangono le stesse nel modello e nel prototipo.

L'analisi fin qui condotta presuppone che il peso proprio delle strutture sia trascurabile. In molti casi, le tensioni che determinano il collasso di un elemento strutturale non dipendono apprezzabilmente dalle dimensioni dell'elemento stesso. Ad esempio, è stato verificato sperimentalmente che i giunti tra piatti di Alluminio, realizzati con dei rivetti, collassano in corrispondenza dello stesso valore di tensione, indipendentemente dalle dimensioni dei giunti stessi. In altri casi, invece (ad esempio per campioni di Magnesio sollecitati a trazione), le dimensioni geometriche hanno un ruolo non trascurabile.

5.3.3
I modelli di strutture in calcestruzzo armato o precompresso

La modellazione di strutture in cemento armato o in cemento armato precompresso è complicata dal comportamento reologico del calcestruzzo, sia a compressione che a trazione, generalmente anelastico, e dalle caratteristiche superficiali degli elementi di rinforzo. I dettagli degli ancoraggi dei cavi di precompressione, ad esempio, devono essere accuratamente modellati. Poiché normalmente tali strutture si modellano fino a rottura, il comportamento a rottura in presenza di tensioni multiassiali dovrebbe essere lo stesso sia nel modello che nel prototipo. Tuttavia, la carenza di un criterio di rottura univocamente definito permette di essere meno esigenti in fase di modellazione, e ciò che normalmente si richiede è che le curve sforzo-deformazione uniassiali nel modello e nel prototipo siano simili (cfr. § 4.1.7, p. 122), con un rapporto costante del modulo di Young, a parità di deformazione specifica, sia a trazione che a compressione. Inoltre, la deformazione a rottura (a trazione e a compressione), deve essere la stessa nel modello e nel prototipo. Tali criteri devono valere per il calcestruzzo e per le barre (o i trefoli) d'acciaio e sono diagrammati in Figura 5.2.

Poiché il rapporto scala delle tensioni coincide con il rapporto scala del modulo di elasticità, è necessario che, in questi modelli, per il calcestruzzo e per l'acciaio, risulti $r_\sigma \neq 1$ e $r_{\sigma'} \neq 1$ (l'apice riferisce la grandezza all'acciaio). Tuttavia, una serie di vincoli di varia natura inducono lo sperimentatore all'uso dell'acciaio anche nel modello, realizzando un modello, definito *modello pratico*, per il quale risulta $r_E = r_\sigma = r_{\sigma'} = 1$. In tali condizioni, si calcolano i rapporti scala delle grandezze di interesse sintetizzati nell'ultima colonna della Tabella 5.3.

Di norma, non è possibile soddisfare la similitudine della curva sforzo-deformazione per il calcestruzzo, né è possibile soddisfare la similitudine della densità di massa; pertanto, è necessario realizzare modelli distorti nelle caratteristiche del calcestruzzo. Tra i modelli distorti realizzabili, si considerano solo i due che prevedono l'uso di armature di acciaio sia nel modello che nel prototipo, cioè caratterizzati da $r_{E'} = 1$.

Nel modello distorto che definiamo di tipo *a)* risulta $r_\varepsilon \neq 1$, $r_\sigma = r_\varepsilon$, $r_E = 1$ per il calcestruzzo e $r_{\varepsilon'} = r_{\sigma'} = r_\varepsilon$, $r_{E'} = 1$ per l'acciaio. Il comportamento dei materiali che giustifica tali relazioni è visibile nei diagrammi in Figura 5.3.

Nel modello distorto che definiamo di tipo *b)* risulta $r_{E'} = 1$ e $r_E \neq 1$. Per garantire la stessa distorsione per le deformazioni specifiche sia nell'acciaio che nel calcestruzzo, cioè $r_\varepsilon = r_{\varepsilon'}$, dato che il modulo di Young dell'acciaio si rapporta

Tabella 5.3 I rapporti scala nella similitudine di modelli per calcestruzzo armato o precompresso

Grandezza	Dimensioni	Modello	Modello pratico
tensione nel cls	$M \cdot L^{-1} \cdot T^{-2}$	r_σ	1
deformazione specifica nel cls	–	1	1
modulo di elasticità nel cls	$M \cdot L^{-1} \cdot T^{-2}$	r_σ	1
coefficiente di Poisson nel cls	–	1	1
densità di massa del cls	$M \cdot L^{-3}$	r_σ / λ	$1/\lambda$
tensione nell'acciaio	$M \cdot L^{-1} \cdot T^{-2}$	r_σ	1
deformazione specifica nell'acciaio	–	1	1
modulo di elasticità nell'acciaio	$M \cdot L^{-1} \cdot T^{-2}$	r_σ	1
tensione tangenziale di aderenza	$M \cdot L^{-1} \cdot T^{-2}$	r_σ	1
dimensione lineare	L	λ	λ
spostamento lineare	L	λ	λ
rotazione angolare	–	1	1
area della sezione dell'acciaio	L^2	λ^2	λ^2
carico concentrato	$M \cdot L \cdot T^{-2}$	$r_\sigma \cdot \lambda^2$	λ^2
carico lineare	$M \cdot T^{-2}$	$r_\sigma \cdot \lambda$	λ
pressione o carico distribuito	$M \cdot L^{-1} \cdot T^{-2}$	r_σ	1
momento flettente e torcente	$M \cdot L^2 \cdot T^{-2}$	$r_\sigma \cdot \lambda^3$	λ^3

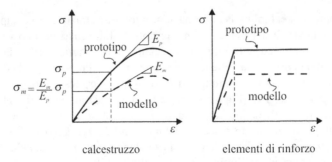

calcestruzzo   elementi di rinforzo

Figura 5.2 Diagrammi sforzo-deformazione per il modello e il prototipo necessari per realizzare la similitudine in strutture in calcestruzzo armato o precompresso (modificata da Sabnis *et al.*, 1983 [67])

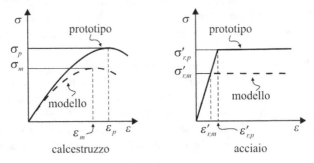

calcestruzzo   acciaio

Figura 5.3 Diagrammi sforzo-deformazione per il modello e il prototipo necessari per realizzare la similitudine in strutture in calcestruzzo armato o precompresso in un modello distorto con $r_\varepsilon \neq 1$, $r_\sigma = r_\varepsilon$, $r_E = 1$ per il calcestruzzo e $r_{\varepsilon'} = r_{\sigma'} = r_\varepsilon$, $r_{E'} = 1$ per l'acciaio (modificata da Sabnis *et al.*, 1983 [67])

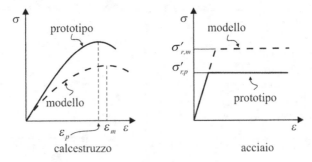

calcestruzzo   acciaio

Figura 5.4 Diagrammi sforzo-deformazione per il modello e il prototipo necessari per realizzare la similitudine in strutture in calcestruzzo armato o precompresso in un modello distorto, con $r_{E'} = 1$ e $r_E \neq 1$ (modificata da Sabnis *et al.*, 1983 [67])

unitariamente, deve risultare $r_{\sigma'} = r_{\varepsilon'}$ e la tensione di snervamento dell'acciaio deve soddisfare la relazione $\sigma'_{r,p} = \sigma'_{r,m}/r_{\varepsilon'}$, secondo quanto visualizzato nei diagrammi in Figura 5.4.

Tabella 5.4 I rapporti scala nella similitudine di modelli distorti per calcestruzzo armato o precompresso

Grandezza	Dimensioni	Modello a)	Modello b)
tensione nel cls	$M \cdot L^{-1} \cdot T^{-2}$	r_σ	r_σ
deformazione specifica nel cls	–	r_ε	r_ε
modulo di elasticità nel cls	$M \cdot L^{-1} \cdot T^{-2}$	r_σ/r_ε	r_σ/r_ε
coefficiente di Poisson nel cls	–	1	1
densità di massa del cls	$M \cdot L^{-3}$	r_σ/λ	r_σ/λ
tensione nell'acciaio	$M \cdot L^{-1} \cdot T^{-2}$	r_σ	r_σ
deformazione specifica nell'acciaio	–	r_ε	r_ε
modulo di elasticità nell'acciaio	$M \cdot L^{-1} \cdot T^{-2}$	1	1
tensione tangenziale di aderenza	$M \cdot L^{-1} \cdot T^{-2}$	r_σ	*
dimensione lineare	L	λ	λ
spostamento lineare	L	$r_\varepsilon \cdot \lambda$	$r_\varepsilon \cdot \lambda$
rotazione angolare	–	r_ε	r_ε
area della sezione dell'acciaio	L^2	λ^2	$r_\sigma \cdot \lambda^2/r_\varepsilon$
carico concentrato	$M \cdot L \cdot T^{-2}$	$r_\sigma \cdot \lambda^2$	$r_\sigma \cdot \lambda^2$
carico lineare	$M \cdot T^{-2}$	$r_\sigma \cdot \lambda$	$r_\sigma \cdot \lambda$
pressione o carico distribuito	$M \cdot L^{-1} \cdot T^{-2}$	r_σ	r_σ
momento flettente e torcente	$M \cdot L^2 \cdot T^{-2}$	$r_\sigma \cdot \lambda^3$	$r_\sigma \cdot \lambda^3$

* in funzione dell'area della sezione dell'acciaio

Il rapporto delle forze nelle armature di acciaio è pari a:

$$\frac{F_m}{F_p} \equiv r_F = r_{\sigma'} \cdot \lambda^2. \tag{5.11}$$

La forza nell'armatura nel prototipo è pari a:

$$F_p = \sigma'_{r,p} \cdot A_p \equiv \frac{\sigma'_{r,m}}{r_{\varepsilon'}} \cdot A_p \tag{5.12}$$

e la forza nell'armatura nel modello è pari a $F_m = \sigma'_{r,m} \cdot A_m$. Sostituendo, si calcola quale debba essere il rapporto scala dell'area dell'acciaio:

$$r_A \equiv \frac{A_m}{A_p} = \frac{r_\sigma \cdot \lambda^2}{r_\varepsilon}. \tag{5.13}$$

I rapporti scala delle grandezze di maggiore interesse per i due modelli distorti sono riportati in Tabella 5.4.

Esempio 5.3. Analizziamo l'azione del vento su superfici vetrate di grandi dimensioni.

La spinta del vento induce una deflessione che può essere anche maggiore dello spessore delle lastre: si tratta di strutture con grandi deformazioni. Normalmente, il vincolo perimetrale non limita le rotazioni e, quindi, non è in grado di applicare momenti alla lastra. Un modello fisico può essere realizzato con una lastra di vetro con lo stesso tipo di vincolo della lastra reale e caricata fino a rottura.

Per calcolare i rapporti scala, usiamo il criterio dell'Analisi Dimensionale e assumiamo che il processo fisico sia descrivibile dall'equazione tipica

$$\sigma = f(p, E, B, \delta, l, v), \tag{5.14}$$

dove σ è la tensione nella generica sezione della lastra, p è la pressione esercitata dal vento, E è il modulo di Young del vetro, $B = (E_t \cdot I_t)$ è la rigidezza flessionale degli elementi del telaio, δ è lo spessore della lastra di vetro, l è una lunghezza scala rappresentativa delle dimensioni della lastra, v è il coefficiente di Poisson.

Per calcolare il minimo numero di grandezze fondamentali, calcoliamo il rango della matrice dimensionale delle variabili rispetto a un insieme di grandezze sicuramente indipendenti, cioè M, L e T. La matrice dimensionale è

$$\begin{array}{c|ccccccc} & \sigma & p & E & B & \delta & l & v \\ \hline M & 1 & 1 & 1 & 1 & 0 & 0 & 0 \\ L & -1 & -1 & -1 & 3 & 1 & 1 & 0 \\ T & -2 & -2 & -2 & -2 & 0 & 0 & 0 \end{array} \tag{5.15}$$

e ha rango pari a 2. Possiamo fissare una coppia di grandezze fondamentali, ad esempio E e l, verificando che siano indipendenti. Quindi, applicando il Teorema di Buckingham, possiamo riscrivere l'equazione (5.14) in funzione di $(7 - 2) = 5$ gruppi adimensionali incluso il coefficiente di Poisson (già adimensionale).

I gruppi adimensionali con significato fisico potrebbero essere quelli riportati nell'equazione tipica

$$\frac{\sigma}{p} = \tilde{f}\left(\frac{p}{E}, \frac{B}{E \cdot l^4}, \frac{\delta}{l}, v\right). \tag{5.16}$$

Per individuare i rapporti scala in similitudine, imponiamo l'uguaglianza dei gruppi adimensionali nel modello e nel prototipo, ottenendo il seguente sistema di 5 equazioni in 7 incognite:

$$\begin{cases} r_\sigma = r_p \\ r_p = r_E \\ r_B = r_E \cdot \lambda^4 \\ r_\delta = \lambda \\ r_v = 1 \end{cases} \tag{5.17}$$

Se il modello è dello stesso materiale del prototipo, è soddisfatta la condizione $r_v = 1$ e risulta $r_E = 1$ e, quindi, si perde un ulteriore grado di libertà. Fissata, ad esempio, la scala geometrica λ, si calcolano i rapporti scala:

$$\begin{cases} r_p = r_\sigma = 1 \\ r_B = \lambda^4 \\ r_\delta = \lambda \end{cases} \tag{5.18}$$

Si noti che lo spessore della lastra deve avere la stessa scala λ delle dimensioni planimetriche; ciò potrebbe creare qualche problema per la difficoltà di reperire lastre di vetro commerciale dello spessore ridotto necessariamente richiesto. In genere, si procede fissando la scala geometrica sulla base dello spessore della lastra reperibile in commercio.

Nel caso in cui il peso della lastra di vetro nel modello non sia trascurabile, esso può essere assunto come parte del carico applicato (nel prototipo, la lastra è verticale, nel modello è quasi sempre orizzontale).

Con un modello siffatto, la lastra si romperà con lo stesso carico (per unità di superficie) che determinerebbe la rottura nel prototipo, fatte salve le differenze delle caratteristiche dei materiali e relative ai diversi processi di lavorazione.

5.3.4
La curvatura di una trave in materiale duttile

Consideriamo una trave a sezione prismatica cilindrica, simmetrica rispetto a due assi ortogonali verticale e orizzontale, sollecitata da un momento flettente, e indichiamo con h la distanza della fibra più sollecitata rispetto all'asse neutro. La deformata, rappresentata, ad esempio, dalla curvatura locale dell'asse neutro $1/r$, è funzione della coppia M_f, di h e del modulo di Young E.

L'equazione tipica è

$$r = f\left(M_f, E, h\right). \tag{5.19}$$

Le grandezze indipendenti sono 2 (il rango della matrice dimensionale rispetto a M, L e T è 2) ed è possibile esprimere il processo fisico in funzione di $(4-2) = 2$ gruppi adimensionali. Fissate le grandezze base r e E, si può scrivere

$$\frac{h}{r} = \widetilde{f}\left(\frac{M_f}{E \cdot r^3}\right). \tag{5.20}$$

Tradizionalmente, invece del gruppo adimensionale $M_f/(E \cdot r^3)$, si fa uso del gruppo adimensionale $M_f \cdot h/(E \cdot I)$, dove I è il momento d'inerzia della sezione rispetto all'asse neutro. L'equazione (5.20) può essere riscritta come:

$$\frac{h}{r} = \widetilde{f}\left(\frac{M_f \cdot h}{E \cdot I}\right) \tag{5.21}$$

e, ancor più convenientemente, introducendo ε_y, che rappresenta la deformazione specifica in corrispondenza del punto di snervamento:

$$\frac{h}{r \cdot \varepsilon_y} = \widetilde{f}\left(\frac{M_f \cdot h}{E \cdot I \cdot \varepsilon_y}\right). \tag{5.22}$$

In un diagramma con ascissa $M_f \cdot h/(E \cdot I \cdot \varepsilon_y)$ e ordinata $h/(r \cdot \varepsilon_y)$, tale funzione è una retta a 45° in regime elastico, che cresce asintoticamente dopo lo snervamento. Il momento può essere espresso in funzione della distribuzione della tensione normale nella sezione,

$$M_f = 2 \int_0^h b(z) \cdot \sigma(z) \cdot z \, dz, \qquad (5.23)$$

dove z è la coordinata verticale con origine sull'asse neutro, b e σ sono la larghezza e la tensione normale alla coordinata z. Introducendo le variabili adimensionali $\zeta = z/h$ e $\beta = b/h$, risulta:

$$M_f = 2 \, h^3 \int_0^1 \beta(\zeta) \cdot \sigma(\zeta) \cdot \zeta \, d\zeta. \qquad (5.24)$$

La deformazione specifica in corrispondenza dell'ordinata z è pari a $\varepsilon = z/r = h \cdot \zeta/r$. Posto che sia

$$\frac{\sigma}{E} = g\left(\frac{\varepsilon}{\varepsilon_y}\right) = g\left(\frac{h \cdot \zeta}{r \cdot \varepsilon_y}\right), \qquad (5.25)$$

si può scrivere

$$\frac{M_f \cdot h}{E \cdot I \cdot \varepsilon_y} = \frac{2 \, h^4}{I \cdot \varepsilon_y} \cdot \int_0^1 \beta(\zeta) \cdot \zeta \cdot g\left(\frac{h \cdot \zeta}{r \cdot \varepsilon_y}\right) d\zeta. \qquad (5.26)$$

La funzione argomento dell'integrale individua la relazione tra tensione adimensionale e deformazione (relativa alla deformazione nel punto di snervamento), mentre la larghezza $\beta(\zeta)$ dipende solo dalla forma della sezione. Ne consegue che, per un'assegnata sezione, l'integrale dipende solo da $h/(r \cdot \varepsilon_y)$. Inoltre, poiché h^4/I dipende solo dalla forma della sezione, il valore di $M_f \cdot h/(E \cdot I \cdot \varepsilon_y)$ è calcolabile in funzione di $h/(r \cdot \varepsilon_y)$. La curva che si traccia non dipende dalla larghezza della sezione, poiché una variazione di b di un fattore costante determina una variazione in β che si elide con la variazione in I.

Se si assume la rappresentazione schematica per la funzione g riportata in Figura 5.5, descritta analiticamente come

$$\frac{\sigma}{E} = g\left(\frac{h \cdot \zeta}{r \cdot \varepsilon_y}\right) = \begin{cases} \left(\dfrac{h \cdot \zeta}{r \cdot \varepsilon_y}\right) \cdot \varepsilon_y, & \zeta < \zeta_1 \\[2ex] \varepsilon_y, & \zeta > \zeta_1 \end{cases}, \qquad (5.27)$$

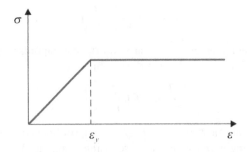

Figura 5.5 Relazione schematica tensione-deformazione

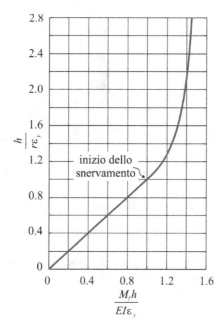

Figura 5.6 Curvatura $1/r$ in funzione del momento flettente per sezioni rettangolari di altezza $2h$ caratterizzate dal diagramma tensione-deformazione riportato in Figura 5.5, dove ε_y è la deformazione allo snervamento (modificata da Langhaar, 1951 [48])

con $\zeta_1 = r \cdot \varepsilon_y / h$, l'equazione (5.26) diventa

$$\frac{M_f \cdot h}{E \cdot I \cdot \varepsilon_y} = \frac{2\,h^4}{I}\left[\frac{1}{\zeta_1}\cdot\int_0^{\zeta_1}\beta(\zeta)\cdot\zeta^2\,d\zeta + \int_{\zeta_1}^1\beta(\zeta)\cdot\zeta\,d\zeta\right]. \tag{5.28}$$

Per sezioni di forma generica è possibile eseguire l'integrazione numerica.

Se, invece, la sezione è rettangolare di larghezza qualunque, gli integrali si calcolano analiticamente ottenendo il risultato:

$$\frac{M_f \cdot h}{E \cdot I \cdot \varepsilon_y} = \begin{cases} \dfrac{3}{2} - \dfrac{1}{2}\left(\dfrac{r\cdot\varepsilon_y}{h}\right), & \dfrac{h}{r\cdot\varepsilon_y} > 1 \\[3mm] \dfrac{h}{r\cdot\varepsilon_y}, & \dfrac{h}{r\cdot\varepsilon_y} < 1 \end{cases}, \tag{5.29}$$

diagrammato in Figura 5.6.

Esempio 5.4. Consideriamo una pavimentazione di una pista d'aeroporto e assumiamo che il sottofondo sia rappresentabile come un suolo elastico alla Winkler.

In presenza di un carico sulla pavimentazione quale, ad esempio, la ruota di un velivolo, le fibre inferiori sono tese. La massima tensione di trazione dipende dalle caratteristiche della pavimentazione e del sottofondo, oltre che dalla natura del carico. Se il carico è trasferito da uno pneumatico, oltre alla componente verticale

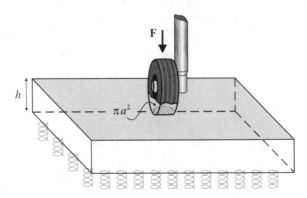

Figura 5.7 Schema per il calcolo delle sollecitazioni generate da un carico localizzato su una piastra su suolo elastico

F, è importante anche l'area d'impronta, correlata alla struttura della carcassa dello pneumatico e alla pressione di gonfiaggio (Fig. 5.7).

Indicata con σ la tensione di trazione sulle fibre tese (inferiori) della pavimentazione, l'equazione tipica è

$$\sigma = f\left(F, p, h, k, E\right), \tag{5.30}$$

dove $p = F/(\pi \cdot a^2)$ è la pressione, a è il raggio equivalente dell'area di impronta, h è lo spessore della pavimentazione, k è la costante elastica del sottofondo, E è il modulo di Young del materiale della pavimentazione. Con riferimento a 3 grandezze sicuramente indipendenti, cioè M, L e T, la matrice dimensionale

	σ	F	p	h	k	E
M	1	1	1	0	1	1
L	-1	1	-1	1	-2	-1
T	-2	-2	-2	0	-2	-2

$$\tag{5.31}$$

ha rango pari a 2. Facendo uso del Teorema di Buckingham, è possibile ricondurre la relazione tra 6 grandezze dimensionali a una nuova relazione tra $(6-2)=4$ gruppi adimensionali.

I gruppi adimensionali, scelti sulla base dell'intuizione e del significato fisico che rivestono, sono:

$$\Pi_1 = \frac{\sigma \cdot h^2}{F}, \quad \Pi_2 = \frac{p \cdot h^2}{F}, \quad \Pi_3 = \frac{E}{k \cdot h}, \quad \Pi_4 = \frac{p}{E}. \tag{5.32}$$

La relazione funzionale (5.30) può essere riscritta come:

$$\Pi_1 = \widetilde{f}\left(\Pi_2, \Pi_3, \Pi_4\right). \tag{5.33}$$

Maggiori indicazioni sulla struttura della funzione $\widetilde{f}$ si possono ricavare dall'analisi del fenomeno. Se aumenta il carico F, l'area dell'impronta aumenta; ciò comporta una distribuzione più ampia delle sollecitazioni che determina addirittura una riduzione di σ. Pertanto, la funzione $\widetilde{f}$ è monotona crescente rispetto a Π_2. Se aumenta la rigidezza del sottofondo, si riduce σ, poiché il carico è assorbito più localmente; quindi, $\widetilde{f}$ è monotona crescente anche rispetto a Π_3. Infine, $\widetilde{f}$ è crescente anche con la pressione p degli pneumatici, poiché un incremento di p riduce l'area d'impronta e dà luogo a carichi più concentrati.

Facendo uso di alcuni concetti derivanti dalla teoria dell'elasticità, Westergaard, 1926 [86] suggerì l'equazione

$$\Pi_1 = \widetilde{f}_1 \left(\Pi_2^2 \cdot \Pi_3 \right) \rightarrow \sigma = \frac{F}{h^2} \cdot \widetilde{f}_1 \left(\frac{E \cdot p^2 \cdot h^3}{k \cdot F^2} \right). \tag{5.34}$$

La grandezza

$$l = \sqrt[4]{\frac{E \cdot h^3}{12 \left(1 - v^2 \right) \cdot k}} \tag{5.35}$$

ha le dimensioni di una lunghezza ed è definita il *raggio equivalente di rigidezza relativa del terreno*. La relazione formale può essere riscritta come:

$$\sigma = \frac{F}{h^2} \cdot \widetilde{f}_2 \left(\frac{l}{a} \right). \tag{5.36}$$

Nel caso in cui la piastra abbia dimensione finita, intervengono altre due scale geometriche: la lunghezza l_1 e la larghezza l_2 della piastra. La relazione (5.36) diventa

$$\sigma = \frac{F}{h^2} \cdot \widetilde{f}_3 \left(\frac{l}{a}, \frac{l}{l_1}, \frac{l}{l_2} \right). \tag{5.37}$$

La relazione funzionale nel caso di piastra infinita venne formalizzata da Westergaard, 1926 [86], con l'aggiunta di alcune correzioni, nella relazione

$$\sigma = \frac{3 \left(1 + v \right)}{2 \pi} \cdot \frac{F}{h^2} \cdot \left[\ln \left(\frac{2}{a} \cdot \sqrt[4]{\frac{E \cdot h^3}{12 \left(1 - v^2 \right) \cdot k}} \right) + 0.5 - \gamma \right], \tag{5.38}$$

dove $\gamma = 0.577\ldots$ è la costante di Eulero. Il coefficiente di Poisson non modifica l'analisi condotta, essendo adimensionale.

In maniera del tutto analoga, si possono analizzare il cedimento e la tensione nel terreno.

5.3.5
I fenomeni di instabilità

Analizziamo una colonna sollecitata assialmente. Esiste un valore massimo del carico in corrispondenza del quale la colonna si instabilizza e si deforma vistosamente.

Il fenomeno può essere descritto con l'equazione tipica

$$P_{crit} = f \left(E, l, v, \text{c.v.}, \text{geometria} \right), \tag{5.39}$$

dove P_{crit} è il valore del carico che determina l'instabilità, E è il modulo di Young, l è la lunghezza della colonna, v è il coefficiente di Poisson, c.v. indica le condizioni di vincolo. Per un'assegnata geometria e condizione di vincolo, risulta:

$$P_{crit} = f(E, l, v). \tag{5.40}$$

Scelto un sistema $F\,L$, la matrice dimensionale è

$$\begin{array}{c|cccc} & P_{crit} & E & l & v \\ \hline F & 1 & 1 & 0 & 0 \\ L & 0 & -2 & 1 & 0 \end{array} \tag{5.41}$$

e ha rango 2. Considerato che il coefficiente di Poisson è adimensionale, è possibile esprimere la relazione funzionale tra l'unico gruppo adimensionale e il coefficiente di Poisson,

$$\frac{P_{crit}}{E \cdot l^2} = \widetilde{f}(v). \tag{5.42}$$

In molti casi, la dipendenza dal coefficiente di Poisson è debole e la funzione $\widetilde{f}$ si approssima a una costante.

Usando i criteri dell'Analisi Dimensionale, la condizione di similitudine richiede che siano soddisfatte le seguenti 2 equazioni nelle 4 incognite:

$$\begin{cases} \dfrac{P_{crit,m}}{P_{crit,p}} = \dfrac{E_m}{E_p} \cdot \left(\dfrac{l_m}{l_p}\right)^2 \to r_{P_{crit}} = r_E \cdot \lambda^2 \\ \dfrac{v_m}{v_p} \equiv r_v = 1 \end{cases}. \tag{5.43}$$

Quindi, utilizzando nel modello e nel prototipo lo stesso materiale, si impone l'ulteriore vincolo $r_E = 1$ e il carico critico varia secondo λ^2. Se il modello è in scala geometrica ridotta, il valore del carico critico nel modello è minore del carico critico nel prototipo. Se nel modello si utilizza un materiale con modulo di Young di valore minore di quello nel prototipo, il carico critico si riduce ulteriormente. Data la debole dipendenza dal coefficiente di Poisson, la condizione $r_v = 1$ può essere trascurata.

L'equazione tipica può anche essere formulata in termini di tensione critica σ_{crit},

$$\sigma_{crit} = f(E, l, v), \tag{5.44}$$

ottenendo la seguente condizione di similitudine:

$$\frac{\sigma_{crit,m}}{\sigma_{crit,p}} = \frac{E_m}{E_p} \to r_{\sigma_{crit}} = r_E. \tag{5.45}$$

Se il modello e il prototipo sono dello stesso materiale, le tensioni normali critiche sono uguali.

Trascurando la dipendenza dal coefficiente di Poisson, è possibile scrivere:

$$\frac{\sigma_{crit}}{E} = \text{cost} \longrightarrow \frac{\sigma_{crit}}{\sigma_y} \cdot \frac{\sigma_y}{E} = \text{cost}, \tag{5.46}$$

dove σ_y è la tensione di snervamento. In condizioni di similitudine, risulta:

$$\left(\frac{\sigma_{crit}}{\sigma_y}\right)_m = \left(\frac{\sigma_{crit}}{\sigma_y}\right)_p \cdot \frac{\left(\frac{\sigma_y}{E}\right)_p}{\left(\frac{\sigma_y}{E}\right)_m}. \tag{5.47}$$

Scegliendo opportunamente il materiale nel modello, tale che sia $(\sigma_y/E)_m >$ $(\sigma_y/E)_p$, si può fare in modo che, nel modello, l'instabilità si manifesti in regime elastico, anche se nel prototipo si manifesta in regime plastico. Ciò rende molto più semplici le analisi del comportamento di instabilità, dato che il modello continua a deformarsi elasticamente anche dopo la soglia critica di instabilità. Ad esempio, se la struttura reale da modellare è in acciaio, caratterizzato da un rapporto $\sigma_y/E = 1.3 \cdot 10^{-3}$, e si costruisce il modello in Titanio ($\sigma_y/E = 0.9 \cdot 10^2$), risulta $(\sigma_{crit}/E)_m \approx (1/7) \cdot (\sigma_{crit}/E)_p$. Il rapporto è ancora più favorevole per la verifica di gusci e piastre sottili, utilizzando materiali quale il Mylar poliestere, che ha un rapporto $\sigma_y/E = 0.02$, molto più elevato di quello della maggior parte dei materiali tecnici.

Se l'instabilità si manifesta in regime plastico, l'analisi diventa più complessa.

Supponiamo che il materiale abbia un comportamento perfettamente plastico dopo avere raggiunto il limite di elasticità; in tal caso, è lecito ipotizzare una dipendenza del tipo:

$$\sigma_{max} = f(\sigma_y, E, l), \tag{5.48}$$

dove σ_{max} è la massima tensione normale di compressione che determina il collasso del puntone o della piastra, σ_y è la tensione di snervamento, E è il modulo di Young e l è una dimensione caratteristica della struttura. La matrice dimensionale delle 4 variabili ha rango pari a 2. Applicando uno dei metodi esposti, si calcolano 2 gruppi adimensionali. Ad esempio, si può scrivere:

$$\frac{\sigma_{max}}{\sigma_y} = \tilde{f}\left(\frac{\sigma_y}{E}\right). \tag{5.49}$$

Ciò significa che, se modello e prototipo sono dello stesso materiale, con $r_{\sigma_y} = r_E = 1$, risulta anche $r_{\sigma_{max}} = 1$, e la massima tensione che determina il collasso nel modello coincide con quella che determina il collasso nel prototipo.

5.3.6
La rotazione plastica di una sezione armata

Analizziamo il comportamento di una sezione di calcestruzzo armato per verificarne la capacità di rotazione plastica.

Il comportamento può essere descritto con una relazione funzionale del tipo:

$$M_f = f\left(\sigma_u, \sigma_c, \mathscr{G}_f, \mathscr{G}_c, E_c, \sigma_y, \rho_t, h, b, l, \theta\right), \tag{5.50}$$

dove M_f è il momento resistente a flessione, σ_u, σ_c, $\mathscr{G}_f$, $\mathscr{G}_c$ ed E_c sono, rispettivamente, la resistenza a trazione e a compressione, l'energia di frattura e di frantumazione, il modulo di Young del calcestruzzo, σ_y è la tensione di snervamento del materiale di rinforzo, ρ_t è la percentuale dell'armatura, h, b, l sono le caratteristiche geometriche della trave, θ è la rotazione locale. La matrice dimensionale, in funzione di M, L e T, è

$$
\begin{array}{c|cccccccccccc}
 & M_f & \sigma_u & \sigma_c & \mathcal{G}_f & \mathcal{G}_c & E_c & \sigma_y & h & b & l & \rho_t & \theta \\
\hline
M & 1 & 1 & 1 & 1 & 1 & 1 & 1 & 0 & 0 & 0 & 0 & 0 \\
L & 2 & -1 & -1 & 0 & 0 & -1 & -1 & 1 & 1 & 1 & 0 & 0 \\
T & -2 & -2 & -2 & -2 & -2 & -2 & -2 & 0 & 0 & 0 & 0 & 0
\end{array}
\tag{5.51}
$$

e ha rango 2. Si osserva subito che la prima e l'ultima riga sono una combinazione lineare. In questo caso, si procede sostituendo a M, L e T una coppia di grandezze che permettano di esprimere tutte le altre grandezze, ad esempio, $M \cdot T^{-2}$ e L. Tuttavia, è più intuitivo utilizzare $F = M \cdot L \cdot T^{-2}$ e L, ottenendo la seguente matrice dimensionale,

$$
\begin{array}{c|cccccccccccc}
 & M_f & \sigma_u & \sigma_c & \mathcal{G}_f & \mathcal{G}_c & E_c & \sigma_y & h & b & l & \rho_t & \theta \\
\hline
F & 1 & 1 & 1 & 1 & 1 & 1 & 1 & 0 & 0 & 0 & 0 & 0 \\
L & 1 & -2 & -2 & -1 & -1 & -2 & -2 & 1 & 1 & 1 & 0 & 0
\end{array}
\tag{5.52}
$$

che ovviamente ha rango 2. In virtù del Teorema di Buckingham, possiamo esprimere la relazione funzionale facendo uso di $(12-2) = 10$ gruppi adimensionali, inclusi i parametri già adimensionali ρ_t e θ. Scelte 2 grandezze fondamentali, si può procedere utilizzando il metodo di Rayleigh o il metodo matriciale.

Nel caso particolare in cui si voglia restringere l'analisi a una sezione che abbia già subito una rotazione tale da fessurare il calcestruzzo, la resistenza a trazione del calcestruzzo σ_u e l'energia di frattura $\mathcal{G}_f$ sono fisicamente irrilevanti. Il numero di grandezze si riduce a 10, delle quali 2 sono indipendenti. La matrice dimensionale diventa

$$
\begin{array}{c|cccccccccc}
 & M_f & \sigma_c & \mathcal{G}_c & E_c & \sigma_y & h & b & l & \rho_t & \theta \\
\hline
F & 1 & 1 & 1 & 1 & 1 & 0 & 0 & 0 & 0 & 0 \\
L & 1 & -2 & -1 & 2 & -2 & 1 & 1 & 1 & 0 & 0
\end{array}
\tag{5.53}
$$

e il rango è ancora pari a 2. Scelte $(\mathcal{G}_c \cdot E_c)$ e h come fondamentali, risulta:

$$
\begin{array}{c|cccccccc}
 & M_f & \sigma_c & E_c & \sigma_y & b & l & \rho_t & \theta \\
\hline
\mathcal{G}_c \cdot E_c & 1/2 & 1/2 & 1/2 & 1/2 & 0 & 0 & 0 & 0 \\
h & 5/2 & 1/2 & -1/2 & -1/2 & 1 & 1 & 0 & 0
\end{array}.
\tag{5.54}
$$

Gli 8 gruppi adimensionali che si calcolano immediatamente sono:

$$
\Pi_1 = \frac{M_f}{h^{5/2} \cdot \sqrt{\mathcal{G}_c \cdot E_c}}, \quad \Pi_2 = \frac{\sigma_c \cdot \sqrt{h}}{\sqrt{\mathcal{G}_c \cdot E_c}}, \quad \Pi_3 = \frac{E_c \cdot \sqrt{h}}{\sqrt{\mathcal{G}_c \cdot E_c}},
$$
$$
\Pi_4 = \frac{\sigma_y \cdot \sqrt{h}}{\sqrt{\mathcal{G}_c \cdot E_c}}, \quad \Pi_5 = \frac{b}{h}, \quad \Pi_6 = \frac{l}{h}, \quad \Pi_7 = \rho_t, \quad \Pi_8 = \theta.
\tag{5.55}
$$

Se si vuole analizzare il caso in cui b, l e h siano invarianti, si può calcolare il numero di gruppi adimensionali sulla base dell'estensione del Teorema di Buckingham (cfr. § 1.4.4, p. 39). Delle $n_f = 3$ grandezze invarianti, solo $k_f = 1$ sono indipendenti, dato che la loro matrice dimensionale

$$
\begin{array}{c|ccc}
 & b & l & h \\
\hline
F & 0 & 0 & 0 \\
L & 1 & 1 & 1
\end{array}
\tag{5.56}
$$

ha rango 1. Quindi, il numero di gruppi adimensionali si riduce a $(n - k) - (n_f - k_f) = (10 - 2) - (3 - 1) = 6$.

A tale risultato si poteva pervenire anche osservando che, nell'equazione (5.55), i due gruppi Π_5 e Π_6 diventano delle costanti, se b, l e h sono invarianti e, quindi, sono ricompresi nella struttura della funzione, senza necessità di esplicitarli.

Con le ipotesi fatte, l'equazione tipica per b, l e h invarianti è

$$
\frac{M_f}{h^{5/2} \cdot \sqrt{\mathcal{G}_c \cdot E_c}} = \widetilde{f}\left(\frac{\sigma_c \cdot \sqrt{h}}{\sqrt{\mathcal{G}_c \cdot E_c}}, \frac{E_c \cdot \sqrt{h}}{\sqrt{\mathcal{G}_c \cdot E_c}}, \frac{\sigma_y \cdot \sqrt{h}}{\sqrt{\mathcal{G}_c \cdot E_c}}, \rho_t, \theta \right).
\tag{5.57}
$$

Alcuni modelli analitici di tale processo fisico includono solo 4 gruppi adimensionali, con la seguente equazione tipica (Carpinteri e Corrado, 2010 [19]):

$$
\frac{M_f}{h^{5/2} \cdot \sqrt{\mathcal{G}_c \cdot E_c}} = \Phi\left(\frac{\sigma_c \cdot \sqrt{h}}{\sqrt{\mathcal{G}_c \cdot E_c}}, \rho_t \cdot \frac{\sigma_y \cdot \sqrt{h}}{\sqrt{\mathcal{G}_c \cdot E_c}}, \theta \cdot \frac{E_c \cdot \sqrt{h}}{\sqrt{\mathcal{G}_c \cdot E_c}} \right),
\tag{5.58}
$$

dove ρ_t e θ sono combinati con altri gruppi.

Si ricorda, infatti, che il teorema di Buckingham permette di calcolare il numero massimo di gruppi adimensionali, ma le relazioni sperimentali o i modelli analitici possono coinvolgere un numero di gruppi anche minore.

In Figura 5.8 si riporta il confronto tra i risultati adimensionali di un modello numerico (Carpinteri e Corrado, 2010 [19]) e alcuni risultati sperimentali.

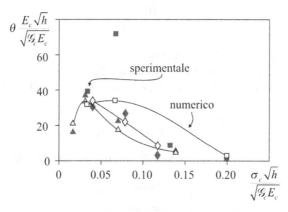

Figura 5.8 Confronto tra i risultati di un modello numerico e risultati sperimentali per la rotazione plastica di una sezione in c.a.. In ordinata è diagrammata la rotazione plastica adimensionale (modificata da Carpinteri e Corrado, 2010 [19])

5.4
Le strutture sollecitate dinamicamente

Come già accennato nell'introduzione alle strutture sollecitate staticamente, nell'Analisi Dimensionale delle strutture sollecitate dinamicamente i processi fisici coinvolgono 3 grandezze fondamentali, con la massa che compare anche nei termini inerziali e non solo come dimensione delle forze o dei momenti. Le forzanti canoniche di maggiore interesse sono quelle periodiche e quelle impulsive.

5.4.1
Le azioni di una forzante periodica

Vogliamo analizzare ora il comportamento dinamico di una struttura in presenza di una forzante periodica, completamente descritta dall'ampiezza e dalla frequenza. Esaurito il transitorio, dipendente dalle condizioni iniziali, il sistema oscilla con un'ampiezza funzione delle caratteristiche della forzante, di una scala geometrica l, della densità di massa ρ, del modulo di Young E e del coefficiente di Poisson ν.

Se indichiamo con A l'ampiezza delle oscillazioni della struttura, con F_0 l'ampiezza della forzante e con n la sua frequenza, il processo fisico può essere descritto dall'equazione tipica

$$A = f(F_0, n, l, \rho, E, \nu). \qquad (5.59)$$

Poiché il problema è dinamico, sono coinvolte 3 grandezze fondamentali, cioè M, L e T. La matrice dimensionale è

$$
\begin{array}{c|ccccccc}
 & A & F_0 & n & l & \rho & E & \nu \\
\hline
M & 0 & 1 & 0 & 0 & 1 & 1 & 0 \\
L & 1 & 1 & 0 & 1 & -3 & -1 & 0 \\
T & 0 & -2 & -1 & 0 & 0 & -2 & 0
\end{array}
\qquad (5.60)
$$

e ha rango 3. Applicando il Teorema di Buckingham, si calcolano $(7-3) = 4$ gruppi adimensionali incluso ν, che è già adimensionale. Sulla base delle conoscenze fisiche del processo, i possibili gruppi adimensionali sono riportati nell'equazione tipica

$$\frac{A \cdot E \cdot l}{F_0} = \tilde{f}\left(\frac{F_0}{E \cdot l^2}, \; n \cdot l \cdot \sqrt{\frac{\rho}{E}}, \; \nu\right). \qquad (5.61)$$

Nel caso più generale, le 4 relazioni di similitudine nelle 7 incognite sono:

$$
\begin{cases}
r_A \cdot r_E \cdot \lambda = r_{F_0} \\
r_{F_0} = r_E \cdot \lambda^2 \\
r_n^2 \cdot \lambda^2 \cdot r_\rho = r_E \\
r_\nu = 1
\end{cases}
\qquad (5.62)
$$

Se modello e prototipo sono dello stesso materiale ($r_E = r_\rho = r_v = 1$), le relazioni di similitudine si riducono a:

$$\begin{cases} r_A = \lambda \\ r_{F_0} = \lambda^2 \\ r_n = \dfrac{1}{\lambda} \end{cases} . \tag{5.63}$$

Rimane, quindi, un unico grado di libertà: fissata la scala geometrica, possiamo calcolare il rapporto scala di tutte le altre grandezze coinvolte. Se le oscillazioni sono di piccola ampiezza, dipendono linearmente dal carico applicato. Osservando l'equazione (5.61) si desume che una eventuale dipendenza non lineare dell'ampiezza dalla forzante deriverebbe solo dal numero $F_0/(E \cdot l^2)$. Ciò significa che, per $F_0/(E \cdot l^2) \to 0$ l'equazione (5.61) tende all'espressione

$$\frac{A \cdot E \cdot l}{F_0} = \widetilde{f}\left(n \cdot l \cdot \sqrt{\frac{\rho}{E}}, v\right), \tag{5.64}$$

e le relazioni di similitudine sono:

$$\begin{cases} r_A \cdot r_E \cdot \lambda = r_{F_0} \\ r_n^2 \cdot \lambda^2 \cdot r_\rho = r_E \\ r_v = 1 \end{cases} , \tag{5.65}$$

ovvero, per $r_E = r_\rho = r_v = 1$,

$$\begin{cases} r_A = \dfrac{r_{F_0}}{\lambda} \\ r_n = \dfrac{1}{\lambda} \end{cases} . \tag{5.66}$$

Si noti che, in quest'ultimo caso, abbiamo 2 gradi di libertà: possiamo fissare a piacere, ad esempio, la scala geometrica e la scala delle forze, per calcolare la scala dell'ampiezza e della frequenza. Tuttavia, nell'ipotesi di piccole oscillazioni, la scala delle ampiezze è quasi sempre di interesse trascurabile, eccetto che per l'individuazione di possibili fenomeni di risonanza, in corrispondenza dei quali l'ampiezza delle oscillazioni cresce notevolmente a parità di ampiezza della forzante.

5.4.2
Le azioni impulsive: i fenomeni d'urto

Se un corpo rigido urta una struttura, l'effetto locale dipende dalle dimensioni, dalla massa e dalla velocità del corpo, mentre a una certa distanza gli effetti non dipendono dalla dimensione del corpo. Quindi, in un modello in scala, la scala geometrica del corpo non è vincolata alla scala geometrica della struttura. La tensione, indotta dall'urto in un punto qualunque della struttura, dipende dalla massa m e dalla velocità V

del corpo impattante, da una lunghezza caratteristica l, dalla densità di massa ρ della struttura, dal modulo di Young E e dal coefficiente di Poisson v. Si può dimostrare che E e v sono sufficienti a caratterizzare il comportamento del materiale anche dopo il limite di snervamento. Trascuriamo la velocità di deformazione del materiale, che in realtà gioca un ruolo molto importante soprattutto sul limite di snervamento. Il problema coinvolge l'inerzia e, conseguentemente, 3 grandezze fondamentali. L'equazione tipica nelle 7 variabili è

$$\sigma = f\,(m,\ V,\ l,\ \rho,\ E,\ v)\,. \tag{5.67}$$

La matrice dimensionale ha rango 3 e, sulla base del Teorema di Buckingham, è possibile esprimere il processo fisico in funzione dei 3 numeri adimensionali e del coefficiente di Poisson. I numeri che hanno un significato fisico sono:

$$\Pi_1 = \frac{\sigma \cdot l^3}{m \cdot V^2}, \quad \Pi_2 = \frac{E \cdot l^3}{m \cdot V^2}, \quad \Pi_3 = \frac{m}{\rho \cdot l^3} \quad \Pi_4 = v\,. \tag{5.68}$$

L'equazione tipica diventa

$$\Pi_1 = \widetilde{f}\,(\Pi_2,\ \Pi_3,\ \Pi_4) \rightarrow \frac{\sigma \cdot l^3}{m \cdot V^2} = \widetilde{f}\left(\frac{E \cdot l^3}{m \cdot V^2},\ \frac{m}{\rho \cdot l^3},\ v\right)\,. \tag{5.69}$$

Il primo gruppo adimensionale richiama il *numero di danneggiamento di Johnson*, 1972 [42], definito come

$$\mathrm{Dn} = \frac{\rho_c \cdot V_0^2}{\sigma_0}\,, \tag{5.70}$$

dove ρ_c è la densità di massa del corpo che urta, V_0 è la velocità del corpo, σ_0 è la tensione di snervamento del materiale. Tale gruppo adimensionale deriva naturalmente dalla adimensionalizzazione dell'equazione di bilancio della quantità di moto, nella forma semplificata unidimensionale in assenza di forze di massa:

$$\rho_c \cdot \frac{\partial V}{\partial t} = \frac{\partial \sigma}{\partial x}\,. \tag{5.71}$$

Scelte le grandezze scala σ_0, t_0 e V_0, si può scrivere

$$\frac{\rho_c \cdot V_0^2}{\sigma_0} \cdot \frac{\partial \widetilde{V}}{\partial \widetilde{t}} = \frac{\partial \widetilde{\sigma}}{\partial \widetilde{x}}\,, \tag{5.72}$$

con $\widetilde{V} = V/V_0, \widetilde{t} = t/t_0, \widetilde{\sigma} = \sigma/\sigma_0, \widetilde{x} = x/(V_0 \cdot t_0)$. Il numero di danneggiamento ha una struttura simile al numero di Reynolds della Meccanica dei fluidi; tuttavia, mentre il numero di Reynolds rappresenta il rapporto tra le forze d'inerzia convettiva e le forze di resistenza viscosa, il numero di danneggiamento rappresenta il rapporto tra le forze d'inerzia locale e le forze di resistenza associate alle caratteristiche reologiche del materiale. Infatti, nel processo di deformazione dovuto all'urto, la componente d'inerzia convettiva è nulla e si considera la sola componente d'inerzia locale. Da questo punto di vista, il numero di danneggiamento trova il suo omologo nel prodotto del numero di Reynolds e del numero di Strohual.

La similitudine può essere realizzata imponendo che sia soddisfatto il seguente sistema di 4 equazioni nei 7 rapporti scala incogniti:

$$\begin{cases} r_\sigma \cdot \lambda^3 = r_m \cdot r_V^2 \\ r_E \cdot \lambda^3 = r_m \cdot r_V^2 \\ r_m = r_\rho \cdot \lambda^3 \\ r_V = 1 \end{cases} \tag{5.73}$$

Rimangono 3 gradi di libertà, ma facendo uso degli stessi materiali nel modello e nel prototipo, imponendo, quindi, $r_E = r_V = r_\rho = 1$, si perdono altri 2 gradi di libertà. Fissata la scala geometrica, risulta:

$$\begin{cases} r_\sigma = 1 \\ r_V = 1 \\ r_m = \lambda^3 \end{cases} \tag{5.74}$$

Tale legge di similitudine può essere adottata, ad esempio, per studiare con un modello fisico gli effetti di un urto tra due navi.

Si consideri, tuttavia, che, nell'analisi condotta, la velocità di deformazione del materiale non è riprodotta correttamente; ciò dà luogo a effetti scala spesso molto rilevanti (Fig. 5.9).

Infatti, per garantire che le configurazioni deformate nel modello e nel prototipo siano simili, è necessario che l'energia dissipata per unità di volume della struttura sia uguale. In assenza di altri fenomeni dissipativi, ciò richiede che l'energia dell'impatto

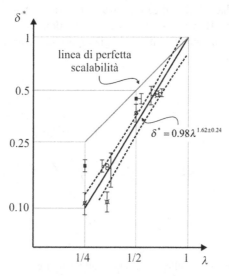

Figura 5.9 Deformazione normalizzata in funzione del rapporto di scala geometrica (modificata da Booth *et al.*, 1983 [14])

per unità di volume della struttura sia uguale nel modello e nel prototipo:

$$\frac{E_{cin,m}}{l_m^3} = \frac{E_{cin,p}}{l_p^3}. \tag{5.75}$$

In definitiva, la legge di similitudine dipende dal meccanismo di assorbimento dell'urto. Se l'inerzia della struttura è dominante, l'urto genera onde che si propagano con una celerità dipendente solo dalle caratteristiche del mezzo continuo. La similitudine, in questo caso, richiede che il rapporto tra la velocità del corpo impattante e la celerità di propagazione delle onde (di varia natura) sia lo stesso per il modello e per il prototipo (tale rapporto è equivalente al numero di Mach per i fluidi), cioè:

$$\frac{V_m}{c_m} = \frac{V_p}{c_p}. \tag{5.76}$$

Nel caso di modello e di prototipo dello stesso materiale, tale condizione richiede che il rapporto delle velocità sia unitario, dato che risulta $c_m = c_p$.

Se, invece, è dominante la velocità di deformazione, è necessario garantire che quest'ultima assuma lo stesso valore nel modello e nel prototipo. Ciò richiede che il rapporto scala della velocità sia pari alla scala geometrica:

$$\left(\frac{1}{l_0} \cdot \frac{dl}{dt}\right)_m = \left(\frac{1}{l_0} \cdot \frac{dl}{dt}\right)_p \rightarrow V_m = V_p \cdot \lambda. \tag{5.77}$$

Evidentemente, quando inerzia e velocità di deformazione sono ugualmente rilevanti, le due condizioni $V_m = V_p$ e $V_m = \lambda \cdot V_p$ sono incompatibili (per $\lambda \neq 1$), a meno che non si utilizzi un materiale differente per il modello rispetto al prototipo.

Per quantificare l'importanza di inerzia e velocità di deformazione, Calladine e English, 1986 [18] hanno classificato le strutture in due categorie, di Tipo I (inerzia dominante) e di Tipo II (velocità di deformazione dominante). I diagrammi schematici carico-deformazione ($F - \delta$) e energia assorbita-deformazione ($U - \delta$) sono visibili in Figura 5.10.

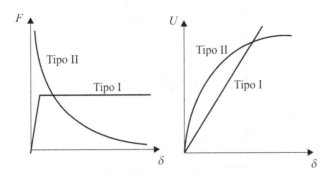

Figura 5.10 Schema per la classificazione delle strutture in base alla loro inerzia: curve carico-deformazione e energia assorbita-deformazione (modificata da Calladine e English, 1986 [18])

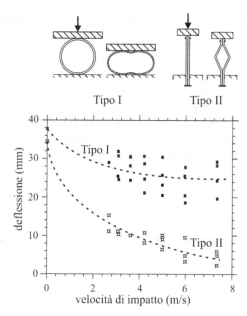

Figura 5.11 Risultati di alcuni esperimenti eseguiti con strutture di Tipo I e di Tipo II. L'energia del corpo impattante è costante e pari a 122 J (modificata da Calladine e English, 1986 [18])

Le travi caricate lateralmente, le piastre e le membrane, hanno in genere un comportamento di tipo I, con $U \propto \delta$, mentre colonne caricate assialmente o pannelli caricati nel loro piano hanno un comportamento di Tipo II, con $U \propto \delta^{1/2}$. I diagrammi carico-deformazione si calcolano immediatamente, poiché $F = dU/d\delta$. Presumibilmente, le strutture studiate da Booth *et al.*, con risultati diagrammati in Figura 5.9, appartenevano al Tipo II, con una curva carico-deformazione rapidamente decrescente. In tali strutture, l'inerzia è da attribuire alle forti accelerazioni trasversali indotte dall'urto e alla veloce rotazione delle cerniere plastiche che si formano, e l'urto implica la dissipazione di una frazione non trascurabile dell'energia cinetica del corpo impattante, non più disponibile per la deformazione della struttura.

In Figura 5.11 si riportano i diagrammi della deformazione in funzione della velocità del corpo impattante a parità di energia cinetica.

Ciò che altera la relazione lineare di perfetta scalabilità è, in realtà, l'esclusione dall'analisi di alcuni importanti meccanismi alla base del fenomeno. Da questo punto di vista, è molto istruttiva l'analisi di Calladine e English [18], qui sinteticamente riportata.

Assumiamo che:

a) la velocità di impatto non sia elevata a tal punto da inficiare il modello di collasso quasi-statico della struttura;

b) il materiale si deformi in regime visco-plastico;

c) il processo di deformazione sia globalmente controllato dalla velocità di deformazione nel primo stadio della deformazione stessa.

Un'approssimazione del legame costitutivo in regime viscoplastico può essere:

$$\frac{\sigma_y}{\sigma_0} = f\left(\frac{\dot{\varepsilon}}{\dot{\varepsilon}^*}\right),\qquad(5.78)$$

dove σ_y è la tensione di snervamento in condizioni dinamiche, σ_0 è la corrispondente tensione in condizioni statiche, $\dot{\varepsilon}$ è la velocità di deformazione e $\dot{\varepsilon}^*$ è una caratteristica del materiale. La condizione al punto c) permette di calcolare l'energia U_r che verrebbe dissipata in condizioni statiche (con una tensione di snervamento di riferimento pari a σ_0) in rapporto all'energia realmente dissipata (con un valore di tensione di snervamento pari a σ_y):

$$\frac{U_r}{U_0} = \frac{\sigma_0}{\sigma_y} = \frac{1}{f\left(\dot{\varepsilon}/\dot{\varepsilon}^*\right)}.\qquad(5.79)$$

Il rapporto è minore di uno. All'inizio dell'impatto la velocità di deformazione è proporzionale alla velocità del corpo V_0,

$$\dot{\varepsilon} = C \cdot V_0\qquad(5.80)$$

e, a ogni istante successivo,

$$\frac{\dot{\varepsilon}}{\dot{\varepsilon}^*} = \frac{V_0}{V^*},\qquad(5.81)$$

dove $V^* = \dot{\varepsilon}/C$ è una velocità scala caratteristica della struttura.

Sostituendo nell'equazione (5.79), risulta:

$$\frac{\delta}{\delta_0} = \frac{1}{f\left(V_0/V^*\right)}\qquad\text{Tipo I,}\qquad(5.82)$$

$$\left(\frac{\delta}{\delta_0}\right)^{1/2} = \frac{1}{f\left(V_0/V^*\right)}\qquad\text{Tipo II.}\qquad(5.83)$$

I risultati possono essere generalizzati a una qualunque funzione $U(\delta)$, che può essere ottenuta per integrazione dalla curva sperimentale $F(\delta)$. La procedura richiede la stima della velocità scala V^*, l'individuazione della relazione tra tensione di snervamento e tensione di snervamento quasi-statica, il calcolo dell'energia dissipata, il calcolo della deformazione. È immediata l'applicazione per la conversione al caso reale dei dati sperimentali ottenuti nel modello.

Si noti che l'analisi fin qui condotta non include l'effetto dell'inerzia.

Esempio 5.5. Analizziamo il collasso a taglio di una trave incastrata agli estremi, sollecitata da un carico impulsivo e di materiale che si deforma plasticamente. La deformazione in corrispondenza dell'incastro è funzione del carico impulsivo, cioè della densità di massa del corpo ρ_c e della velocità di impatto V_0, del coefficiente di snervamento σ_0 e dell'altezza H della trave. Si assuma una larghezza unitaria. Quindi,

$$\delta = f\left(\rho_c,\ V_0,\ \sigma_0,\ H\right).\qquad(5.84)$$

Le 5 grandezze coinvolte hanno la matrice dimensionale

$$
\begin{array}{c|ccccc}
 & \delta & \rho_c & V_0 & \sigma_0 & H \\
\hline
M & 0 & 1 & 0 & 1 & 0 \\
L & 1 & -3 & 1 & -1 & 1 \\
T & 0 & 0 & -1 & -2 & 0
\end{array}
\tag{5.85}
$$

di rango 3. È possibile esprimere la relazione in funzione di soli 2 gruppi adimensionali, ad esempio,

$$
\frac{\delta}{H} = \widetilde{f}\left(\frac{\rho_c \cdot V_0^2}{\sigma_0}\right) \equiv \widetilde{f}\,(\mathrm{Dn})\,.
\tag{5.86}
$$

La deformazione relativa all'incastro dipende dal numero di danneggiamento Dn. Se si assume che il collasso avvenga in corrispondenza di un assegnato valore di deformazione relativa (ad esempio, $\delta/H = 1$), risulta Dn = cost. In letteratura, come valore del parametro di danneggiamento al collasso, è riportato Dn $= 8/9$ (Zhao, 1998 [90]).

5.5
Le strutture sollecitate da carichi di natura termica

La modellazione degli effetti da carichi termici è stata condotta con successo in numerose strutture quali, ad esempio, reattori nucleari, archi, navicelle spaziali, edifici civili in presenza di incendio. Le variabili coinvolte sono in numero di 10, cioè la tensione σ, la deformazione specifica ε, il modulo di Young E, il coefficiente di Poisson ν, il coefficiente di dilatazione termica lineare α, la diffusività termica $D = k/(c \cdot \gamma)$ (dove k è la conducibilità termica, c è il calore specifico, γ è il peso specifico), la scala geometrica l, la scala degli spostamenti δ, la temperatura θ e il tempo t. L'equazione tipica è

$$
\sigma = f\,(\varepsilon,\, E,\, \nu,\, \alpha,\, D,\, l,\, \delta,\, \theta,\, t)\,.
\tag{5.87}
$$

La matrice dimensionale, riportata di seguito, ha rango 4

$$
\begin{array}{c|cccccccccc}
 & \sigma & \varepsilon & E & \nu & \alpha & D & l & \delta & \theta & t \\
\hline
M & 1 & 0 & 1 & 0 & 0 & 0 & 0 & 0 & 0 & 0 \\
L & -1 & 0 & -1 & 0 & 0 & 2 & 1 & 1 & 0 & 0 \\
T & -2 & 0 & -2 & 0 & 0 & -1 & 0 & 0 & 0 & 1 \\
\Theta & 0 & 0 & 0 & 0 & -1 & 0 & 0 & 0 & 1 & 0
\end{array}\,.
\tag{5.88}
$$

Quattro possibili grandezze fondamentali sono E, α, l e t (il minore estratto corrispondente è non singolare). Seguendo la procedura riportata nel § 2.1.2, p. 52, calcoliamo la matrice degli esponenti **E** e imponiamo una matrice dei termini noti **H** coincidente con la matrice identità 6×6. La matrice **P** $=$ **E** $\cdot$ **H**, trasposta e composta con la matrice dimensionale, genera la matrice

	ε	σ	v	D	δ	θ	E	α	l	t
M	0	1	0	0	0	0	1	0	0	0
L	0	-1	0	2	1	0	0	0	1	0
T	0	-2	0	-1	0	0	-2	0	0	1
Θ	0	0	0	0	0	1	0	-1	0	0
Π_1	1	0	0	0	0	0	0	0	0	0
Π_2	0	1	0	0	0	0	-1	0	0	0
Π_3	0	0	1	0	0	0	0	0	0	0
Π_4	0	0	0	1	0	0	0	0	-2	1
Π_5	0	0	0	0	1	0	0	0	-1	0
Π_6	0	0	0	0	0	1	0	1	0	0

$$\text{(5.89)}$$

I 6 gruppi adimensionali sono:

$$\Pi_1 = \varepsilon, \quad \Pi_2 = \frac{\sigma}{E}, \quad \Pi_3 = v, \quad \Pi_4 = \frac{D \cdot t}{l^2}, \quad \Pi_5 = \frac{\delta}{l}, \quad \Pi_6 = \alpha \cdot \theta. \quad \text{(5.90)}$$

In condizione di similitudine, i 6 gruppi adimensionali devono assumere lo stesso valore nel modello e nel prototipo. Ciò richiede che sia soddisfatto il seguente sistema di 6 equazioni nei 10 rapporti scala:

$$\begin{cases} r_\varepsilon = 1 \\ r_\sigma = r_E \\ r_v = 1 \\ r_t = \lambda^2/r_D \\ r_\delta = \lambda \\ r_\theta = 1/r_\alpha \end{cases} \quad \text{(5.91)}$$

Rimangono, dunque, 4 gradi di libertà, con il vincolo che il coefficiente di Poisson del materiale sia identico nel modello e nel prototipo. Se si fa uso dello stesso materiale, risulta $r_E = r_D = r_\alpha = 1$ e rimane la sola scelta della scala geometrica λ, con il vincolo che la temperatura sia la stessa nel modello e nel prototipo.

I rapporti scala per alcune variabili sono riportati nella terza e nella quarta colonna della Tabella 5.5.

Tuttavia, non si riesce a soddisfare la similitudine della condizione al contorno del flusso termico superficiale, esprimibile come:

$$q = \frac{h}{s} \cdot \Delta\theta, \quad \text{(5.92)}$$

dove $h = k/l$ è pari al rapporto tra la conducibilità termica e una scala delle lunghezze, s è lo spessore, $\Delta\theta$ è la differenza di temperatura tra l'ambiente esterno e il modello. Il rapporto $h \cdot l/k$ è il numero di Nusselt. Poiché, a parità di materiale, risulta $r_h = r_k = 1$, la similitudine è possibile solo per $\lambda = 1$. Per scale geometriche non unitarie, si accetta il corrispondente effetto scala.

Un modello termico può essere distorto nella scala della temperatura. Se si fissano i due rapporti scala r_α e $r_\theta \neq 1/r_\alpha$, definiamo rapporto di distorsione la grandezza

Tabella 5.5 I rapporti scala nella similitudine di modelli con carico termico

Grandezza	Dimensioni	Modello standard	Con lo stesso materiale e la stessa temperatura	Distorto
tensione	$M \cdot L^{-1} \cdot T^{-2}$	r_E	1	$r_\alpha \cdot r_\theta \cdot r_E$
deformazione specifica	–	1	1	$r_\alpha \cdot r_\theta$
modulo di elasticità	$M \cdot L^{-1} \cdot T^{-2}$	r_E	1	r_E
coefficiente di Poisson	–	1	1	1
coefficiente di dilatazione termica lineare	Θ^{-1}	r_α	1	r_α
diffusività termica	$L^2 \cdot T^{-1}$	r_D	1	r_D
dimensione lineare	L	λ	λ	λ
spostamento lineare	L	λ	λ	$r_\alpha \cdot r_\theta \cdot \lambda$
temperatura	Θ	$1/r_\alpha$	1	r_θ
tempo	T	λ^2/r_D	λ^2	λ^2/r_D

d_θ, tale che $r_\theta = d_\theta \cdot (1/r_\alpha) \to d_\theta = r_\alpha \cdot r_\theta$. I rapporti scala della deformazione specifica, della tensione e dello spostamento, si calcolano moltiplicando il loro valore nel modello indistorto per il rapporto di distorsione. I risultati sono sintetizzati nell'ultima colonna della Tabella 5.5.

5.6
Le vibrazioni delle strutture elastiche

Le vibrazioni elastiche interessano comunemente molte strutture anche civili e meritano un'analisi di dettaglio. Oltre alle grandezze che intervengono per strutture sollecitate staticamente, interviene anche la frequenza di risonanza e la massa inerziale.

In generale, il processo fisico si può esprimere come:

$$n = f(l, F, E, v, \rho, \delta, \sigma, g), \qquad (5.93)$$

dove n è la frequenza di risonanza, l è una scala geometrica della struttura, F è il carico (una forza, ad esempio), E è il modulo di Young, v è il coefficiente di Poisson, ρ è la densità di massa, δ è la deflessione, σ è la tensione e g è l'accelerazione di gravità. La matrice dimensionale ha rango 3 ed è possibile esprimere l'equazione tipica in funzione di 5 gruppi adimensionali e del coefficiente di Poisson,

$$\frac{n^2 \cdot l}{g} = \tilde{f}\left(\frac{\delta}{l}, \frac{\sigma}{E}, \frac{\rho \cdot g \cdot l}{E}, \frac{F}{E \cdot l^2}, v\right). \qquad (5.94)$$

Spesso il gruppo adimensionale σ/E è sostituito dal gruppo adimensionale $(\sigma \cdot l^2)/F$. La condizione di similitudine richiede che i gruppi adimensionali assumano lo stesso valore nel modello e nel prototipo e ne risulta un sistema di 6 equazioni nei

9 rapporti scala:

$$\begin{cases} r_n^2 \cdot \lambda = r_g \\ r_\delta = \lambda \\ r_\sigma = r_F / \lambda^2 \\ r_\rho \cdot r_g \cdot \lambda = r_E \\ r_F = r_E \cdot \lambda^2 \\ r_v = 1 \end{cases} \tag{5.95}$$

Poiché l'accelerazione di gravità ha un rapporto scala unitario, aggiungiamo un ulteriore vincolo e rimangono 2 gradi di libertà. Se scegliamo arbitrariamente la scala geometrica λ e la scala del modulo di Young r_E, risulta:

$$\begin{cases} r_n = 1/\sqrt{\lambda} \\ r_F = r_E \cdot \lambda^2 \\ r_g = 1 \\ r_t = \sqrt{\lambda} \\ r_\delta = \lambda \\ r_\sigma = r_E \\ r_v = 1 \\ r_\rho = r_E / \lambda \end{cases}, \tag{5.96}$$

dove r_t è il rapporto scala dei tempi.

Se trascuriamo il peso proprio della struttura, ricadiamo nel caso delle azioni di una forzante periodica (cfr. § 5.4.1, p. 162), ottenendo i seguenti rapporti scala:

$$\begin{cases} r_F = r_E \cdot \lambda^2 \\ r_g = 1 \\ r_t = \lambda \\ r_\delta = \lambda \\ r_n = 1/\lambda \\ r_\sigma = r_E \\ r_v = 1 \end{cases}. \tag{5.97}$$

Si noti che, in entrambi i casi, il rapporto scala delle frequenze è maggiore di 1 se la scala geometrica è ridotta. Pertanto, gli strumenti di misura (accelerometri, *strain gages*) dovranno avere, nel modello, una risposta in frequenza pari alla massima frequenza attesa nel prototipo, moltiplicata per il rapporto scala della frequenza.

Esempio 5.6. Per misurare, in un modello fisico in scala geometrica ridotta, le azioni pulsanti di una corrente idrica nella vasca di smorzamento a valle di una diga, è stata realizzata una piastra rigida supportata da tre celle di carico, schematicamente riprodotta in Figura 5.12 (Mignosa *et al.*, 2008 [55]). Le celle sono vincolate alla piastra con snodi sferici e, rispetto alle componenti verticali, la configurazione è

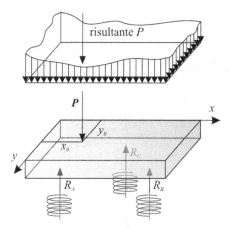

Figura 5.12 Schema della piastra vincolata isostaticamente con tre celle di carico (modificata da Mignosa *et al.*, 2008 [55])

isostatica ed è immediato il calcolo del punto di applicazione della risultante dei carichi P.

La piastra ripropone nel modello una delle piastre di fondo della vasca realizzate in calcestruzzo nel prototipo. Non è di interesse riprodurre dinamicamente la piastra, ma solo misurare l'azione della corrente e le fluttuazioni di spinta dovute ai macrovortici. Per questo motivo, la piastra nel modello è stata concepita in modo tale da avere la minima massa compatibile con un'elevata rigidezza, ed è stata realizzata con due piatti di alluminio a *wafer* con struttura alveolare di uso avionico interposta, anch'essa in alluminio.

Si è reso necessario controllare che la risposta in frequenza del sistema piastre-celle di carico fosse sufficientemente ampia da comprendere lo spettro presumibile delle forze esercitate dalla corrente idrica.

La corrente idrica è in similitudine di Froude, con scala geometrica $\lambda = 1/50$, scala dei tempi $r_t = \lambda^{1/2} = 0.1414$ e scala delle frequenze $r_n = \lambda^{-1/2} = 7.071$. Lo spettro di risposta della piastra è stato stimato sulla base di misure sperimentali ottenute sollecitando la piastra con uno *shaker* elettromagnetico pilotato da rumore bianco. I risultati in scala modello sono diagrammati in Figura 5.13 per le due condizioni di piastra a secco e piastra sommersa. Ovviamente, la presenza d'acqua incrementa l'inerzia e, quindi, riduce la risposta in frequenza.

Dall'analisi dello spettro di risposta, si desume che la risposta dinamica in acqua è più uniforme di quella in aria e il guadagno è pari a circa -30 dB fino a circa 50 Hz. Tale frequenza, nel prototipo, corrisponde a circa 7 Hz. Si presume che le fluttuazioni di spinta abbiano una frequenza di taglio, nel prototipo, di pochi hertz, dato che sono il risultato della media spaziale su tutta la piastra delle fluttuazioni associate ai macrovortici.

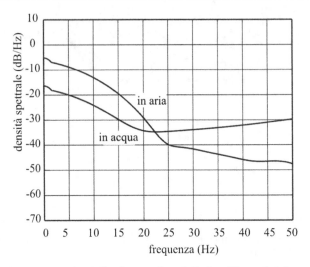

Figura 5.13   Risposta dinamica della piastra nel modello (modificata da Mignosa *et al.*, 2008 [55])

5.7
I modelli aeroelastici

Le sollecitazioni dovute all'azione del vento hanno un ruolo importante in molte opere civili e, normalmente, richiedono l'esecuzione di studi con un modello in galleria del vento.

Quasi sempre è richiesta una galleria del vento a strato limite, nella quale si riproducono correttamente il campo di moto medio e la turbolenza dell'aria nella regione più prossima al suolo, con gli effetti di scabrezza dovuti all'orografia e alle altre opere antropiche eventualmente presenti. La similitudine completa dello strato limite atmosferico richiede la riproduzione in scala della topografia, della scabrezza del terreno, della temperatura superficiale.

I gruppi adimensionali che devono assumere lo stesso valore nel modello e nel prototipo sono: il numero di Reynolds, di Rossby, di Richardson, di Prandtl e di Eckert. Per modelli nei quali il fluido è l'acqua, è necessario considerare anche il numero di Froude e sarebbe più corretto definirli *modelli idroelastici*. I gruppi adimensionali dominanti sono, in realtà, solo il numero di Reynolds e il numero di Froude. Nei casi in cui si possa trascurare o l'uno o l'altro, si calcolano i rapporti scala riportati in Tabella 5.6.

Trascurando solo il numero di Reynolds, rimangono 2 gradi di libertà, mentre trascurando il numero di Froude, rimangono 3 gradi di libertà.

Di particolare interesse è lo studio dell'interazione tra liquidi e contenitori in condizioni dinamiche, con modelli fisici realizzati su tavole vibranti.

Utilizziamo il metodo dell'Analisi Diretta per individuare i gruppi adimensionali che controllano il processo. Mentre per il liquido vale l'equazione di Navier-Stokes,

Tabella 5.6 I rapporti scala nella similitudine di modelli aeroelastici

Grandezza	Dimensioni	Modello trascurando Re	Modello trascurando Fr
forza	$M \cdot L \cdot T^{-2}$	$r_\rho \cdot \lambda$	r_ρ / λ
pressione	$M \cdot L^{-1} \cdot T^{-2}$	$r_\rho \cdot \lambda$	$r_\rho \cdot \lambda$
accelerazione di gravità	$L \cdot T^{-2}$	1	1
velocità	$L \cdot T^{-1}$	$\sqrt{\lambda}$	r_V
tempo	T	$\sqrt{\lambda}$	λ / r_V
dimensione lineare	L	λ	λ
spostamento lineare	L	λ	λ
frequenza	T^{-1}	$1/\sqrt{\lambda}$	r_V / λ
modulo di Young	$M \cdot L^{-1} \cdot T^{-2}$	$r_\rho \cdot \lambda$	$r_\rho \cdot \lambda$
tensione	$M \cdot L^{-1} \cdot T^{-2}$	$r_\rho \cdot \lambda$	$r_\rho \cdot \lambda$
coefficiente di Poisson	—	1	1
densità di massa	$M \cdot L^{-3}$	r_ρ	r_ρ

per la struttura si adotta l'equazione di Navier:

$$\frac{\partial^2 \delta}{\partial t^2} - \frac{\lambda + \mu}{\rho_s} \cdot \nabla \operatorname{div} \delta - \frac{\mu}{\rho_s} \cdot \nabla^2 \delta - \mathbf{f} = 0, \qquad (5.98)$$

dove δ è il vettore spostamento, ρ_s è la densità di massa del contenitore, λ e μ sono le costanti di Lamé, esprimibili in funzione del modulo di Young e del coefficiente di Poisson, $\mathbf{f}$ sono le forze di massa. L'equazione può essere adimensionalizzata:

$$\frac{\partial^2 \widetilde{\delta}}{\partial \widetilde{t}^2} - \frac{(\lambda + \mu) \cdot t_0^2}{\rho_s \cdot l_0^2} \cdot \widetilde{\nabla} \widetilde{\operatorname{div}} \widetilde{\delta} - \frac{\mu \cdot t_0^2}{\rho_s \cdot l_0^2} \cdot \widetilde{\nabla}^2 \widetilde{\delta} - \frac{f_0 \cdot t_0^2}{\delta_0} \cdot \widetilde{\mathbf{f}} = 0, \qquad (5.99)$$

dove f_0 è la scala delle forze di massa, δ_0 è la scala degli spostamenti, l_0 è la scala delle lunghezze e t_0 è la scala dei tempi. I gruppi adimensionali sono:

$$\Pi_1 = \frac{E \cdot t_0^2}{\rho_s \cdot l_0^2}, \quad \Pi_2 = \frac{f_0 \cdot t_0^2}{\delta_0}. \qquad (5.100)$$

Il primo gruppo adimensionale presuppone il legame tra le costanti di Lamé e il modulo di Young. Le condizioni all'interfaccia tra struttura e liquido sono:

$$\begin{cases} p = -\sigma_n \\ \mathbf{v} \cdot \mathbf{n} = -\dfrac{\partial \delta}{\partial t} \cdot \mathbf{n} \end{cases}, \qquad (5.101)$$

dove p è la pressione nel liquido, σ_n è la tensione nella struttura proiettata lungo la normale $\mathbf{n}$ e $\mathbf{v}$ è la velocità del liquido. Possono essere adimensionalizzate come:

$$\begin{cases} \widetilde{p} = -\dfrac{E \cdot \delta_0}{p_0 \cdot l_0} \widetilde{\sigma_n} \\[3mm] \widetilde{\mathbf{v}} \cdot \mathbf{n} = -\dfrac{\delta_0}{u_0 \cdot t_0} \dfrac{\partial \widetilde{\delta}}{\partial \widetilde{t}} \cdot \mathbf{n} \end{cases}, \tag{5.102}$$

ricavando i gruppi adimensionali:

$$\Pi_3 = \frac{E \cdot \delta_0}{p_0 \cdot l_0}, \quad \Pi_4 = \frac{\delta_0}{u_0 \cdot t_0}, \tag{5.103}$$

dove u_0 è la scala della velocità per il liquido e p_0 è la scala della pressione. Gli altri gruppi adimensionali che si ricavano dall'equazione di Navier-Stokes sono:

$$\Pi_5 = \frac{u_0 \cdot t_0}{l_0}, \; \Pi_6 = \frac{u_0^2}{g \cdot l_0}, \; \Pi_7 = \frac{p_0}{\rho \cdot u_0^2}, \; \Pi_8 = \frac{u_0 \cdot l_0}{\nu}. \tag{5.104}$$

Scrivendo la matrice dimensionale degli 8 gruppi, in funzione delle 10 variabili che definiscono il processo fisico, si calcola un rango pari a 3, che comporta un massimo numero di gruppi adimensionali indipendenti pari a 7 sulla base del Teorema di Buckingham. Quindi, si dimostra che è possibile eliminare uno dei gruppi tra Π_4, Π_5, Π_6 per ottenere un insieme di 7 gruppi indipendenti. In realtà solo 4 gruppi appaiono significativi, cioè:

$$\Pi_1' = \frac{u_0^2}{g \cdot l_0}, \; \Pi_2' = \frac{\rho_s \cdot \delta_0}{\rho \cdot l_0}, \; \Pi_3' = \frac{E}{\rho_s \cdot u_0^2}, \; \Pi_4' = \frac{u_0 \cdot l_0}{\nu}. \tag{5.105}$$

Le condizioni di similitudine sono:

$$\begin{cases} r_V = \lambda^{1/2} \\ r_{\rho_s} \cdot r_\delta = r_\rho \cdot \lambda \\ r_E = r_{\rho_s} \cdot r_V^2 \\ r_V \cdot \lambda = r_\nu \end{cases}. \tag{5.106}$$

La prima e l'ultima equazione sono in contrasto, se non è possibile selezionare un fluido con viscosità cinematica prefissata. Quindi, se si rinuncia al rispetto della similitudine per il numero di Reynolds, si calcolano:

$$r_\delta = \frac{\lambda^2 \cdot r_\rho}{r_E}, \quad r_{\rho_s} = \frac{r_E}{\lambda}, \tag{5.107}$$

che permettono di determinare lo spessore e la densità di massa della struttura, nel modello, fissati i valori di scala geometrica λ, di r_E e di r_ρ.

5.8
I modelli di carichi esplosivi esterni alla struttura

In molti casi, si rende necessario simulare le azioni e gli effetti di un'esplosione. La difficoltà che si incontra nel modellare numericamente tali azioni, richiede la realizzazione di modelli fisici nei quali si riproducano adeguatamente sia le caratteristiche strutturali e geometriche che il carico esplosivo.

L'effetto di un'esplosione segue la legge di Hopkinson-Cranz, in base alla quale, se una carica esplosiva di forma sferica di assegnato diametro D produce una sovrapressione Δp a una distanza d dal centro, con una durata della fase positiva pari a Δt, allora una carica dello stesso esplosivo di forma sferica e diametro $\lambda \cdot D$ produce la stessa sovrapressione a distanza $\lambda \cdot d$, con una durata di fase positiva pari a $\lambda \cdot \Delta t$ (Fig. 5.14). Alla fase di sovrapressione segue la fase di depressione, molto meno importante e meno pericolosa.

Poiché la massa m dell'esplosivo varia con il cubo del diametro, si può definire la distanza scalata pari a:

$$\tilde{d} = \frac{d}{m^{1/3}}. \tag{5.108}$$

Un esempio di distanza scalata per il Trinitoluene (TNT) è diagrammato in Figura 5.15.

Stabilite le modalità di riproduzione dell'azione esplosiva, si procede all'individuazione delle leggi scala per le grandezze coinvolte, tenendo ben presente che molto spesso le esplosioni sollecitano le strutture in regime elastoplastico, eventualmente fino a rottura, e che le caratteristiche del materiale sono funzione della velocità di deformazione. I rapporti scala di maggiore interesse sono riportati in Tabella 5.7.

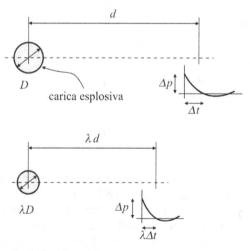

Figura 5.14 Legge scala di Hopkinson-Cranz

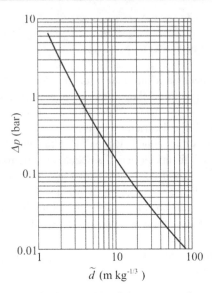

$\widetilde{d}$ (m kg$^{-1/3}$)

Figura 5.15   Distanza scalata per esplosione di TNT (modificata da CCPS, 1994 [20])

Tabella 5.7   I rapporti scala nella similitudine di modelli con carichi dovuti a esplosione

Grandezza	Dimensioni	Modello completo	Modello trascurando le forze di gravità, stesso materiale
forza	$M \cdot L \cdot T^{-2}$	$r_E \cdot \lambda^2$	λ^2
pressione	$M \cdot L^{-1} \cdot T^{-2}$	r_E	1
accelerazione di gravità	$L \cdot T^{-2}$	1	—
velocità	$L \cdot T^{-1}$	1	1
tempo	T	λ	λ
dimensione lineare	L	λ	λ
spostamento lineare	L	λ	λ
deformazione specifica	—	1	1
modulo di Young	$M \cdot L^{-1} \cdot T^{-2}$	r_E	1
tensione	$M \cdot L^{-1} \cdot T^{-2}$	r_E	1
coefficiente di Poisson	—	1	1
densità di massa	$M \cdot L^{-3}$	r_ρ	1

I modelli di carico di esplosivo possono essere realizzati sia in delle camere opportunamente costruite, con l'uso di cariche di TNT in quantità calcolata sulla base della legge di Hopkinson-Cranz, sia in tunnel che permettono la generazione di onde di *shock*. In questi tunnel è presente una sezione ad alta pressione separata da una sezione a bassa pressione nella quale trova posto il modello fisico. La separazione tra le due sezioni è realizzata con un diaframma che, rompendosi, genera l'onda di *shock*.

5.9
I modelli dinamici con azione da terremoto

L'azione dei terremoti sulle strutture deve essere adeguatamente considerata in fase di progettazione. Per ovvi motivi economici, quasi sempre è necessario mobilitare il comportamento anelastico delle strutture e ciò rende più difficile la realizzazione dei modelli fisici, soprattutto per la difficoltà di riprodurre adeguatamente le caratteristiche reologiche dei materiali.

Sulla base dei criteri dell'Analisi Dimensionale, è possibile calcolare i rapporti scala riportati nella penultima colonna in Tabella 5.8.

Rimangono 2 gradi di libertà ed è possibile fissare a piacere, ad esempio, la scala geometrica λ e il rapporto scala del modulo di Young r_E. Tuttavia, l'individuazione di materiali a densità di massa, specificata sulla base del rapporto scala $r_\rho = r_E \cdot \lambda^3$, è, di fatto, impossibile. Per questo motivo, l'effetto inerziale è sostituito da masse equivalenti alla massa strutturale. Nel caso particolare in cui si trascurino le forze di gravità e si utilizzi lo stesso materiale nel modello e nel prototipo, si calcolano i rapporti scala riportati nell'ultima colonna della Tabella 5.8.

Per la simulazione del terremoto, si usano le *tavole vibranti*, descritte nel § 6.1, p. 183.

Tabella 5.8 I rapporti scala nella similitudine di modelli dinamici con azione da terremoto

Grandezza	Dimensioni	Modello completo	Forze di gravità trascurate, stesso materiale
forza	$M \cdot L \cdot T^{1,-2}$	$r_E \cdot \lambda^2$	λ^2
pressione	$M \cdot L^{-1} \cdot T^{-2}$	r_E	1
accelerazione	$L \cdot T^{-2}$	1	$1/\sqrt{\lambda}$
accelerazione di gravità	$L \cdot T^{-2}$	1	–
velocità	$L \cdot T^{-1}$	$\sqrt{\lambda}$	1
tempo	T	$\sqrt{\lambda}$	λ
dimensione lineare	L	λ	λ
spostamento lineare	L	λ	λ
frequenza	T^{-1}	$1/\sqrt{\lambda}$	$1/\lambda$
modulo di Young	$M \cdot L^{-1} \cdot T^{-2}$	r_E	1
tensione	$M \cdot L^{-1} \cdot T^{-2}$	r_E	1
deformazione specifica	–	1	1
coefficiente di Poisson	–	1	1
densità di massa	$M \cdot L^{-3}$	r_E/λ	1
energia	$M \cdot L^2 \cdot T^{-2}$	$r_E \cdot \lambda^3$	λ^3

5.10
Gli effetti scala nei modelli strutturali

Nella modellistica fisica di elementi strutturali, gli effetti scala sono particolarmente importanti poiché, quasi sempre, sovrastimano le prestazioni dei materiali e delle strutture.

In maniera empirica, è possibile tenere conto di tali effetti, almeno di quelli inerenti le caratteristiche dei materiali, eseguendo delle misurazioni delle caratteristiche dei materiali su provini molto piccoli. La riduzione della dimensione dei campioni di acciaio e di calcestruzzo porta a un incremento della resistenza. Inoltre, le caratteristiche di dettaglio delle strutture possono essere notevolmente influenzate dalle modalità costruttive del modello. Se nel modello e nel prototipo si usa lo stesso materiale, in scala geometrica ridotta, inevitabilmente, si manifestano degli scostamenti dal comportamento previsto. Tali scostamenti sono da attribuire a numerosi fattori; ad esempio, il comportamento reologico dei materiali è funzione della velocità di carico e la resistenza del calcestruzzo e di molti metalli è maggiore se i carichi sono applicati rapidamente (Fig. 5.16).

Nei metalli, la tensione di snervamento e la deformazione specifica allo snervamento, crescono con la velocità di applicazione del carico, mentre il modulo di elasticità rimane costante. Modesti incrementi si registrano anche per la tensione ultima a rottura.

Così, ad esempio, i fattori di concentrazione delle tensioni calcolati teoricamente sono troppo elevati se applicati a provini di piccola dimensione sollecitati a fatica. Tuttavia, se i campioni hanno dimensione tale da aumentare significativamente il numero di cristalli nella sezione trasversale e se si adottano i coefficienti di amplificazione delle tensioni calcolati per via teorica, i limiti di resistenza tendono a diventare uguali a quelli che si registrano per provini a sezione costante. Ciò non desta meraviglia, dato che i cristalli non scalano geometricamente.

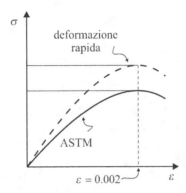

Figura 5.16 Curva sforzo-deformazione per il calcestruzzo in funzione della velocità di deformazione (modificata da TM 5-1300 (NAVFAC P-397, AFR 88-22), 1990 [78])

Le stesse considerazioni si applicano al caso dei modelli di strutture in materiale composito.

Mentre poi il comportamento elastico dei provini in scala geometrica differente è indipendente dalla dimensione del provino, la resistenza ne è significativamente influenzata, soprattutto a causa della presenza di microfessure e imperfezioni maggiormente presenti nei provini più grandi (che manifestano una resistenza minore dei provini più piccoli) (Jackson *et al.*, 1992 [41]).

Nell'esecuzione dei test d'urto, è necessario considerare, altresì, che i risultati sono influenzati dal fatto che i provini sono sollecitati a frequenza differente, rispetto alla frequenza di sollecitazione della struttura reale.

Le applicazioni nella Geotecnica

6

La complessità di molti problemi che via via si presentano nella Geotecnica, spesso può essere affrontata adeguatamente solo con gli strumenti dell'Analisi Dimensionale e della modellistica fisica.

I modelli geotecnici nei quali le forze di massa sono importanti, possono essere classificati in due categorie principali: quelli realizzati in presenza dell'accelerazione di gravità, in genere utilizzando la *tavola vibrante*, e quelli realizzati incrementando l'accelerazione mediante una *centrifuga*.

6.1
La tavola vibrante

Le tavole vibranti (Fig. 6.1) sono dei piani rigidi con movimento controllato per tutti i 6 possibili gradi di libertà, o soltanto per alcuni, nel caso di tavole vibranti più economiche.

Sono ampiamente utilizzate per lo studio dei fenomeni di liquefazione dei terreni, del comportamento dei terreni in conseguenza di un terremoto, del comportamento delle fondazioni e nell'analisi della spinta laterale dei terreni.

Richiedono una strumentazione sofisticata sia per l'attuazione del movimento (si usano quasi sempre degli attuatori oleodinamici), sia per la misurazione degli spostamenti e delle accelerazioni.

I modelli fisici geotecnici richiedono una particolare attenzione per garantire un'adeguata riproduzione delle condizioni al contorno.

Longo S.: Analisi Dimensionale e Modellistica Fisica.
Principi e applicazioni alle scienze ingegneristiche. © Springer-Verlag Italia 2011

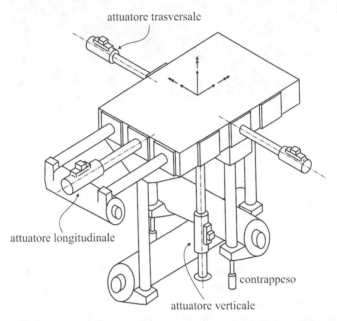

attuatore trasversale

attuatore longitudinale

contrappeso

attuatore verticale

Figura 6.1   Schema di tavola vibrante a 6 gradi di libertà installata presso LNEC (modificata da Bairrao e Vaz, 2000 [5])

6.1.1
Le condizioni di similitudine per un modello su una tavola vibrante

Supponiamo di volere riprodurre, in un modello, l'evoluzione temporale dello stato tensionale in conseguenza di una accelerazione imposta, dovuta, ad esempio, a un terremoto. L'equazione tipica è

$$\sigma = f(x, y, z, t, \rho, E, a, g, l, \sigma_0, x_0, y_0, z_0),\tag{6.1}$$

dove σ è la tensione rappresentativa dello stato tensionale, x, y, z sono le coordinate del punto di interesse, ρ è la densità di massa, E è il modulo di Young, a è l'accelerazione imposta, g è l'accelerazione di gravità, l è una lunghezza caratteristica. Le variabili con il pedice 0 indicano le condizioni iniziali. Le caratteristiche del materiale sono sintetizzate dal modulo di Young E, assumendo implicitamente che sia rispettata la similitudine delle proprietà caratteristiche residue. La matrice dimensionale ha rango 3 e, applicando il Teorema di Buckingham, è possibile riscrivere l'equazione tipica come:

$$\frac{\sigma}{E} = \tilde{f}\left(\frac{x}{l}, \frac{t}{l}\cdot\sqrt{\frac{E}{\rho}}, \frac{a}{g}, \frac{g\cdot l\cdot \rho}{E}, \frac{\sigma_0}{E}, \frac{x_0}{l}\right).\tag{6.2}$$

Per semplicità abbiamo omesso la dipendenza da tutte le 3 coordinate spaziali. Le condizioni di similitudine sono:

$$
\begin{cases}
r_\sigma = r_E \\
r_x = r_y = r_z = \lambda \\
r_t \cdot r_E^{1/2} = \lambda \cdot r_\rho^{1/2} \\
r_a = r_g \\
r_g \cdot \lambda \cdot r_\rho = r_E \\
r_{\sigma 0} = r_E \\
r_{x0} = r_{y0} = r_{z0} = \lambda
\end{cases}
\qquad (6.3)
$$

Nel caso in cui la gravità non possa essere trascurata, in condizioni normali risulta $r_g = 1$ e, quindi, anche $r_a = 1$. La condizione di similitudine corrispondente è la *similitudine di Froude*, nella quale le accelerazioni imposte sono confrontabili con l'accelerazione di gravità.

Se, invece, le forze elastiche sono dominanti, dalla terza equazione si calcola:

$$
\frac{\lambda}{r_t} \equiv r_V = \frac{r_E^{1/2}}{r_\rho^{1/2}}. \qquad (6.4)
$$

Questa condizione di similitudine viene definita *similitudine di Cauchy*, poiché si basa sull'invarianza del numero di Cauchy nel modello e nel prototipo. I rapporti scala per alcune variabili di maggiore interesse sono riportati in Tabella 6.1.

Nel caso in cui sia $\lambda = r_E \cdot r_\rho^{-1}$, le due condizioni di similitudine, di Froude e di Cauchy, sono soddisfatte contemporaneamente. Inoltre, poiché $r_\rho = r_E \cdot \lambda^{-1} > 1$ per $r_E = 1$, si rende necessario aggiungere delle masse ausiliarie nel modello. Tali masse

Tabella 6.1 I rapporti scala nella similitudine di modelli Cauchy e di Froude per le tavole vibranti

Grandezza	Similitudine di Cauchy	Similitudine di Froude
lunghezza	λ	λ
modulo di elasticità	r_E	r_E
coefficiente di Poisson	1	1
densità di massa	r_ρ	r_ρ
velocità	$r_E^{1/2} \cdot r_\rho^{-1/2}$	$\lambda^{1/2}$
accelerazione	$r_E \cdot r_\rho^{-1} \cdot \lambda^{-1}$	1
forza	$r_E \cdot \lambda^2$	$r_\rho \cdot \lambda^3$
tensione	r_E	$r_\rho \cdot \lambda$
deformazione specifica	1	$\lambda \cdot r_E^{-1} \cdot r_\rho$
tempo	$\lambda \cdot r_E^{-1/2} \cdot r_\rho^{1/2}$	$\lambda^{1/2}$
frequenza	$\lambda^{-1} \cdot r_E^{1/2} \cdot r_\rho^{-1/2}$	$\lambda^{-1/2}$

dovrebbero preferibilmente essere connesse alla struttura, nel modello, in modo tale da garantire la loro azione inerziale, ma senza gravare sulla tavola vibrante, per non sottrarre carico utile e non complicare l'azione del sistema di controllo in retroazione che pilota gli attuatori oleodinamici.

Le tavole vibranti sono frequentemente utilizzate per simulare le azioni dinamiche da terremoto anche nelle strutture civili.

6.2
Le condizioni di similitudine per i modelli in centrifuga

Supponiamo di volere riprodurre, nel modello, un fenomeno di collasso di una miniera o di un tunnel in roccia compatta. Condizione necessaria, ma non sufficiente, per la similitudine, è che il rapporto tra la resistenza del materiale nel modello e nel prototipo sia pari al rapporto tra la tensione indotta dal peso proprio nel materiale e nel prototipo. A parità di ogni altra condizione, risulta:

$$\frac{\sigma_{0,m}}{\sigma_{0,p}} = \frac{\rho_m \cdot g \cdot h_m}{\rho_p \cdot g \cdot h_p} \equiv r_\rho \cdot \lambda, \qquad (6.5)$$

dove σ_0 è la tensione, ρ è la densità di massa, g è l'accelerazione di gravità e h è l'altezza di materiale sovrastante.

Posto che sia fissata la scala geometrica, rimangono 2 gradi di libertà e, in teoria, sarebbe possibile la similitudine selezionando il materiale nel modello con caratteristiche di densità di massa e di resistenza tali da soddisfare l'equazione (6.5). Considerati i valori di scala geometrica, normalmente molto piccoli, si potrebbe far uso di un materiale più denso della roccia e meno resistente; tuttavia, nonostante l'evoluzione sempre più rapida di materiali *intelligenti*, con caratteristiche reologiche o strutturali controllabili, o programmabili in fase di produzione, allo stato attuale non esistono materiali in grado di soddisfare tali esigenze. La resistenza, infatti, può essere modificata con difficoltà e, raramente, con una variazione di uno o più ordini di grandezza. Inoltre, anche se siffatti materiali esistessero, nulla esclude che potrebbero verificarsi fenomeni di collasso già in fase di realizzazione del modello.

In molti casi è difficoltoso riprodurre dei fenomeni di collasso con l'uso di materiali elastici o plastici nel modello, a meno che la loro resistenza non superi un valore critico in funzione della scala geometrica; ciò ha suggerito l'introduzione di materiali viscosi, quali olio a elevata densità o argilla soffice, con tutte le difficoltà che l'uso di tali sostanze comporta.

Di qui la necessità di ricreare forze di massa simili all'accelerazione di gravità, ma molto più intense.

Un dispositivo molto utilizzato, per realizzare una similitudine che permetta di ovviare a tali difficoltà, è la centrifuga (Fig. 6.2), nella quale si generano forze di massa quasi indistinguibili dalla gravità, ricreando, ad esempio, il livello di tensione dovuto al peso proprio del materiale, non riproducibile altrimenti in scala geometrica ridotta.

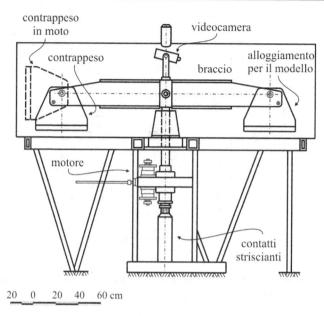

Figura 6.2 Schema di una centrifuga a cestello incernierato (California Institute of Technology)

La centrifuga, applicata per la prima volta da Bucky nel 1930, sfrutta l'idea di utilizzare materiali simili (o identici) a quelli naturali, incrementando la forza di massa.

In tali condizioni, la similitudine si riconduce all'espressione

$$\frac{\sigma_{0,m}}{\sigma_{0,p}} = \frac{\rho_m \cdot (g+a) \cdot h_m}{\rho_p \cdot g \cdot h_p} \equiv r_\rho \cdot r_a \cdot \lambda, \qquad (6.6)$$

dove r_a è il rapporto tra l'accelerazione nel modello e l'accelerazione di gravità. Un semplice calcolo indica che se la centrifuga induce un'accelerazione pari a $200\,g$, a parità di ogni altra condizione, sarà possibile realizzare il modello facendo uso di materiale con resistenza 200 volte maggiore di quella che sarebbe stata necessaria senza la centrifuga. Inoltre, la possibilità di modificare entro ampi limiti l'accelerazione, fornisce un ulteriore grado di libertà che non richiede l'individuazione di un materiale con specifiche caratteristiche meccaniche. Il vantaggio è ancora più evidente se si considera la possibilità di eseguire gli esperimenti incrementando l'accelerazione centrifuga fino al collasso, cioè aumentando progressivamente il carico.

Esempio 6.1. Supponiamo di volere stimare, in una centrifuga, la tensione di rottura di una piastra di materiale granitico semplicemente appoggiata agli estremi, riprodotta con un modello in materiale con resistenza massima a trazione pari a $\sigma_{maxt} = 11.1 \cdot 10^5$ Pa, in scala geometrica $\lambda = 4.66 \cdot 10^{-4}$.

La densità di massa del materiale, nel modello, è pari a 1850 kg/m^3, la densità di massa del granito è pari a 2500 kg/m^3. La rottura si manifesta per un'accelerazione della centrifuga $a = 140\,g$. Schematizzando la piastra come una trave appoggiata agli

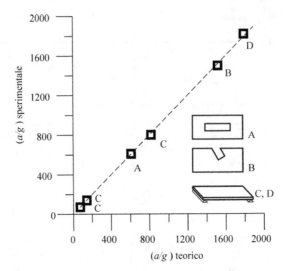

Figura 6.3 Risultati di alcuni esperimenti di resistenza a rottura eseguiti su un modello in una centrifuga (modificata da Ramberg e Stephansson, 1965 [62])

estremi, si calcola una tensione di trazione massima pari a:

$$\sigma_{max} = \frac{3}{4}\rho \cdot a \cdot \frac{l^2}{h}. \tag{6.7}$$

Quindi, utilizzando i criteri dell'Analisi Diretta, risulta:

$$\frac{\sigma_{0,m}}{\sigma_{0,p}} = \frac{\rho_m}{\rho_p} \cdot \frac{a}{g} \cdot \lambda \rightarrow \sigma_{0,p} = \frac{\sigma_{0,m}}{r_\rho \cdot r_a \cdot \lambda} \rightarrow$$

$$\sigma_{0,p} = \frac{11.1 \cdot 10^5}{0.74 \times 140 \times 4.66 \cdot 10^{-4}} = 2.29 \cdot 10^7 \text{ Pa.} \tag{6.8}$$

Alcuni esperimenti di resistenza a rottura, per i quali si può calcolare analiticamente il risultato, sono diagrammati in Figura 6.3. Naturalmente, il vantaggio del modello fisico consiste nel riprodurre fenomeni per i quali non esista una soluzione analitica, o che siano di complessità tale da rendere difficoltosa anche una soluzione numerica.

6.2.1
Le scale nei modelli in centrifuga

I rapporti di scala fondamentali derivano dalla necessità di riprodurre nel modello lo stesso stato tensionale che si avrebbe in natura. Ciò richiede che, per tensioni

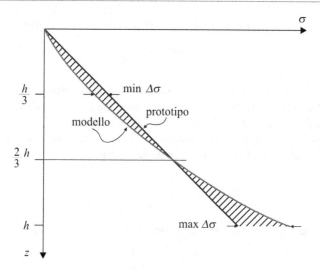

Figura 6.4 Scostamento tra tensione normale nel prototipo e nel modello. h è la distanza tra punto più alto e più basso del modello (modificata da Taylor, 1995 [75])

conseguenti alle forze di massa, risulti:

$$\frac{\sigma_m}{\sigma_p} \equiv r_\sigma = 1 \rightarrow \frac{\rho_m}{\rho_p} \cdot \frac{a_m}{g} \cdot \frac{l_m}{l_p} \equiv r_\rho \cdot r_a \cdot \lambda = 1. \tag{6.9}$$

Se il materiale nel modello è lo stesso presente nel prototipo, è richiesto che sia

$$r_a = \frac{1}{\lambda}, \tag{6.10}$$

quindi, la centrifuga dovrà ruotare a velocità tale da generare un'accelerazione pari a g/λ, dove g è l'accelerazione di gravità.

Tuttavia, esistono alcune differenze tra il campo di gravità e il campo di accelerazione riprodotto in una centrifuga. Una prima differenza consiste nel fatto che nella centrifuga l'accelerazione cresce linearmente con il raggio. Un tipico andamento della tensione normale con l'affondamento (equivalente alla distanza dall'asse della centrifuga) è visibile in Figura 6.4. Il risultato è una distorsione dello stato tensionale, nel modello, rispetto a quello presente nel prototipo.

Se vogliamo rendere uguali il valore massimo e il valore minimo dello scarto relativo tra tensione nel modello e nel prototipo, rispetto alla tensione nel prototipo, possiamo dimostrare che è necessario calcolare l'accelerazione centrifuga con riferimento a una distanza dall'asse di rotazione pari a $(R_t + 1/3\,h)$, dove R_t è la distanza dall'asse del punto più alto del modello. Le due tensioni sono uguali per $z = 2/3\,h$ e gli scarti sono massimi per $z = h/3$ e $z = h$.

Inoltre, il campo di gravità ammette potenziale con superfici equipotenziali sferiche (localmente piane), mentre il campo di forze di massa nella centrifuga ammette potenziale solo se l'asse della centrifuga è parallelo all'asse della gravità e le superfici equipotenziali sono dei paraboloidi con vertice sull'asse, e di equazione

$$z = \frac{\omega^2 \cdot r^2}{2g} + \text{cost.} \qquad (6.11)$$

Comunemente, le centrifughe hanno un cestello di carico che si orienta automaticamente in base all'accelerazione. La distorsione del campo delle accelerazioni si manifesta nelle due direzioni del piano del cestello. Se l è la dimensione del piano lungo i paralleli e h è la dimensione lungo i meridiani, lo scarto relativo dell'accelerazione, nella direzione dei paralleli, è pari a:

$$\frac{\Delta a}{a}\bigg|_{par} = \sqrt{1 + \frac{l^2}{4R^2}} - 1 \approx \frac{l^2}{8R^2}, \qquad (6.12)$$

mentre lo scarto relativo dell'accelerazione, nella direzione dei meridiani, è pari a:

$$\frac{\Delta a}{a}\bigg|_{mer} \approx 2\frac{h}{R} \cdot \lambda. \qquad (6.13)$$

Si calcola facilmente che, per $l = h = 400$ mm e $R = 2000$ mm, con un modello in scala $\lambda = 1/100$, risulta $\Delta a/a|_{par} \approx 0.5\%$ e $\Delta a/a|_{mer} \approx 0.4\%$.

Molto più importante è la presenza di componenti dell'accelerazione parallele al piano su cui si appoggia il modello.

Lungo i meridiani (Fig. 6.5), si calcola un rapporto massimo (in corrispondenza dei bordi) tra accelerazione tangenziale e accelerazione normale pari a:

$$\frac{a_t}{a_n}\bigg|_{mer} = \tan(\alpha_0 - \alpha_1) \approx \frac{h}{R} \cdot \frac{\lambda^2}{2}. \qquad (6.14)$$

Per $h = 400$ mm e $R = 2000$ mm, con un modello in scala $\lambda = 1/100$, risulta $a_t/a_n|_{mer} = 10^{-5}$, e cioè un valore del tutto trascurabile.

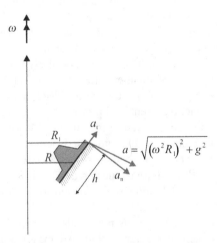

Figura 6.5 Componenti di accelerazione tangenziale lungo i meridiani in una centrifuga

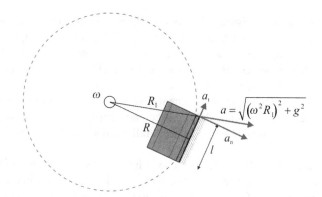

Figura 6.6 Componenti di accelerazione tangenziale lungo i paralleli in una centrifuga

Lungo i paralleli (Fig. 6.6), si calcola un rapporto massimo (in corrispondenza dei bordi) tra accelerazione tangenziale e accelerazione normale pari a:

$$\left.\frac{a_t}{a_n}\right|_{par} = \frac{l}{2R}. \tag{6.15}$$

Per $l = 400$ mm e $R = 2000$ mm, risulta $a_t/a_n|_{par} = 0.1$. Un'accelerazione tangenziale così elevata deve essere adeguatamente tenuta in considerazione, soprattutto nel realizzare fisicamente le condizioni al contorno. In alternativa, per annullare la tensione tangenziale lungo i paralleli, si può curvare tutto il modello, costruendolo su una superficie curva con lo stesso raggio di curvatura del braccio della centrifuga.

6.2.2
Gli effetti scala e le anomalie nelle centrifughe

Il sistema di riferimento rotante solidale al modello, nella centrifuga, è non inerziale e ciò induce delle accelerazioni apparenti che possono rappresentare un'interferenza nel modello fisico.

Consideriamo la trasformazione dell'accelerazione da un sistema di riferimento inerziale a uno non inerziale, solidale alla centrifuga

$$\mathbf{a}_a = \mathbf{a}_r + \mathbf{a}_0 + \boldsymbol{\omega} \times (\boldsymbol{\omega} \times (\mathbf{x} - \mathbf{x}_0)) + 2\,\boldsymbol{\omega} \times \mathbf{v}_r + \frac{d\,\omega}{d\,t} \times (\mathbf{x} - \mathbf{x}_0), \tag{6.16}$$

dove $\mathbf{a}_a$ è l'accelerazione assoluta, $\mathbf{a}_r$ è l'accelerazione nel sistema di riferimento relativo, $\mathbf{a}_0$ è l'accelerazione dell'origine del sistema di riferimento relativo, $(\mathbf{x} - \mathbf{x}_0)$ è il vettore posizione, rispetto all'origine del sistema di riferimento relativo, $\mathbf{v}_r$ è la velocità relativa. Nel riferimento rotante (non inerziale), risulta:

$$\mathbf{a}_r = \mathbf{a}_a - \mathbf{a}_0 + \boldsymbol{\omega} \times (\boldsymbol{\omega} \times (\mathbf{x} - \mathbf{x}_0)) - 2\,\boldsymbol{\omega} \times \mathbf{v}_r - \frac{d\,\omega}{d\,t} \times (\mathbf{x} - \mathbf{x}_0). \tag{6.17}$$

L'accelerazione $\mathbf{a}_0$ dell'origine del sistema di riferimento non inerziale (ad esempio, un punto dell'asse della centrifuga) è nulla. L'accelerazione centrifuga $-\omega \times (\omega \times (\mathbf{x} - \mathbf{x}_0))$ è la componente che si utilizza per incrementare a piacere le forze di massa. L'accelerazione di Coriolis, pari a $-2\,\omega \times \mathbf{v}_r$ e l'accelerazione di Eulero, pari a $-d\,\omega/d\,t \times (\mathbf{x} - \mathbf{x}_0)$, sono delle componenti di disturbo.

L'accelerazione di Coriolis interviene solo se nel riferimento mobile non inerziale vi sono delle parti in moto nel modello, con componenti della velocità $\mathbf{v}_r$ non parallele all'asse di rotazione (per le componenti parallele, il prodotto vettoriale $\omega \times \mathbf{v}_r$ è nullo).

Per limitare il disturbo, si impone che, a basse velocità delle parti in moto nel modello (nel riferimento rotante), l'accelerazione di Coriolis sia inferiore al 10% dell'accelerazione centrifuga. Si ricava così un valore massimo della velocità v_r pari a $0.05\,\omega \cdot R \equiv 0.05\,V$, dove R è il raggio nominale che fissa i rapporti scala nella centrifuga e V è la velocità periferica a distanza R dall'asse.

In alcuni casi, le velocità nel riferimento rotante sono molto elevate: si pensi, ad esempio, alla simulazione di un'esplosione con espulsione di terreno e lancio di proiettili; qui i limiti vengono calcolati sulla base delle traiettorie dei proiettili, secondo lo schema seguente.

Trascurando l'accelerazione centrifuga, le equazioni del moto permettono di calcolare una traiettoria circolare di raggio pari a $\sqrt{u_0^2 + v_0^2}/(2\,\omega)$, dove u_0 e v_0 sono le componenti della velocità iniziale nel riferimento rotante. Il centro della traiettoria ha coordinate $[u_0/(2\,\omega), v_0/(2\,\omega)]$.

Se, invece, si include anche l'accelerazione centrifuga, le equazioni del moto assumono l'espressione

$$\begin{cases} \dfrac{d^2 x}{d\,t^2} - \omega^2 \cdot x - 2\,\omega \cdot \dfrac{d y}{d\,t} = 0 \\[2mm] \dfrac{d^2 y}{d\,t^2} - \omega^2 \cdot y + 2\,\omega \cdot \dfrac{d x}{d\,t} = 0 \end{cases}, \qquad (6.18)$$

dove $d\,x/d\,t = u_r$ e $d\,y/d\,t = v_r$ sono le componenti della velocità relativa (Fig. 6.7). Le equazioni possono essere trasformate in un sistema di equazioni differenziali ordinarie lineari, ovvero,

$$\begin{cases} \dot{x} = u_r \\ \dot{y} = v_r \\ \dot{u}_r = \omega^2 \cdot x + 2\,\omega \cdot v_r \\ \dot{v}_r = \omega^2 \cdot y - 2\,\omega \cdot u_r \end{cases}. \qquad (6.19)$$

Il punto sui simboli indica l'operazione di derivata temporale. Imponendo le condizioni iniziali $(x, y, u_r, v_r)|_{t=0} = (x_0, y_0, u_0, v_0)$, si calcola la soluzione:

$$\begin{cases} x(t) = [x_0 + (u_0 - y_0 \cdot \omega) \cdot t] \cdot \cos\omega \cdot t + [y_0 + (v_0 + x_0 \cdot \omega) \cdot t] \cdot \sin\omega \cdot t \\ y(t) = [y_0 + (v_0 + x_0 \cdot \omega) \cdot t] \cdot \cos\omega \cdot t - [x_0 + (u_0 - y_0 \cdot \omega) \cdot t] \cdot \sin\omega \cdot t \end{cases}. \quad (6.20)$$

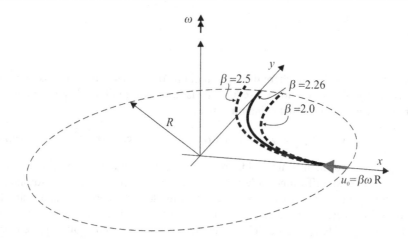

Figura 6.7 Traiettorie di un proiettile nel sistema di riferimento rotante con la centrifuga, al variare della velocità iniziale u_0

Assumendo, per semplicità, che il proiettile sia inizialmente nella posizione $x_0 = R$, $y_0 = 0$ e che la velocità iniziale (relativa) sia diretta solo radialmente, con componente pari a un multiplo della velocità di trascinamento a distanza R dall'asse, $u_0 = -\beta \cdot \omega \cdot R$ e $v_0 = 0$, le traiettorie nel riferimento relativo sono quasi paraboliche e hanno l'andamento visibile in Figura 6.7, in funzione del parametro β.

La traiettoria del proiettile avrà il colmo sull'asse y ($x = 0$) nell'intervallo di tempo $[0, \pi/(2\omega)]$ se $\beta = 2.26$. Invece, se la velocità iniziale ha componente non nulla in direzione tangenziale, tale condizione è soddisfatta per $\beta > 2.26$, in funzione dell'angolo di inclinazione e del modulo della velocità iniziale. Pertanto, per rendere trascurabili gli effetti dell'accelerazione di Coriolis, per proiettili a elevata velocità, è necessario che sia $u_0 > 2.26\,V$, altrimenti la curvatura delle traiettorie risulta eccessiva.

Si noti che la velocità iniziale minima del proiettile è tanto minore quanto maggiore è il raggio della centrifuga. A parità di accelerazione centrifuga, la velocità angolare è minore e tutti gli effetti di disturbo sono più contenuti. Di qui l'indicazione a costruire centrifughe di grande raggio.

L'ultima sorgente di disturbo è rappresentata dall'accelerazione di Eulero. La variazione di velocità angolare è un vettore parallelo a ω e a esso concorde o discorde in decelerazione o in accelerazione. Ne consegue un'accelerazione, nel modello, che si oppone alla variazione di velocità periferica, ma che non interviene più a regime e può essere limitata a piacere riducendo le accelerazioni angolari della centrifuga.

6.2.3
I modelli di trasporto di contaminanti in centrifuga

Supponiamo di volere studiare il trasporto di un contaminante in un mezzo poroso.

Nell'ipotesi che il fluido e i sedimenti siano incomprimibili, l'equazione tipica per la concentrazione C del contaminante è

$$C = f\left(\mu,\, V_s,\, D_m,\, S,\, \sigma,\, \rho_f,\, g,\, l,\, l_\mu,\, t,\, \text{car.terreno}\right), \qquad (6.21)$$

dove μ è la viscosità dinamica del fluido, V_s è la velocità interstiziale del fluido, D_m è il coefficiente di diffusione molecolare, S è la massa di contaminante assorbita per unità di volume, σ è la tensione all'interfaccia fluido-sedimenti, ρ_f è la densità del fluido, g è l'accelerazione di gravità, l è la macroscala geometrica, l_μ è la microscala geometrica, t è il tempo. Dato l'elevato numero di grandezze coinvolte, applichiamo il metodo matriciale. La matrice dimensionale delle 11 grandezze (teniamo da parte le caratteristiche del terreno) è

$$
\begin{array}{c|ccc:ccccccc}
 & C & \mu & V_s & D_m & S & \sigma & \rho_f & g & l & l_\mu & t \\
\hline
M & 1 & 1 & 0 & 0 & 1 & 1 & 1 & 0 & 0 & 0 & 0 \\
L & -3 & -1 & 1 & 2 & -3 & 0 & -3 & 1 & 1 & 1 & 0 \\
T & 0 & -1 & -1 & -1 & 0 & -2 & 0 & -2 & 0 & 0 & 1
\end{array}
\qquad (6.22)
$$

e ha rango 3. Indichiamo con $\mathbf{A}$ un minore a determinante non nullo relativo alle prime 3 grandezze,

$$
\mathbf{A} = \begin{bmatrix} 1 & 1 & 0 \\ -3 & -1 & 1 \\ 0 & -1 & -1 \end{bmatrix}, \qquad (6.23)
$$

e indichiamo con $\mathbf{B}$ la matrice residua (cfr. § 2.1, p. 45),

$$
\mathbf{B} = \begin{bmatrix} 0 & 1 & 1 & 1 & 0 & 0 & 0 & 0 \\ 2 & -3 & 0 & -3 & 1 & 1 & 1 & 0 \\ -1 & 0 & -2 & 0 & -2 & 0 & 0 & 1 \end{bmatrix}. \qquad (6.24)
$$

Quindi, calcoliamo la matrice

$$
\mathbf{C} = \mathbf{A}^{-1} \cdot \mathbf{B} \equiv \begin{bmatrix} -1 & 1 & 0 & 1 & 1 & -1 & -1 & -1 \\ 1 & 0 & 1 & 0 & -1 & 1 & 1 & 1 \\ 0 & 0 & 1 & 0 & 3 & -1 & -1 & -2 \end{bmatrix} \qquad (6.25)
$$

che equivale alla matrice dimensionale delle grandezze D_m, S, σ, ρ_f, g, l, l_μ, t, in funzione di C, μ, V_s:

$$
\begin{array}{c|cccccccc}
 & D_m & S & \sigma & \rho_f & g & l & l_\mu & t \\
\hline
C & -1 & 1 & 0 & 1 & 1 & -1 & -1 & -1 \\
\mu & 1 & 0 & 1 & 0 & -1 & 1 & 1 & 1 \\
V_s & 0 & 0 & 1 & 0 & 3 & -1 & -1 & -2
\end{array}
\qquad (6.26)
$$

Tabella 6.2 Sommario dei numeri adimensionali significativi nel processo fisico di trasporto di un contaminante in un mezzo poroso

Numero	Espressione
concentrazione	$\Pi_1' = \dfrac{C}{\rho_f} = \dfrac{1}{\Pi_4}$
advezione	$\Pi_2' = \dfrac{V_s \cdot t}{l} = \dfrac{\Pi_8}{\Pi_6}$
diffusione	$\Pi_3' = \dfrac{D_m \cdot t}{l^2} = \dfrac{\Pi_1 \cdot \Pi_8}{\Pi_6^2}$
capillarità	$\Pi_4' = \dfrac{l_\mu \cdot g \cdot l \cdot \rho_f}{\sigma} = \dfrac{\Pi_4 \cdot \Pi_5 \cdot \Pi_6 \cdot \Pi_7}{\Pi_3}$
assorbimento	$\Pi_5' = \dfrac{S}{\rho_f} = \dfrac{\Pi_2}{\Pi_4}$
Reynolds	$\Pi_6' = \dfrac{l_\mu \cdot V_s \cdot \rho_f}{\mu} = \Pi_4 \cdot \Pi_7$
Péclet	$\Pi_7' = \dfrac{V_s \cdot l_\mu}{D_m} = \dfrac{\Pi_7}{\Pi_1}$
dinamico	$\Pi_8' = \dfrac{g \cdot t^2}{l} = \dfrac{\Pi_5 \cdot \Pi_8^2}{\Pi_6}$

I gruppi adimensionali di calcolo più immediato sono:

$$\Pi_1 = \frac{D_m \cdot C}{\mu}, \quad \Pi_2 = \frac{S}{C}, \quad \Pi_3 = \frac{\sigma}{\mu \cdot V_s},$$

$$\Pi_4 = \frac{\rho_f}{C}, \quad \Pi_5 = \frac{g \cdot \mu}{C \cdot V_s^3}, \quad \Pi_6 = \frac{l \cdot C \cdot V_s}{\mu}, \quad (6.27)$$

$$\Pi_7 = \frac{l_\mu \cdot C \cdot V_s}{\mu}, \quad \Pi_8 = \frac{t \cdot C \cdot V_s^2}{\mu},$$

anche se i gruppi adimensionali con un significato fisico ben preciso sono quelli riportati in Tabella 6.2. Se il materiale nel modello è uguale al materiale nel prototipo, per garantire l'uguaglianza delle tensioni è necessario che l'accelerazione della centrifuga abbia rapporto di scala pari a $r_a = 1/\lambda$.

Alcune possibili variabili di interesse sono la conducibilità idraulica k, definita come:

$$k = \frac{K \cdot \rho_f}{\mu} \cdot g, \quad (6.28)$$

dove K è la permeabilità intrinseca del terreno. Il rapporto scala della conducibilità idraulica è pari a:

$$r_k = \frac{r_K \cdot r_{\rho_f}}{r_\mu} \cdot r_a \qquad (6.29)$$

e, utilizzando lo stesso materiale e lo stesso fluido, nel modello e nel prototipo, risulta $r_K = r_{\rho_f} = r_\mu = 1$ e, quindi, $r_k = r_a = 1/\lambda$. La velocità del fluido è esprimibile come:

$$V_s = \frac{k \cdot i}{\eta}, \qquad (6.30)$$

dove i è il gradiente idraulico, η è la porosità del mezzo filtrante. Per un modello geometricamente indistorto (caratterizzato, cioè, da un'unica scala geometrica), il gradiente assume lo stesso valore del prototipo. Inoltre, se il materiale è lo stesso nel modello e nel prototipo, anche la porosità è invariata. Pertanto, risulta:

$$r_{V_s} = \frac{r_k \cdot r_i}{r_\eta} \equiv r_k = \frac{1}{\lambda}. \qquad (6.31)$$

Il tempo di filtrazione è pari a:

$$t = \frac{l}{V_s} \qquad (6.32)$$

e il suo rapporto scala diventa:

$$r_t = \frac{\lambda}{r_{V_s}} = \lambda^2. \qquad (6.33)$$

La condizione di similitudine richiede che siano soddisfatte 8 equazioni nelle quali le incognite sono gli 11 rapporti scala. Prendendo come riferimento i gruppi adimensionali della Tabella 6.2, l'insieme di equazioni è:

$$\begin{cases} r_C = r_{\rho_f} \\ r_{V_s} = \lambda/r_t \\ r_{D_m} = \lambda^2/r_t \\ r_{l_\mu} \cdot r_a \cdot \lambda \cdot r_{\rho_f} = r_\sigma \\ r_S = r_{\rho_f} \\ r_{l_\mu} \cdot r_{V_s} \cdot r_{\rho_f} = r_\mu \\ r_{V_s} \cdot r_{l_\mu} = r_{D_m} \\ r_a \cdot r_t^2 = \lambda \end{cases} . \qquad (6.34)$$

Infine, le ulteriori 6 condizioni:

$$r_{\rho_f} = r_{D_m} = r_{l_\mu} = r_\sigma = r_S = r_\mu = 1, \qquad (6.35)$$

conducono alle seguenti condizioni di similitudine:

$$\begin{cases} r_C = 1 \\ r_{V_s} = 1/\lambda \\ r_t = \lambda^2 \\ r_a = 1/\lambda \\ r_{V_s} = 1 \end{cases} \quad . \tag{6.36}$$

La seconda condizione (derivante dalla similitudine per l'advezione) e la quinta condizione (derivante dalla similitudine di Reynolds e di Péclet) sono evidentemente incompatibili. Possiamo, tuttavia, realizzare una similitudine approssimata valida nel caso in cui siano Re < 1 e Pe < 1, trascurando la condizione $r_{V_s} = 1$. Ciò implica che, in scala geometrica ridotta, i numeri di Reynolds e di Péclet nel modello assumano un valore maggiore rispetto al prototipo. Infatti, risulta:

$$\frac{\text{Re}_m}{\text{Re}_p} \equiv r_{\text{Re}} = 1/\lambda,$$

$$\frac{\text{Pe}_m}{\text{Pe}_p} \equiv r_{\text{Pe}} = 1/\lambda. \tag{6.37}$$

Pertanto, si rende necessario verificare che, anche nel modello, entrambi assumano valori sufficientemente piccoli e tali da giustificare l'approssimazione fatta.

6.2.4
La similitudine nei modelli dinamici in centrifuga

Consideriamo un semplice moto oscillatorio, con ampiezza A e frequenza n, che si sviluppi su scala geometrica piccola rispetto alle scale geometriche dominanti:

$$x = A \cdot \sin(2\pi n \cdot t). \tag{6.38}$$

Differenziando, si calcola la velocità

$$V = 2\pi n \cdot A \cdot \cos(2\pi n \cdot t) \tag{6.39}$$

e l'accelerazione

$$a = -4\pi^2 n^2 \cdot A \cdot \sin(2\pi n \cdot t). \tag{6.40}$$

Esprimendo i rapporti scala, risulta:

$$\begin{cases} r_V = r_n \cdot \lambda \\ r_a = r_n^2 \cdot \lambda \end{cases} . \tag{6.41}$$

Poiché in centrifuga, per garantire uguaglianza delle tensioni, è necessario che sia $r_a = 1/\lambda$, si calcolano i seguenti rapporti scala:

$$\begin{cases} r_n = \dfrac{1}{\lambda} \\ r_V = 1 \end{cases}.$$

(6.42)

Pertanto, se si simula un fenomeno dinamico, la frequenza in un modello in scala geometrica ridotta si amplifica di un fattore $1/\lambda$; un'oscillazione a 10 Hz al reale si riproduce in un modello con $\lambda = 1/10$ con un'oscillazione a 100 Hz. Ad esempio, un terremoto della durata di 18 s con 36 cicli (2 Hz), di ampiezza 5 cm, in una centrifuga a 100g, con un modello in scala geometrica ridotta $\lambda = 1/100$, sarà rappresentato con un'oscillazione di ampiezza $5/100 = 0.5$ mm, frequenza $2 \times 100 = 200$ Hz, durata $18/100 = 0.18$ s.

Si noti che la scala dei tempi pari a λ non coincide con la scala dei tempi pari a λ^2 calcolata nei fenomeni di filtrazione (cfr. equazione (6.36)). Dunque, se gli effetti dinamici e la filtrazione hanno luogo separatamente, si adotterà la scala dei tempi corrispondente al fenomeno in atto; se, invece, i due fenomeni si manifestano congiuntamente (ad esempio, il crollo di un argine con falda, in presenza di un terremoto), per ottenere scale temporali coincidenti per i due fenomeni, è necessario recuperare un ulteriore grado di libertà.

A tal proposito, si noti che il tempo scala della filtrazione può essere controllato modificando la viscosità dinamica del fluido nel modello. Il rapporto scala della conducibilità idraulica (6.28) per un fluido avente la stessa densità di massa nel modello e nel prototipo e con materiale filtrante identico nel modello e nel prototipo ($r_K = 1$), è pari a:

$$r_k = \frac{r_a}{r_\mu} \equiv \frac{1}{\lambda \cdot r_\mu}.$$

(6.43)

Il rapporto scala del tempo di filtrazione per un modello indistorto, con lo stesso materiale filtrante nel modello e nel prototipo ($r_\eta = 1$), è pari a:

$$r_t = \frac{\lambda}{r_{V_s}} = \lambda^2 \cdot r_\mu.$$

(6.44)

Per ottenere lo stesso rapporto scala dei tempi dei fenomeni dinamici, pari a λ, è necessario utilizzare nel modello un fluido tale che sia $r_{\rho_f} = 1$ e $r_\mu = 1/\lambda$. Ad esempio, si può utilizzare del fluido siliconico, con lo stesso peso specifico dell'acqua, ma con una viscosità dinamica superiore anche di alcuni ordini di grandezza, atossico e non pericoloso. Recentemente, si è fatto uso di una soluzione di metilcellulosa, atossica e utilizzata nell'industria farmaceutica e nell'industria alimentare.

Si noti che se $r_\mu = 1/\lambda$, il numero di Reynolds nel modello e nel prototipo è invariato, cioè $r_{Re} = 1$.

Nei processi nei quali interviene anche il trasporto di contaminanti, il numero di Péclet ha un rapporto scala che dipende anche dalla diffusività molecolare del contaminante nel nuovo fluido:

$$r_{Pe} = \frac{r_{V_s} \cdot r_{l_\mu}}{r_{D_m}} = \frac{1}{\lambda \cdot r_{D_m}}. \qquad (6.45)$$

La diffusività molecolare è una grandezza proporzionale alla velocità con cui una molecola di contaminante può muoversi nel mezzo (fluido) di diffusione ed è direttamente proporzionale all'energia cinetica della particella, e inversamente proporzionale all'ingombro della particella (quindi, al suo raggio) e alla viscosità del fluido.

Dunque, a parità degli altri parametri, risulta $r_{D_m} = 1/r_\mu \equiv \lambda$ e, quindi, $r_{Pe} = 1/\lambda^2$. Ciò richiede una maggiore attenzione per garantire che anche nel modello il numero di Péclet sia sufficientemente piccolo.

6.2.5
La similitudine nei processi tettonici

Consideriamo il processo di moto di ammassi rocciosi o di magma in condizioni di moto assimilabili a quelle proprie di un fluido viscoso, eventualmente alla Bingham. L'equazione tipica del processo fisico è

$$f(\rho, V, l, \mu, g, \Delta p, \tau_c) = 0, \qquad (6.46)$$

dove ρ è la densità di massa, V e l sono la velocità e la lunghezza scala, μ è la viscosità dinamica, g è l'accelerazione di gravità, Δp è la differenza di pressione, τ_c è la coesione. La matrice dimensionale delle 7 grandezze

$$
\begin{array}{c|ccccccc}
 & \rho & V & l & \mu & g & \Delta p & \tau_c \\
\hline
M & 1 & 0 & 0 & 1 & 0 & 1 & 1 \\
L & -3 & 1 & 1 & -1 & 1 & -1 & -1 \\
T & 0 & -1 & 0 & -1 & -2 & -2 & -2
\end{array}
\qquad (6.47)
$$

ha rango 3, quindi, possiamo esprimere la relazione funzionale introducendo $(7 - 3) = 4$ gruppi adimensionali. Applicando il metodo matriciale, si possono calcolare, ad esempio, i 4 gruppi:

$$\Pi_1 = \frac{\mu}{\rho \cdot V \cdot l}, \quad \Pi_2 = \frac{g \cdot l}{V^2}, \quad \Pi_3 = \frac{\Delta p}{\rho \cdot V^2}, \quad \Pi_4 = \frac{\tau_c}{\rho \cdot V^2}, \qquad (6.48)$$

che possono essere convenientemente riorganizzati in gruppi aventi significato fisico più immediato:

$$
\begin{aligned}
&\text{Re} = \frac{1}{\Pi_1} = \frac{\rho \cdot V \cdot l}{\mu}, \quad \text{St} = \frac{\Pi_3}{\Pi_1} = \frac{l \cdot \Delta p}{\mu \cdot V}, \\
&\text{Rm} = \frac{\Pi_2}{\Pi_1} = \frac{g \cdot l^2 \cdot \rho}{\mu \cdot V}, \quad \text{Rs} = \frac{\Pi_2}{\Pi_4} = \frac{g \cdot l \cdot \rho}{\tau_c},
\end{aligned}
\qquad (6.49)
$$

dove Re è il numero di Reynolds, St è il numero di Stokes, Rm è il numero di Ramberg, Rs è un numero senza una specifica denominazione. Per verificare che i nuovi gruppi siano indipendenti, è sufficiente calcolare il rango della loro matrice dimensionale,

	ρ	V	l	μ	g	Δp	τ_c
Re	1	1	1	-1	0	0	0
St	0	-1	1	-1	0	1	0
Rm	1	-1	2	-1	1	0	0
Rs	1	0	1	0	1	0	-1

$$(6.50)$$

e verificare che sia pari al numero delle righe, cioè a 4 (cfr. § 1.4.2.2, p. 26).

La similitudine completa richiede che siano soddisfatte 4 equazioni (i gruppi adimensionali devono assumere lo stesso valore nel modello e nel prototipo) nelle 7 incognite (i rapporti delle 7 grandezze coinvolte):

$$
\begin{cases}
r_\rho \cdot r_V \cdot \lambda = r_\mu \\
\lambda \cdot r_{\Delta p} = r_\mu \cdot r_V \\
r_a \cdot \lambda^2 \cdot r_\rho = r_\mu \cdot r_V \\
r_a \cdot \lambda \cdot r_\rho = r_{\tau_c}
\end{cases}
\tag{6.51}
$$

Rimangono 3 gradi di libertà. Fissata la scala geometrica λ, la scala della densità di massa r_ρ e la scala della viscosità dinamica r_μ, il sistema ammette la soluzione:

$$
\begin{cases}
r_{\Delta p} = \dfrac{r_\mu^2}{\lambda^2 \cdot r_\rho} \\[2mm]
r_{\tau_c} = \dfrac{r_\mu^2}{\lambda^2 \cdot r_\rho} \\[2mm]
r_a = \dfrac{r_\mu^2}{\lambda^3 \cdot r_\rho^2} \\[2mm]
r_V = \dfrac{r_\mu}{\lambda \cdot r_\rho}
\end{cases}
\tag{6.52}
$$

Tuttavia, la similitudine dinamica completa non è necessaria se, ad esempio, il numero di Reynolds o il numero di Ramberg sono molto piccoli (Weijermars e Schmeling, 1986 [82]).

Infatti, consideriamo l'equazione di bilancio della quantità di moto per un fluido viscoso che, per la i-esima componente, assume la seguente forma nella notazione scalare:

$$
\frac{\partial u_i}{\partial t} + u_j \cdot \frac{\partial u_i}{\partial x_j} - g_i + \frac{1}{\rho} \cdot \frac{\partial p}{\partial x_i} - \frac{1}{\rho} \cdot \frac{\partial \tau_{ij}}{\partial x_j} = 0,
\tag{6.53}
$$

dove τ_{ij} rappresenta la componente non isotropa del tensore delle tensioni. Possiamo procedere alla adimensionalizzazione dell'equazione, scegliendo una lunghezza scala l, una densità scala ρ_0, una viscosità dinamica scala μ_0. Il tempo scala è pari a $\mu_0/(\rho_0 \cdot g \cdot l)$, la velocità scala diventa $\rho_0 \cdot g \cdot l^2/\mu_0$, la pressione e la tensione tangenziale scala diventano $\rho_0 \cdot g \cdot l$. In forma adimensionale, l'equazione (6.53) diventa:

$$\frac{\rho_0^2 \cdot g \cdot l^3}{\mu_0^2} \cdot \left(\frac{\partial \widetilde{u}_i}{\partial \widetilde{t}} + \widetilde{u}_j \cdot \frac{\partial \widetilde{u}_i}{\partial \widetilde{x}_j} \right) - \widetilde{\rho}_i + \frac{\partial \widetilde{p}}{\partial \widetilde{x}_i} - \frac{\partial \widetilde{\tau}_{ij}}{\partial \widetilde{x}_j} = 0. \qquad (6.54)$$

Il gruppo adimensionale che moltiplica l'inerzia (il termine tra parentesi) è pari a Re·Rm. Se risulta Re $\ll$ 1 oppure Rm $\ll$ 1, l'inerzia è trascurabile e l'equazione di bilancio della quantità di moto assume la forma semplificata:

$$- \widetilde{\rho}_i + \frac{\partial \widetilde{p}}{\partial \widetilde{x}_i} - \frac{\partial \widetilde{\tau}_{ij}}{\partial \widetilde{x}_j} = 0, \qquad (6.55)$$

nella quale non compaiono gruppi adimensionali. Pertanto, la similitudine dinamica richiede semplicemente la similitudine geometrica (difatti, l'equazione (6.53) è il bilancio di quantità di moto per unità di volume e non presenta lunghezze scala assolute). Alcune condizioni di similitudine sono, quindi, sovrabbondanti. Non essendo necessario imporre l'eguaglianza del numero di Reynolds, l'insieme di condizioni (6.52) diventa:

$$\begin{cases} \lambda \cdot r_{\Delta p} = r_\mu \cdot r_V \\ r_a \cdot \lambda^2 \cdot r_\rho = r_\mu \cdot r_V \\ r_a \cdot \lambda \cdot r_\rho = r_{\tau_c} \end{cases} \qquad (6.56)$$

e permette di fissare 4 rapporti scala a piacere, ad esempio, λ, r_ρ, r_μ e r_a. Le 3 scale residue sono uguali a:

$$\begin{cases} r_{\tau_c} \equiv r_{\Delta p} = \lambda \cdot r_a \cdot r_\rho \\ r_V = \dfrac{\lambda^2 \cdot r_a \cdot r_\rho}{r_\mu} \end{cases} . \qquad (6.57)$$

Il numero di Reynolds non si conserva, ma si modifica come qui riportato:

$$\frac{\mathrm{Re}_m}{\mathrm{Re}_p} = \frac{\lambda^3 \cdot r_a \cdot r_\rho}{r_\mu^2}. \qquad (6.58)$$

Esempio 6.2. Per studiare la relazione tra la deformazione della crosta continentale e la distribuzione del magma nelle zone profonde, è stato realizzato un modello in centrifuga in scala geometrica $\lambda = 4.5 \cdot 10^{-7}$ (Corti *et al.*, 2002 [23]). Poiché il numero di Reynolds è molto piccolo, la similitudine è approssimata e il gruppo adimensionale da rispettare è il numero di Ramberg, pari al rapporto tra le forze gravitazionali e le forze viscose:

$$\mathrm{Rm} = \frac{\rho_d \cdot g \cdot h_d^2}{\mu \cdot V}, \qquad (6.59)$$

dove ρ_d, h_d e μ sono la densità, lo spessore e la viscosità dinamica della crosta, g è l'accelerazione di gravità e V è la velocità di deformazione. Nella parte superiore della crosta, il gruppo adimensionale significativo è dato dal rapporto tra le forze di gravità e la coesione:

$$\mathrm{Rs} = \frac{\rho_b \cdot g \cdot h_b}{\tau_c}, \qquad (6.60)$$

dove ρ_b e h_b sono la densità e lo spessore della crosta superiore, τ_c è la coesione. Sulla base dell'analisi condotta nel § 6.2.1, p. 188, è possibile fissare 4 scale e calcolare le 3 scale residue. La crosta superiore, a rottura fragile, è stata riprodotta con sabbia, la crosta più profonda è stata riprodotta con miscele di silicone e sabbia, il magma è stato riprodotto con glicerina.

6.3
Alcune applicazioni per la soluzione dei problemi classici

Esempio 6.3. Vogliamo analizzare la capacità portante di una fondazione di larghezza B, infinitamente estesa in lunghezza, su un terreno in condizioni drenate e in presenza di carichi verticali e uniformi. Possiamo ipotizzare che il massimo carico per unità di superficie q dipenda dalla coesione c, dall'angolo di attrito interno in condizioni drenate ϕ, dalla larghezza B della fondazione, dalla profondità D rispetto al piano medio campagna e dal peso specifico del terreno γ (Fig. 6.8). L'equazione tipica è

$$q = f(c, \phi, B, D, \gamma). \tag{6.61}$$

La matrice dimensionale, rispetto a M, L e T diventa

$$
\begin{array}{c|cccccc}
 & q & c & \phi & B & D & \gamma \\
\hline
M & 1 & 1 & 0 & 0 & 0 & 1 \\
L & -1 & -1 & 0 & 1 & 1 & -2 \\
T & -2 & -2 & 0 & 0 & 0 & -2 \\
\end{array}
\tag{6.62}
$$

e ha rango 2. Scelte, ad esempio, B e γ quali grandezze fondamentali, è possibile esprimere la relazione funzionale (6.61) come:

$$\frac{q}{B \cdot \gamma} = \tilde{f}\left(\frac{c}{B \cdot \gamma}, \phi, \frac{D}{B}\right). \tag{6.63}$$

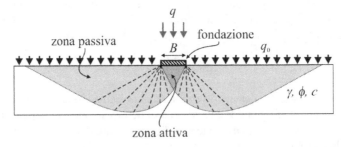

Figura 6.8 Schema di una fondazione rettangolare. L'affondamento D rispetto al piano medio campagna è schematizzato da un carico equivalente $q_0 = D \cdot \gamma$

Quest'ultima relazione si confronta con la relazione di Terzaghi, 1943 [77],

$$\frac{q}{B \cdot \gamma} = \frac{c}{B \cdot \gamma} \cdot N_c + \frac{D}{B} \cdot N_q + 0.5 N_\gamma, \qquad (6.64)$$

dove N_c, N_q e N_γ sono dei parametri in funzione dell'angolo di attrito ϕ.

Se la fondazione è di dimensioni finite, interviene anche la lunghezza l, che introduce un'ulteriore scala geometrica e, nel caso generale di fondazione di forma generica, interviene anche un fattore di forma. L'equazione (6.64) si modifica come:

$$\frac{q}{B \cdot \gamma} = \tilde{f}\left(\frac{c}{B \cdot \gamma}, \phi, \frac{D}{B}, \frac{l}{B}, \text{forma}\right) \qquad (6.65)$$

e si confronta con la relazione di Terzaghi, 1943 [77],

$$\frac{q}{B \cdot \gamma} = \frac{c}{B \cdot \gamma} \cdot N_c \cdot s_c + \frac{D}{B} \cdot N_q \cdot s_q + 0.5 N_\gamma \cdot s_\gamma, \qquad (6.66)$$

con s_c, s_q, $s_\gamma = f(l/B, \text{forma})$ e N_c, N_q, $N_\gamma = f(\phi)$.

Esempio 6.4. Alcuni modelli di equazioni reologiche di miscele granulari prevedono le seguenti espressioni degli sforzi tangenziali e normali:

$$\begin{cases} \tau = C_s \cdot \rho_s \cdot d^2 \cdot f_1(e, \beta) \cdot \dot{\gamma}^2 \\ \sigma = C_s \cdot \rho_s \cdot d^2 \cdot f_2(e, \beta) \cdot \dot{\gamma}|\dot{\gamma}| \end{cases}, \qquad (6.67)$$

dove C_s è la concentrazione volumetrica dei sedimenti, ρ_s la loro densità di massa, e è il coefficiente di restituzione elastica per urto tra le particelle, $\dot{\gamma}$ è la velocità di deformazione angolare, β è l'angolo di contatto medio tra i grani (Fig. 6.9).

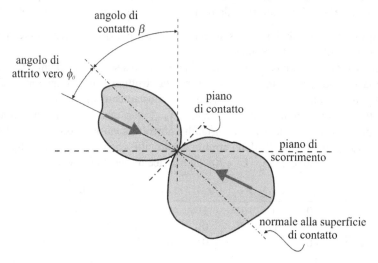

Figura 6.9 Descrizione della geometria al contatto (modificata da Longo e Lamberti, 2000 [50])

In condizioni quasi statiche, con le particelle in contatto prolungato, è possibile adottare una legge di Mohr-Coulomb modificata, ossia

$$\tau_f = \sigma_f \cdot \tan(\phi_0 + \beta), \tag{6.68}$$

dove τ_f e σ_f sono le tensioni in condizioni quasi statiche, ϕ_0 è l'angolo di attrito vero, che dipende dalle caratteristiche superficiali dei grani. È necessario trovare una relazione che ci permetta di esprimere β. Possiamo qui assumere che

$$\beta = f(\rho_s, d, I_1, J_2, E), \tag{6.69}$$

dove I_1 è il primo invariante del tensore delle tensioni, cioè la somma degli elementi diagonali (che è rappresentativa della tensione normale media), J_2 è il secondo invariante del tensore delle velocità di deformazione (che è rappresentativo della velocità di deformazione angolare media). Compaiono 6 variabili con matrice dimensionale di rango 3 (l'angolo di contatto β è un numero puro); scelte 3 variabili indipendenti, è possibile trasformare l'equazione tipica (6.69) in una relazione tra 3 gruppi adimensionali, ad esempio,

$$\beta = \widetilde{f}\left(\frac{\rho_s \cdot d^2 \cdot J_2^2}{E}, \frac{I_1}{E}\right). \tag{6.70}$$

Il primo gruppo, argomento della funzione, è il rapporto tra la componente collisionale e la componente statica della tensione (si tratta di grani in contatto multiplo con deformabilità della miscela dovuta a deformazione dei singoli grani e a piccoli assestamenti). Nel secondo gruppo, al posto della componente collisionale compare uno stimatore della tensione normale totale. Si noti che l'accelerazione di gravità non è inclusa direttamente, ma può essere causa generatrice della tensione nel materiale granulare (ad esempio, nel moto di sedimenti in uscita da un silos, oppure in uno *stony debris flow*). La struttura della funzione può essere ricavata sperimentalmente.

Esempio 6.5. Consideriamo un sistema struttura-fondazione-terreno sollecitato da un sisma impulsivo di forte intensità.

In un approccio lineare, esso è riconducibile a un sistema a elementi concentrati con masse, molle e smorzatori viscosi, per la struttura e il terreno separatamente (Fig. 6.10). La variabile di interesse è lo spostamento massimo della struttura (rispetto alla fondazione), $\max |x_s - x_f| = x_{max}$, per una accelerazione impulsiva di ampiezza a_p e durata T_p. Le variabili coinvolte sono la massa m_s, la rigidezza k_s e lo smorzamento β_s della struttura, oltre alle corrispondenti variabili per la fondazione-terreno, cioè m_f, k_f e β_f. La matrice dimensionale è

	x_{max}	a_p	T_p	m_s	m_f	k_s	k_f	β_s	β_f
M	0	0	0	1	1	1	1	1	1
L	1	1	0	0	0	0	0	0	0
T	0	-2	1	0	0	-2	-2	-1	-1

$$\tag{6.71}$$

e ha rango 3. Le variabili a_p, T_p e m_s sono indipendenti e possono essere assunte come fondamentali. Il Teorema di Buckingham ci indica che è possibile esprimere il processo fisico con soli $(9-3) = 6$ gruppi adimensionali, ad esempio:

$$\Pi_1 = \frac{x_{max}}{a_p \cdot T_p^2}, \quad \Pi_2 = \frac{m_f}{m_s}, \quad \Pi_3 = \frac{k_s \cdot T_p^2}{m_s},$$

$$\Pi_4 = \frac{k_f \cdot T_p^2}{m_s}, \quad \Pi_5 = \frac{\beta_s \cdot T_p}{m_s}, \quad \Pi_6 = \frac{\beta_f \cdot T_p}{m_s}. \quad (6.72)$$

Non tutti i gruppi prima elencati hanno significato fisico, ma possono, comunque, essere combinati in modo tale da rendere più facile la loro interpretazione, ad esempio, definendo

$$\Pi_1' \equiv \Pi_1 = \frac{x_{max}}{a_p \cdot T_p^2}, \quad \Pi_2' \equiv \Pi_2 = \frac{m_f}{m_s}, \quad \Pi_3' = \sqrt{\Pi_3} = \omega_s \cdot T_p,$$

$$\Pi_4' = \frac{\Pi_4}{\Pi_3} = \frac{k_f}{k_s}, \quad \Pi_5' = \frac{\Pi_5}{2\sqrt{\Pi_3}} = \xi_s \quad \Pi_6' = \frac{\Pi_6}{\Pi_5} = \frac{\beta_f}{\beta_s}, \quad (6.73)$$

dove $\omega_s = \sqrt{k_s/m_s}$ è la frequenza di risonanza della struttura su fondazione infinitamente rigida, $\xi_s = \beta_s/(2 m_s \cdot \omega_s)$ è il coefficiente di smorzamento. Il primo gruppo è il rapporto tra la scala degli spostamenti relativi e la scala geometrica della sollecitazione impulsiva, il secondo è il rapporto tra la massa della struttura e della fondazione, il terzo è il rapporto tra la scala della pulsazione della struttura e la pulsazione della sollecitazione. In generale, possiamo scrivere:

$$\frac{x_{max}}{a_p \cdot T_p^2} = \tilde{f}\left(\frac{m_f}{m_s}, \omega_s \cdot T_p, \frac{k_f}{k_s}, \xi_s, \frac{\beta_f}{\beta_s}\right). \quad (6.74)$$

Talvolta, i gruppi adimensionali possono essere individuati sulla base di un'equazione (o di un sistema di equazioni), algebrica o differenziale, atta a descrivere il processo fisico. Nel caso in esame, schematizzando il sistema struttura-terreno-fondazione come un sistema a parametri concentrati a un unico grado di libertà (Fig. 6.10), risulta:

$$\begin{cases} \ddot{x}_s + 2\xi_s \cdot \omega_s \cdot (\dot{x}_s - \dot{x}_f) + \omega_s^2 \cdot (x_s - x_f) = -\ddot{x}_g \\ \ddot{x}_f - 2\frac{m_s}{m_f} \cdot \xi_s \cdot \omega_s \cdot \dot{x}_s + \frac{m_s}{m_f} \cdot \left(1 + 2\frac{\beta_f}{\beta_s}\right) \cdot \xi_s \cdot \omega_s \cdot \dot{x}_f - \\ \frac{m_s}{m_f} \cdot \omega_s^2 \cdot x_s + \frac{m_s}{m_f} \cdot \left(1 + \frac{k_f}{k_s}\right) \cdot \omega_s^2 \cdot x_f = -\ddot{x}_g \end{cases}, \quad (6.75)$$

dove x_s e x_f sono gli spostamenti orizzontali della struttura e del sistema fondazione-terreno, $\ddot{x}_g$ è l'accelerazione imposta dal sisma; il punto e il doppio punto indicano la derivata temporale prima e seconda.

Il sistema di equazioni (6.75) può essere integrato mantenendo costanti 4 gruppi adimensionali, variandone un quinto e calcolando il valore numerico del gruppo residuo.

In Figura 6.11, si riportano i risultati dell'integrazione numerica eseguita per 3 differenti valori dell'accelerazione imposta, a parità di forma dell'impulso. In ascis-

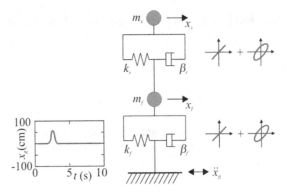

Figura 6.10 Sistema struttura-suolo-fondazione schematizzato con parametri concentrati nel caso lineare (modificata da Zhang e Tang, 2008 [89])

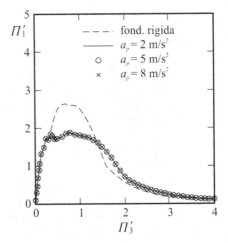

Figura 6.11 Risposta del sistema per 3 differenti valori dell'accelerazione imposta. Integrazione eseguita per $\Pi'_2 = 0.25$, $\log \Pi'_4 = 0.25$, $\Pi'_5 = 0.05$, $\log \Pi'_6 = 0.25$ (modificata da Zhang e Tang, 2008 [89])

sa, si legge il valore della pulsazione adimensionale rispetto alla durata della forzante e in ordinata, si legge l'ampiezza massima dello spostamento relativo della struttura, rispetto al sistema fondazione-terreno, e adimensionale, rispetto ad accelerazione e durata della forzante. I risultati, come atteso, collassano su una sola curva. Se volessimo realizzare un modello fisico, le scale dovrebbero essere selezionate facendo uso delle 6 condizioni di similitudine associate ai 6 gruppi adimensionali.

Esempio 6.6. Uno schema più realistico dell'Esempio 6.5 non può prescindere da fenomeni di plasticizzazione e isteresi. In uno schema a parametri concentrati (Fig. 6.12), le equazioni differenziali che reggono il processo fisico sono:

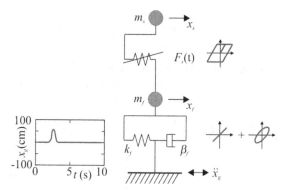

Figura 6.12 Sistema struttura-suolo-fondazione schematizzato con parametri concentrati nel caso non lineare (modificata da Zhang e Tang, 2008 [89])

$$\begin{cases} m_s \cdot \ddot{x}_s + Q_s \cdot z(t) = -m_s \cdot \ddot{x}_g \\ m_f \cdot \ddot{x}_f - Q_s \cdot z(t) + \beta_f \cdot \dot{x}_f + k_f \cdot x_f = -m_f \cdot \ddot{x}_g \\ \dot{z}(t) = \dfrac{\dot{x}_s - \dot{x}_f}{x_{sy}} \cdot \left\{ 1 - \left[c_1 \cdot \dfrac{(\dot{x}_s - \dot{x}_f) \cdot z(t)}{|(\dot{x}_s - \dot{x}_f) \cdot z(t)|} + c_2 \right] \cdot |z(t)|^n \right\} \end{cases}, \quad (6.76)$$

dove $z(t)$ è il parametro di isteresi secondo il modello di Bouc, 1967 [11] e Wen, 1976 [83], Q_s e x_{sy} sono il carico di snervamento e il corrispondente valore di spostamento, c_1, c_2 e n sono i parametri del modello. È possibile definire un coefficiente di smorzamento viscoso equivalente, in grado di descrivere la capacità di dissipazione di una struttura elasto-plastica con duttilità μ, e una rigidezza iniziale della struttura:

$$\begin{cases} \beta_{s,equiv} = \dfrac{4 m_s \cdot (\mu - 1)}{\pi \mu \cdot \sqrt{\mu}} \sqrt{\dfrac{Q_s}{m_s \cdot x_{sy}}} \\ k_{s0} = \dfrac{Q_s}{x_{sy}} \end{cases}. \quad (6.77)$$

Sulla base delle assunzioni e dei modelli scelti, possiamo generalmente descrivere il processo fisico con l'equazione tipica:

$$x_{max} = f \left(a_p, T_p, m_s, m_f, k_{s0}, k_f, \right.$$

$$\left. Q_s, x_{sy}, \beta_f, \beta_{s,equiv}, c_1, c_2, n, \mu \right). \quad (6.78)$$

Applicando il Teorema di Buckingham, possiamo ridurre le 11 variabili e i 4 coefficienti numerici a 8 gruppi adimensionali e 4 coefficienti numerici. Si noti che, in base alla scelta del modello e ad alcune assunzioni fatte, 2 gruppi adimensionali sono stati già fissati in funzione dei coefficienti numerici o in valore numerico. Infatti, la definizione di $\beta_{s,equiv}$ e k_{s0} implica che:

$$\beta_{s,equiv} \cdot \sqrt{\dfrac{x_{sy}}{m_s \cdot Q_s}} = \dfrac{4(\mu - 1)}{\pi \mu \cdot \sqrt{\mu}} \quad (6.79)$$

e

$$\frac{k_{s0} \cdot x_{sy}}{Q_s} = 1. \tag{6.80}$$

In definitiva, possiamo esprimere la relazione funzionale con soli 6 gruppi adimensionali, scelti tra quelli fisicamente basati o con un significato ben preciso, cioè:

$$\Pi_1 = \frac{x_{max}}{a_p \cdot T_p^2}, \quad \Pi_2 = \frac{Q_s}{m_s \cdot a_p}, \quad \Pi_3 = \frac{x_{sy}}{a_p \cdot T_p^2},$$

$$\Pi_4 = \frac{m_f}{m_s}, \quad \Pi_5 = \frac{k_f}{k_{s0}}, \quad \Pi_6 = \frac{\beta_f}{\beta_{s,equiv} \cdot \mu}, \tag{6.81}$$

e, quindi,

$$\frac{x_{max}}{a_p \cdot T_p^2} = \widetilde{f}\left(\frac{Q_s}{m_s \cdot a_p}, \frac{x_{sy}}{a_p \cdot T_p^2}, \frac{m_f}{m_s}, \frac{k_f}{k_{s0}}, \frac{\beta_f}{\beta_{s,equiv} \cdot \mu}, c_1, c_2, n\right). \tag{6.82}$$

L'integrazione numerica del sistema di equazioni può essere condotta modificando il valore dei gruppi adimensionali. Nella pratica, si stima che il carico di snervamento normalizzato e lo spostamento allo snervamento normalizzato siano nell'intervallo $0.1 \le \Pi_2 \le 4.0$ e $0.01 \le \Pi_3 \le 1.00$. Per gli altri gruppi adimensionali, è ragionevole assumere $0.05 \le \Pi_4 \le 0.35$, $\Pi_5 \ge 0.1$, $\Pi_6 \le 1000$.

6.4
L'Analisi Dimensionale dei debris flow

Consideriamo un fenomeno di *debris flow* con una miscela di sedimenti ad alta concentrazione e acqua soggetta a movimento essenzialmente gravitativo. Volendo eseguire l'analisi dei processi fisici collegati ai *debris flow* (processo di innesco, processo di arresto, fluttuazioni del pelo libero, segregazione dei sedimenti), è necessario anzitutto individuare le grandezze coinvolte nella reologia della miscela. Nell'approccio più generale possibile, tali grandezze sono: la velocità di deformazione angolare della corrente $\dot{\gamma}$, il diametro rappresentativo dei sedimenti d, la densità di massa dei sedimenti ρ_s e del fluido ρ_f, l'accelerazione di gravità g, la viscosità dinamica del fluido μ, la permeabilità idraulica k, la temperatura granulare θ, il modulo di comprimibilità d'insieme della miscela E, la concentrazione volumetrica dei sedimenti e del fluido C_s, C_f, l'angolo di attrito interno dei sedimenti ϕ, il coefficiente di restituzione elastica dei sedimenti e. Supponiamo di volere analizzare la dipendenza della tensione normale dalle variabili elencate:

$$\sigma = f\left(\dot{\gamma}, d, \rho_s, \rho_f, g, \mu, k, \theta, E, C_s, C_f, \phi, e\right). \tag{6.83}$$

Le ultime 4 grandezze sono adimensionali. In tutto, sono 14 variabili con matrice dimensionale di rango 3 e, applicando il Teorema di Buckingham, calcoliamo $(14 - 3) = 11$ gruppi adimensionali. Le grandezze fondamentali più immediate sono il diametro rappresentativo dei sedimenti d, la densità di massa ρ_s e la velocità di deformazione angolare $\dot{\gamma}$, e si può facilmente dimostrare che sono indipendenti. Per individuare i possibili gruppi adimensionali, possiamo applicare il metodo di Rayleigh ed esprimere le grandezze residue in forma monomia rispetto alle grandezze fondamentali, calcolando successivamente gli esponenti. Ad esempio, per la tensione

$$\sigma = d^{c_1} \cdot \rho_s^{c_2} \cdot \dot{\gamma}^{c_3}, \tag{6.84}$$

cioè

$$[\sigma] \equiv M \cdot L^{-1} \cdot T^{-2} = L^{c_1} \cdot (M \cdot L^{-3})^{c_2} \cdot (T^{-1})^{c_3}. \tag{6.85}$$

Eguagliando gli esponenti di massa, lunghezza e tempo, si ottiene un sistema di equazioni nelle tre incognite c_1, c_2 e c_3. Eseguendo i calcoli per tutte le variabili dipendenti, si può esprimere l'equazione tipica (6.83) come:

$$\frac{\sigma}{\rho_s \cdot d^2 \cdot \dot{\gamma}^2} = \tilde{f} \left(\frac{\rho_f}{\rho_s}, \frac{\dot{\gamma}^2 \cdot d}{g}, \frac{\dot{\gamma} \cdot d^2 \cdot \rho_s}{\mu}, \right.$$
$$\left. \frac{k}{d^2}, \frac{\theta}{\dot{\gamma}^2 \cdot d^2}, \frac{E}{\dot{\gamma}^2 \cdot d^2 \cdot \rho_s}, C_s, C_f, \phi, e \right), \tag{6.86}$$

dove compaiono i 7 gruppi adimensionali e le 4 variabili già adimensionali.

Il primo gruppo adimensionale, argomento della funzione, è la densità relativa dei sedimenti rispetto al liquido. Il secondo gruppo adimensionale è il *numero di Savage*, rappresentativo del ruolo della gravità nella dinamica granulare. In forma generalizzata, per tener conto della presenza dell'acqua nei pori, il numero di Savage può essere espresso come:

$$Sa = \frac{\rho_s \cdot \dot{\gamma}^2 \cdot d^2}{(\rho_s - \rho_f) \cdot g \cdot h \cdot \tan \phi}. \tag{6.87}$$

In quest'ultima forma, il numero di Savage è il rapporto tra le tensioni collisionali e le tensioni quasi statiche (frizionali) e dovute all'azione della gravità in un campo di moto a pelo libero in regime uniforme, a elevata concentrazione di sedimenti, dove h indica il tirante.

Il terzo gruppo adimensionale è il *numero di Bagnold*, più frequentemente espresso come:

$$Ba = \frac{C_s \cdot \rho_s \cdot d^2 \cdot \dot{\gamma}}{(1 - C_s) \cdot \mu}, \tag{6.88}$$

che rappresenta il rapporto tra le tensioni collisionali e le tensioni viscose.

Il quarto gruppo adimensionale k/d^2 è rappresentativo del ruolo che l'impaccamento e la dimensione dei grani svolgono nell'interazione liquido-solido.

Il quinto gruppo è la temperatura granulare adimensionale rispetto alla sorgente di temperatura, cioè la velocità di deformazione angolare.

Il sesto gruppo adimensionale è il rapporto tra il modulo di comprimibilità d'insieme della miscela liquido-sedimenti e le tensioni collisionali.

Altri possibili gruppi adimensionali derivano dal rapporto tra le grandezze rappresentative di differenti comportamenti della miscela. Ad esempio, il comportamento inerziale della miscela è descritto dalla media ponderale dell'inerzia della componente granulare e dell'inerzia della componente liquida (l'inerzia della componente gassosa, se la miscela è insatura, è comunque trascurabile).

Definiamo *numero di massa* il rapporto tra l'inerzia della componente granulare e l'inerzia della componente liquida:

$$N_{massa} = \frac{C_s}{1 - C_s} \cdot \frac{\rho_s}{\rho_f}. \tag{6.89}$$

Tale espressione è valida per una miscela satura; per una miscela insatura le modifiche sono immediate.

È possibile definire altri rapporti adimensionali di specifico interesse. Ad esempio, se consideriamo l'interazione fluido-sedimenti, questa avrà una componente inerziale e una componente quasi-statica dovuta alla viscosità. In genere, quest'ultima componente è dominante e, in definitiva, si può scrivere

$$\sigma_{s-f} \propto \frac{\dot{\gamma} \cdot \mu \cdot d^2}{k}. \tag{6.90}$$

La componente collisionale della tensione normale per i sedimenti è

$$\sigma_c \propto C_s \cdot \rho_s \cdot \dot{\gamma}^2 \cdot d^2. \tag{6.91}$$

Il rapporto tra la componente di tensione di interazione tra le due fasi e la componente collisionale della tensione nella fase solida è definita *numero di Darcy* ed è pari a

$$Da = \frac{\mu}{C_s \cdot \rho_s \cdot \dot{\gamma} \cdot k}. \tag{6.92}$$

Dal rapporto tra il numero di Darcy e il gruppo adimensionale che coinvolge il modulo di comprimibilità apparente della miscela, si ottiene un gruppo adimensionale pari al rapporto tra il tempo scala della dissipazione della pressione, per diffusione attraverso i meati, e il tempo scala di generazione della pressione (cioè $1/\dot{\gamma}$):

$$\frac{\mu \cdot \dot{\gamma} \cdot d^2}{C_s \cdot k \cdot E}. \tag{6.93}$$

Il rapporto tra il numero di Bagnold e il numero di massa è il *numero di Reynolds dei sedimenti*:

$$Re_d = \frac{Ba}{N_{massa}} = \frac{\rho_f \cdot \dot{\gamma} \cdot d^2}{\mu}. \tag{6.94}$$

Il rapporto tra il numero di Bagnold e il numero di Savage è *numero di tensione frizionale*

$$N_{frict} = \frac{Ba}{Sa} = \frac{C_s}{1 - C_s} \cdot \frac{(\rho_s - \rho_f) \cdot g \cdot h \cdot \tan \phi}{\dot{\gamma} \cdot \mu}, \tag{6.95}$$

e rappresenta il rapporto tra la componente di tensione generata dal contatto continuo dei grani e la componente di tensione per scorrimento viscoso.

Un notevole contributo alla conoscenza della reologia di miscele granulari è dovuto a Bagnold, 1954 [4]. I suoi esperimenti portarono alla definizione di un'equazione

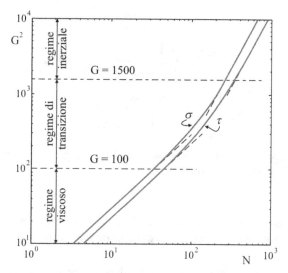

Figura 6.13 Tensione normale e tangenziale per miscele granulari (Bagnold, 1954 [4]) (modificata da Fredsoe e Deigaard, 1992 [33])

empirica in grado di correlare la tensione tangenziale (e normale) e la velocità di deformazione angolare per miscele granulari in acqua:

$$\begin{cases} G = 0.114\,N & N > 450 \\ G = 1.483\,\sqrt{N} & N < 40 \end{cases}, \tag{6.96}$$

dove $G = \dfrac{d}{v} \cdot \sqrt{\dfrac{\tau}{\lambda} \cdot \dfrac{s}{\rho_w}}$, $N = \dfrac{\sqrt{\lambda} \cdot s \cdot d^2}{v} \cdot \dot{\gamma}$.

Il simbolo λ indica la concentrazione lineare dei sedimenti, definita come:

$$C_s = \frac{C_s^*}{(1 + 1/\lambda)^3}, \tag{6.97}$$

dove C_s^* è la concentrazione di massimo impaccamento. I diagrammi per la tensione normale e tangenziale sono visibili in Figura 6.13.

Fortunatamente, non tutti i gruppi adimensionali sono contemporaneamente rilevanti e la classificazione del moto di fluidi bifasici, con liquido e sedimenti, può essere fatta con riferimento all'intervallo di variazione dei gruppi e alla natura dei gruppi rilevanti. Ad esempio, la classificazione dei *debris flow* sulla base della reologia secondo Iverson, 1997 [39] è visibile in Figura 6.14.

Dopo aver parametrizzato la reologia, è necessario procedere all'analisi dei campi di moto di interesse applicativo. Nel caso di correnti a pelo libero, intervengono la geometria della sezione trasversale e la macroscabrezza dell'alveo; inoltre, poiché i *debris flow* non si propagano mai in moto uniforme o stazionario (si tratta spesso di fenomeni impulsivi con grande variabilità temporale e spaziale), si rende necessario

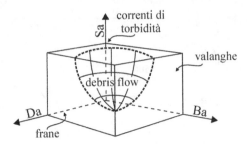

Figura 6.14 Classificazione dei *debris flow* sulla base dei gruppi adimensionali rilevanti (modificata da Iverson, 1997 [39])

introdurre, ad esempio, una scala orizzontale delle lunghezze e una scala temporale, associata all'esaurimento del materiale di deposito dopo l'innesco.

Esempio 6.7. Per arrestare i *debris flow* canalizzati, che si propagano, cioè, in alvei incisi dalle colate precedenti, si adottano talvolta delle reti ancorate in delle sezioni di controllo e realizzate in maniera tale da dissipare l'energia dell'urto. La dissipazione è demandata essenzialmente alla deformazione in regime plastico dei freni, che sono dei dispositivi metallici progettati e installati per questo scopo. La deformazione è inizialmente dovuta al cambiamento di geometria delle maglie e, in misura più ridotta e nella fase successiva, alla deformazione plastica del tondino metallico della rete. Le variabili che caratterizzano la corrente sono la densità di massa media ρ_m, la velocità media V della corrente di *debris*, l'altezza h della colata e la larghezza b dell'alveo. La variabili che caratterizzano l'arresto sono il modulo di Young E e la tensione di snervamento σ_0 del materiale della rete e dei freni, un parametro di forma delle maglie della rete. Distinguiamo una prima fase di deformazione, nella quale domina la deformazione controllata dalla forma delle maglie, e una seconda fase nella quale domina la deformazione plastica soprattutto dei freni. Nella seconda fase, se siamo interessati alla massima deformazione δ della rete nel verso della corrente, l'equazione tipica è

$$\delta = f\left(\rho_m,\ V,\ h,\ b,\ E,\ \sigma_0,\ \text{forma}\right). \tag{6.98}$$

La matrice dimensionale delle 8 variabili

	δ	ρ_m	V	h	b	E	σ_0	forma
M	0	1	0	0	0	1	1	0
L	1	-3	1	1	1	-1	-1	0
T	0	0	-1	0	0	-2	-2	0

$$\tag{6.99}$$

ha rango 3 e, in virtù del Teorema di Buckingham, possiamo riscrivere l'equazione tipica in funzione di soli $(8-3) = 5$ gruppi adimensionali, ad esempio:

$$\Pi_1 = \frac{\delta}{b},\ \Pi_2 = \frac{h}{b},\ \Pi_3 = \frac{\sigma_0}{\rho_m \cdot V^2},\ \Pi_4 = \frac{E}{\rho_m \cdot V^2},\ \Pi_5 = \text{forma}. \tag{6.100}$$

Le condizioni di similitudine, sulla base dei criteri dell'Analisi Dimensionale, sono

$$\begin{cases} r_\delta = r_b \\ \lambda = r_b \\ r_{\sigma_0} = r_{\rho_m} \cdot r_V^2 \\ r_E = r_{\rho_m} \cdot r_V^2 \end{cases} \qquad (6.101)$$

a parità di forma delle maglie della rete nel modello e nel prototipo. La scala delle velocità deriva dalla similitudine di Froude della corrente ed è pari a $r_V = \sqrt{\lambda}$. Quindi, se il materiale di *debris flow* è lo stesso nel modello e nel prototipo, la rete deve essere caratterizzata da un modulo di Young e da una tensione di snervamento in rapporto pari a λ, tra modello e prototipo.

Nella seconda fase di deformazione plastica, si può assumere che il processo di arresto sia così rapido da rendere trascurabile tutti gli altri fenomeni dissipativi. In tal caso, è necessario garantire che l'energia cinetica, per unità di volume, sia la stessa nel modello e nel prototipo, con la conseguente condizione che il rapporto scala della velocità sia pari alla scala geometrica (cfr. § 5.4.2, p. 163), ovvero:

$$\frac{V_m}{V_p} = \lambda. \qquad (6.102)$$

Questa condizione è in contrasto con la condizione imposta dalla similitudine di Froude della corrente e, inevitabilmente, distorce la deformazione della rete e dei freni rispetto alla scala geometrica λ. La distorsione è nel senso di una dissipazione eccessiva nel modello rispetto al prototipo, con deformazioni della rete e dei freni nel modello che sottostimano le deformazioni reali.

In realtà, il processo di arresto è anche favorito dalla perdita di fluido interstiziale della corrente, che comporta l'aumento delle tensioni frizionali rispetto a quelle collisionali, cioè si riduce il numero di Savage. Ciò comporta un'intensa dissipazione, che si somma alla dissipazione per deformazione plastica della rete e dei freni. Per riprodurre correttamente i fenomeni controllati dal numero di Savage, è necessario che risulti:

$$r_{\dot{\gamma}}^2 \cdot r_d^2 = r_s \cdot \lambda \cdot r_\phi, \qquad (6.103)$$

dove $\dot{\gamma}$ è la velocità di deformazione angolare media della corrente, d è il diametro dei sedimenti, s è il peso specifico dei sedimenti, ϕ è l'angolo di attrito interno dei sedimenti. Se si usa lo stesso materiale nel modello e nel prototipo, con diametro dei sedimenti rapportato in scala geometrica, la condizione di similitudine di Savage si riduce a $r_V = \sqrt{\lambda}$ e coincide con la condizione derivante dalla similitudine di Froude.

6.4.1
Il processo fisico di arretramento delle falesie

Le falesie sono delle pareti rocciose a picco, in zona costiera, eventualmente soggette all'azione delle onde (Fig. 6.15). Vogliamo studiare, con i metodi dell'Analisi Dimensionale, il loro arretramento a causa dell'erosione al piede.

Il crollo delle falesie è un processo fisico nel quale la forzante è rappresentata dalle onde incidenti che, frangendo sulla parete, o per effetto della risalita della *bore* sulla spiaggia, determinano una escavazione che porta al collasso della struttura sovrastante (Fig. 6.16). Inizialmente, l'escavazione rende disponibile del materiale sciolto che si deposita in forma di barra e, successivamente, si modella con un profilo di spiaggia che facilita la risalita dell'onda. Il sistema raggiungerebbe un suo equilibrio se il trasporto solido lungo costa non allontanasse il materiale eroso. La caverna così scavata diventa progressivamente più incisa fino a determinare il crollo della struttura sovrastante e il conseguente arretramento della linea di costa.

Il processo fisico è tridimensionale, con l'erosione al piede che non si manifesta lungo tutto il fronte della falesia, ma in forma localizzata e con crolli intermittenti.

Possiamo assumere che la velocità di arretramento $R = l/t$ dipenda dalla resistenza a taglio τ_s del materiale roccioso, dall'intensità q_s del trasporto solido lungo costa (portata volumetrica di sedimenti per unità di larghezza), dalla densità di massa dei sedimenti ρ_s e dell'acqua ρ, dall'altezza h della falesia, dal diametro rappresentativo dei sedimenti d, dall'accelerazione di gravità g e dall'azione erosiva. L'azione erosiva è proporzionale alla risalita dell'onda, che dipende dal parametro di *surf-similarity* ξ, definito come:

$$\xi = \frac{\tan\beta}{\sqrt{H/l}}, \tag{6.104}$$

dove β è la pendenza della spiaggia, H l'altezza d'onda, l la lunghezza d'onda e H/l la ripidità dell'onda.

Figura 6.15   Falesie in Irlanda (per g.c. di Tobias Helfrich, 2004)

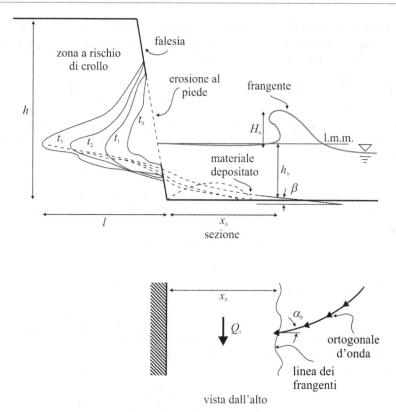

Figura 6.16   Evoluzione temporale dell'escavazione al piede di una falesia

L'equazione tipica è

$$R = f\left(\tau_s, q_s, \rho_s, \rho_f, h, d, g, \xi\right). \qquad (6.105)$$

La matrice dimensionale delle 9 grandezze è

	R	τ_s	q_s	ρ_s	ρ	h	d	g	ξ
M	0	1	0	1	1	0	0	0	0
L	1	-1	2	-3	-3	1	1	1	0
T	-1	-2	-1	0	0	0	0	-2	0

$$(6.106)$$

e ha rango 3. Scelte ρ_s, g e d, come fondamentali, si calcolano i 6 gruppi adimensionali:

$$\Pi_1 = \frac{R}{\sqrt{g \cdot d}}, \quad \Pi_2 = \frac{\tau_s}{\rho_s \cdot g \cdot d}, \quad \Pi_3 = \frac{q_s}{\sqrt{g \cdot d^3}}$$

$$\Pi_4 = \frac{\rho}{\rho_s}, \quad \Pi_5 = \frac{h}{d}, \quad \Pi_6 = \xi. \quad (6.107)$$

Sperimentalmente, risulta che il numero di gruppi necessario a descrivere il processo fisico è minore di 6 (Damgaard e Dong, 2004 [25]) e i gruppi adimensionali con un significato fisico (eccetto il primo) sono:

$$\Pi_1' = \frac{R}{\sqrt{g \cdot d}}, \quad \Pi_2' = \frac{\tau_s}{\rho_s \cdot g \cdot h}, \quad \Pi_3' = \frac{q_s}{\sqrt{g \cdot d^3 \cdot (s-1)}}, \quad \Pi_4' = \xi, \quad (6.108)$$

dove $s = \rho_s / \rho$. Il gruppo Π_2' è il rapporto tra la tensione resistente del materiale e il peso della zona sovrastante la caverna erosa, il gruppo Π_3' è il *parametro di trasporto*. Quindi,

$$\Pi_1' = \tilde{f}\left(\Pi_2', \Pi_3', \Pi_4'\right). \quad (6.109)$$

Il trasporto solido longitudinale totale Q_s, integrato dalla linea di costa alla linea dei frangenti, si può calcolare dalle formule del CERC (Shore Protection Manual, 1984 [79]):

$$Q_s = \frac{K \cdot g^{1/2} \cdot b^{-1/2} \cdot H_{sb}^{5/2}}{(s-1)} \cdot \sin 2\alpha_b, \quad (6.110)$$

dove K è un coefficiente adimensionale, H_{sb} è l'altezza d'onda significativa al frangimento, b è l'indice di frangimento, tale che sia $H_{sb} = b \cdot h_b$, h_b è la profondità alla quale avviene il frangimento, α_b è l'angolo tra fronte d'onda e linea di costa al frangimento. Se indichiamo con x_b la distanza dalla costa della linea dei frangenti, il trasporto solido per unità di larghezza è pari a $q_s = Q_s / x_b$ e il gruppo Π_3' è esprimibile come:

$$\Pi_3' = \frac{q_s}{\sqrt{g \cdot d^3 \cdot (s-1)}} = \frac{K \cdot H_{sb}^{5/2}}{x_b \cdot d^{3/2} \cdot (s-1)^{3/2}} \cdot \sin 2\alpha_b. \quad (6.111)$$

La profondità al frangimento è pari a $h_b = x_b \cdot \tan\beta$ e, quindi, risulta:

$$\Pi_3' = \frac{K \cdot b}{(s-1)^{3/2}} \cdot \left(\frac{H_{sb}}{d}\right)^{3/2} \cdot \tan\beta \cdot \sin 2\alpha_b. \quad (6.112)$$

La condizione di similitudine richiede che i gruppi adimensionali assumano lo stesso valore nel modello e nel prototipo, ovvero che, avendo assunto che $r_g = r_\beta = r_{\alpha_b} = 1$, sia soddisfatto il seguente sistema di equazioni in funzione dei rapporti scala incogniti:

$$\begin{cases} r_R = \lambda^{1/2} \\ r_{\tau_s} = r_{\rho_s} \cdot \lambda \\ r_d^{3/2} \cdot r_{(s-1)}^{3/2} = r_K \cdot r_b \cdot \lambda^{3/2} \\ r_\xi = 1 \end{cases} \quad (6.113)$$

Se nel modello si utilizza materiale con lo stesso peso specifico del materiale usato nel prototipo, è necessario che la sua resistenza vari come la scala geometrica e sia, quindi, minore della resistenza al reale per modelli in scala geometrica ridotta. In maniera corrispondente, assumendo che sia $r_b = r_K = 1$, risulta anche $r_{(s-1)} = 1$ e il diametro deve ridursi in scala geometrica λ. Quest'ultima condizione è difficilmente realizzabile se la scala geometrica è particolarmente ridotta. Infatti, quasi sempre nel modello si utilizza lo stesso materiale del prototipo, accettando l'effetto scala corrispondente. A rigore, se il materiale nel modello non è lo stesso del prototipo, sia la pendenza della spiaggia β, che l'indice di frangimento b e il parametro K, variano con rapporto di scala non unitario.

L'Analisi Dimensionale e i problemi di trasmissione del calore

I problemi di scambio termico e di trasmissione del calore coinvolgono, oltre a massa, lunghezza e tempo, anche un'altra grandezza fondamentale: la temperatura Θ. Le altre variabili più frequentemente adottate sono quelle proprie della Meccanica dei fluidi, cioè la forza F, la lunghezza l, la velocità V, la densità di massa ρ, la viscosità dinamica μ, l'accelerazione di gravità g, la tensione superficiale σ, il tempo t, la celerità del suono c (o, in alternativa, il modulo di comprimibilità isoentropica ε). A un maggior numero di grandezze fondamentali corrisponde quasi sempre un maggior numero di variabili coinvolte, atte a caratterizzare il comportamento dei continui solidi o fluidi, questi ultimi con l'ulteriore complicazione dovuta al regime di moto laminare o turbolento.

7.1
I gruppi adimensionali rilevanti

I gruppi adimensionali più frequenti e importanti, oltre a quelli riportati nel § 8.1, p. 233, sono fondamentalmente:

$$
\begin{aligned}
\text{Nu} &= \frac{h \cdot l}{k} = \frac{\textit{flusso termico per convezione}}{\textit{flusso termico per conduzione}} \quad \text{(Nusselt)}, \\
\text{Pr} &= \frac{c_p \cdot \mu}{k} = \frac{\textit{diffusione di q.d.m.}}{\textit{diffusione termica}} \quad \text{(Prandtl)},
\end{aligned}
\tag{7:1}
$$

dove c_p è il calore specifico, h è il coefficiente di scambio termico per convezione, k è la conducibilità termica.

I gruppi adimensionali si possono in parte desumere dalla adimensionalizzazione dell'equazione del calore,

$$
\frac{\partial \theta}{\partial t} + \mathbf{v} \cdot \nabla \theta = k \cdot \nabla^2 \theta.
\tag{7.2}
$$

Longo S.: Analisi Dimensionale e Modellistica Fisica.
Principi e applicazioni alle scienze ingegneristiche. © Springer-Verlag Italia 2011

Scelte le grandezze scala θ_0, t_0, u_0 e l_0, indicando con il simbolo $\sim$ la variabile adimensionale, risulta:

$$\left(\frac{\theta_0}{t_0}\right) \cdot \frac{\partial \tilde{\theta}}{\partial \tilde{t}} + \left(\frac{u_0 \cdot \theta_0}{l_0}\right) \cdot \tilde{\mathbf{v}} \cdot \tilde{\nabla}\tilde{\theta} = \left(\frac{k \cdot \theta_0}{l_0^2}\right) \cdot \tilde{\nabla}^2 \tilde{\theta}. \tag{7.3}$$

Dividendo tutti i termini per $k \cdot \theta_0 / l_0^2$, risulta:

$$\left(\frac{l_0^2}{k \cdot t_0}\right) \cdot \frac{\partial \tilde{\theta}}{\partial \tilde{t}} + \left(\frac{l_0 \cdot u_0}{k}\right) \cdot \tilde{\mathbf{v}} \cdot \tilde{\nabla}\tilde{\theta} = \tilde{\nabla}^2 \tilde{\theta}, \tag{7.4}$$

dove il primo termine tra parentesi è l'inverso del *numero di Fourier*

$$\mathrm{Fo} = \frac{k \cdot t_0}{l_0^2}, \tag{7.5}$$

che è rappresentativo dell'avanzamento del fronte d'onda termico nel corpo; il secondo termine tra parentesi è il *numero di Péclet*, genericamente definito dal rapporto tra flusso per convezione e per conduzione di una quantità fisica. Se la quantità fisica è il calore, il numero di Péclet è anche uguale al prodotto del numero di Reynolds e del numero di Prandtl, ovvero,

$$\mathrm{Pe} = \frac{u_0 \cdot l_0 \cdot \rho \cdot c}{k} \equiv \mathrm{Re} \cdot \mathrm{Pr} = \frac{\text{trasferimento convettivo di calore}}{\text{diffusione viscosa di calore}}. \tag{7.6}$$

Se il tempo varia sulla base delle variabili convettive, allora risulta $t_0 = l_0/u_0$ e il numero di Fourier è pari al numero di Péclet; implicitamente, si assume che convezione e inerzia locale abbiano uguale intensità.

Una versione modificata del numero di Péclet è il *numero di Graetz*, ovvero,

$$\mathrm{Gz} = \frac{\dot{m} \cdot c_p}{k_f \cdot l_0} = \frac{\text{capacità termica del fluido}}{\text{calore trasferito per conduzione}}, \tag{7.7}$$

dove $\dot{m}$ è la portata massica, β è il coefficiente di dilatazione termica di volume, k_f è la conducibilità termica del fluido.

Altre varianti si ottengono modificando il significato di alcuni termini. Ad esempio, il *numero di Grashof*:

$$\mathrm{G} = \frac{\beta \cdot \theta \cdot g \cdot l_0^3 \cdot \rho^2}{\mu^2} = \frac{\text{galleggiamento per variazione di densità}}{\text{forza viscosa}}, \tag{7.8}$$

dove μ è la viscosità dinamica; si calcola a partire dal numero di Archimede, attribuendo alla variazione di temperatura la causa della variazione di densità.

7.1.1
Lo scambiatore di calore

Analizziamo il trasferimento, in regime di convezione forzata, di energia termica tra la parete di una condotta circolare e un fluido in moto turbolento nella condotta.

Supponiamo che V sia la velocità media del fluido, θ la temperatura media nella sezione, $\theta + \Delta\theta$ la temperatura delle pareti della condotta (Fig. 7.1). La quantità di calore trasferita nell'unità di tempo, per unità di superficie della parete della condotta, è pari a $h \cdot \Delta\theta$, dove h è il coefficiente di scambio termico. In prossimità della parete, è presente uno strato limite viscoso, all'interno del quale i flussi (di quantità di moto, di calore) sono controllati dalla diffusione molecolare, poiché le fluttuazioni turbolente sono ivi smorzate dalla condizione alla frontiera rigida. Per questo motivo, nonostante il moto del fluido sia turbolento, il coefficiente h dipende sostanzialmente dal coefficiente di conducibilità termica per conduzione k. Si noti che la diffusività termica e la viscosità cinematica sono rappresentative dello stesso meccanismo di trasferimento, di quantità di calore, la prima, e di quantità di moto, la seconda. Di norma, nei fluidi la diffusività termica è maggiore della viscosità cinematica. Poiché lo spessore δ dello strato viscoso dipende dalla viscosità cinematica e dalla velocità di attrito, cioè dal diametro D della condotta e dalla velocità media V, anche tali grandezze intervengono nel processo fisico. In regime stazionario, il calore specifico del fluido non dovrebbe essere rilevante; tuttavia, se il trasferimento è per convezione, l'efficienza di una particella nel trasferire calore è funzione della sua capacità termica.

Sulla base di tali considerazioni, si può scrivere l'equazione tipica

$$f(h, V, D, \mu, k, c_p, \rho, \Delta\theta) = 0. \tag{7.9}$$

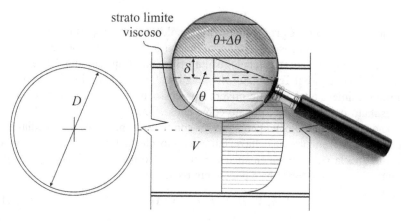

Figura 7.1 Scambio di calore tra un fluido in moto in regime turbolento, in condotta circolare cilindrica, e le pareti della condotta

La matrice dimensionale, scritta in funzione di M, L, T e Θ, è

$$
\begin{array}{c|cccccccc}
 & h & V & D & \mu & k & c_p & \rho & \Delta\theta \\
\hline
M & 1 & 0 & 0 & 1 & 1 & 0 & 1 & 0 \\
L & 0 & 1 & 1 & -1 & 1 & 2 & -3 & 0 \\
T & -3 & -1 & 0 & -1 & -3 & -2 & 0 & 0 \\
\Theta & -1 & 0 & 0 & 0 & -1 & -1 & 0 & 1
\end{array}
\tag{7.10}
$$

e ha rango 4. Per il Teorema di Buckingham, i gruppi adimensionali che descrivono il processo fisico sono $(8-4) = 4$. Scegliendo V, D, μ e $\Delta\theta$, quali grandezze fondamentali (si può facilmente dimostrare che sono indipendenti), si ricavano i seguenti gruppi adimensionali:

$$
\Pi_1 = \frac{h \cdot D \cdot \Delta\theta}{\mu \cdot V^2}, \quad \Pi_2 = \frac{k \cdot \Delta\theta}{\mu \cdot V^2}, \quad \Pi_3 = \frac{c_p \cdot \Delta\theta}{V^2}, \quad \Pi_4 = \frac{\rho \cdot V \cdot D}{\mu}. \tag{7.11}
$$

Tali gruppi non sono univocamente definiti, dato che una qualunque loro potenza, o combinazione monomia, avrebbe pari dignità; inoltre, la scelta fatta dell'insieme delle 4 grandezze fondamentali non è l'unica possibile. Quindi, analiticamente non si ricava alcuna indicazione utile per la scelta dei gruppi adimensionali più adatti. In effetti, i gruppi adimensionali migliori candidati sono quelli che hanno un significato fisico e che, a posteriori, risultano importanti per interpretare coerentemente i risultati sperimentali. Nel caso in esame, i gruppi che hanno significato fisico sono il numero di Nusselt, il numero di Prandtl e il numero di Reynolds, e si ricavano per combinazione monomia dei 4 gruppi derivati analiticamente. Infatti, risulta:

$$
\mathrm{Nu} = \frac{h \cdot D}{k} \equiv \frac{\Pi_1}{\Pi_2} = \frac{h \cdot D \cdot \Delta\theta}{\mu \cdot V^2} \cdot \frac{1}{\dfrac{k \cdot \Delta\theta}{\mu \cdot V^2}},
$$
$$
\mathrm{Pr} = \frac{c_p \cdot \mu}{k} \equiv \frac{\Pi_3}{\Pi_2} = \frac{c_p \cdot \Delta\theta}{V^2} \cdot \frac{1}{\dfrac{k \cdot \Delta\theta}{\mu \cdot V^2}}. \tag{7.12}
$$

Il quarto gruppo Π_4 è già il numero di Reynolds. I risultati sperimentali indicano che 3 soli gruppi adimensionali sono sufficienti a descrivere il processo fisico e ogni ulteriore gruppo adimensionale risulta irrilevante. È questo uno dei casi in cui appare evidente come il Teorema di Buckingham fornisca solo il *massimo* numero dei gruppi adimensionali atti a descrivere il processo, ma non l'esatto numero di essi. Tale risultato può essere interpretato come conseguenza del fatto che la densità di massa non riveste un ruolo indipendente, ma compare sempre come intermediaria nei processi di trasferimento, sia della quantità di moto, che dell'energia termica (quindi, sono rilevanti la viscosità cinematica $\nu = \mu/\rho$ e la diffusività termica $k/(c_p \cdot \rho)$). Pertanto, la relazione funzionale può essere riscritta come:

$$
f(h, V, D, \nu, k, c_p \cdot \rho, \Delta\theta) = 0, \tag{7.13}
$$

dove $c_p \cdot \rho$ è il calore specifico per unità di volume. Avendo ridotto di un'unità le variabili, il processo fisico è esprimibile in funzione dei 3 soli gruppi adimensionali

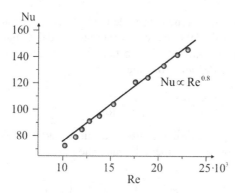

Figura 7.2 Interpretazione di alcuni risultati sperimentali, per il calcolo dell'esponente del numero di Reynolds, nel processo di scambio termico in una condotta circolare cilindrica (modificata da Dittus e Boelter, 1930 [26])

e cioè

$$\text{Nu} = \widetilde{f}\,(\text{Re, Pr}) \rightarrow h = \frac{k}{D} \cdot \widetilde{f}\left(\frac{V \cdot D}{v}, \frac{c_p \cdot \rho \cdot v}{k}\right). \tag{7.14}$$

Per condotte a scabrezza limitata e nell'intervallo $\text{Re} > 10^4$ e $0.7 < \text{Pr} < 170$, sperimentalmente si trova la seguente relazione (Dittus-Boelter, 1930 [26], Fig. 7.2):

$$h = 0.023 \,\frac{k}{D} \cdot \text{Re}^{0.8} \cdot \text{Pr}^n. \tag{7.15}$$

L'esponente n del numero di Prandtl assume valore 0.3, se il flusso termico è orientato dal fluido verso la parete e 0.4, se il flusso termico è orientato nel verso contrario.

Estendiamo l'analisi al caso più generale di trasferimento di calore tra fluido e pareti di condotta circolare cilindrica per convezione libera (cioè, naturale) e forzata. L'insieme delle grandezze già analizzate per la convezione forzata (equazione (7.13)) deve essere integrato da altre grandezze che descrivano la convezione libera. Tra queste compare il coefficiente di dilatazione termica cubico isobaro β e la lunghezza l della condotta. Il processo fisico è descritto da 5 gruppi adimensionali, ad esempio:

$$\text{Nu} = \widetilde{f}\left(\text{Re, Pr, G}, \frac{l}{D}\right) \rightarrow$$

$$h = \frac{k}{D} \cdot \widetilde{f}\left(\frac{V \cdot D}{v}, \frac{c_p \cdot \rho \cdot v}{k}, \frac{\beta \cdot \Delta\theta \cdot g \cdot D^3}{v^2}, \frac{l}{D}\right). \tag{7.16}$$

Si noti che il numero di Reynolds è rappresentativo della convezione forzata, il numero di Grashof è rappresentativo della convezione libera. Nel caso di convezione forzata, il numero di Grashof perde di significato e scompare dalle relazioni sperimentali. Nel caso di convezione libera, ad esempio il riscaldamento di un ambiente con un termosifone, è il numero di Reynolds ad essere irrilevante. Nei regimi intermedi, in presenza di convezione forzata dello stesso ordine della convezione libera, rimane la dipendenza sia dal numero di Reynolds che dal numero di Grashof.

Un numero rappresentativo dell'importanza relativa di convezione libera e forzata è il *numero di Archimede*, definito come:

$$Ar = \frac{G}{Re^2}. \qquad (7.17)$$

Se $Ar \gg 1$, domina la convezione libera, altrimenti domina la convezione forzata. Nell'ipotesi di convezione libera, l'equazione tipica assume la forma:

$$Nu = C_1 \cdot G^{\alpha_1} \cdot Pr^{\alpha_2} \cdot f\left(\frac{l}{D}\right), \qquad (7.18)$$

e il numero di Reynolds è irrilevante. Nei gas perfetti (l'aria si comporta, in molti casi, come un gas perfetto), in regime di convezione naturale, l'esponente del numero di Grashof e di Prandtl è lo stesso.

È opportuno ora definire un nuovo gruppo adimensionale, chiamato *numero di Rayleigh*:

$$Ra = G \cdot Pr. \qquad (7.19)$$

Se la condotta è sufficientemente lunga, gli effetti di bordo, parametrizzati dalla funzione di l/D, sono trascurabili. La nuova relazione funzionale è

$$Nu = C_1 \cdot Ra^{\alpha}. \qquad (7.20)$$

Sperimentalmente, si individua una relazione con una struttura leggermente differente, ovvero,

$$Nu = \left[Nu_0^{1/2} + Ra^{1/6} \cdot \left(\frac{f(Pr)}{300}\right)^{1/6}\right]^2, \quad f(Pr) = \left[1 + \left(\frac{0.5}{Pr}\right)^{9/16}\right]^{-16/9}, \qquad (7.21)$$

dove Nu_0 assume un valore differente a seconda che il tubo sia orizzontale, verticale o inclinato.

Se la convezione è forzata, il regime è quasi sempre turbolento, situazione questa facilmente controllabile sulla base del valore del numero di Reynolds. Se la convezione è naturale, il regime è quasi sempre laminare. In regime di convezione naturale, il numero di Reynolds non interviene nel processo fisico ed è invece il numero di Rayleigh che definisce il regime di moto, che è laminare per $Ra < 10^9$.

L'individuazione della relazione esatta (che richiede il calcolo dei coefficienti numerici e degli esponenti, per equazioni monomie, ma anche la forma della funzione, nel caso più generale) richiede, come nel caso della convezione forzata, l'esecuzione di esperimenti.

Per alcuni processi fisici, è possibile definire su basi teoriche la struttura delle equazioni, come, ad esempio, per il calcolo dello spettro della turbolenza (Tennekes e Lumley, 1997 [76]), anche se i coefficienti numerici possono essere stimati solo su base sperimentale.

7.1.2
Il trasferimento di calore nei nanofluidi

Una classe di fluidi artificiali di recente sintesi è rappresentata dai *nanofluidi*, con nanoparticelle in sospensione in una matrice liquida, in grado di aumentare l'efficienza dello scambio termico. I possibili meccanismi di incremento dell'efficienza sono una turbolenza più intensa e un maggiore calore specifico. Limitandoci ad analizzare solo il regime di convezione forzata, possiamo ritenere che, oltre alle variabili coinvolte nel caso di un fluido ordinario, se ne aggiungano altre relative alle caratteristiche delle nanoparticelle. Il processo fisico può essere descritto con la relazione funzionale

$$f\left(h,\, V,\, D,\, \nu,\, k_f,\, k_p,\, c_f \cdot \rho_f,\, c_p \cdot \rho_p,\, \phi,\, d_p, \text{forma}_p,\, \Delta\theta\right) = 0, \qquad (7.22)$$

dove ϕ è la concentrazione volumetrica delle nanoparticelle, il pedice p si riferisce alle particelle, il pedice f al fluido. Sono 12 le variabili che possono ricondursi a $(12-4) = 8$ gruppi adimensionali:

$$\text{Nu} = \widetilde{f}\left(\text{Re},\, \text{Pr},\, \text{Pe},\, \phi,\, \frac{c_p \cdot \rho_p}{c_f \cdot \rho_f},\, \text{forma}_p,\, \frac{d_p}{D}\right). \qquad (7.23)$$

Sperimentalmente, si ricava una relazione nella quale i gruppi adimensionali sono calcolati sulla base delle scale introdotte dalle nanoparticelle, ovvero sulla base di scale medie delle proprietà del fluido puro e delle nanoparticelle. La struttura della relazione funzionale è

$$\text{Nu}_{nf} = c_1 \cdot \left(1.0 + c_2 \cdot \phi^{m_1} \cdot \text{Pe}_d^{m_2}\right) \cdot \text{Re}_{nf}^{m_3} \cdot \text{Pr}_{nf}^{0.4}, \qquad (7.24)$$

con:

$$\text{Pe}_d = \frac{V \cdot d_p \cdot c_{nf} \cdot \rho_{nf}}{k_{nf}}, \quad \text{Re}_{nf} = \frac{V \cdot D}{\nu_{nf}},$$

$$\text{Pr}_{nf} = \frac{\nu_{nf} \cdot c_{nf} \cdot \rho_{nf}}{k_{nf}}, \quad c_{nf} \cdot \rho_{nf} = (1-\phi) \cdot c_f \cdot \rho_f + \phi \cdot c_p \cdot \rho_p. \qquad (7.25)$$

Si noti che nella definizione di alcuni gruppi dimensionali interviene una funzione delle variabili che reggono il processo fisico. Ad esempio, il calore specifico per unità di volume del nanofluido è la media ponderale dei valori del fluido e delle particelle. Analogamente, la viscosità cinematica del nanofluido è una correzione della viscosità cinematica del fluido puro per effetto della presenza di nanoparticelle. Ciò significa che alcune variabili non intervengono autonomamente, con la conseguente riduzione del numero di gruppi adimensionali che descrivono il processo. La forma delle particelle interviene nei coefficienti c_1 e c_2. Alcuni risultati sperimentali sono riportati in Figura 7.3, con le curve interpolanti aventi la seguente equazione:

$$\text{Nu}_{nf} = 0.0059 \left(1.0 + 7.6286\, \phi^{0.6886} \cdot \text{Pe}_d^{0.001}\right) \cdot \text{Re}_{nf}^{0.9238} \cdot \text{Pr}_{nf}^{0.4}. \qquad (7.26)$$

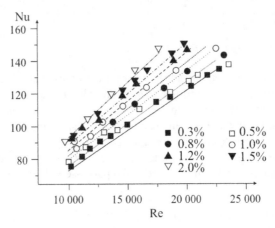

Figura 7.3 Scambio di calore tra un fluido con nanoparticelle in sospensione, in moto in regime turbolento in condotta circolare cilindrica, e le pareti della condotta. I risultati si riferiscono a esperimenti con differente concentrazione volumetrica delle nanoparticelle

7.1.3
Lo scambio termico in presenza di vapori

Consideriamo del vapore al limite di saturazione alla temperatura θ, che fluisce in una condotta internamente liscia inclinata di un angolo α sull'orizzontale, a temperatura di parete $\theta - \Delta\theta$. Si forma uno strato di condensa con conducibilità termica k che influenza lo scambio termico (Fig. 7.4). La variabile geometrica più importante è lo spessore di tale strato, funzione anche del calore latente di condensazione per unità di massa λ; in realtà, interessa il calore latente di condensazione per unità di volume, esprimibile come $\lambda_v = \lambda \cdot \rho$. Il film alla parete può essere influenzato dalla velocità media del vapore in condotta, a meno che tale velocità non sia molto piccola. Inoltre, lo spessore del film varia lungo la condotta e la lunghezza l della condotta è una variabile del processo fisico; il diametro (o un'altra dimensione della sezione trasversale per condotte non circolari) non interviene, a meno che non sia dello stesso ordine di grandezza dello spessore del condensato. Il fluido condensato scivola lungo la condotta con moto in regime laminare, controllato dalla viscosità μ e dal peso specifico ridotto $\gamma_r = \rho \cdot g \cdot \sin\alpha$.

Il processo fisico può essere descritto come:

$$f(h, \Delta\theta, l, \lambda_v, k, \gamma_r, \mu) = 0. \tag{7.27}$$

Il rango della matrice dimensionale

	h	$\Delta\theta$	l	λ_v	k	γ_r	μ
M	1	0	0	1	1	1	1
L	0	0	1	-1	1	-2	-1
T	-3	0	0	-2	-3	-2	-1
Θ	-1	1	0	0	-1	0	0

$$(7.28)$$

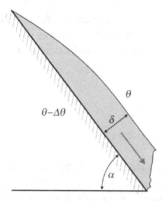

Figura 7.4 Condensazione alla parete e formazione di un film sottile in moto dovuto alla gravità

è pari a 4. Scelte λ_v, k, γ_r e μ, quali grandezze fondamentali, le altre 3 sono esprimibili come:

$$\begin{cases} h = \dfrac{k \cdot \gamma_r}{\lambda_v} \equiv \dfrac{k \cdot g \cdot \sin \alpha}{\lambda} \\[3mm] \Delta \theta = \dfrac{\lambda_v^4}{k \cdot \gamma_r^2 \cdot \mu} \equiv \dfrac{\rho^2 \cdot \lambda^4}{k \cdot g^2 \cdot \sin^2 \alpha \cdot \mu}, \\[3mm] l = \dfrac{\lambda}{g \cdot \sin \alpha} \end{cases} \qquad (7.29)$$

e i possibili gruppi adimensionali sono:

$$\Pi_1 = \frac{h \cdot \lambda}{k \cdot g \cdot \sin \alpha}, \quad \Pi_2 = \frac{\Delta \theta \cdot k \cdot g^2 \cdot \sin^2 \alpha \cdot \mu}{\rho^2 \cdot \lambda^4}, \quad \Pi_3 = \frac{g \cdot l \cdot \sin \alpha}{\lambda}. \qquad (7.30)$$

In definitiva, si può scrivere:

$$\frac{h \cdot \lambda}{k \cdot g \cdot \sin \alpha} = \widetilde{f}\left(\frac{\Delta \theta \cdot k \cdot g^2 \cdot \sin^2 \alpha \cdot \mu}{\rho^2 \cdot \lambda^4}, \frac{g \cdot l \cdot \sin \alpha}{\lambda} \right). \qquad (7.31)$$

Per programmare l'attività sperimentale, i risultati possono essere parametrici in Π_3 (che si può modificare cambiando la lunghezza l del tubo nell'apparato sperimentale) e possono essere tracciati su un diagramma con ascissa Π_1 e ordinata Π_2. Il valore numerico di Π_2 può essere fatto variare modificando la differenza di temperatura $\Delta \theta$. Quindi, si riportano i corrispondenti valori sperimentali di Π_1. I valori sperimentali (Nusselt, 1916 [60]) sono interpolati da una relazione monomia:

$$\Pi_1 = \frac{0.943}{\sqrt[4]{\Pi_2 \cdot \Pi_3}} \rightarrow h = 0.943 \sqrt[4]{\frac{g \cdot \sin \alpha \cdot \rho^2 \cdot \lambda \cdot k^3}{l \cdot \mu \cdot \Delta \theta}}. \qquad (7.32)$$

Se il condensato, anziché scivolare, come film sottile sulla parete della condotta, forma delle goccioline, è necessario introdurre tra le variabili anche la tensione superficiale all'interfaccia vapore-liquido condensato. In generale, il processo di condensazione è influenzato anche dalla scabrezza della superficie e da grassi o altre sostanze depositate sulla parete interna della condotta.

7.1.4
Lo scambio termico di un corpo omogeneo

Consideriamo un corpo di materiale conduttore termico immerso in un fluido, in un bagno di elevata capacità termica (idealmente infinita) e supponiamo che il fluido sia rimescolato per garantire l'uniformità della temperatura. Vogliamo calcolare la variazione di temperatura del corpo rispetto alla temperatura iniziale.

Nel processo di scambio termico in regime transitorio, intervengono il coefficiente di scambio termico h, il coefficiente di conducibilità termica del fluido k, il calore specifico per unità di volume $c_p \cdot \rho$, una scala geometrica di lunghezza l, il tempo t, la differenza di temperatura iniziale tra fluido e corpo $\Delta \theta_{(1)} = \theta_f - \theta_0$, la variazione di temperatura nel corpo, rispetto alla temperatura iniziale $\Delta \theta_{(2)} = \theta - \theta_0$. La temperatura del fluido non varia nell'ipotesi di capacità termica infinita. L'equazione tipica del processo fisico è

$$\Delta \theta_{(2)} = f \left(\Delta \theta_{(1)}, \, k, \, h, \, (c_p \cdot \rho), \, l, \, t \right). \tag{7.33}$$

La matrice dimensionale

	$\Delta \theta_{(2)}$	$\Delta \theta_{(1)}$	k	h	$c_p \cdot \rho$	l	t
M	0	0	1	1	1	0	0
L	0	0	1	0	-1	1	0
T	0	0	-3	-3	-2	0	1
Θ	1	1	-1	-1	-1	0	0

$$\tag{7.34}$$

ha rango 4. Scelte le 4 grandezze fondamentali $\Delta \theta_{(1)}$, k, h, $(c_p \cdot \rho)$ (si può dimostrare che sono indipendenti), si calcolano le dimensioni delle 3 grandezze residue rispetto alle fondamentali:

$$\begin{cases} \Delta \theta_{(2)} = \Delta \theta_{(1)} \\[2mm] l = \dfrac{k}{h} \\[2mm] t = \dfrac{k \cdot c_p \cdot \rho}{h^2} \end{cases}. \tag{7.35}$$

I 3 possibili gruppi adimensionali sono, quindi:

$$\Pi_1 = \frac{\theta - \theta_0}{\theta_f - \theta_0}, \quad \Pi_2 = \frac{h \cdot l}{k}, \quad \Pi_3 \equiv \frac{t \cdot h^2}{k \cdot c_p \cdot \rho}. \tag{7.36}$$

Il secondo gruppo è il numero di Nusselt. Su basi sperimentali il terzo gruppo rilevante è una funzione monomia di Π_2 e Π_3,

$$\Pi_3' = \frac{\Pi_3}{\Pi_2^2} = \frac{t \cdot h^2}{k \cdot c_p \cdot \rho} \cdot \frac{k^2}{h^2 \cdot l^2} = \frac{k \cdot t}{c_p \cdot \rho \cdot l^2}. \tag{7.37}$$

Pertanto, risulta:

$$\frac{\theta - \theta_0}{\theta_f - \theta_0} = \widetilde{f}\left(\frac{k \cdot t}{c_p \cdot \rho \cdot l^2}, \frac{h \cdot l}{k}\right). \tag{7.38}$$

L'equazione (7.38) può essere anche riscritta in altra forma, ovvero,

$$\frac{\Delta\theta}{\theta_f - \theta} = \widetilde{f}\left(\frac{k \cdot \Delta t}{c_p \cdot \rho \cdot l^2}, \frac{h \cdot l}{k}\right), \tag{7.39}$$

dove $\Delta\theta$ è la variazione di temperatura del corpo nell'intervallo di tempo Δt. Sviluppando in serie di Taylor, per incrementi di tempo molto piccoli, risulta:

$$\frac{\Delta\theta}{\theta_f - \theta} = \widetilde{f}\Big|_{\left(0, \frac{h \cdot l}{k}\right)} + \frac{k \cdot \Delta t}{c_p \cdot \rho \cdot l^2} \cdot \widetilde{f}'\Big|_{\left(0, \frac{h \cdot l}{k}\right)} + O\left(\Delta t^2\right). \tag{7.40}$$

L'apice indica la derivata della funzione rispetto al primo argomento. Poiché per $\Delta t = 0$ risulta anche $\Delta\theta = 0$, il primo termine della serie è nullo. Quindi, passando ai differenziali, si ha

$$\frac{d\theta}{\theta_f - \theta} = \frac{A \cdot k \cdot dt}{c_p \cdot \rho \cdot l^2}, \tag{7.41}$$

dove A è funzione di $h \cdot l / k$. Integrando e imponendo che all'istante iniziale t_0 la temperatura sia θ_0, risulta:

$$\ln\frac{\theta_f - \theta}{\theta_f - \theta_0} = -\frac{A \cdot k \cdot (t - t_0)}{c_p \cdot \rho \cdot l^2}, \tag{7.42}$$

esprimibile anche come

$$\frac{\theta - \theta_0}{\theta_f - \theta_0} = 1 - e^{-\frac{A \cdot k \cdot (t - t_0)}{c_p \cdot \rho \cdot l^2}}. \tag{7.43}$$

L'adeguamento di temperatura del corpo e del fluido circostante si manifesta, quindi, con legge di decadimento esponenziale nel tempo.

7.2
Il trasferimento di calore in reti ramificate frattali

In molti dispositivi elettronici è sempre più necessario garantire un adeguato sistema di raffreddamento, eventualmente realizzato con reti di canalicoli di scambio a struttura ramificata. Abbiamo già visto nel Capitolo 4, p. 103, come alcune reti biologiche, come, ad esempio, la rete circolatoria cardiovascolare nei mammiferi, abbiano una struttura *frattale* che permette di individuare per ogni rango delle relazioni scala tra le caratteristiche dei componenti della rete.

Consideriamo un circuito di raffreddamento che si sviluppi in due sole dimensioni e supponiamo che sia realizzato con un sistema di condotte in serie e in parallelo, con ogni condotta che si biforca in due condotte (Chen e Cheng, 2002 [21]). Il diametro relativo delle condotte sia individuato dal rango, pari a $(0, 1, \ldots, k)$, con il primo valore per la condotta di massimo diametro e i valori successivi per le condotte più piccole. Se assumiamo che il rapporto di scala geometrica tra la lunghezza della condotta al rango $(k + 1)$ e quella al rango k sia esprimibile come:

$$\gamma_k = \frac{l_{k+1}}{l_k},\qquad(7.44)$$

l'ipotesi di rete frattale richiede che per ogni rango $\gamma_k = \gamma = $ cost. La dimensione frattale D soddisfa la relazione (Mandelbrot, 1982 [52])

$$N_b = \gamma^{-D},\qquad(7.45)$$

dove N_b è il numero di rami nei quali si biforca ogni ramo. Se indichiamo con Δ la dimensione frattale dei diametri d (o dei raggi) delle condotte circolari, risulta:

$$N_b = \left(\frac{d_{k+1}}{d_k}\right)^{-\Delta} \rightarrow \beta = \frac{d_{k+1}}{d_k} = N_b^{-1/\Delta}.\qquad(7.46)$$

Un esempio di due reti frattali a semplice biforcazione ($N_b = 2$), aventi lo stesso rango massimo ($N = 7$), ma dimensione frattale differente, è visibile in Figura 7.5.

Supponiamo che la rete giunga al massimo rango nella parte superiore del circuito e si connetta con una rete identica nella parte inferiore, attraverso le condotte di rango massimo. L'area della superficie di scambio termico è pari a:

$$S = 2\sum_{k=0}^{N} S_k = 2\sum_{k=0}^{N} \pi d_k \cdot l_k \cdot N_b^k =$$

$$2\sum_{k=0}^{N} \pi d_0 \cdot \beta^k \cdot l_0 \cdot \gamma^k \cdot N_b^k = 2\pi d_0 \cdot l_0 \cdot \frac{1 - (N_b \cdot \beta \cdot \gamma)^{N+1}}{1 - N_b \cdot \beta \cdot \gamma}.\qquad(7.47)$$

Il coefficiente 2 è dovuto al fatto che, tra ingresso e uscita, la rete raddoppia, connettendosi al massimo rango. Assumendo un regime laminare, sia idraulico che termodinamico, il numero di Nusselt è invariante a ogni rango e, conseguentemente, il coefficiente di scambio termico varia come:

$$\frac{h_{k+1}}{h_k} = \frac{d_k}{d_{k+1}} = \beta^{-1}.\qquad(7.48)$$

Assumendo che il salto di temperatura $\Delta\theta$ sia lo stesso a ogni rango, il flusso termico totale è pari a:

$$Q_h = 2\sum_{k=0}^{N} h_k \cdot S_k \cdot \Delta\theta = 2\pi d_0 \cdot l_0 \cdot h_0 \cdot \frac{1 - (N_b \cdot \gamma)^{N+1}}{1 - N_b \cdot \gamma} \cdot \Delta\theta.\qquad(7.49)$$

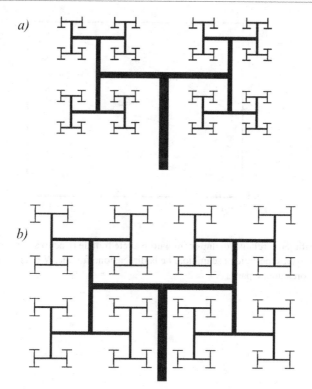

Figura 7.5 Rete frattale con $N_b = 2$ *a)* $D = 1.5, N = 7$; *b)* $D = 2, N = 7$

Per un'unica condotta di diametro d_0 avente la stessa superficie di scambio della rete e a parità di numero di Nusselt e di salto di temperatura, risulta, invece:

$$Q_{hpl} = h_0 \cdot S \cdot \Delta\theta = 2\pi d_0 \cdot l_0 \cdot h_0 \cdot \frac{1 - (N_b \cdot \beta \cdot \gamma)^{N+1}}{1 - N_b \cdot \beta \cdot \gamma} \cdot \Delta\theta. \qquad (7.50)$$

Il rapporto tra il flusso termico nella rete frattale e il flusso termico nella condotta equivalente è pari a:

$$\frac{Q_h}{Q_{hpl}} = \frac{\left[1 - (N_b \cdot \gamma)^{N+1}\right] \cdot (1 - N_b \cdot \beta \cdot \gamma)}{\left[1 - (N_b \cdot \beta \cdot \gamma)^{N+1}\right] \cdot (1 - N_b \cdot \gamma)}. \qquad (7.51)$$

In Figura 7.6 si riportano le curve di efficienza calcolate per $N_b = 2$, $\Delta = 3$ al variare del rango massimo e della dimensione frattale D. Si noti che la rete frattale risulta sempre più efficiente di una condotta equivalente.

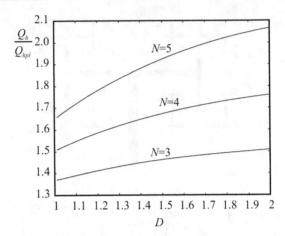

Figura 7.6 Efficienza relativa di uno scambiatore a rete frattale rispetto a una condotta avente la stessa area della superficie di scambio. D è la dimensione frattale, N è il rango massimo. Il numero di biforcazioni è pari a $N_b = 2$

Le applicazioni nella Meccanica dei fluidi e nell'Idraulica

8

A partire dagli esperimenti di Smeaton del 1759 [70] sulle ruote idrauliche, il settore della Meccanica dei fluidi è quello che per primo ha visto sviluppare le applicazioni della modellistica fisica. La grande varietà di problemi, altrimenti irrisolvibili, ha decretato un grande sviluppo nelle tecniche di realizzazione dei modelli fisici idraulici, sia per i moti interni che per quelli esterni. Una storia dei Modelli dell'Ingegneria Idraulica è stata curata da Montuori, 2005 [57], mentre le applicazioni ai problemi di Ingegneria Idraulica sono dettagliate nelle monografie di Yalin, 1971 [88], di Ivicsics, 1980 [40], di Novak e Čábelka, 1981 [59], di Hughes, 1993 [38], di Adami, 1994 [2], di Leopardi, 2004 [49].

8.1
I gruppi adimensionali di interesse nella Meccanica dei fluidi

Come più volte ricordato, la scelta dei gruppi adimensionali deve essere fatta in modo che gli stessi abbiano un significato fisico, e ciò risulta di grande ausilio nell'analisi dell'equazione tipica che descrive il processo fisico e nella fase di interpretazione dei risultati sperimentali. Di norma, per individuare tali gruppi, si procede adimensionalizzando le equazioni fondamentali che reggono il processo fisico e le condizioni al contorno.

8.1.1
L'equazione di bilancio della quantità di moto lineare

Supponiamo di volere analizzare il campo di moto di un fluido Newtoniano in moto incomprimibile nella gravità, descritto dall'equazione di Navier-Stokes

$$\underbrace{\frac{\partial \mathbf{u}}{\partial t}}_{\substack{inerzia \\ locale}} + \underbrace{\mathbf{u} \cdot \nabla \mathbf{u}}_{\substack{inerzia \\ convettiva}} - \underbrace{\mathbf{f}}_{\substack{azione\ della \\ gravità}} + \underbrace{\frac{\nabla p}{\rho}}_{\substack{azione\ della \\ pressione}} - \underbrace{\frac{\mu}{\rho} \cdot \nabla^2 \mathbf{u}}_{\substack{termine \\ viscoso}} = 0 \qquad (8.1)$$

Longo S.: Analisi Dimensionale e Modellistica Fisica.
Principi e applicazioni alle scienze ingegneristiche. © Springer-Verlag Italia 2011

che, per la i-esima componente, assume la seguente forma nella notazione scalare:

$$\frac{\partial u_i}{\partial t} + u_k \cdot \frac{\partial u_i}{\partial x_k} - g_i + \frac{1}{\rho} \cdot \frac{\partial p}{\partial x_i} - \frac{\mu}{\rho} \cdot \nabla^2 u_i = 0. \tag{8.2}$$

Convenzionalmente, il pedice ripetuto due volte, all'interno dello stesso termine, implica la somma di tutti i valori. Il simbolo ∇^2 è l'operatore di Laplace (Laplaciano) che, in coordinate cartesiane ortogonali, ha l'espressione

$$\nabla^2 \equiv \frac{\partial^2}{\partial x_1^2} + \frac{\partial^2}{\partial x_2^2} + \frac{\partial^2}{\partial x_3^2} \equiv \frac{\partial^2}{\partial x^2} + \frac{\partial^2}{\partial y^2} + \frac{\partial^2}{\partial z^2}. \tag{8.3}$$

Possiamo procedere alla adimensionalizzazione del problema scegliendo delle dimensioni scala (o scale) che appaiono significative. Senza entrare nel dettaglio della scelta, che può avvenire solo dopo avere maturato un'appropriata conoscenza del fenomeno, indichiamo queste scale con i simboli u_0, l_0, t_0, p_0.

Come si evince dai simboli, trattasi, rispettivamente, della scala delle velocità u_0, della scala delle lunghezze l_0, della scala dei tempi t_0 e della scala delle pressioni p_0. Assumiamo, inoltre, che la temperatura sia invariante e che la viscosità dinamica sia costante e pari a μ_0. Le variabili, rapportate alle scale scelte, diventano adimensionali e saranno indicate con il simbolo $\tilde{}$:

$$\begin{cases} \tilde{u} = \dfrac{u}{u_0} \\[2mm] \tilde{x} = \dfrac{x}{l_0} \\[2mm] \tilde{t} = \dfrac{t}{t_0} \\[2mm] \tilde{p} = \dfrac{p}{p_0} \end{cases} \tag{8.4}$$

L'equazione (8.2) è riscritta nelle variabili adimensionali come:

$$\frac{u_0}{t_0}\frac{\partial \tilde{u}_i}{\partial \tilde{t}} + \frac{u_0^2}{l_0} \cdot \tilde{u}_k \cdot \frac{\partial \tilde{u}_i}{\partial \tilde{x}_k} - g_i + \frac{p_0}{\rho_0 \cdot l_0} \cdot \frac{\partial \tilde{p}}{\partial \tilde{x}_i} - \frac{\mu_0}{\rho_0} \cdot \frac{1}{l_0^2} \cdot \tilde{\nabla}^2 \tilde{u}_i = 0. \tag{8.5}$$

Dividendo per le grandezze scala del termine convettivo u_0^2/l_0, si ottiene:

$$\left(\frac{l_0}{u_0 \cdot t_0}\right) \cdot \frac{\partial \tilde{u}_i}{\partial \tilde{t}} + \tilde{u}_k \cdot \frac{\partial \tilde{u}_i}{\partial \tilde{x}_k} - \left(\frac{l_0 \cdot g_i}{u_0^2}\right) +$$

$$\left(\frac{p_0}{\rho_0 \cdot u_0^2}\right) \cdot \frac{\partial \tilde{p}}{\partial \tilde{x}_i} - \left(\frac{\mu_0}{\rho_0 \cdot l_0 \cdot u_0}\right) \cdot \tilde{\nabla}^2 \tilde{u}_i = 0. \tag{8.6}$$

I monomi fra parentesi sono adimensionali.

Il primo monomio

$$\text{St} = \frac{l_0}{u_0 \cdot t_0} \tag{8.7}$$

è il *numero di Strouhal* e rappresenta il rapporto tra l'inerzia locale e l'inerzia convettiva; esso è nullo in condizioni stazionarie.

Il secondo monomio

$$\frac{l_0 \cdot g_i}{u_0^2} = \frac{1}{\text{Fr}^2} \rightarrow \text{Fr} = \frac{u_0}{\sqrt{g \cdot l_0}} \tag{8.8}$$

è una potenza del *numero di Froude*. Il numero di Froude è il rapporto tra l'inerzia convettiva e l'azione della gravità, ma la sua definizione non è uniforme in letteratura e, talvolta, viene espresso come $\text{Fr} = u_0^2/(g \cdot l_0)$.

Il terzo monomio

$$\text{Eu} = \frac{p_0}{\rho_0 \cdot u_0^2} \tag{8.9}$$

è il *numero di Eulero*. Nel caso in esame, la pressione si rapporta secondo $\rho_0 \cdot u_0^2$, e il numero di Eulero assume valore unitario.

L'ultimo monomio

$$\frac{\mu_0}{\rho_0 \cdot l_0 \cdot u_0} = \frac{1}{\text{Re}} \rightarrow \text{Re} = \frac{\rho_0 \cdot l_0 \cdot u_0}{\mu_0} \tag{8.10}$$

è l'inverso del *numero di Reynolds*. Il numero di Reynolds è il rapporto tra l'inerzia convettiva e l'azione della viscosità.

L'equazione (8.6) si presenta nella nuova forma

$$\text{St} \cdot \frac{\partial \widetilde{u}_i}{\partial \widetilde{t}} + \widetilde{u}_k \cdot \frac{\partial \widetilde{u}_i}{\partial \widetilde{x}_k} - \frac{1}{\text{Fr}^2} + \text{Eu} \cdot \frac{\partial \widetilde{p}}{\partial \widetilde{x}_i} - \frac{1}{\text{Re}} \cdot \widetilde{\nabla}^2 \widetilde{u}_i = 0, \tag{8.11}$$

cioè, come combinazione lineare di termini adimensionali.

In base alla categoria e al regime di moto, alcuni monomi risultano molto piccoli, rispetto agli altri, e possono essere trascurati, con notevole semplificazione dell'analisi. Ad esempio, per $\text{Re} \rightarrow \infty$, il termine viscoso diventa trascurabile e l'equazione si approssima all'equazione di Eulero. Analogamente, per $\text{Fr} \rightarrow \infty$, il contributo della gravità è trascurabile.

Usando la stessa procedura con le altre equazioni di bilancio o di conservazione, è possibile selezionare altri gruppi adimensionali con un ben preciso significato fisico. Nella Meccanica dei fluidi, i gruppi adimensionali più frequenti sono quelli di seguito riportati:

$$\text{Re} = \frac{\rho \cdot u \cdot l}{\mu} \equiv \frac{\rho \cdot u^2 \cdot l^2}{\mu \cdot u \cdot l} = \frac{\textit{forza d'inerzia convettiva}}{\textit{forza viscosa}} \quad \text{(Reynolds)}, \tag{8.12}$$

$$\text{M} = \frac{u}{\sqrt{\dfrac{\varepsilon}{\rho}}} \equiv \sqrt{\frac{\rho \cdot u^2 \cdot l^2}{\varepsilon \cdot l^2}} = \sqrt{\frac{\textit{forza d'inerzia convettiva}}{\textit{forza elastica}}} \quad \text{(Mach)}, \tag{8.13}$$

$$\text{We} = \frac{u \cdot \sqrt{\rho \cdot l}}{\sqrt{\sigma}} \equiv \sqrt{\frac{\rho \cdot u^2 \cdot l^2}{\sigma \cdot l}} = \sqrt{\frac{\textit{forza d'inerzia convettiva}}{\textit{forza di tensione superficiale}}} \quad \text{(Weber)}, \tag{8.14}$$

$$\text{Fr} = \frac{u}{\sqrt{g \cdot l}} \equiv \sqrt{\frac{\rho \cdot u^2 \cdot l^2}{\rho \cdot g \cdot l^3}} = \sqrt{\frac{\textit{forza d'inerzia convettiva}}{\textit{forza di gravità}}} \quad \text{(Froude)}, \tag{8.15}$$

$$St = \frac{l}{u \cdot t} \equiv \frac{\rho \cdot u \cdot l^3 \cdot t^{-1}}{rho \cdot u^2 \cdot l^2} = \frac{forza\ d'inerzia\ locale}{forza\ d'inerzia\ convettiva} \quad \text{(Strohual),} \qquad (8.16)$$

$$Eu = \frac{\Delta p}{\rho \cdot u^2} \equiv \frac{\Delta p \cdot l^2}{\rho \cdot u^2 \cdot l^2} = \frac{forza\ di\ pressione}{forza\ d'inerzia\ convettiva} \quad \text{(Eulero).} \qquad (8.17)$$

L'uso dell'inerzia convettiva, quale fattore per rapportare tutti gli altri contributi, è conseguenza del fatto che l'inerzia convettiva è il termine più caratteristico del moto dei fluidi. È qui necessario porre particolare attenzione alle conseguenze della scelta del modo di rapportare la pressione e il tempo.

Se la pressione si rapporta alla pressione dinamica, il numero di Eulero è unitario e scompare dall'equazione di bilancio. Ciò equivale ad assumere che le forze di pressione e di inerzia convettiva siano confrontabili, e ciò non è sempre corretto.

Se il tempo si rapporta secondo l_0/u_0, il numero di Strohual è unitario e, dunque, si assume che l'inerzia locale e l'inerzia convettiva siano confrontabili, e anche questo non è sempre corretto.

Volendo eseguire il confronto con forze differenti da quella convettiva, possiamo procedere componendo in forma monomia i gruppi adimensionali classici. Ad esempio, si calcola:

$$\frac{forza\ di\ pressione}{forza\ viscosa} = Eu \cdot Re,$$

$$\frac{forza\ di\ pressione}{forza\ di\ gravità} = Eu \cdot Fr, \qquad (8.18)$$

$$\frac{forza\ viscosa}{forza\ di\ gravità} = \frac{Fr}{Re}.$$

L'ultimo rapporto è spesso definito in maniera leggermente diversa, e cioè:

$$Ga = \frac{Re^2}{Fr} = \frac{g \cdot l_0^3}{v^2}, \qquad (8.19)$$

e prende il nome di *numero di Galileo*. Si noti che il quadrato del numero di Reynolds permette di eliminare la scala della velocità.

Se gli effetti del galleggiamento sono importanti, il numero di Galileo si modifica in

$$Ar = \frac{\Delta \rho}{\rho} \cdot Ga = \frac{\Delta \rho}{\rho} \cdot \frac{g \cdot l_0^3}{v^2} \qquad (8.20)$$

e prende il nome di *numero di Archimede*.

Alcuni numeri caratteristici nascono dall'esigenza di adattare l'analisi a campi di moto particolari. Ad esempio, nelle curve di condotte circolari cilindriche, per tenere conto delle circolazioni secondarie, chiamate *vortici di Dean*, il numero di Reynolds si modifica in

$$Dn = Re \cdot \sqrt{\frac{r}{r_c}}, \qquad (8.21)$$

dove r è il raggio della condotta e r_c è il raggio di curvatura, e il nuovo numero prende il nome di *numero di Dean*. In maniera analoga, in situazioni nelle quali la pressione può ridursi fino alla tensione di vapore, il numero di Eulero si modifica, riferendo la variazione di pressione alla tensione di vapore, e prende il nome di *numero di cavitazione o di Thoma*:

$$\text{Th} = \frac{p - p_{vap}}{\rho \cdot u_0^2}. \tag{8.22}$$

Nel caso di campi di moto in riferimenti non inerziali, vengono definiti alcuni rapporti tra le forze apparenti e altre forze caratteristiche. Così, ad esempio, il *numero di Ekman* sarà

$$\text{Ek} = \frac{forza\ viscosa}{forza\ di\ Coriolis} = \frac{\nu}{\Omega \cdot l_0^2}, \tag{8.23}$$

dove Ω è la velocità di rotazione del riferimento non inerziale, e, ancora, il *numero di Rossby*:

$$\text{Ro} = \frac{forza\ d'inerzia}{forza\ di\ Coriolis} = \frac{u_0}{\Omega \cdot l_0}. \tag{8.24}$$

Alcuni numeri, soprattutto per fluidi a comportamento non Newtoniano, fanno riferimento alle proprietà del fluido e non del campo di moto. Il *numero di Bingham* è il rapporto tra le tensione di soglia e la tensione viscosa:

$$\text{Bm} = \frac{tensione\ di\ soglia}{tensione\ viscosa} = \frac{\tau_y \cdot l_0}{\mu_p \cdot u_0}, \tag{8.25}$$

dove τ_y è la tensione di soglia e μ_p è la viscosità apparente.

Il *numero di Deborah*, sarà

$$\text{De} = \frac{T_r}{T_f}, \tag{8.26}$$

e in esso compare il tempo di rilassamento del materiale T_r a confronto con il tempo di variazione del campo di moto T_f.

Il tempo di rilassamento è pari, per l'acqua, a $T_r \approx 10^{-12}$ s, e a $T_r \approx 10^{-6}$ s per l'olio minerale lubrificante; è pari ad alcuni secondi per i polimeri ed è tendenzialmente infinito per i solidi. Per valori di De $\gg 1$, il fluido si comporta come un solido. Pertanto, si può camminare sull'acqua se l'azione di appoggio dura meno di 10^{-12} s. Di fatto, tutti i continui solidi hanno un tempo di rilassamento molto grande, ma non infinito. Così, ad esempio, i vetri delle cattedrali sono più spessi in basso poiché, col tempo, sotto l'azione della gravità, si è generato un flusso di massa.

Se il fluido è comprimibile, e in moto non isocoro, esso è soggetto a variazioni di densità di massa, espresse in funzione della variazione di pressione come $\Delta\rho/\rho = \Delta p/\varepsilon$, dove ε è il modulo di comprimibilità del fluido. Se la pressione varia secondo la componente inerziale, $\Delta p \propto \rho \cdot u_0^2$, la variazione di densità relativa è importante se $\Delta\rho/\rho > 1$, cioè se $u_0 > (\varepsilon/\rho)^{1/2} \equiv c$, dove c è la celerità del suono che diventa il rapporto di scala naturale per la velocità. Il rapporto $\text{M} = u_0/c$ è il *numero di Mach*, altrimenti indicato come *numero di Cauchy*, $\text{Ch} = \text{M}^2$.

Lo schema di mezzo continuo non è più valido quando il percorso libero medio delle molecole l_p è confrontabile con la scala geometrica del dominio l_0, come, ad esempio, per un gas molto rarefatto in domini limitati. Il rapporto $\text{Kn} = l_p/l_0$ è il *numero di Knudsen*, che assume valori molto elevati per gas a bassa pressione in mezzi porosi o in microcanali. Il numero di Knudsen è anche esprimibile come $Kn = M/Re$.

La condizione cinematica alla frontiera del dominio fluido è

$$\frac{DF}{Dt} = 0 \rightarrow \frac{\partial F}{\partial t} + \mathbf{u} \cdot \nabla F = 0, \tag{8.27}$$

dove $F(x, y, z, t) = 0$ è l'equazione che descrive la frontiera. Se la frontiera è stazionaria, risulta $\mathbf{u} \cdot \nabla F \equiv \mathbf{u} \cdot \mathbf{n} = 0$ e, quindi, la componente di velocità normale alla frontiera è nulla. È questa la condizione di non compenetrazione, mentre la condizione di aderenza richiede che la velocità tangenziale sia localmente nulla. Il risultato è $\mathbf{u} = 0$ sulla frontiera e, quindi, non essendoci termini da rapportare non è possibile estrarre informazioni utili.

In realtà alcuni casi particolari richiedono l'abbandono dell'ipotesi di aderenza, con l'introduzione di una velocità parallela alla frontiera, che si rapporta al gradiente di velocità per definire una lunghezza caratteristica pari a:

$$\beta = \frac{u_s}{\left.\dfrac{du}{dy}\right|_{y=0}}, \tag{8.28}$$

dove u_s è la velocità di slittamento (*slip velocity*) e $du/dy \equiv \dot{\gamma}$ è il gradiente di velocità, calcolato alla frontiera ($y = 0$).

Nei liquidi, la lunghezza scala caratteristica è dell'ordine di $0.1\ \mu$m e, sperimentalmente, risulta:

$$\begin{cases} \beta = A \cdot \dot{\gamma}^B \\ u_s = A \cdot \dot{\gamma}^{B+1} \end{cases}, \tag{8.29}$$

dove $B \approx 1/2$ e A è un coefficiente dimensionale.

Nei gas, la *slip velocity* è espressa dalla relazione di Maxwell, 1965 [54],

$$u_s = \frac{2 - \sigma_v}{\sigma_v} \cdot Kn \cdot l_0 \cdot \dot{\gamma}, \tag{8.30}$$

dove σ_v è il rapporto tra il numero di molecole che urtano la frontiera (e ne sono riflesse non specularmente) e il numero totale, l_0 è la lunghezza scala del moto e $\dot{\gamma}$ è il gradiente di velocità calcolato alla parete.

Anche la condizione dinamica in corrispondenza di una parete rigida non è di particolare interesse. L'analisi è, invece, più interessante, se la frontiera delimita domini di fluidi di natura differente. In tal caso, la condizione sulla componente normale della tensione all'interfaccia si traduce nell'equazione di Laplace:

$$\Delta p = \sigma \cdot \left(\frac{1}{R_1} + \frac{1}{R_2} \right), \tag{8.31}$$

dove σ è la tensione superficiale e R_1 e R_2 sono i raggi di curvatura principali. In forma adimensionale, risulta:

$$\left(\frac{p_0 \cdot l_0}{\sigma} \right) \cdot \Delta \widetilde{p} = \left(\frac{1}{\widetilde{R}_1} + \frac{1}{\widetilde{R}_2} \right). \tag{8.32}$$

Il monomio tra parentesi è il *numero di Laplace*, che assume forme differenti in base alla scelta della scala della pressione; la scala geometrica deve essere necessariamente rappresentativa della curvatura dell'interfaccia e può essere, ad esempio, il raggio della goccia d'acqua o della bolla d'aria, ovvero l'inverso della curvatura caratteristica dell'interfaccia.

Se la pressione si rapporta all'inerzia convettiva, si ottiene il *numero di Weber:*

$$\mathrm{We} = \frac{\rho \cdot l_0 \cdot u_0^2}{\sigma} = \frac{\textit{forza d'inerzia}}{\textit{forza di tensione superficiale}}. \tag{8.33}$$

Il numero di Weber interviene nello studio delle gocce d'acqua o delle bolle di gas e in presenza di curvatura delle traiettorie fluide (ma sempre con un'interfaccia con altro fluido). Così, ad esempio, anche nel processo fisico che permette ad alcuni insetti di muoversi sull'acqua.

Se, invece, la pressione varia con l'inerzia locale, risulta:

$$\mathrm{Un} = \frac{\rho \cdot l_0^2 \cdot u_0}{\sigma \cdot t_0} = \frac{\textit{forza d'inerzia locale}}{\textit{forza di tensione superficiale}}. \tag{8.34}$$

Considerando la viscosità del fluido, risulta:

$$\mathrm{Ca} = \frac{\mu \cdot u_0}{\sigma} = \frac{\textit{forza viscosa}}{\textit{forza di tensione superficiale}}, \tag{8.35}$$

dove Ca è il *numero di capillarità*, che interviene in tutti i fenomeni su piccola scala e in presenza di interfaccia tra liquidi e gas, quali la coalescenza e l'adesione.

Infine, se la pressione varia con la gravità, si calcola:

$$\mathrm{Bo} = \frac{\rho \cdot g \cdot l_0^2}{\sigma} = \frac{\textit{forza di gravità (o di galleggiamento)}}{\textit{forza di tensione superficiale}}, \tag{8.36}$$

dove Bo è il *numero di Bond* che interviene, ad esempio, nello studio del comportamento di una goccia in quiete su una superficie piana orizzontale. La forma della goccia dipende dall'azione della gravità e della tensione superficiale, cioè dal numero di Bond. La condizione $\mathrm{Bo} = 1$ permette di calcolare la lunghezza scala capillare $l_c = [\sigma/(\rho g)]^{1/2}$.

La seconda condizione dinamica all'interfaccia prevede la continuità delle tensioni tangenziali, se la tensione superficiale è spazialmente omogenea. In presenza di gradienti spaziali di tale tensione (dovuti, ad esempio, a gradienti di temperatura o di concentrazione di un componente, se il liquido è una miscela), la condizione è

$$\tau_A - \tau_B - \nabla_s \sigma = 0, \tag{8.37}$$

dove τ_A e τ_B sono le tensioni tangenziali all'interfaccia, nel dominio occupato dal fluido A e B, rispettivamente, e $\nabla_s \sigma$ è il gradiente spaziale di tensione superficiale proiettato sulla superficie di interfaccia.

Quindi, un gradiente spaziale di tensione superficiale è equivalente a una tensione tangenziale ad esso concorde, che genera un flusso di massa dalle regioni a minor valore di σ. Un gruppo adimensionale rappresentativo di questo processo fisico è il *numero di Marangoni*, definito come:

$$\mathrm{Ma} = \frac{\tau_{\mathrm{Ma}}}{\tau}, \tag{8.38}$$

dove τ_{Ma} è la tensione di Marangoni e τ è la generica tensione tangenziale dovuta, ad esempio, allo scorrimento viscoso. Per un'interfaccia piana, risulta $\tau_{\mathrm{Ma}} \approx \Delta\sigma/l_0$ e, quindi,

$$\mathrm{Ma} = \frac{\Delta\sigma}{\mu \cdot u_0}, \tag{8.39}$$

posto che $\tau \propto \mu \cdot u_0/l$.

La variazione della tensione superficiale può essere causata anche da gradienti di temperatura. In tal caso, risulta:

$$\mathrm{Ma} = \frac{l_0}{\mu \cdot k} \cdot \frac{d\sigma}{d\theta} \cdot \Delta\theta \quad \text{(termocapillarità)}, \tag{8.40}$$

dove k è la diffusività termica e θ è la temperatura. Se, invece, la variazione è causata da gradienti di concentrazione di un surfattante, allora risulta:

$$\mathrm{Ma} = \frac{l_0}{\mu \cdot D} \cdot \frac{d\sigma}{dC} \cdot \Delta C \quad \text{(azione di un surfattante)}, \tag{8.41}$$

dove D è la diffusività del surfattante e C è la sua concentrazione.

L'effetto Marangoni è una causa stabilizzante per le bolle di sapone ed è anche la causa degli archetti che si formano nei bicchieri di vino e di bevande alcoliche in genere: in un film di vino adeso alla parete, l'evaporazione dell'alcool è più intensa nella parte alta, dove il film è più sottile. A una minore concentrazione alcolica, corrisponde una tensione superficiale maggiore, che richiama fluido dal basso. Il liquido scala letteralmente la parete del bicchiere e si accumula in alto fino a ricadere quando l'azione della gravità bilancia la tensione di Marangoni (Fig. 8.1). Per l'analisi di questo effetto, il numero adimensionale più rappresentativo è $\mathrm{Ma} \cdot \mathrm{Ca}$, con Ma calcolato sulla base del gradiente di concentrazione di un surfattante.

Esempio 8.1. Una applicazione classica dell'Analisi Dimensionale nella Meccanica dei fluidi consiste nell'individuazione della soluzione formale del campo di moto all'interno dello strato limite di parete. Lo strato limite di parete è un dominio del campo di moto nel quale continuano ovviamente ad essere valide le equazioni di Navier-Stokes, ma con delle semplificazioni notevoli, grazie alla particolare geometria. Il processo fisico che descrive il profilo di velocità è definito dalla velocità u alla

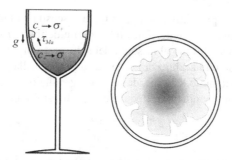

Figura 8.1 Risalita del vino per effetto Marangoni. Lo squilibrio di tensione superficiale è dovuto al gradiente di concentrazione dell'alcool

distanza y dalla parete, misurata ortogonalmente alla stessa, e dipende dalla scabrezza geometrica ε, dalla viscosità dinamica μ, dalla densità di massa del fluido ρ e dalla tensione tangenziale alla parete τ_b. Inoltre, dipende anche dalle caratteristiche geometriche del moto esterno, rappresentate da una scala di lunghezza l. L'equazione tipica si può così scrivere:

$$u = f\left(y,\ \varepsilon,\ l,\ \mu,\ \rho,\ \tau_b\right). \tag{8.42}$$

Lo spazio è a 3 dimensioni e, in virtù del Teorema di Buckingham, il processo fisico è rappresentabile in funzione di $(7-3) = 4$ gruppi adimensionali. Se scegliamo u, y e ρ, quali grandezze fondamentali, i gruppi adimensionali più immediati sono:

$$\frac{\varepsilon}{y},\quad \frac{l}{y},\quad \frac{\mu}{\rho \cdot u \cdot y},\quad \frac{\tau_b}{\rho \cdot u^2}. \tag{8.43}$$

Possiamo attribuire un significato fisico ben preciso ai vari contributi. Ad esempio, τ_b/ρ ha le dimensioni di una velocità al quadrato che, proprio perché coinvolge le caratteristiche del campo di moto in corrispondenza della parete, viene convenzionalmente definita *velocità d'attrito* e indicata con u_*. Sulla base di questa nuova velocità scala, vengono tradizionalmente definiti i seguenti 4 gruppi adimensionali:

$$\frac{u}{u_*},\quad \frac{y \cdot u_*}{v},\quad \frac{y}{\varepsilon},\quad \frac{y}{l}. \tag{8.44}$$

Quindi, l'equazione tipica può essere scritta come:

$$\frac{u}{u_*} = \widetilde{f}\left(\frac{y \cdot u_*}{v},\ \frac{y}{\varepsilon},\ \frac{y}{l}\right). \tag{8.45}$$

Se lo strato limite è sufficientemente esteso (come, ad esempio, su piastra infinita a distanza rilevante dal bordo d'attacco), la macroscala delle lunghezze l è ininfluente e l'equazione (8.45) si riduce a:

$$\frac{u}{u_*} = \widetilde{f}\left(\frac{y \cdot u_*}{v},\ \frac{y}{\varepsilon}\right). \tag{8.46}$$

Per semplificare l'analisi, è necessario considerare le possibili situazioni asintotiche, che permettono di ridurre il numero dei gruppi adimensionali. All'interno dello strato limite, in prossimità della parete, la viscosità ha un ruolo dominante e smorza le fluttuazioni turbolente. Tale sottostrato è definito *viscoso*. Se le asperità della superficie non si elevano al di sopra del sottostrato limite viscoso, la parete è idraulicamente liscia e la scabrezza non ha alcun ruolo nella determinazione della struttura del campo di moto. Ciò accade se $\varepsilon \cdot u_* / \nu < 4$, dove ε è la scala geometrica della scabrezza. In tali condizioni, l'equazione (8.46) si semplifica ulteriormente:

$$\frac{u}{u_*} = \widetilde{f}\left(\frac{y \cdot u_*}{\nu}\right). \tag{8.47}$$

L'Analisi Dimensionale non offre altri strumenti per individuare la forma della funzione $\widetilde{f}$. La funzione è stata teoricamente individuata da Prandtl sulla base di un modello della turbolenza, ed è

$$\frac{u}{u_*} = \frac{1}{\kappa} \cdot \ln \frac{y \cdot u_*}{\nu} + C_1, \tag{8.48}$$

dove κ è la costante di von Kármán, pari a 0.4, e C_1 è una costante, sperimentalmente pari a 5.0 per profili di velocità in condotta circolare cilindrica. Nel sottostrato limite viscoso la tensione tangenziale è solo viscosa e, poiché il fluido è Newtoniano, risulta $\tau = \mu \cdot \partial u / \partial y$; assumendo che la tensione tangenziale sia uniforme lungo la verticale e pari alla tensione tangenziale alla parete, $\tau = \tau_b = \rho \cdot u_*^2$, si calcola:

$$\tau_b = \rho \cdot u_*^2 = \mu \cdot \frac{\partial u}{\partial y} \rightarrow \frac{u}{u_*} = \frac{y \cdot u_*}{\nu}. \tag{8.49}$$

Pertanto, il profilo di velocità nel sottostrato limite viscoso è lineare, con uno spessore convenzionale calcolato sulla base del punto di intersezione tra il profilo di velocità logaritmico, proprio della regione esterna (e che si calcola per altra via), e il profilo lineare, ed è pari a $y \cdot u_* / \nu = 11.8$ (spessore di Nikuradse).

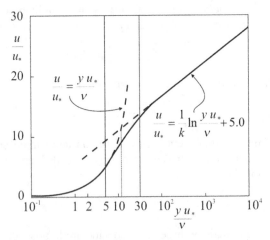

Figura 8.2   Profilo di velocità nello strato limite turbolento in parete idraulicamente liscia

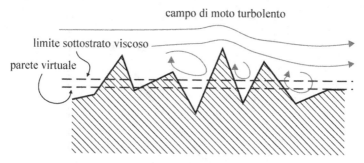

Figura 8.3 Campo di moto in prossimità di una parete scabra

Una seconda situazione asintotica si presenta quando lo spessore del sottostrato limite viscoso è molto minore della scala della scabrezza ε; in pratica, quando $(\varepsilon \cdot u_*)/v > 70$ (Fig. 8.3). In tal caso, è la viscosità che non ha più alcun ruolo nella struttura del campo di moto esterno e l'equazione (8.46) si semplifica:

$$\frac{u}{u_*} = \tilde{f}\left(\frac{y}{\varepsilon}\right). \tag{8.50}$$

Anche in questo caso, l'Analisi Dimensionale non è di alcun ulteriore aiuto per definire la forma della funzione $\tilde{f}$. Prandtl e von Kármán hanno derivato, su basi teoriche, il seguente profilo di velocità:

$$\frac{u}{u_*} = \frac{1}{\kappa} \cdot \ln \frac{y}{\varepsilon} + C_1, \tag{8.51}$$

dove C_1 è una costante di integrazione, sperimentalmente pari a 8.5 per moto turbolento, pienamente sviluppato, in condotta circolare cilindrica scabra.

Esempio 8.2. Analizziamo il processo di rottura dell'interfaccia tra un liquido e un gas, a seguito di una accelerazione impressa al contenitore del fluido, con eventuale espulsione di gocce di liquido nel gas.

Il processo fisico può essere studiato sperimentalmente, mettendo del liquido in un contenitore posto su una tavola vibrante in oscillazione verticale con ampiezza e frequenza variabili a piacimento. Siano z_0 e ω_0, rispettivamente, l'ampiezza e la pulsazione delle oscillazioni, assunte sinusoidali. Le variabili coinvolte sono la viscosità cinematica del liquido v, la tensione superficiale all'interfaccia σ e la densità di massa del liquido ρ. Invece dell'ampiezza delle oscillazioni, è conveniente considerare l'accelerazione a impressa, che varia secondo $z_0 \cdot \omega_0^2$. L'equazione tipica del processo è

$$a = f(\omega_0, v, \sigma, \rho). \tag{8.52}$$

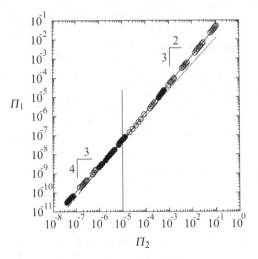

Figura 8.4 Risultati sperimentali per individuare le condizioni limite di formazione delle goccioline di liquido in un gas (modificata da Goodridge *et al.*, 1997 [35])

La matrice dimensionale rispetto a M, L e T

$$
\begin{array}{c|ccccc}
 & a & \omega_0 & v & \sigma & \rho \\
\hline
M & 0 & 0 & 0 & 1 & 1 \\
L & 1 & 0 & 2 & 0 & -3 \\
T & -2 & -1 & -1 & -2 & 0
\end{array}
\tag{8.53}
$$

ha rango 3. Possiamo scegliere v, σ e ρ quali grandezze fondamentali (si può dimostrare che sono indipendenti) ed esprimere l'equazione tipica in funzione di $(5-3) = 2$ soli gruppi adimensionali, ad esempio:

$$
\Pi_1 = \frac{a \cdot v^4}{(\sigma/\rho)^3}, \quad \Pi_2 = \frac{\omega_0 \cdot v^3}{(\sigma/\rho)^2}.
\tag{8.54}
$$

Il processo fisico può essere simbolicamente descritto in funzione dei 2 gruppi adimensionali:

$$
\Pi_1 = \widetilde{f}(\Pi_2) \rightarrow \frac{a \cdot v^4}{(\sigma/\rho)^3} = \widetilde{f}\left(\frac{\omega_0 v^3}{(\sigma/\rho)^2}\right).
\tag{8.55}
$$

I risultati di una serie di esperimenti (Goodrige *et al.*, 1997 [35]) sono diagrammati in Figura 8.4. L'andamento dei dati, tracciati in scala bilogaritmica, rivela una doppia pendenza della retta interpolante: per $\Pi_2 < 10^{-5}$, risulta $\Pi_1 \propto \Pi_2^{4/3}$, ovvero,

$$
a = c_1 \cdot \left(\frac{\sigma}{\rho}\right)^{1/3} \cdot \omega_0^{4/3},
\tag{8.56}
$$

con un regime controllato dalla tensione superficiale; per $\Pi_2 > 10^{-5}$, risulta $\Pi_1 \propto$

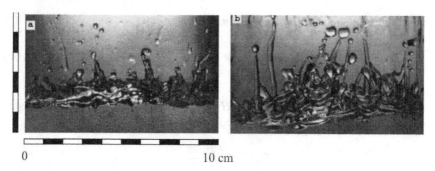

0   10 cm

Figura 8.5 Esperimenti sulle fluttuazioni dell'interfaccia tra un liquido e un gas: *a)* acqua distillata ($v = 10^{-6}$ m^2/s); *b)* miscela di acqua e glicerina all'80% ($v = 43 \cdot 10^{-6}$ m^2/s). Eccitazione a 20 Hz (per g.c. da Goodridge *et al.*, 1997 [35], Copyright 2007 by the American Physical Society)

$\Pi_2^{3/2}$, ovvero,

$$a = c_2 \cdot v^{1/2} \cdot \omega_0^{3/2}, \tag{8.57}$$

con un regime controllato dalla viscosità.

I due coefficienti numerici, calcolati interpolando ai minimi quadrati, hanno valore $c_1 = 0.261$ e $c_2 = 1.306$. Anche visivamente, si nota un diverso comportamento dell'interfaccia nei due regimi (Fig. 8.5). È questo un caso in cui la forma dell'equazione tipica e gli esponenti derivano dall'analisi dei diagrammi delle prove sperimentali, con i valori delle grandezze misurate rappresentati sulla base delle indicazioni dell'Analisi Dimensionale. Si rende comunque necessario interpretare adeguatamente l'origine delle due funzioni.

Nel regime controllato dalla tensione superficiale, si può ipotizzare che la formazione delle goccioline avvenga quando l'altezza H delle onde capillari diventi confrontabile con la lunghezza d'onda l, cioè per ripidità delle onde tendente all'unità. L'altezza è proporzionale all'accelerazione imposta, cioè:

$$H \propto \frac{a}{\omega_0^2}. \tag{8.58}$$

Le osservazioni sperimentali rivelano che $H \approx 47 a/\omega_0^2$. La lunghezza delle onde capillari è pari a $l = \left((\sigma/\rho) \cdot \omega_0^{-2} \right)^{1/3}$. Pertanto, risulta:

$$a \propto \left(\frac{\sigma}{\rho} \right)^{1/3} \cdot \omega_0^{4/3}. \tag{8.59}$$

Nel regime controllato dalla viscosità, si può ipotizzare che la formazione delle gocce avvenga quando la potenza in ingresso eguagli la potenza dissipata dalla viscosità. La potenza in ingresso per unità di massa P_i, dipende dall'accelerazione e dalla frequenza, ha dimensioni $L^2 \cdot T^{-3}$ ed è proporzionale a a^2/ω_0.

La potenza dissipata per unità di massa è proporzionale alla viscosità cinematica v e al tensore della velocità di deformazione (in realtà, alla componente fluttuante di tale tensore); dimensionalmente, risulta:

$$P_o \propto \nu \cdot \left(\frac{V}{l}\right)^2, \tag{8.60}$$

dove V è una scala delle velocità.

Una scala delle velocità può essere $H \cdot \omega$ e una scala delle lunghezze può essere la lunghezza delle onde capillari l. Quindi,

$$P_o \propto \nu \cdot \left(\frac{H \cdot \omega}{l}\right)^2. \tag{8.61}$$

Nell'ipotesi che $H \approx l$, eguagliando potenza in ingresso e in uscita, si calcola

$$a \propto \omega_0^{3/2} \cdot \nu^{1/2}. \tag{8.62}$$

Da questo esempio risulta evidente l'insostituibile supporto offerto dall'Analisi Dimensionale, sia per il trattamento preliminare dei dati che per l'interpretazione fisica dei risultati.

Esempio 8.3. Consideriamo il moto di un corpo in un fluido comprimibile, con trasferimento di calore e in presenza di attrito. Vogliamo calcolare la forza di trascinamento sul corpo, che sarà funzione della geometria, rappresentata dalla dimensione longitudinale l e trasversale d, della velocità della corrente U, della pressione p, della temperatura superficiale del corpo θ_w, delle proprietà del gas, ρ, μ, k, c_v, R, rispettivamente, la densità di massa, la viscosità dinamica, la conducibilità termica, il calore specifico a volume costante, la costante del gas. L'equazione tipica è

$$F = f(l, d, U, p, \theta_w, \rho, \mu, k, c_v, R). \tag{8.63}$$

La matrice dimensionale

	F	l	d	U	p	θ_w	ρ	μ	k	c_v	R
M	1	0	0	0	1	0	1	1	1	0	0
L	1	1	1	1	−1	0	−3	−1	1	2	2
T	−2	0	0	−1	−2	0	0	−1	−3	−2	−2
Θ	0	0	0	0	0	1	0	0	−1	−1	−1

(8.64)

ha rango 4 e, quindi, è possibile esprimere il processo fisico in funzione di $(11-4) = 7$ gruppi adimensionali. I gruppi normalmente scelti sono:

$$\frac{F}{\rho \cdot U^2 \cdot l^2} = \widetilde{\Phi}\left(\frac{d}{l}, \frac{\rho \cdot l \cdot U}{\mu}, \frac{U}{\sqrt{\gamma \cdot p/\rho}}, \frac{c_v + R}{c_v}, \frac{R \cdot \theta_w}{U^2}, \frac{\mu \cdot (c_v + R)}{k}\right), \tag{8.65}$$

ovvero,

$$\frac{F}{\rho \cdot U^2 \cdot l^2} = \widetilde{\Phi}\left(\frac{d}{l}, \text{Re}, \text{M}, \gamma, \frac{R \cdot \theta_w}{U^2}, \text{Pr}\right), \tag{8.66}$$

dove $\gamma = (c_v + R)/c_v \equiv c_p/c_v$ dalla relazione di Mayer, c_p è il calore specifico a pressione costante. Per uno specifico gas, sia γ che il numero di Prandtl, possono essere considerati costanti, quindi, risulta:

$$\frac{F}{\rho \cdot U^2 \cdot l^2} = \tilde{\Phi}\left(\frac{d}{l}, \text{Re}, \text{M}, \frac{R \cdot \theta_w}{U^2}\right), \tag{8.67}$$

ovvero, secondo la notazione convenzionale,

$$F = \frac{1}{2}\rho \cdot U^2 \cdot l^2 \cdot C_D\left(\frac{d}{l}, \text{Re}, \text{M}, \frac{R \cdot \theta_w}{U^2}\right), \tag{8.68}$$

dove C_D è il *coefficiente di drag*, funzione del fattore di forma, del numero di Reynolds, del numero di Mach e dell'ultimo gruppo adimensionale privo di una denominazione specifica.

Se volessimo realizzare un modello fisico, la condizione di similitudine impone che, oltre alla similitudine geometrica, siano soddisfatte la similitudine di Reynolds e la similitudine di Mach, cioè $r_{d/l} = r_{\text{Re}} = r_{\text{M}} = r_{C_D} = 1$. Ciò richiede che sia soddisfatto il seguente sistema di equazioni nei rapporti scala incogniti:

$$\begin{cases} r_d = r_l = \lambda \\ r_\rho \cdot r_U \cdot \lambda = r_\mu \\ r_U = r_\gamma^{1/2} \cdot r_p^{1/2} \cdot r_\rho^{-1/2} \cdot \\ r_R \cdot r_{\theta_w} = r_U^2 \end{cases} \tag{8.69}$$

Facendo uso dello stesso gas, nel modello e nel prototipo, risulta $r_\gamma = 1$. Inoltre, è necessario che risulti:

$$\frac{r_p^{1/2} \cdot r_\rho^{1/2}}{r_\mu} = \frac{1}{\lambda}. \tag{8.70}$$

Gli esperimenti per la determinazione del coefficiente di *drag* vengono condotti in tunnel del vento. Per modelli in scala geometrica ridotta, è necessario incrementare

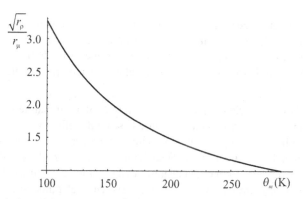

Figura 8.6 Variazione del rapporto $\sqrt{r_\rho}/r_\mu$ in funzione della temperatura. La temperatura di riferimento nel prototipo è pari a $\theta = 291$ K, il fluido è aria

la pressione, fino a raggiungere valori spesso incompatibili con le forze e le deformazioni degli elementi strutturali nel modello. In alternativa, si può trarre vantaggio dal fatto che il rapporto $\sqrt{r_\rho}/r_\mu$ cresce abbassando la temperatura (Fig. 8.6) ed è quindi possibile, raffreddando il gas, limitare l'incremento di pressione nel modello. I tunnel del vento attrezzati per eseguire tale operazione prendono il nome di *tunnel criogenici*. Per motivi di risparmio energetico, si tratta di tunnel a circuito chiuso che, quasi sempre, funzionano per iniezione diretta nella corrente di gas liquefatti, fino a raggiungere temperature inferiori a 150 K. La minima temperatura di esercizio deve essere tale da evitare la condensazione nelle zone dove la pressione assume i valori più bassi.

I tunnel criogenici si sono resi necessari per realizzare modelli fisici in scala geometrica ridotta e con numero di Reynolds sufficientemente elevato. Il numero di Reynolds potenziale di un tunnel si può esprimere come

$$\text{Re} = \frac{\rho \cdot U \cdot l}{\mu} \equiv \frac{\rho \cdot \text{M} \cdot c \cdot l}{\mu}, \tag{8.71}$$

dove l indica una dimensione trasversale caratteristica della sezione e c è la celerità di propagazione del suono. A parità di numero di Mach, il numero di Reynolds può essere incrementato facendo uso di un gas a densità di massa maggiore dell'aria, aumentando la dimensione del tunnel in modo da poter aumentare la scala geometrica nel modello, aumentando la pressione del gas (per aumentare la densità di massa) o riducendone la temperatura (così aumenta la densità e si riduce la viscosità dinamica); con quest'ultimo accorgimento si riduce anche la celerità del suono, tuttavia proporzionalmente meno di quanto si riduca la viscosità cinematica μ/ρ. Tra tutte le soluzioni, quest'ultima è risultata la più vantaggiosa.

La potenza installata, che è proporzionale a $P \propto Q \cdot U = Q \cdot \text{M} \cdot c$, si riduce, così come si riduce la pressione dinamica:

$$p = \frac{\rho \cdot U^2}{2} \equiv \frac{\rho \cdot \text{M}^2 \cdot c^2}{2}. \tag{8.72}$$

La riduzione della pressione dinamica comporta minori sollecitazioni nel modello.

Per il futuro si renderanno indispensabili tunnel con numero di Reynolds fino a 10^8 e numero di Mach poco minore di 1. La riduzione della scala deriva da ragioni economiche (si pensi, ad esempio, alla realizzazione di modelli di aerei), ma anche dalla necessità di abbattere i costi energetici, particolarmente elevati in regime transonico.

Esempio 8.4. Consideriamo uno stramazzo rettangolare, in parete sottile a contrazione laterale, del quale vogliamo calcolare la scala di deflusso.

Le variabili geometriche in gioco sono: la larghezza della soglia b, il tirante idrico rispetto al bordo superiore della soglia h_m, la larghezza del canale di arrivo B, l'altezza del petto della soglia d, la distanza della sezione di misura del tirante idrico dalla sezione dello stramazzo L_h. Le caratteristiche del fluido sono la densità di massa ρ, la viscosità dinamica μ e la tensione superficiale σ. Per ultimo, interviene l'accelerazione di gravità g e una caratteristica cinematica della corrente che è la

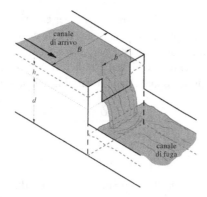

Figura 8.7 Stramazzo in parete sottile con contrazione laterale (modificata da Longo e Petti, 2006 [51])

portata volumetrica Q. Il processo fisico può esprimersi con l'equazione tipica

$$Q = f(b, h_m, B, d, L_h, \rho, \mu, \sigma, g).$$ (8.73)

Si tratta di una funzione di 10 grandezze, 3 delle quali sono indipendenti. Una terna di grandezze indipendenti è rappresentata da d, ρ e g. Quindi, si può procedere all'applicazione del Teorema di Buckingham, ottenendo la nuova funzione

$$\frac{Q}{d^2 \cdot \sqrt{g \cdot d}} = \widetilde{f}\left(\frac{b}{d}, \frac{h_m}{d}, \frac{B}{d}, \frac{L_h}{d}, \frac{\mu}{\rho \cdot d \cdot \sqrt{g \cdot d}}, \frac{\sigma}{\rho \cdot d^2}\right).$$ (8.74)

Molti dei gruppi adimensionali dell'equazione (8.74) sono privi di significato fisico, e possono essere più convenientemente riscritti in funzione di altre variabili. La procedura di selezione dei gruppi adimensionali più adatti prevede l'esecuzione di una serie di esperienze e la conoscenza approfondita del processo fisico. Per il caso in esame, un'espressione che appare appropriata è

$$\frac{Q}{b \cdot h_m \cdot \sqrt{g \cdot h_m}} = \Phi_1\left(\frac{h_m}{d}, \frac{h_m \cdot \sqrt{g \cdot \rho \cdot h_m}}{\mu}, \frac{h_m \cdot \sqrt{g \cdot \rho}}{\sqrt{\sigma}}, \frac{b}{B}, \frac{b}{d}, \frac{L_h}{d}\right) \equiv$$
$$\Phi_1\left(\frac{h_m}{d}, \text{Re}, \text{We}, \frac{b}{B}, \frac{b}{d}, \frac{L_h}{d}\right).$$ (8.75)

Si dimostra che i nuovi gruppi adimensionali sono indipendenti e sufficienti a descrivere lo spazio funzionale. Infatti, la loro matrice dimensionale

	b	h_m	B	d	L_h	ρ	μ	σ	g	Q
Π_1	-1	$-3/2$	0	0	0	0	0	0	$-1/2$	1
Π_2	0	1	0	-1	0	0	0	0	0	0
Π_3	0	$3/2$	0	0	0	1	-1	0	$1/2$	0
Π_4	0	$1/2$	0	0	0	$1/2$	0	$-1/2$	$1/2$	0
Π_5	1	0	-1	0	0	0	0	0	0	0
Π_6	1	0	0	-1	0	0	0	0	0	0
Π_7	0	0	0	-1	1	0	0	0	0	0

(8.76)

ha rango 7, cioè pari al numero delle righe (cfr. § 1.4.2.2, p. 26).

Per un fluido con caratteristiche prefissate e per esperienze eseguite in presenza di gravità terrestre, i valori di μ, σ, ρ e g, sono delle costanti. Il numero di gruppi adimensionali sufficienti è inferiore ed è pari a $(n - k) - (n_f - k_f)$, dove $n_f = 4$ è il numero delle variabili costanti e k_f il loro rango (cfr. § 1.4.4, p. 39). Si dimostra che il rango della matrice dimensionale delle 4 variabili che assumono valore costante, cioè:

$$
\begin{array}{c|cccc}
 & \mu & \sigma & \rho & g \\
\hline
M & 1 & 1 & 1 & 0 \\
L & -1 & 0 & -3 & 1 \\
T & -1 & -2 & 0 & -2
\end{array}
, \tag{8.77}
$$

è pari a 3. Pertanto, è possibile eliminare un solo gruppo adimensionale e l'equazione tipica diventa:

$$
\frac{Q}{b \cdot h_m \cdot \sqrt{g \cdot h_m}} = \Phi_2 \left(\frac{h_m}{d}, \frac{h_m \cdot \rho \cdot \sigma}{\mu^2}, \frac{b}{B}, \frac{b}{d}, \frac{L_h}{d} \right). \tag{8.78}
$$

La funzione Φ_2 viene comunemente definita *coefficiente di efflusso* dello stramazzo.

Esempio 8.5. Vogliamo analizzare la deformazione di una piattaforma *offshore* a traliccio metallico con fondazione su pali, soggetta all'azione delle onde di mare (Fig. 8.8).

Le variabili coinvolte sono relative alla struttura, al terreno, alle onde di mare. Se siamo interessati alla deformazione della struttura, l'equazione tipica è

$$
\delta = f(l, g, \rho, M_s, E_s, I_{ms}, k_s, u_w, H_w, d_w, \mu, t), \tag{8.79}
$$

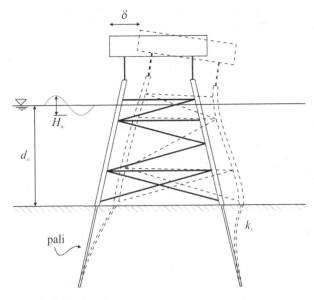

Figura 8.8 Geometria della piattaforma

dove δ è una deformazione (ad esempio, il massimo spostamento orizzontale), l è una dimensione geometrica caratteristica della struttura (ad esempio, la sua altezza), g è l'accelerazione di gravità, ρ è la densità di massa dell'acqua, M_s è la massa totale, E_s è il modulo di Young del materiale della struttura, I_{ms} è il momento d'inerzia, k_s è la costante elastica del terreno, u_w è la velocità delle particelle d'acqua, H_w è l'altezza d'onda, d_w è la profondità locale, μ è la viscosità dinamica dell'acqua, t è il periodo dell'onda incidente. La matrice dimensionale, in funzione di L, T e M,

	l	g	ρ	δ	M_s	E_s	I_{ms}	k_s	u_w	H_w	d_w	μ	t
M	0	0	1	0	1	1	1	1	0	0	0	1	0
L	1	1	-3	1	0	-1	2	0	1	1	1	-1	0
T	0	-2	0	0	0	-2	0	-2	-1	0	0	-1	1

$$(8.80)$$

ha rango 3. È possibile estrarre il minore delimitato nell'equazione (8.80):

$$\mathbf{A} = \begin{bmatrix} 0 & 0 & 1 \\ 1 & 1 & -3 \\ 0 & -2 & 0 \end{bmatrix}, \qquad (8.81)$$

e verificare che ha determinante non nullo. Ciò indica anche che le tre grandezze l, g e ρ sono indipendenti e possono rappresentare una base. La matrice residua è

$$\mathbf{B} = \begin{bmatrix} 0 & 1 & 1 & 1 & 1 & 0 & 0 & 0 & 1 & 0 \\ 1 & 0 & -1 & 2 & 0 & 1 & 1 & 1 & -1 & 0 \\ 0 & 0 & -2 & 0 & -2 & -1 & 0 & 0 & -1 & 1 \end{bmatrix}. \qquad (8.82)$$

La matrice degli esponenti dimensionali delle altre variabili rispetto alle grandezze scelte come fondamentali si calcola come:

$$\mathbf{C} = \mathbf{A}^{-1} \cdot \mathbf{B}, \qquad (8.83)$$

ottenendo il seguente risultato:

$$\mathbf{C} = \begin{bmatrix} 1 & 3 & 1 & 5 & 2 & 0.5 & 1 & 1 & 1.5 & 0.5 \\ 0 & 0 & 1 & 0 & 1 & 0.5 & 0 & 0 & 0.5 & -0.5 \\ 0 & 1 & 1 & 1 & 1 & 0 & 0 & 0 & 1 & 0 \end{bmatrix}. \qquad (8.84)$$

I gruppi adimensionali si calcolano immediatamente:

$$\Pi_1 = \frac{\delta}{l}, \quad \Pi_2 = \frac{M_s}{\rho \cdot l^3}, \quad \Pi_3 = \frac{E_s}{\rho \cdot g \cdot l}, \quad \Pi_4 = \frac{I_{ms}}{\rho \cdot l^5},$$

$$\Pi_5 = \frac{k_s}{\rho \cdot g \cdot l^2}, \quad \Pi_6 = \frac{u_w}{\sqrt{g \cdot l}}, \quad \Pi_7 = \frac{H_w}{l}, \quad \Pi_8 = \frac{d_w}{l}, \qquad (8.85)$$

$$\Pi_9 = \frac{\mu}{\rho \cdot l \cdot \sqrt{g \cdot l}}, \quad \Pi_{10} = t \cdot \sqrt{\frac{g}{l}}.$$

Quindi, risulta:

$$\frac{\delta}{l} = \tilde{f}\left(\frac{M_s}{\rho \cdot l^3}, \frac{E_s}{\rho \cdot g \cdot l}, \frac{I_{ms}}{\rho \cdot l^5}, \frac{k_s}{\rho \cdot g \cdot l^2}, \right.$$
$$\left. \frac{u_w}{\sqrt{g \cdot l}}, \frac{H_w}{l}, \frac{d_w}{l}, \frac{\mu}{\rho \cdot l \cdot \sqrt{g \cdot l}}, t \cdot \sqrt{\frac{g}{l}} \right). \quad (8.86)$$

8.2
Le condizioni di similitudine nei modelli idraulici

Nella maggior parte dei modelli idraulici sono coinvolte, al massimo, le seguenti 9 grandezze:

$$l, t, V, p, \rho, \mu, g, \varepsilon, \sigma, \quad (8.87)$$

dove l è una dimensione geometrica, t è il tempo, V è la velocità, p è la pressione, ρ è la densità di massa, μ è la viscosità dinamica, g è la gravità, ε è il modulo di comprimibilità e σ è la tensione superficiale, risultando così escluse le grandezze di natura elettrica e la temperatura. Si può dimostrare che, nell'insieme considerato, le grandezze fondamentali sono 3 e, quindi, in base al Teorema di Buckingham, è possibile descrivere un processo fisico che coinvolge le 9 grandezze in funzione di 6 gruppi adimensionali. I 6 gruppi adimensionali, che hanno un significato fisico e che vengono comunemente scelti, sono quelli già presentati nel § 8.1, p. 233. Sulla base dei criteri dell'Analisi Dimensionale, la similitudine completa richiede che i 6 gruppi adimensionali assumano lo stesso valore nel modello e nel prototipo.

Nella pratica, la similitudine completa non è realizzabile, dato che alcune delle grandezze coinvolte sono, di fatto, invarianti o, comunque, tali da poter essere modificate, nel modello rispetto al prototipo, ma con costi e accorgimenti molto onerosi. Ad esempio, l'accelerazione di gravità è praticamente invariante (eccetto che per modelli in centrifuga, che tuttavia sono realizzabili a costi contenuti solo per applicazioni geotecniche, eventualmente anche in presenza di processi di filtrazione). Inoltre, la scelta di uno stesso fluido nel modello e nel prototipo (quasi sempre il fluido è acqua), comporta il fatto che i rapporti di scala della viscosità dinamica, della tensione superficiale, del modulo di comprimibilità e della densità di massa, assumano valore unitario. Ciò equivale a ridurre il numero di gradi di libertà nella selezione dei rapporti di scala, con risultati talvolta contraddittori. Ad esempio, nel caso più generale di un modello fisico per il quale il fluido sia lo stesso di quello nel prototipo, i rapporti adimensionali dovrebbero soddisfare il sistema di equazioni:

$$
\begin{cases}
r_g = r_\mu = r_\sigma = r_\varepsilon = r_\rho = 1 & \\[2mm]
\dfrac{r_\rho \cdot r_V \cdot \lambda}{r_\mu} = 1 & \text{(Reynolds)} \\[3mm]
\dfrac{r_V^2 \cdot r_\rho}{r_\varepsilon} = 1 & \text{(Mach)} \\[3mm]
\dfrac{r_V^2 \cdot r_\rho \cdot \lambda}{r_\sigma} = 1 & \text{(Weber)} \\[3mm]
\dfrac{r_V^2}{r_g \cdot \lambda} = 1 & \text{(Froude)} \\[3mm]
\dfrac{\lambda}{r_V \cdot r_t} = 1 & \text{(Strohual)} \\[3mm]
\dfrac{r_{\Delta p}}{r_\rho \cdot r_V^2} = 1 & \text{(Eulero)}
\end{cases}
\tag{8.88}
$$

che non ammette soluzioni: basti pensare che l'eguaglianza del numero di Froude richiede $r_V = \sqrt{\lambda}$, mentre l'eguaglianza del numero di Reynolds richiede $r_V = 1/\lambda$. Ciò vale anche per molte altre grandezze derivate. A titolo di esempio, nella Tabella 8.1 si riportano i rapporti di scala calcolati per alcune grandezze, sulla base dell'eguaglianza del numero di Froude e del numero di Reynolds.

La mancanza di una soluzione del sistema di equazioni porta ad optare per una *similitudine approssimata o parziale*, nella quale solo alcuni dei gruppi adimensionali vengono rapportati correttamente. La scelta del gruppo adimensionale da rapportare correttamente dipende dal campo di moto: nei moti a pelo libero, si ricorre al numero di Froude; nei moti confinati, a basso numero di Reynolds, si ricorre al numero di Reynolds e al numero di Eulero. Quando il criterio di similitudine è dominato dal rispetto di uno dei gruppi adimensionali, la similitudine prende il nome proprio dal gruppo adimensionale scelto ed è, quindi, comunemente indicata come similitudine di Reynolds, similitudine di Froude, similitudine di Weber.

Tabella 8.1 I rapporti di scala per alcune grandezze derivate, calcolati sulla base dell'eguaglianza del numero di Froude e del numero di Reynolds

Grandezza	Froude	Reynolds
lunghezza	λ	λ
area	λ^2	λ^2
volume	λ^3	λ^3
tempo	$\sqrt{\lambda}$	λ^2
velocità	$\sqrt{\lambda}$	λ^{-1}
accelerazione	1	λ^{-3}
forza	λ^3	1

8.2.1
La similitudine di Reynolds

La similitudine di Reynolds si applica allo studio di moti stazionari confinati da pareti rigide, o che si estendano all'infinito, ogni qual volta la viscosità del fluido giochi un ruolo non trascurabile. Le variabili di interesse si riducono a 5 e i gruppi adimensionali da rispettare sono il numero di Eulero e il numero di Reynolds. Usando i criteri dell'Analisi Dimensionale, si ottengono le seguenti relazioni tra i rapporti di scala:

$$\begin{cases} \dfrac{r_{\Delta p}}{r_{\rho} \cdot r_V^2} = 1 \\ \dfrac{r_{\rho} \cdot r_V \cdot \lambda}{r_{\mu}} = 1 \end{cases}. \tag{8.89}$$

Se si usa lo stesso fluido nel modello e nel prototipo, è necessario calcolare 3 rapporti di scala vincolati da 2 equazioni e rimane un solo grado di libertà. Normalmente si sceglie la scala geometrica e si calcola $r_V = \lambda^{-1}$ e $r_{\Delta p} = \lambda^{-2}$. La potenza si rapporta come $r_P = \lambda^{-1}$ e ciò crea non pochi problemi nella realizzazione dei modelli in similitudine di Reynolds con scala geometrica ridotta: sia la velocità che la potenza, nel modello, assumono valori maggiori rispetto al prototipo. In condizioni di turbolenza pienamente sviluppata, il principio di asintoticità della turbolenza prevede l'indipendenza dal numero di Reynolds e la similitudine di Reynolds si semplifica nella similitudine di Eulero, che richiede il rispetto solo della prima equazione del sistema (8.89). In quest'ultimo caso, la scala geometrica non condiziona né la velocità, né la pressione.

8.2.2
La similitudine di Froude

La similitudine di Froude si applica allo studio di moti in presenza di un pelo libero e nei quali la gravità ha un ruolo importante. Solitamente si usa per modellare corsi d'acqua naturali, misuratori a stramazzo, moti ondosi di onde di gravità. Nel caso generale di un problema idraulico dipendente da 8 grandezze (escludendo, rispetto alle 9 elencate nell'equazione (8.87), la comprimibilità del fluido), il Teorema di Buckingham permette di esprimere il processo fisico in funzione di 5 gruppi adimensionali:

$$f(\text{Re}, \text{We}, \text{Fr}, \text{St}, \text{Eu}) = 0. \tag{8.90}$$

Si possono scrivere 5 equazioni negli 8 rapporti scala incogniti:

$$
\begin{cases}
\dfrac{r_\rho \cdot r_V \cdot \lambda}{r_\mu} = 1 & \text{(Reynolds)} \\[2mm]
\dfrac{r_V^2 \cdot r_\rho \cdot \lambda}{r_\sigma} = 1 & \text{(Weber)} \\[2mm]
\dfrac{r_V^2}{r_g \cdot \lambda} = 1 & \text{(Froude)} \cdot \\[2mm]
\dfrac{\lambda}{r_V \cdot r_t} = 1 & \text{(Strohual)} \\[2mm]
\dfrac{r_{\Delta p}}{r_\rho \cdot r_V^2} = 1 & \text{(Eulero)}
\end{cases}
\tag{8.91}
$$

Se il fluido è lo stesso nel modello e nel prototipo, con $r_g = r_\mu = r_\sigma = r_\varepsilon = r_\rho = 1$, si perviene al seguente sistema di equazioni:

$$
\begin{cases}
r_V = \dfrac{1}{\lambda} & \text{(Reynolds)} \\[2mm]
r_V = \sqrt{\dfrac{1}{\lambda}} & \text{(Weber)} \\[2mm]
r_V = \sqrt{\lambda} & \text{(Froude)} \\[2mm]
\dfrac{\lambda}{r_V \cdot r_t} = 1 & \text{(Strohual)} \\[2mm]
\dfrac{r_{\Delta p}}{r_V^2} = 1 & \text{(Eulero)}
\end{cases}
\tag{8.92}
$$

che, come già visto nel § 8.2, p. 252, non ammette soluzioni. Tuttavia, se gli effetti della tensione superficiale sono trascurabili e se il moto è turbolento, pienamente sviluppato, l'insieme di condizioni si riduce a:

$$
\begin{cases}
r_V = \sqrt{\lambda} \\[2mm]
r_t = \sqrt{\lambda} \\[2mm]
r_{\Delta p} = \lambda
\end{cases}
\tag{8.93}
$$

e la similitudine prende il nome di *similitudine di Froude*. Il moto deve essere turbolento, pienamente sviluppato sia nel modello che nel reale, sulla base del criterio imposto dal numero di Reynolds d'attrito e secondo le indicazioni riportate nella Tabella 8.2.

Esempio 8.6. Sia assegnato un modello fisico di una cassa di espansione realizzato in scala geometrica $\lambda = 1/50$. Nel prototipo la portata massima è pari a $Q_p = 220$ $m^3 \cdot s^{-1}$. Si voglia calcolare la portata massima richiesta nel modello.

La portata volumetrica si calcola come:

$$
Q = \Omega \cdot V
\tag{8.94}
$$

e, dall'Analisi Diretta, il suo rapporto scala è pari a:

$$r_Q = r_\Omega \cdot r_V = \lambda^{5/2}. \tag{8.95}$$

Quindi,

$$\frac{Q_m}{Q_p} = \left(\frac{1}{\lambda}\right)^{5/2} \rightarrow Q_m = 220\left(\frac{1}{50}\right)^{5/2} = 0.0125 \text{ m}^3 \cdot \text{s}^{-1}. \tag{8.96}$$

In Figura 8.9 si riporta il modello fisico, in similitudine di Froude, del manufatto della cassa di espansione sul Torrente Parma. L'opera realizzata è visibile in Figura 8.10. In un precedente modello fisico, in virtù della simmetria, era stata riprodotta solo una metà dell'opera, con un'incremento di scala a 1:25 e con una evidente economia. Si noti che la simmetria della struttura non significa necessariamente sim-

Figura 8.9 Modello fisico dell'opera di sbarramento della cassa di espansione sul Torrente Parma realizzato in scala geometrica $\lambda = 1/50$ (modificata da Mignosa *et al.*, 2008 [55])

Figura 8.10 Opera di sbarramento della cassa di espansione sul Torrente Parma (per g.c. di Paolo Mignosa)

Tabella 8.2 Regime di moto in funzione del numero di Reynolds di attrito per i canali a pelo libero e per le condotte

Campo di moto	Canali a pelo libero	Condotte
viscoso	$Re_* < 4$	$Re_* < 5$
turbolento di transizione	$4 < Re_* < 100$	$5 < Re_* < 75$
turbolento sviluppato	$Re_* > 100$	$Re_* > 75$

metria del campo di moto, dato che fenomeni di instabilità possono dar luogo a flussi tutt'altro che simmetrici. Un caso evidente, in cui addirittura si sfrutta l'instabilità di un flusso in un campo di moto simmetrico quale principio di misura della portata, è il misuratore a effetto Coanda (Longo e Petti, 2006 [51]).

8.2.3
La similitudine di Mach

La similitudine di Mach si applica nei processi fisici che avvengono in moto stazionario e comprimibile; le grandezze in gioco sono 6 e possono essere raggruppate in 3 gruppi adimensionali:

$$f\,(\mathrm{Re, M, Eu}) = 0. \tag{8.97}$$

Abbiamo escluso i modelli per i quali la tensione superficiale e la gravità abbiano una qualche rilevanza. L'Analisi Dimensionale ci permette di scrivere 3 equazioni nei 3 rapporti scala incogniti:

$$
\begin{cases}
\dfrac{r_\rho \cdot r_V \cdot \lambda}{r_\mu} = 1 & \text{(Reynolds)} \\[2mm]
\dfrac{r_V^2 \cdot r_\rho}{r_\varepsilon} = 1 & \text{(Mach)} \cdot \\[2mm]
\dfrac{r_{\Delta p}}{r_\rho \cdot r_V^2} = 1 & \text{(Eulero)}
\end{cases}
\tag{8.98}
$$

Se il fluido è lo stesso nel modello e nel prototipo, la similitudine non è di alcun ausilio, poiché l'insieme di equazioni si riduce a:

$$
\begin{cases}
r_V = \dfrac{1}{\lambda} \\[2mm]
r_V = 1 \\[2mm]
r_{\Delta p} = r_V^2
\end{cases}
, \tag{8.99}
$$

che ammette solo la soluzione banale e richiederebbe la realizzazione di modelli in scala geometrica 1:1. Solo nel caso in cui il moto sia turbolento pienamente sviluppato è possibile trascurare il numero di Reynolds e realizzare un modello con scala della velocità invariante, rispetto al prototipo, e con scala delle pressioni dettata dal numero di Eulero. In molti casi reali, il numero di Reynolds non può essere trascurato (almeno in alcune regioni del campo di moto), e il modello deve essere realizzato nella stessa scala geometrica del prototipo, a meno di non voler accettare effetti scala di una certa rilevanza. Tipicamente, i modelli in similitudine di Mach si realizzano in tunnel (o gallerie) del vento di dimensioni tali da accogliere dei modelli di dimensioni reali o molto prossime a quelle reali.

Se si modificano le caratteristiche del fluido, ad esempio, abbassandone la temperatura, si recupera un grado di libertà (cfr. *tunnel criogenici*, p. 248), sufficiente a realizzare una similitudine completa anche con scala geometrica, nel modello, ridotta.

8.2.4
La similitudine nei processi di filtrazione

Nei processi di filtrazione intervengono sia delle grandezze geometriche, che caratterizzano la matrice attraverso la quale filtra il fluido, sia alcune proprietà fisiche del fluido. Si può ritenere che il processo fisico sia descritto dall'equazione tipica

$$f(H, x, \rho, g, D, u, \mu, n) = 0, \tag{8.100}$$

dove H è il carico totale, x la lunghezza del percorso, ρ la densità di massa del fluido, g l'accelerazione di gravità, D una scala geometrica dei meati, u la velocità del fluido, μ la viscosità dinamica e n la porosità del mezzo.

La variazione del carico totale specifico lungo il percorso è espressa dal gradiente dell'energia

$$J = -\frac{dH}{dx} \tag{8.101}$$

che, trascurando l'altezza cinetica (sempre modesta nei processi di filtrazione), coincide con la cadente piezometrica. La funzione (8.100) si riduce a:

$$J = f(\rho, g, D, u, \mu, n), \tag{8.102}$$

dove è stata evidenziata la variabile governata di nostro interesse.

La matrice dimensionale ha rango 3 e, applicando il Teorema di Buckingham, la funzione si trasforma in una funzione di 2 gruppi adimensionali e di due grandezze adimensionali, J e n:

$$J = \widetilde{f}\left(\frac{g \cdot D}{u^2}, \frac{\rho \cdot D \cdot u}{\mu}, n\right), \tag{8.103}$$

ovvero, sulla base dell'evidenza sperimentale:

$$\frac{\gamma \cdot J \cdot D}{\rho \cdot u^2} \equiv \Pi_j = \Phi(\mathrm{Re}, n). \tag{8.104}$$

Si noti l'accorpamento dei gruppi adimensionali che riduce da 4 a 3 i gruppi significativi.

Una possibile struttura della funzione Φ prevede l'indipendenza dal numero di Reynolds per Re→ ∞. Sulla base dell'evidenza sperimentale, si può assumere che sia

$$\Phi(\text{Re}, n) = \frac{\Phi_1(n)}{\text{Re}} \tag{8.105}$$

e, sostituendo nell'equazione (8.104), si ottiene l'equazione

$$u = \frac{1}{\Phi_1(n)} \cdot \frac{\gamma \cdot D^2}{\mu} \cdot J = k \cdot J, \tag{8.106}$$

dove k è il coefficiente di permeabilità. L'equazione (8.106) è nota come *equazione di Darcy*, valida per Re→ 0. Per Re molto grande, si può assumere

$$\Phi(\text{Re}, n) = \Phi_2(n) \tag{8.107}$$

e, quindi,

$$u = \sqrt{\frac{\gamma \cdot J \cdot D}{\rho \cdot \Phi_2(n)}}. \tag{8.108}$$

In Figura 8.11 si riportano i risultati di alcune misure di permeabilità di aria attraverso una matrice di asfalto drenante. Si individua chiaramente la zona di regime laminare, mentre, in regime di moto turbolento pienamente sviluppato, la curva è tracciata a

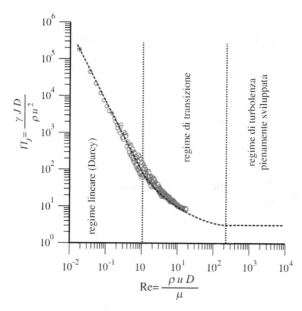

Figura 8.11 Misure di permeabilità di aria in asfalto drenante (Laboratorio di Idraulica del DICATeA, 2006)

sentimento. La similitudine richiede che

$$\begin{cases} \dfrac{r_\gamma \cdot r_J \cdot \lambda}{r_\rho \cdot r_u^2} = 1 \\[2mm] \dfrac{r_\rho \cdot r_u \cdot \lambda}{r_\mu} = 1 \\[2mm] r_n = 1 \end{cases} . \tag{8.109}$$

Se si vogliono estrapolare i risultati di misure di permeabilità eseguite con aria anziché con acqua (eseguite esattamente sullo stesso provino), i rapporti di scala imposti sono $r_n = 1$, $\lambda = 1$ e r_μ / r_ρ e, per i rapporti di scala delle grandezze derivate, si ottengono i seguenti valori:

$$\begin{cases} r_J = r_u^2 \\[2mm] r_u = \dfrac{r_\mu}{r_\rho} \end{cases} . \tag{8.110}$$

Assegnato $r_\mu / r_\rho \equiv r_v = v_{H_2O} / v_{aria} \simeq 10^{-1}$, si calcola

$$\begin{cases} \dfrac{u_{H_2O}}{u_{aria}} \simeq 10^{-1} \rightarrow u_{H_2O} \simeq 10^{-1} \cdot u_{aria} \\[2mm] \dfrac{J_{H_2O}}{J_{aria}} \simeq 10^{-2} \rightarrow J_{H_2O} \simeq 10^{-2} \cdot J_{aria} \end{cases} . \tag{8.111}$$

A parità di percorso di filtrazione, la differenza di pressione necessaria è pari a:

$$\frac{\gamma_{aria} \cdot \Delta p_{H_2O}}{\gamma_{H_2O} \cdot \Delta p_{aria}} \simeq 10^{-2} \rightarrow \Delta p_{H_2O} \simeq 10^{-2} \frac{\gamma_{H_2O}}{\gamma_{aria}} \cdot \Delta p_{aria} \simeq 10 \Delta p_{aria}. \tag{8.112}$$

Se si vuole calcolare dall'equazione (8.106) il coefficiente di permeabilità per l'acqua, risulta:

$$k = \frac{1}{\Phi_1(n)} \cdot \frac{\gamma \cdot D^2}{\mu} \tag{8.113}$$

e, applicando l'Analisi Diretta,

$$r_k = \frac{1}{r_{\Phi_1(n)}} \cdot \frac{r_g \cdot \lambda^2}{r_v}. \tag{8.114}$$

Poiché si fa uso della stessa matrice di filtrazione, risulta $r_{\Phi_1(n)} = 1$ e $\lambda = 1$ e, inoltre, $r_g = 1$. In definitiva:

$$\frac{k_{H_2O}}{k_{aria}} = \frac{v_{aria}}{v_{H_2O}} \rightarrow k_{H_2O} \simeq 10 k_{aria}. \tag{8.115}$$

8.3
I modelli idraulici geometricamente distorti

Nella realizzazione di modelli fisici di sistemi ambientali molto grandi, quali fiumi e lagune, si pone il problema di riprodurre adeguatamente la scala geometrica verticale e la scala geometrica nel piano orizzontale. Per raggiungere una buona accuratezza nelle misure e per evitare che vi siano effetti scala rilevanti, dovuti, ad esempio, alla tensione superficiale, è necessario fare in modo che i minimi tiranti idrici nel modello siano di alcuni centimetri.

L'adozione di un'unica scala geometrica richiederebbe, in tal caso, la realizzazione di modelli molto estesi. Di fatto, per tutti i modelli alle acque basse, se la riduzione geometrica è molto spinta, non solo non si riesce a misurare con la necessaria accuratezza nè il pelo libero nè il fondo, ma è anche difficile riprodurre correttamente la scabrezza delle pareti. Inoltre, anche se la scabrezza fosse correttamente riprodotta, potrebbe avere caratteristiche tali da facilitare, nel modello, l'instaurarsi di moto laminare o di transizione, anziché turbolento (il moto turbolento è proprio della maggior parte dei sistemi fisici). Per ovviare a queste limitazioni, si ricorre ai *modelli distorti*, con l'adozione di una scala geometrica verticale maggiore rispetto alle scale geometriche nel piano orizzontale.

Nel caso più generale, è possibile fissare tre distinte scale geometriche, con le condizioni di similitudine distorta trattate nel § 4.1.6, p. 120.

Indicate con x, y e z le coordinate nella direzione del moto, nella direzione verticale e nella direzione ortogonale al piano $x - y$, l'applicazione dell'Analisi Diretta alle equazioni di bilancio della quantità di moto e di conservazione della massa

$$\begin{cases} \dfrac{\partial u}{\partial t} + u \cdot \dfrac{\partial u}{\partial x} + g \cdot \dfrac{\partial y}{\partial x} + g \cdot J = 0 \\ \dfrac{\partial Q}{\partial x} + \dfrac{\partial A}{\partial t} = 0 \end{cases} \tag{8.116}$$

porta al seguente sistema di equazioni nei rapporti di scala:

$$\begin{cases} \dfrac{r_u}{r_t} = \dfrac{r_u^2}{\lambda_x} = \dfrac{\lambda_y}{\lambda_x} = r_f \cdot \dfrac{r_u^2}{\lambda_R} \\ \dfrac{r_u \cdot \lambda_y \cdot \lambda_z}{\lambda_x} = \dfrac{\lambda_y \cdot \lambda_z}{r_t} \end{cases} . \tag{8.117}$$

Si può dimostrare che solo 3 delle 4 equazioni sono indipendenti e che il numero di gradi di libertà è pari a 6. Possiamo, allora, fissare ad arbitrio le tre scale geometriche e calcolare tutte le altre scale. Molto frequentemente si assume $\lambda_x = \lambda_z$, cioè un modello planimetricamente indistorto, dove il rapporto λ_y / λ_x prende il nome di *rapporto di distorsione*. Si dimostra che per i processi bidimensionali alle acque basse (flussi di marea nelle lagune, allagamenti bidimensionali), le equazioni di Saint Venant impongono l'uso della stessa scala geometrica in tutte le direzioni del piano orizzontale. Quindi, la distorsione potrà aversi solo rispetto alla scala geometrica verticale.

8.4
Gli effetti scala nei modelli idraulici

Anche nei modelli fisici idraulici è spesso necessario trascurare alcuni gruppi adimensionali e quantificare l'effetto scala corrispondente. Talvolta, gli effetti scala originano dalla difficoltà a mantenere invariati alcuni parametri che intervengono nei processi di interazione tra i corpi nel modello, quale l'attrito tra continui solidi a contatto e il *friction factor*.

Ciò che definiamo attrito è il contributo di fenomeni di adesione e di deformazione nella superficie di contatto tra i due corpi. La deformazione è in parte dovuta alla deformazione delle asperità delle superfici, in parte alla deformazione delle particelle che si trovano tra le superfici stesse.

In teoria, il coefficiente d'attrito tra continui solidi dovrebbe essere indipendente dall'area della superficie a contatto; in realtà, a parità di natura e geometria dei materiali, è una funzione della scala geometrica (Bhushan e Nosonovsky, 2004 [12]). L'adesione con asperità singole o multiple, in contatto elastico, aumenta al ridursi della scala geometrica, mentre in contatto plastico aumenta o si riduce sulla base delle caratteristiche del materiale. Il coefficiente d'attrito associato alla deformazione aumenta al ridursi della scala geometrica. Pertanto, se il contatto è in regime elastico, il coefficiente d'attrito è maggiore nelle scale più piccole. Spesso, la dipendenza teorica del coefficiente d'attrito dalla scala geometrica non è in forma monomia e, quindi, si presta male ad essere rapportata alle macroscale. Invece, nel caso di deformazione delle asperità delle superfici, risulta:

$$\mu = \mu_0 \left(\frac{L}{L_{1w}} \right)^{n-m}, \qquad (8.118)$$

dove L_{1w} è la lunghezza asintotica della zona a contatto (la macroscala della scabrezza calcolata sulla base della funzione di autocorrelazione). Quindi,

$$r_\mu = \lambda^{n-m}, \qquad (8.119)$$

dove n e m sono due coefficienti empirici pari, rispettivamente, a 0.2 e 0.5. Secondo tale espressione, ad esempio, una riduzione in scala geometrica $\lambda = 1/10$ comporta un raddoppio del coefficiente d'attrito. Ciò significa che, per la similitudine dinamica, è necessario utilizzare materiali con minore coefficiente d'attrito nel modello rispetto a quello nel prototipo.

Esempio 8.7. Consideriamo un pontile realizzato con una schiera di cassoni galleggiati indipendenti, vincolati a scorrere verticalmente lungo coppie di pali circolari (Fig. 8.12). Ci proponiamo di realizzare un modello fisico per valutarne il comportamento dinamico e per stimare l'efficienza del pontile, intesa come capacità di schermare l'area a tergo dalle azioni ondose incidenti.

Per individuare le variabili coinvolte, disponiamo dell'equazione dinamica semplificata

$$(M + M_a) \cdot \ddot{z} + \beta \cdot \dot{z} + \gamma \cdot B \cdot L \cdot z + \mu \cdot \frac{|\dot{z}|}{\dot{z}} \cdot F_x(t) = F_z(t), \qquad (8.120)$$

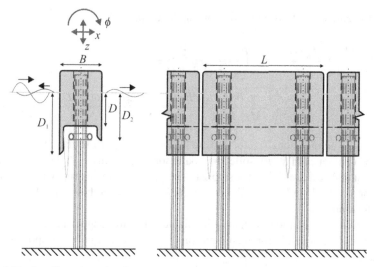

Figura 8.12   Pontile a cassoni galleggianti scorrevoli verticalmente lungo pali circolari

dove M è la massa del cassone galleggiante, M_a è la massa aggiunta dell'acqua, β è il coefficiente di smorzamento, B e L sono le dimensioni planimetriche del cassone, μ è il coefficiente d'attrito con i pali, F_x è la spinta orizzontale tra cassone e palo, $F_z = F_{z0} \cdot \sin \omega_0 \cdot t$ è la spinta verticale generata dal campo di moto ondoso. Stiamo trascurando la dinamica orizzontale e le rotazioni, poiché la natura del vincolo limita notevolmente sia gli spostamenti orizzontali che il rollio, il beccheggio e l'imbardata.

Se è di nostro interesse la valutazione della massima escursione verticale del cassone z_{max}, possiamo scrivere l'equazione tipica:

$$z_{max} = f\left((M + M_a), \beta, \gamma, B \cdot L, F_x, F_{z0}, \omega_0, \mu\right). \qquad (8.121)$$

Si noti che alcune variabili sono accoppiate, poiché non intervengono autonomamente nel processo fisico: ad esempio, la larghezza B interviene con la lunghezza L per definire l'area della sezione trasversale del cassone in corrispondenza della linea di sponda che, invece, ha un significato fisico autonomo nella dinamica del cassone galleggiante. Il rango della matrice dimensionale è 3, pertanto, possiamo scegliere 3 grandezze fondamentali indipendenti, ad esempio $(M + M_a)$, F_{z0} e ω_0, ed esprimere il processo fisico in funzione di $(9 - 3) = 6$ gruppi adimensionali, ad esempio:

$$\Pi_1 = \frac{z_{max} \cdot (M + M_a) \cdot \omega_0^2}{F_{z0}}, \quad \Pi_2 = \frac{\beta}{\sqrt{\gamma \cdot B \cdot L \cdot (M + M_a)}},$$

$$\Pi_3 = \frac{1}{\omega_0} \cdot \sqrt{\frac{\gamma \cdot B \cdot L}{(M + M_a)}}, \quad \Pi_4 = \frac{\sqrt{B \cdot L} \cdot (M + M_a) \cdot \omega_0^2}{F_{z0}}, \quad \Pi_5 = \frac{F_x}{F_{z0}}, \; \Pi_6 = \mu.$$

$$(8.122)$$

Il coefficiente d'attrito μ è già adimensionale, quindi,

$$\frac{z_{max} \cdot (M + M_a) \cdot \omega_0^2}{F_{z0}} = \tilde{f} \left(\frac{\beta}{\sqrt{\gamma \cdot B \cdot L \cdot (M + M_a)}}, \right.$$
$$\left. \frac{1}{\omega_0} \cdot \sqrt{\frac{\gamma \cdot B \cdot L}{(M + M_a)}}, \frac{\sqrt{B \cdot L} \cdot (M + M_a) \cdot \omega_0^2}{F_{z0}}, \frac{F_x}{F_{z0}}, \mu \right), \quad (8.123)$$

dove z_{max} è adimensionalizzato, rispetto all'ampiezza dell'oscillazione che il corpo avrebbe in assenza di attriti, sollecitato dalla forza $F_{z0} \cdot \sin \omega_0 \cdot t$; il secondo gruppo adimensionale è il coefficiente di smorzamento, mentre il terzo gruppo adimensionale è il rapporto tra la pulsazione del corpo libero, in assenza di attriti, e la pulsazione della forzante.

Per realizzare un modello fisico, dobbiamo calcolare i rapporti scala che permettono di rendere uguali i gruppi adimensionali nel modello e nel prototipo, cioè, deve risultare:

$$\begin{cases} \dfrac{r_z \cdot r_m}{r_{F_z} \cdot r_t^2} = 1 \\[2mm] \dfrac{r_\beta^2}{r_\gamma \cdot r_B \cdot r_L \cdot r_m} = 1 \\[2mm] \dfrac{r_\gamma \cdot r_B \cdot r_L \cdot r_t^2}{r_m} = 1 \\[2mm] \dfrac{r_B \cdot r_L \cdot r_m^2}{r_{F_z}^2 \cdot r_t^4} = 1 \\[2mm] r_{F_x} = r_{F_z} \\[2mm] r_\mu = 1 \end{cases} \quad . \quad\quad (8.124)$$

Se utilizziamo lo stesso fluido nel modello e nel prototipo, risulta $r_\gamma = 1$. Se il modello è indistorto, tutte le scale geometriche sono uguali. Inoltre, se il modello del fluido è in similitudine di Froude, risulta $r_{F_z} = r_{F_x} = \lambda^3$ e $r_t = \sqrt{\lambda}$. Quindi,

$$r_m = \lambda^3, \ r_\beta = \lambda^{5/2}, \ r_\mu = 1. \quad\quad (8.125)$$

Il vero problema, in un siffatto modello fisico, è il coefficiente d'attrito, che è maggiore nelle scale geometriche più piccole (cfr. § 8.4, p. 262). Si noti che i corpi non sono continuamente a contatto, per la presenza di un meato tra il foro nel cassone galleggiante e la pila circolare (Fig. 8.13), quindi, la componente di spinta orizzontale è mediamente pari a:

$$\overline{F_x} = \frac{1}{T} \cdot \int_0^T F_x \, dt. \quad\quad (8.126)$$

La riduzione del tempo di contatto tra palo e cassone non risulterebbe vantaggiosa per ridurre l'effetto scala dell'attrito, dato che, durante il contatto, aumenterebbe il modulo della spinta per garantire una spinta media invariante. Tuttavia, la presenza di liquido nel meato favorisce un trasferimento della spinta dal cassone al palo senza

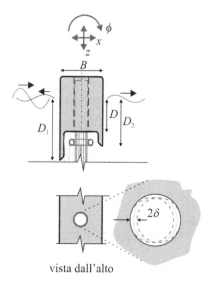

vista dall'alto

Figura 8.13 Geometria del meato tra palo e cassone galleggiante

contatto diretto. Tale effetto è amplificato se il meato è rapportato in scala geometrica ingrandita, rispetto alla scala geometrica nel modello; sicuramente la calibrazione della larghezza ottimale sarebbe difficoltosa e potrebbe fornire risultati discordanti al variare dell'altezza d'onda incidente.

Esempio 8.8. Supponiamo di volere analizzare il comportamento di un molo *breakwater* in materiale sciolto, in presenza di un attacco ondoso. Le onde incidenti vengono, in parte, riflesse e, in parte, trasmesse in virtù della presenza di meati, nell'ammasso granulare del molo, che permettono un flusso di filtrazione. L'efficienza della struttura dipende dalle caratteristiche del flusso, a sua volta controllato dal fattore d'attrito f_c. Le caratteristiche costruttive del molo prevedono uno strato esterno di materiale con dimensione tale da resistere all'attacco ondoso, e uno strato interno di materiale più fine, con il compito di dissipare l'energia trasmessa. Le scale geometriche più importanti sono: la larghezza del molo B, nel verso di propagazione dell'onda, e il diametro d rappresentativo del materiale sciolto; ancora, la lunghezza d'onda incidente l e l'altezza dell'onda incidente H. La variabile che intendiamo analizzare è il fattore d'attrito del flusso che si genera nell'ammasso poroso del molo. Possiamo scrivere una relazione funzionale del tipo:

$$f_c = f(B, H, l, d). \tag{8.127}$$

La matrice dimensionale ha rango 1 (sono tutte grandezze geometriche), pertanto, possiamo adimensionalizzare le variabili solo rispetto a una scala geometrica. I raggruppamenti più significativi portano ad una relazione del tipo:

$$f_c = \tilde{f}\left(\frac{B}{l}, \frac{d}{l}, \frac{d}{H}\right). \tag{8.128}$$

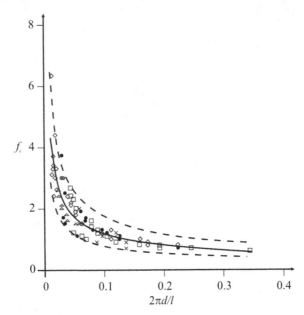

Figura 8.14 Fattore d'attrito rilevato sperimentalmente. Esperimenti nell'intervallo seguente: $0.006 \leq H/l \leq 0.095$; $0.07 \leq h/l \leq 0.3$; $0.173 \leq B/l \leq 1.02$ (modificata da Pérez-Romero *et al.*, 2009 [61])

In Figura 8.14 è riportato il fattore d'attrito ricavato sperimentalmente in funzione di d/l.

Per stimare il rapporto scala del fattore d'attrito, consideriamo l'equazione di Bernoulli in un mezzo poroso

$$s \cdot \frac{\partial \Phi}{\partial t} + \frac{p}{\rho_w} + g \cdot z + f_c \cdot \omega \cdot \Phi = 0, \tag{8.129}$$

dove s è un coefficiente inerziale, Φ è il potenziale, ρ_w è la densità di massa dell'acqua, ω è la pulsazione dell'onda incidente, f_c è un coefficiente d'attrito equivalente. In forma adimensionale, l'equazione (8.129) si può scrivere come:

$$s \cdot \frac{\partial \widetilde{\Phi}}{\partial \widetilde{t}} + \widetilde{p} + \frac{g}{\omega^2 \cdot l} \cdot \widetilde{z} + f_c \cdot \widetilde{\Phi} = 0. \tag{8.130}$$

La condizione di similitudine richiede che sia

$$r_{f_c} = \frac{r_g}{r_\omega^2 \cdot \lambda} = 1, \tag{8.131}$$

cioè $r_\omega \equiv r_t^{-1} = \lambda^{-1/2}$ (similitudine di Froude) e, poiché $r_g = 1$, deve risultare anche $r_{f_c} = 1$. Tuttavia, sperimentalmente, risulta che, riproducendo in similitudine di Froude tutte le grandezze geometriche, incluso il diametro dei grani, il coefficiente d'attrito assume un valore differente rispetto al prototipo. Per riprodurre correttamente i fenomeni nell'ammasso granulare, la riflessione dell'onda e la trasmissione a tergo del *breakwater*, è necessario incrementare il diametro dei grani nel modello rispetto a quello che si calcola in similitudine di Froude.

Esempio 8.9. Le onde del mare che si frangono su una parete verticale di un molo possono essere classificate, in base alla durata dell'impulso, in: quasi-statiche, se la durata dell'impulso varia dal 20% al 50% del periodo dell'onda, impulsive, se la durata dell'impulso è molto minore e fino a 1/100 del periodo dell'onda. La riproduzione in similitudine di Froude porta a concludere che il picco di pressione si rapporti secondo la scala geometrica λ, in quanto $p \propto \rho \cdot u^2$ e, normalmente, $r_\rho = 1$. In realtà, il picco di pressione (assoluta) varia, sperimentalmente, secondo la relazione (Takahashi *et al.*, 1985 [73])

$$\frac{\rho \cdot k_w \cdot u^2}{p_{atm} \cdot D} = 5 \left(\frac{p_{max}}{p_{atm}} \right)^{2/7} + 2 \left(\frac{p_{max}}{p_{atm}} \right)^{-5/7} - 7, \qquad (8.132)$$

dove ρ è la densità di massa dell'acqua, k_w è lo spessore dello strato d'acqua considerato attivo nel processo impulsivo, D è lo spessore della sacca d'aria inizialmente interposta tra la parete verticale e l'onda frangente. Il monomio a sinistra è un gruppo adimensionale definito *numero di Bagnold* (si noti che tale definizione era stata già attribuita a un altro rapporto che interviene nella dinamica delle miscele granulari; il significato è completamente differente, l'Autore è lo stesso). In altre condizioni, una parte dell'aria sfugge e ciò determina una riduzione del picco di pressione. Si può facilmente dimostrare che il numero di Bagnold non si conserva nella similitudine di Froude, poiché la pressione atmosferica è la stessa nel modello e nel prototipo. Infatti, si calcola che:

$$r_{Ba} \equiv \frac{Ba_m}{Ba_p} = \lambda, \qquad (8.133)$$

dove λ è la scala geometrica.

Se la relazione tra il picco di pressione p_{max} e il numero di Bagnold fosse monomia, sarebbe immediato calcolare il rapporto di scala della pressione. Poiché la relazione è polinomiale, il fattore di scala dipende anche dal punto di funzionamento, cioè dal valore del picco misurato (nel modello o nel prototipo). Si può ovviare interpolando l'equazione (8.132) con una funzione monomia passante per l'origine (ciò richiede l'introduzione della pressione di picco relativa alla pressione atmosferica). Ad esempio, per Ba < 0.5 risulta, con ottima approssimazione,

$$Ba = 0.31 \left(\frac{p^*_{max}}{p_{atm}} \right)^{3/2}, \qquad (8.134)$$

dove p^*_{max} è la pressione massima relativa alla pressione atmosferica. Quindi, risulta:

$$r_{p^*_{max}} \equiv \frac{p^*_{max,m}}{p^*_{max,p}} = r_{Ba}^{2/3} = \lambda^{2/3}. \qquad (8.135)$$

Si noti l'importanza della correzione: in un modello fisico in scala geometrica $\lambda = 1/40$, ci aspetteremmo una pressione nel prototipo 40 volte maggiore rispetto alla pressione nel modello; invece, sulla base delle considerazioni fatte, la scala del picco di pressione è pari a $r_{p^*_{max}} = (1/40)^{2/3} \approx 1/11.7$ e, quindi, la pressione di picco nel prototipo è circa 12 volte maggiore della pressione di picco nel modello.

Esempio 8.10. Alcune celle di combustibile funzionano con una reazione elettrochimica diretta tra idrogeno e ossigeno, che ha luogo in una membrana polimerica (PEM). Il gas giunge a contatto con la membrana, attraversando uno strato di diffusione (GDL). La reazione elettrochimica produce corrente elettrica e acqua, che deve essere allontanata sia per evitare la riduzione di efficienza delle membrane (soprattutto perché riduce gli scambi di massa che permettono ai reagenti di entrare a contatto con lo strato catalizzatore CL), sia per evitare i danni conseguenti al congelamento dell'acqua a basse temperature di esercizio della cella. Un metodo efficiente appare l'introduzione di uno strato microporoso (MPL) tra lo strato catalizzatore e lo strato di diffusione del gas. Lo strato di diffusione del gas è idrofobo (l'acqua, quindi, non bagna il materiale di cui è costituito, cioè l'angolo di contatto è ottuso; il gas, invece, lo bagna, e l'angolo di contatto è acuto). L'acqua tende a invadere lo strato di diffusione del gas, allontanando l'aria.

Si rende necessario sperimentare con un modello fisico l'efficienza dello strato microporoso.

Individuate le grandezze importanti nel processo fisico, dal punto di vista dimensionale, possiamo ritenere che il processo sia esprimibile come:

$$f\left(\mu_i,\ \mu_d,\ \sigma_{i-d},\ \theta_{c,i},\ V_i,\ \rho_i,\ \rho_d,\ g,\ l\right) = 0, \qquad (8.136)$$

dove μ_i e μ_d sono la viscosità dinamica del fluido *invasore* e *difensore*, σ_{i-d} è la tensione all'interfaccia tra i due fluidi, $\theta_{c,i}$ è l'angolo di contatto tra il fluido *invasore* e il materiale dello strato di diffusione del gas, V_i è la velocità effettiva di filtrazione del fluido *invasore*, ρ_i e ρ_d sono le densità di massa dei due fluidi, g è l'accelerazione di gravità e l è una lunghezza scala, ad esempio, il diametro dei pori d_p. Con un'analisi a posteriori, anche sulla base di evidenze sperimentali, si osserva che la tensione all'interfaccia e l'angolo di contatto intervengono congiuntamente nella forma $\sigma_{i-d} \cdot \cos \theta_{c,i}$, abbreviata nel seguito con σ_r. Analogamente, le densità di massa dei due fluidi intervengono con la loro differenza, $\Delta \rho = (\rho_i - \rho_d)$. Quindi, la grandezze si riducono a 7 e la matrice dimensionale

$$
\begin{array}{c|ccccccc}
 & \mu_i & \mu_d & \sigma_r & V_i & \Delta\rho & g & l \\
\hline
M & 1 & 1 & 1 & 0 & 1 & 0 & 0 \\
L & -1 & -1 & 0 & 1 & -3 & 1 & 1 \\
T & -1 & -1 & -2 & -1 & 0 & -2 & 0
\end{array}
\qquad (8.137)
$$

ha rango 3. Scelte quali grandezze fondamentali μ_i, σ_r e l, applicando il metodo di Rayleigh o il metodo matriciale, si calcolano i seguenti 4 gruppi adimensionali:

$$\Pi_1 = \frac{\mu_d}{\mu_i},\ \Pi_2 = \frac{\mu_i \cdot V_i}{\sigma_r},\ \Pi_3 = \frac{\sigma_r \cdot \Delta\rho\, l}{\mu_i^2},\ \Pi_4 = \frac{g \cdot \mu_i^2 \cdot l}{\sigma_r^2}. \qquad (8.138)$$

I gruppi adimensionali che hanno un significato fisico e sono più utilizzati sono:

$$\Pi'_1 \equiv \Pi_1 = \frac{\mu_d}{\mu_i}, \quad Ca \equiv \Pi_2 = \frac{\mu_i \cdot V_i}{\sigma_r},$$

$$Bo = \Pi_3 \cdot \Pi_4 = \frac{\Delta\rho \cdot g \cdot l^2}{\sigma_r}, \quad Re = \Pi_3 \cdot \Pi_2 = \frac{\Delta\rho \cdot l \cdot V_i}{\mu_i}, \tag{8.139}$$

dove Ca è il numero di *capillarità*, rapporto tra le forze viscose e le forze all'interfaccia, Bo è il numero di *Bond* (noto anche come numero di *Eötvös*), rapporto tra le forze di galleggiamento e le forze all'interfaccia, Re è il numero di Reynolds.

Per garantire la similitudine tra modello e prototipo, è necessario calcolare i 7 rapporti scala in modo che soddisfino le 4 equazioni:

$$\begin{cases} r_{\mu_d} = r_{\mu_i} \\ r_{\mu_i} \cdot r_{V_i} = r_{\sigma_r} \\ r_{\Delta\rho} \cdot r_g \cdot \lambda^2 = r_{\sigma_r} \\ r_{\Delta\rho} \cdot \lambda \cdot r_{V_i} = r_{\mu_i} \end{cases}. \tag{8.140}$$

Fissati 3 rapporti scala, ad esempio λ, r_{μ_i} e r_g, il sistema di equazioni ammette la soluzione:

$$\begin{cases} r_{\mu_d} = r_{\mu_i} \\ r_{V_i} = \sqrt{\lambda \cdot r_g} \\ r_{\Delta\rho} = \dfrac{r_{\mu_i}}{\lambda^{3/2} \cdot \sqrt{r_g}} \\ r_{\sigma_r} = r_{\mu_i} \cdot \sqrt{\lambda \cdot r_g} \end{cases}. \tag{8.141}$$

Il rapporto r_g è unitario, anche se potrebbe essere modificato eseguendo gli esperimenti in una centrifuga (cfr. § 6.2, p. 186). Inoltre, è opportuno realizzare il modello in scala geometrica ingrandita, con $\lambda \gg 1$. Tuttavia, anche sulla base di evidenze sperimentali, si ritiene che gli effetti capillari siano dominanti, sia rispetto alla viscosità che alla spinta di galleggiamento. Trascurando, quindi, il numero di Reynolds e il numero di Bond, la similitudine si riconduce alle equazioni:

$$\begin{cases} r_{\mu_d} = r_{\mu_i} \\ r_{\mu_i} \cdot r_{V_i} = r_{\sigma_r} \end{cases}, \tag{8.142}$$

che vincolano solo alcune delle grandezze. In particolare, il modello può essere realizzato in scala geometrica arbitraria (la scala geometrica si riferisce alla scala dei meati).

Si noti che la trascurabilità di alcuni gruppi adimensionali deriva solo da evidenze sperimentali, oppure dalla struttura delle equazioni che modellano il processo fisico. Il fatto che un gruppo adimensionale assuma un valore numerico molto grande o molto piccolo è irrilevante ai fini della valutazione del suo ruolo nella dinamica del processo fisico.

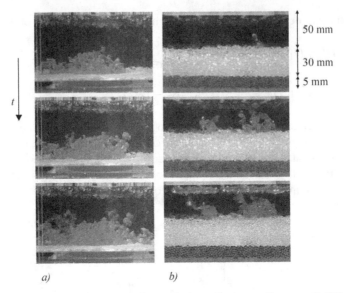

50 mm

30 mm

5 mm

a)   *b)*

Figura 8.15 Evoluzione del processo di percolazione di acqua nello strato di diffusione del gas: *a)* modello fisico senza strato microporoso, *b)* modello fisico con strato microporoso (modificata da Kang *et al.*, 2010 [44])

In Figura 8.15, si riportano alcune immagini di un modello fisico in similitudine, realizzato per verificare l'efficienza dello strato microporoso tra lo strato catalizzatore e lo strato di diffusione del gas (Kang *et al.*, 2010 [44]).

8.5
I modelli analogici

Accanto ai modelli fisici tradizionali, talvolta è possibile (e vantaggioso) fare uso dei *modelli analogici*. Due processi fisici di diversa natura si definiscono in analogia se sono descritti da equazioni matematiche formalmente identiche e nelle quali i coefficienti e i parametri, pur avendo significato diverso, hanno lo stesso ruolo. Un caso classico di modello analogico è quello tra i fenomeni di filtrazione bidimensionale e il flusso laminare di un fluido che scorre tra due lastre piane e parallele molto ravvicinate (*moto alla Hele-Shaw*). Infatti, le due componenti di velocità $(u,\ v)$ del moto di filtrazione bidimensionale, in un mezzo poroso omogeneo e isotropo, sono date dalle seguenti equazioni:

$$\begin{cases} u = -k \cdot \dfrac{\partial h}{\partial x} \\ v = -k \cdot \dfrac{\partial h}{\partial y} \end{cases}, \qquad (8.143)$$

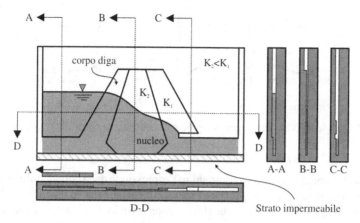

Figura 8.16 Cella di Hele-Shaw per riprodurre la filtrazione in un mezzo stratificato (modificata da Bear, 1972 [9])

dove k è il coefficiente di permeabilità e h è il carico piezometrico. Le equazioni ridotte di Navier-Stokes, per flusso laminare bidimensionale tra due piastre piane a distanza relativa d, si riconducono alle due equazioni

$$\begin{cases} u = -\dfrac{g \cdot d^2}{12 \, v} \cdot \dfrac{\partial h}{\partial x} = -k_r \cdot \dfrac{\partial h}{\partial x} \\[3mm] v = -\dfrac{g \cdot d^2}{12 \, v} \cdot \dfrac{\partial h}{\partial y} = -k_r \cdot \dfrac{\partial h}{\partial y} \end{cases} , \qquad (8.144)$$

dove v è la viscosità cinematica del fluido. Le equazioni (8.144) sono valide purché il moto sia laminare ($\text{Re} \equiv u \cdot (d/2)/v < 500$) e le componenti inerziali e i termini delle derivate spaziali seconde $\partial/\partial x^2$ e $\partial/\partial y^2$ siano trascurabili. I due modelli sono in evidente analogia.

È possibile, ad esempio, riprodurre dei casi di filtrazione bidimensionale, anche complessi, realizzando un modello analogico in una cella di Hele-Shaw, realizzata con due lastre (delle quali almeno una deve essere trasparente, per permettere l'osservazione) parallele e distanziate da 0.1 mm a 2.0 mm. Per distanze maggiori, è necessario usare, quale fluido di prova, la glicerina, caratterizzata da una viscosità cinematica molto maggiore rispetto all'acqua (ciò per soddisfare la condizione $\text{Re} < 500$). Le celle di Hele-Shaw possono essere sia verticali che orizzontali. Le celle verticali (Fig. 8.16) sono necessarie quando si voglia simulare un moto di filtrazione in presenza di un pelo libero a pressione atmosferica. Se il flusso avviene in un mezzo poroso stratificato, con zone a differente permeabilità, è possibile realizzare un modello di Hele-Shaw con due piastre parallele che delimitano un meato di luce variabile, maggiore nelle zone di maggiore permeabilità. Il rapporto tra le distanze d_1 e d_2 tra le piastre deve soddisfare la relazione:

$$\frac{d_1^3}{d_2^3} = \frac{k_1}{k_2}. \qquad (8.145)$$

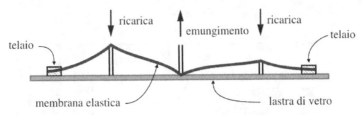

Figura 8.17 Modello analogico per la riproduzione di fenomeni di filtrazione in una falda freatica

Questa condizione sembra contraddire l'espressione della conducibilità idraulica, che varia con il quadrato della distanza tra le piastre. In realtà, la dipendenza dal cubo della distanza è dovuta al fatto che d ha il doppio ruolo di scala per la conducibilità idraulica e di scala per la larghezza del tubo di flusso. Per riprodurre correttamente la variazione di conducibilità, è necessario riprodurre correttamente un parametro di trasmissività idraulica $T = k \cdot d \propto d^3$, sia nel modello che nel prototipo (Bear, 1972 [9]). Il resto della geometria deve essere realizzato in similitudine geometrica.

Vi sono numerosi altri esempi di modelli analogici. Ad esempio, in alcune condizioni, esiste un'analogia approssimata tra il moto di filtrazione e la deformazione di una membrana. Infatti, in coordinate cilindriche, l'equazione di continuità, per flusso assial-simmetrico di fluido incomprimibile in un mezzo poroso, può scriversi, in forma estesa, come:

$$\frac{\partial^2 h}{\partial r^2} + \frac{1}{r} \cdot \frac{\partial h}{\partial r} + \frac{\partial^2 h}{\partial z^2} = 0, \tag{8.146}$$

mentre la deformata di una membrana può esprimersi come

$$\frac{\partial^2 \delta}{\partial r^2} + \frac{1}{r} \cdot \frac{\partial \delta}{\partial r} + \frac{\gamma \cdot d}{\sigma} = 0, \tag{8.147}$$

dove δ è la deformata, γ è il peso specifico del materiale della piastra, d è lo spessore della piastra e σ è la tensione nella membrana. Le uniche differenze tra le due equazioni sono dovute al terzo termine, $\partial^2 h / \partial z^2$ e $\gamma \cdot d / \sigma$ che, quasi sempre, è trascurabile in entrambi i casi. In Figura 8.17 è riportato lo schema di un modello fisico per la simulazione della falda freatica in presenza di pozzi di emungimenti e di ricarica.

Un'altra analogia usata molto frequentemente nel passato, è quella con i fenomeni elettrici. Una caratteristica vantaggiosa dei modelli analogici elettrici nasce dal fatto che i fenomeni elettrici sono caratterizzati da transitori molto rapidi (la condizione di regime si raggiunge in tempi brevissimi) e la strumentazione di misura delle grandezze elettriche è facilmente disponibile con caratteristiche di elevata accuratezza e precisione. Ciò permette di realizzare i modelli in scala geometrica molto piccola, garantendo economia dei costi e accuratezza delle misurazioni. Tra i fenomeni riproducibili in analogia elettrica, ricordiamo le reti di condotte idrauliche, simulate realizzando un circuito nel quale le condotte sono sostituite da conduttori elettrici e le resistenze al flusso da resistenze elettriche di lampadine. Le lampade elettriche hanno una caratteristica non lineare, dovuta al fatto che la resistività del materiale del filamento cresce all'aumentare della temperatura e, quindi, della corrente che lo attraversa. Ciò è in analogia con la resistenza di una condotta idraulica: la perdita di carico (analoga della caduta di potenziale) cresce secondo una potenza della portata volumetrica (analoga della corrente elettrica), cioè $\Delta H \propto Q^n$ con $n = 1$ in regime laminare e $n = 1.75 \div 2$ in regime turbolento. Quindi, le differenze di potenziale tra i nodi della rete elettrica sono in analogia con le differenze di carico tra i nodi della rete idraulica; le correnti che attraversano un ramo della rete elettrica sono in analogia con le portate che attraversano un ramo della rete idraulica.

Oggi i modelli analogici delle reti idrauliche sono stati egregiamente sostituiti da modelli matematici.

I modelli nell'Idraulica fluviale

Gli alvei fluviali sono sede di numerosi processi fisici e chimici di grande impatto sull'*habitat* e la cui complessità è, solo in parte, affrontabile con i modelli numerici. I processi fisici quali: il trasporto solido intenso, con materiale sedimentario coesivo e granulare, destinato a interferire con le opere antropiche lungo il corso dei fiumi e a influenzare la morfodinamica delle spiagge nella zona di sbocco a mare; i processi di scambio di gas con l'atmosfera e gli effetti sulla qualità delle acque; gli allagamenti in conseguenza di piene, hanno motivato il forte interesse ad approfondire la modellistica fisica in questo specifico settore.

9.1
La similitudine in un alveo non prismatico in regime stazionario (e non uniforme)

Le grandezze che risultano sufficienti a descrivere un alveo non necessariamente prismatico, interessato da un campo di moto fluido stazionario e non uniforme, sono:

$$\mu, \rho, R, k_s, U, i_f, g, \qquad (9.1)$$

dove μ è la viscosità dinamica, ρ è la densità di massa, R è il raggio idraulico in una sezione rappresentativa, k_s è la scala geometrica della scabrezza, U è la velocità media della corrente in una sezione rappresentativa, i_f è la pendenza del fondo e g è l'accelerazione di gravità. La similitudine richiesta è dinamica ed è possibile individuare 3 grandezze fondamentali. Pertanto, in virtù del Teorema di Buckingham, è possibile descrivere il processo fisico in funzione di $(7-3) = 4$ gruppi adimensionali, ad esempio:

$$\Pi_1 = \frac{\rho \cdot U \cdot R}{\mu}, \quad \Pi_2 = \frac{k_s}{R}, \quad \Pi_3 = i_f, \quad \Pi_4 = \frac{U^2}{g \cdot R}. \qquad (9.2)$$

La condizione di similitudine richiede che i 4 gruppi dimensionali assumano lo stesso valore nel modello e nel prototipo, cioè che i rapporti scala dei gruppi

Longo S.: Analisi Dimensionale e Modellistica Fisica.
Principi e applicazioni alle scienze ingegneristiche. © Springer-Verlag Italia 2011

adimensionali siano unitari:

$$r_{\Pi_1} = r_{\Pi_2} = r_{\Pi_3} = r_{\Pi_4} = 1. \tag{9.3}$$

Ciò richiede che sia soddisfatto il seguente sistema di 4 equazioni (pari al numero di gruppi adimensionali) in 7 incognite (i rapporti scala delle 7 variabili che descrivono il processo fisico), cioè:

$$\begin{cases} r_\rho \cdot r_U \cdot \lambda = r_\mu \\ r_{k_s} = \lambda \\ r_{i_f} = 1 \\ r_U^2 = r_g \cdot \lambda \end{cases} . \tag{9.4}$$

Si aggiungono, inoltre, le 2 equazioni che derivano dall'uso dello stesso fluido nel modello e nel prototipo, quindi,

$$r_\mu = r_\rho = 1, \tag{9.5}$$

e la condizione derivante dall'accelerazione di gravità invariata nel modello rispetto al prototipo,

$$r_g = 1. \tag{9.6}$$

La prima e l'ultima equazione nel sistema (9.4) sono soddisfatte contemporaneamente solo per $\lambda = 1$; quindi, a rigore, sarebbe impossibile realizzare un modello in scala geometrica ridotta.

Supponiamo che il campo di moto sia turbolento, pienamente sviluppato nel modello e nel prototipo. Ciò accade se il numero di Reynolds d'attrito soddisfa la condizione (cfr. Tabella 8.2, p. 257)

$$\mathrm{Re}_* = \frac{u_* \cdot k_s}{\nu} > 100, \tag{9.7}$$

dove u_* è la velocità d'attrito.

In tale regime, il numero di Reynolds è fisicamente irrilevante e il campo di moto non dipende più dalla viscosità cinematica del fluido (è questo il principio di indipendenza asintotica della turbolenza). Il sistema di equazioni (9.4) si riduce a:

$$\begin{cases} r_{k_s} = \lambda \\ r_{i_f} = 1 \\ r_U^2 = r_g \cdot \lambda \end{cases} ; \tag{9.8}$$

con i vincoli rappresentati dalle due condizioni:

$$r_g = r_\rho = 1, \tag{9.9}$$

delle quali la seconda è inessenziale.

Il sistema di 4 equazioni in 5 incognite ha ancora un grado di libertà e ammette una soluzione parametrica in funzione, ad esempio, della scala geometrica. È possibile fissare la scala geometrica, calcolando il rapporto scala di tutte le altre grandezze:

$$
\begin{cases}
r_{k_s} = \lambda \\
r_{i_f} = 1 \\
r_U = \sqrt{\lambda}
\end{cases}
. \tag{9.10}
$$

Tali condizioni definiscono una *similitudine di Froude*, dato che il numero più rappresentativo del processo fisico è, appunto, il numero di Froude, che deve assumere lo stesso valore numerico sia nel modello che nel prototipo.

La scabrezza è rapportata alla scala geometrica nel modello e la pendenza nel modello deve essere uguale alla pendenza nel prototipo, come si desume dalla prima e dalla seconda equazione nel sistema (9.10).

Il coefficiente adimensionale di Chézy è pari a:

$$
C\left(\text{Re}, \frac{k_s}{R}\right) \equiv \frac{U}{u_*} = \sqrt{\frac{8}{\lambda_{C\&W}\left(\text{Re}, \frac{k_s}{R}\right)}}, \tag{9.11}
$$

dove $\lambda_{C\&W}$ è l'indice di resistenza di Colebrook-White. Nel caso in esame, per turbolenza pienamente sviluppata, C non dipende dal numero di Reynolds, ma solo dalla scabrezza relativa k_s/R. La scabrezza relativa ha un rapporto scala unitario, poiché risulta:

$$
r_{k_s/R} = \frac{r_{k_s}}{r_R} = \frac{r_{k_s}}{\lambda} = 1, \tag{9.12}
$$

e, quindi, $r_C = 1 \rightarrow r_U = r_{u_*}$. Pertanto, la condizione di moto turbolento pienamente sviluppato nel modello

$$
\text{Re}_{*,m} = \frac{u_{*,m} \cdot k_{s,m}}{\nu} > 100 \tag{9.13}
$$

e nel prototipo

$$
\text{Re}_{*,p} = \frac{u_{*,p} \cdot k_{s,p}}{\nu} > 100, \tag{9.14}
$$

per modelli in scala geometrica ridotta ($\lambda < 1$), impone la diseguaglianza

$$
\text{Re}_{*,p} \equiv \frac{u_{*,p} \cdot k_{s,p}}{\nu} > \text{Re}_{*,m} \equiv \frac{u_{*,m} \cdot k_{s,m}}{\nu} > 100. \tag{9.15}
$$

Ciò significa che, per il verificarsi della condizione di turbolenza pienamente sviluppata, il fattore limitante è nel modello: se il regime di moto nel modello è turbolento pienamente sviluppato e posto che sia $\lambda < 1$, il prototipo è sicuramente nello stesso regime. Infatti, il rapporto tra il numero di Reynolds d'attrito nel modello e nel prototipo è pari a:

$$
\frac{\text{Re}_{*,m}}{\text{Re}_{*,p}} = \frac{r_{u_*} \cdot r_{k_s}}{r_\nu} = \lambda^{3/2}, \tag{9.16}
$$

dato che $r_{u_*} = r_U = \sqrt{\lambda}$, $r_{k_s} = \lambda$ e $r_v = 1$. Quindi, la scala geometrica minima è:

$$\text{Re}_m = \text{Re}_p \cdot \lambda^{3/2} > 100 \rightarrow \lambda > \left(\frac{100\,v}{u_{*,p} \cdot k_{s,p}} \right)^{2/3}. \qquad (9.17)$$

Esempio 9.1. Supponiamo di volere riprodurre, in scala geometrica ridotta, un campo di moto in alveo fluviale caratterizzato da una velocità media della corrente $U_p = 2.5\,\text{m/s}$, con coefficiente di scabrezza adimensionale di Chézy $C_p = 15$ e scala geometrica della scabrezza $k_{s,p} = 5\,\text{mm}$. Calcoliamo la minima scala geometrica nel modello.

Verifichiamo che il campo di moto nel prototipo sia puramente turbolento. La velocità d'attrito è pari a:

$$u_{*,p} = \frac{U_p}{C_p} = \frac{2.5}{15} = 0.17\,\text{m/s}. \qquad (9.18)$$

Assumendo una viscosità cinematica dell'acqua alla temperatura $\theta = 15\,°\text{C}$, pari a $v = 1.14 \cdot 10^{-6}\,\text{m}^2/\text{s}$, risulta:

$$\text{Re}_{*,p} = \frac{u_{*,p} \cdot k_{s,p}}{v} = \frac{0.17 \times 0.005}{1.14 \cdot 10^{-6}} = 731 > 100. \qquad (9.19)$$

Il moto è sicuramente turbolento nel prototipo. La minima scala geometrica nel modello fisico deve essere pari a:

$$\lambda > \left(\frac{100\,v}{u_{*,p} \cdot k_{s,p}} \right)^{2/3} \equiv \left(\frac{100}{731} \right)^{2/3} \approx \frac{1}{3.8}. \qquad (9.20)$$

Una scala geometrica così grande è improponibile, nella maggior parte dei modelli fisici: un tronco fluviale di soli 1000 m di lunghezza richiederebbe un modello lungo quasi 270 m.

Supponiamo, invece, che l'alveo da riprodurre sia molto largo, caratterizzato da un raggio idraulico approssimabile alla profondità della corrente, $R_p \approx y_{0,p} = 3.1\,\text{m}$, con larghezza $b_p = 12\,\text{m}$ e una pendenza del fondo $i_{f,p} = 0.002$. La tensione tangenziale media alle pareti, in condizioni di moto permanente, è pari a $\tau_p = \rho \cdot u_{*,p}^2 = \gamma \cdot R_p \cdot i_{f,p}$. La velocità d'attrito è pari a:

$$u_{*,p} = \sqrt{g \cdot R_p \cdot i_{f,p}} = \sqrt{9.806 \times 3.1 \times 0.002} = 0.25\,\text{m/s}. \qquad (9.21)$$

Supponiamo, inoltre, che la scabrezza abbia scala geometrica $k_{s,p} = 0.12\,\text{m}$ e che il coefficiente di resistenza adimensionale di Chézy abbia valore pari a $C_p = 13$. La velocità media della corrente è pari a:

$$U_p = C_p \cdot \sqrt{g \cdot R_p \cdot i_{f,p}} = 13 \times \sqrt{9.806 \times 3.1 \times 0.002} = 3.20\,\text{m/s}, \qquad (9.22)$$

e la portata risulta

$$Q_p = U_p \cdot b_p \cdot y_{0p} = 3.20 \times 12 \times 3.1 = 119\,\text{m}^3/\text{s}. \qquad (9.23)$$

Il numero di Reynolds d'attrito è dato da:

$$\text{Re}_{*,p} = \frac{u_{*,p} \cdot k_{s,p}}{\nu} = \frac{0.25 \times 0.12}{1.14 \cdot 10^{-6}} = 26\,300 \gg 100. \tag{9.24}$$

La scala geometrica minima nel modello deve essere almeno pari a:

$$\lambda > \left(\frac{100\,\nu}{u_{*,p} \cdot k_{s,p}}\right)^{2/3} \equiv \left(\frac{100}{26\,300}\right)^{2/3} \approx \frac{1}{41}. \tag{9.25}$$

Fissata una scala geometrica $\lambda = 1/40$, si calcola una larghezza della sezione nel modello uguale

$$b_m = b_p \cdot \lambda = \frac{12}{40} = 30\,\text{cm}. \tag{9.26}$$

La velocità media della corrente nel modello sarà data da:

$$U_m = U_p \cdot \sqrt{\lambda} = 3.20 \times \sqrt{\frac{1}{40}} = 0.51\,\text{m/s} \tag{9.27}$$

e la portata necessaria per alimentare il modello sarà pari a:

$$Q_m = Q_p \cdot \lambda^{5/2} = 119 \times \left(\frac{1}{40}\right)^{5/2} = 11.8\,\text{l/s}. \tag{9.28}$$

La scabrezza nel modello dovrà essere pari a $k_{s,m} = k_{s,p} \cdot \lambda = 0.12/40 = 3\,\text{mm}$.

I risultati dell'esempio precedente indicano chiaramente che i modelli sono realizzabili, in scala sufficientemente ridotta, solo se la scabrezza e la pendenza nel prototipo sono elevate, altrimenti la scala minima risulta eccessiva per la maggior parte dei laboratori. Proprio tale limite suggerisce un'indagine più approfondita sulla possibilità di distorcere il modello, con una scala verticale maggiore della scala planimetrica. La distorsione può anche essere un utile metodo per incrementare il numero di Reynolds nel modello e garantire un regime turbolento pienamente sviluppato, come succede sempre negli alvei naturali. Infine, la distorsione, con un incremento della scala verticale, rispetto all'orizzontale, rende il modello meno dissipativo del dovuto e le sezioni più officiose; ciò permette di intervenire sulla scabrezza, aumentandola, se necessario, per calibrare correttamente le dissipazioni.

Se consideriamo un corso d'acqua naturale con larghezza sufficientemente grande, rispetto alla profondità della corrente, e con scabrezza uniforme lungo il perimetro bagnato, è possibile individuare una zona centrale nella quale il campo di moto è essenzialmente bidimensionale (Fig. 9.1). Tale zona ha larghezza $B_c \approx B - 5y_0$ e, dunque, esiste solo se la larghezza dell'alveo è almeno pari a $5y_0$ (Keulegan, 1938 [45]).

Se la scabrezza del fondo è maggiore della scabrezza delle pareti (una condizione quasi sempre presente negli alvei naturali), la larghezza della zona centrale è anche maggiore di $(B - 5y_0)$. Tutto ciò è vero, a maggior ragione, se la sezione non è rettangolare, ma trapezia, dal momento che nella sezione trapezia le isotachie sono significativamente parallele tra di loro e al fondo, a una distanza dalle pareti minore di quella che si avrebbe per una sezione a pareti verticali.

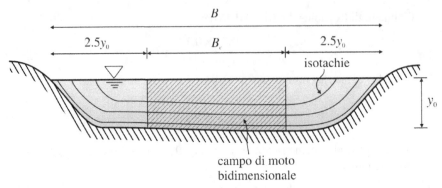

Figura 9.1 Schema di riferimento per l'individuazione della zona con campo di moto essenzialmente bidimensionale, che giustifica una distorsione plano-altimetrica

L'esistenza di un nucleo centrale della corrente, indipendente dalla larghezza B, permette di svincolare le scale planimetriche da quelle altimetriche, adottando differenti rapporti scala nel piano orizzontale e lungo la verticale y:

$$\frac{B_m}{B_p} = \lambda_x \neq \frac{y_m}{y_p} = \lambda_y. \tag{9.29}$$

Se indichiamo con x la generica ascissa nel piano orizzontale, il rapporto di distorsione è qui definito come

$$\frac{\lambda_y}{\lambda_x} = n. \tag{9.30}$$

9.1.1
I modelli distorti di fiumi e canali in regime di moto gradualmente vario

Consideriamo l'equazione differenziale del moto gradualmente variato, in alveo non necessariamente cilindrico:

$$\frac{1}{i_f} \cdot \frac{dy}{ds} = \frac{1 - \dfrac{\mathrm{Fr}^2}{i_f \cdot C^2} \cdot \left(1 - \alpha \cdot \dfrac{C^2}{P} \cdot \dfrac{\partial \Omega}{\partial s}\right)}{1 - \alpha \cdot \dfrac{B}{P} \cdot \mathrm{Fr}^2}, \tag{9.31}$$

dove $\Omega = \Omega(s, y(s))$ è l'area della sezione trasversale della corrente, s è l'ascissa curvilinea positiva nel verso della corrente, α è il coefficiente correttivo del flusso di quantità di moto, P è il perimetro bagnato, B è la larghezza del pelo libero, C è il coefficiente adimensionale di Chézy, Fr è il numero di Froude della corrente.

L'equazione, scritta per le grandezze riferite al prototipo, è:

$$\frac{1}{i_{f,p}} \cdot \frac{d\,y_p}{d\,s_p} = \frac{1 - \dfrac{\mathrm{Fr}_p^2}{i_{f,p} \cdot C_p^2} \cdot \left(1 - \alpha_p \cdot \dfrac{C_p^2}{P_p} \cdot \dfrac{\partial\,\Omega_p}{\partial\,s_p}\right)}{1 - \alpha_p \cdot \dfrac{B_p}{P_p} \cdot \mathrm{Fr}_p^2}; \qquad (9.32)$$

la stessa equazione, per le grandezze riferite al modello, è:

$$\frac{1}{i_{f,m}} \cdot \frac{d\,y_m}{d\,s_m} = \frac{1 - \dfrac{\mathrm{Fr}_m^2}{i_{f,m} \cdot C_m^2} \cdot \left(1 - \alpha_m \cdot \dfrac{C_m^2}{P_m} \cdot \dfrac{\partial\,\Omega_m}{\partial\,s_m}\right)}{1 - \alpha_m \cdot \dfrac{B_m}{P_m} \cdot \mathrm{Fr}_m^2}. \qquad (9.33)$$

L'equazione (9.33) è esprimibile in funzione delle grandezze riferite al prototipo e dei rapporti di scala:

$$\frac{1}{i_{f,p}} \cdot \frac{d\,y_p}{d\,s_p} \cdot \left[\frac{\lambda_y}{r_{i_f} \cdot \lambda_x}\right] =$$

$$\frac{1 - \dfrac{\mathrm{Fr}_p^2}{i_{f,p} \cdot C_p^2} \cdot \left[\dfrac{r_{\mathrm{Fr}}^2}{r_{i_f} \cdot r_C^2}\right] \cdot \left(1 - \alpha_p \cdot \dfrac{C_p^2}{P_p} \cdot \dfrac{\partial\,\Omega_p}{\partial\,s_p} \cdot \left[r_\alpha \cdot \dfrac{r_C^2 \cdot r_\Omega}{r_P \cdot \lambda_x}\right]\right)}{1 - \alpha_p \cdot \dfrac{B_p}{P_p} \cdot \mathrm{Fr}_p^2 \cdot \left[r_\alpha \cdot \dfrac{r_B \cdot r_{\mathrm{Fr}}^2}{r_P}\right]}. \qquad (9.34)$$

Affinché il modello e il prototipo siano in similitudine, è necessario che le equazioni (9.32) e (9.34) siano uguali; ciò richiede che tutte le espressioni tra parentesi quadra assumano valore unitario:

$$\begin{cases} \dfrac{\lambda_y}{r_{i_f} \cdot \lambda_x} = 1 \\[2mm] \dfrac{r_{\mathrm{Fr}}^2}{r_{i_f} \cdot r_C^2} = 1 \\[2mm] r_\alpha \cdot \dfrac{r_C^2 \cdot r_\Omega}{r_P \cdot \lambda_x} = 1 \\[2mm] r_\alpha \cdot \dfrac{r_B \cdot r_{\mathrm{Fr}}^2}{r_P} = 1 \end{cases} \qquad (9.35)$$

I rapporti scala della larghezza del pelo libero e dell'area della sezione trasversale della corrente sono, rispettivamente, pari a $r_B = \lambda_x$ e a $r_\Omega = \lambda_y \cdot \lambda_x$. In generale, il perimetro bagnato coinvolge le due scale geometriche e il suo rapporto scala dipende dal punto di funzionamento.

Ad esempio, con riferimento a una sezione rettangolare di larghezza b e profondità della corrente y_0, si calcola:

$$P = b + 2y_0 \rightarrow \frac{P_m}{P_p} \equiv r_P = \frac{b_m + 2y_{0,m}}{b_p + 2y_{0,p}} =$$

$$\frac{b_m \cdot \left(1 + 2\frac{y_{0,m}}{b_m}\right)}{b_p \cdot \left(1 + 2\frac{y_{0,p}}{b_p}\right)} = \lambda_x \cdot \frac{1 + 2\frac{\lambda_y}{\lambda_x} \cdot \frac{y_{0,p}}{b_p}}{1 + 2\frac{y_{0,p}}{b_p}} . \qquad (9.36)$$

Tale condizione è svantaggiosa, dato che il rapporto scala r_P varia al variare delle condizioni di moto. Tuttavia, per sezioni rettangolari sufficientemente larghe, il numeratore e il denominatore del rapporto scala r_P, nell'equazione (9.36), tendono all'unità, tale che risulta $r_P = \lambda_x$.

Possiamo anche assumere che sia $r_\alpha = 1$ e il sistema di equazioni (9.35) si riduce a:

$$\begin{cases} \dfrac{\lambda_y}{r_{i_f} \cdot \lambda_x} = 1 \\[2mm] \dfrac{r_{Fr}^2}{r_{i_f} \cdot r_C^2} = 1 \\[2mm] \dfrac{r_C^2 \cdot \lambda_y}{\lambda_x} = 1 \\[2mm] r_{Fr} = 1 \end{cases}, \qquad (9.37)$$

e, cioè:

$$r_{Fr} = 1, \qquad r_{i_f} = \frac{\lambda_y}{\lambda_x}, \qquad r_C^2 = \frac{\lambda_x}{\lambda_y} \equiv \frac{1}{n}. \qquad (9.38)$$

Rispetto al modello indistorto, in regime di moto turbolento pienamente sviluppato, abbiamo recuperato un ulteriore grado di libertà e possiamo fissare, ad esempio, le due scale geometriche. Si noti che la dipendenza della resistenza dal numero di Reynolds e dalla scabrezza relativa è stata inglobata nella relazione che esprime il coefficiente di resistenza adimensionale di Chézy.

9.1.2
Il rapporto scala del coefficiente di resistenza e della scabrezza

La realizzazione dei modelli distorti è limitata al caso di sezioni sufficientemente larghe da permettere l'esistenza di un nucleo centrale di corrente di fatto bidimensionale (cfr. § 9.1, p. 279). È comunque necessario che le accelerazioni verticali e laterali del fluido siano trascurabili rispetto alla gravità. Se il profilo della corrente è gradualmente variato, la distribuzione di velocità si conserva logaritmica in tutte le sezioni e la velocità media della corrente è esprimibile in funzione della velocità

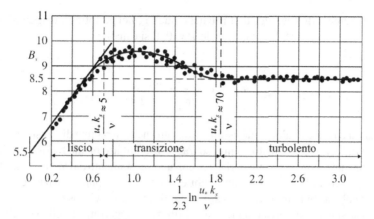

Figura 9.2 Curva sperimentale della funzione B_s al variare del numero di Reynolds d'attrito (modificata da Schliting, 1968 [68])

massima (assunta in corrispondenza del pelo libero) e della velocità d'attrito, tale che

$$\frac{U}{u_*} \equiv C = \frac{U_{max}}{u_*} - 2.5, \tag{9.39}$$

con

$$\frac{U_{max}}{u_*} = \frac{1}{\kappa} \cdot \ln \frac{y_0}{k_s} + B_s, \tag{9.40}$$

dove κ è la costante di von Kármán e B_s è una funzione del numero di Reynolds d'attrito. L'andamento della funzione B_s è riportato in Figura 9.2. Sostituendo U_{max}/u_* nelle due equazioni precedenti, risulta:

$$C = \frac{1}{\kappa} \cdot \ln \frac{y_0}{k_s} + (B_s - 2.5). \tag{9.41}$$

Facendo uso di tale espressione, si calcola il rapporto scala del coefficiente di resistenza,

$$r_C = \frac{C_m}{C_p} = \frac{\dfrac{1}{\kappa} \cdot \ln \dfrac{y_m}{k_{s,m}} + (B_{s,m} - 2.5)}{\dfrac{1}{\kappa} \cdot \ln \dfrac{y_p}{k_{s,p}} + (B_{s,p} - 2.5)} \tag{9.42}$$

e, dopo alcuni semplici passaggi:

$$r_C = 1 + \frac{\ln \dfrac{\lambda_y}{r_{k_s}} + \kappa \cdot (B_{s,m} - B_{s,p})}{\ln \dfrac{y_p}{k_{s,p}} + \kappa \cdot (B_{s,p} - 2.5)}. \tag{9.43}$$

Se il numero di Reynolds d'attrito nel modello e nel prototipo è maggiore di 100, risulta $B_{s,p} = B_{s,m} = 8.5$ e, assumendo $\kappa = 0.4$, si calcola:

$$r_C = 1 + \frac{\ln \dfrac{\lambda_y}{r_{k_s}}}{\ln \dfrac{y_p}{k_{s,p}} + 2.4}. \tag{9.44}$$

Si noti che tale risultato può essere utilizzato anche in regime di transizione, con il numero di Reynolds d'attrito compreso tra 5 e 100; infatti, in tale regime la funzione B_s assume un valore massimo pari a 9.5, con uno scostamento dal valore asintotico di poco superiore al 10%, del tutto accettabile nell'ordine di approssimazione richiesto. È irrilevante, ai fini applicativi, il caso in cui il regime sia viscoso ($Re_* < 5$).

L'analisi condotta presuppone una distribuzione logaritmica della velocità nella sezione, sicuramente corretta se la scabrezza relativa è minore di 1/15 e non corretta per una scabrezza relativa pari a 1/5.25. Tale condizione deve essere opportunamente verificata nel modello e nel prototipo. In particolare, la scelta di un rapporto della scabrezza assoluta, generalmente minore della scala geometrica verticale, comporta una scabrezza relativa nel modello, maggiore della scabrezza relativa nel prototipo; è sempre opportuno, pertanto, fissare le scale in modo che la scabrezza relativa nel modello sia non superiore a 1/10.

La stima del coefficiente di scabrezza a partire da k_s è quasi sempre impossibile, sia nel modello che nel prototipo; le caratteristiche geometriche della scabrezza nel prototipo sono estremamente varie e, quasi sempre, la scabrezza degli alvei naturali è stimata indirettamente sulla base della scala di deflusso, possibilmente in più sezioni. Posto che sia nota la geometria dell'alveo in un numero sufficiente di sezioni e che esistano delle misure di livello per differenti valori di portata, si procede con un modello numerico che permetta, per tentativi, di stimare il coefficiente di scabrezza al quale corrisponda il migliore adattamento dei risultati di calcolo alle misure eseguite. Quindi, si può procedere con un confronto diretto tra le misure di livello nel prototipo e i tiranti idrici attesi nel modello.

Esempio 9.2. Supponiamo di avere realizzato il modello fisico geometricamente distorto con le seguenti scale geometriche:

$$\lambda_x = \frac{1}{120}, \qquad \lambda_y = \frac{1}{40}. \tag{9.45}$$

La scala delle velocità è pari a $r_U = \sqrt{\lambda_y}$, la scala dell'area della sezione della corrente è pari a $r_\Omega = \lambda_x \cdot \lambda_y$ e la scala delle portate è $r_Q = \lambda_x \cdot \lambda_y^{3/2}$. Supponiamo che, in un certo numero di sezioni, siano noti i tiranti che corrispondono a una portata nota, ad esempio $Q_p = 1850 \text{ m}^3/\text{s}$ (Tabella (9.1)).

La portata nel modello deve essere pari a:

$$Q_m = Q_p \cdot \lambda_x \cdot \lambda_y^{3/2} \rightarrow Q_m = 1850 \times \frac{1}{120} \times \left(\frac{1}{40}\right)^{3/2} = 60.9 \text{ l/s} \tag{9.46}$$

e i tiranti idrici nel modello dovrebbero essere quelli riportati in Tabella 9.2.

Tabella 9.1 Tiranti idrici nel *prototipo* corrispondenti a una portata $Q_p = 1850 \ \mathrm{m}^3/\mathrm{s}$

Sezione #	1	2	3	4
y_p (m)	5.50	5.20	5.62	6.05

Tabella 9.2 Tiranti idrici nel *modello* corrispondenti ai tiranti idrici nel prototipo riportati in Tabella (9.1)

Sezione #	1	2	3	4
y_m (cm)	13.8	13.0	14.1	15.1

Si noti che i valori nel modello sono arrotondati al millimetro, dato che, in laboratorio, raramente si riesce a misurare il livello dell'acqua con un'incertezza inferiore.

A questo punto, si procede per tentativi, immettendo la portata prefissata nel modello e modificando la scabrezza con una opportuna disposizione di reti metalliche, oppure di rondelle impilate e fissate al fondo, in numero e con densità areale tale da soddisfare la condizione richiesta di corrispondenza tra i tiranti idrici effettivi e i tiranti idrici teorici. Può succedere che la corrispondenza sia garantita per un prefissato valore di portata e non per un altro, ad esempio, maggiore. Ciò significa che la scabrezza non è uniforme lungo il contorno ed è necessario procedere, quindi, ad affinare la calibrazione, modificando spazialmente la disposizione delle reti o delle rondelle nelle zone golenali o arginali, cioè nella porzione di perimetro che risulta bagnato solo in occasione delle maggiori portate.

Valutiamo l'effetto del rapporto di distorsione sulla scala della scabrezza geometrica. L'equazione (9.43) può essere invertita:

$$\frac{r_{k_s}}{\lambda_y} = \left(\frac{k_{s,p}}{y_p}\right)^{r_C - 1} \cdot \exp \kappa \cdot [(B_{s,m} - 2.5) - r_C \cdot (B_{s,p} - 2.5)]. \tag{9.47}$$

Poiché dall'equazione (9.38) risulta $r_C = 1/\sqrt{n}$, si può scrivere

$$\frac{r_{k_s}}{\lambda_y} = \left(\frac{k_{s,p}}{y_p}\right)^{\frac{1}{\sqrt{n}} - 1} \cdot \exp \kappa \cdot \left[(B_{s,m} - 2.5) - \frac{1}{\sqrt{n}} \cdot (B_{s,p} - 2.5)\right], \tag{9.48}$$

esprimibile anche come relazione tra le scabrezze relative nel modello e nel prototipo, in funzione del rapporto di distorsione n:

$$\frac{k_{s,m}}{y_m} = \left(\frac{k_{s,p}}{y_p}\right)^{\frac{1}{\sqrt{n}}} \cdot \exp \kappa \cdot \left[(B_{s,m} - 2.5) - \frac{1}{\sqrt{n}} \cdot (B_{s,p} - 2.5)\right]. \tag{9.49}$$

Esempio 9.3. Supponiamo di volere limitare a valori compresi tra 1/8 e 1/10 la scabrezza relativa nel modello. Per valori di distorsione da 1 a 5, si calcola la scabrezza relativa nel prototipo, riportata in Tabella (9.3).

I valori di distorsione maggiori appaiono incompatibili con le caratteristiche dei corsi d'acqua naturali. Ad esempio, se consideriamo un rapporto di distorsione $n = 5$ e vogliamo limitare a 1/8 il rapporto di scabrezza relativa nel modello, dalla Tabella 9.3 si calcola una scabrezza relativa pari a 1/2000. Ammesso che il tirante idrico sia $y_p = 5.0$ m, la scabrezza deve essere pari a $k_{s,p} = 5.0/2000 = 2.5$ mm. Ciò comporta una velocità d'attrito minima, che si ottiene imponendo $\text{Re}_* > 100$, pari a:

$$\frac{u_{*p,min} \cdot k_{s,p}}{\nu} > 100 \rightarrow u_{*p,min} > 100 \frac{\nu}{k_{s,p}} \equiv 100 \times \frac{1.14 \cdot 10^{-6}}{0.0025} = 0.046 \text{ m/s} \tag{9.50}$$

La velocità d'attrito si calcola come:

$$u_{*p} = \sqrt{g \cdot R_p \cdot i_{f,p}} \tag{9.51}$$

e, pertanto, risulta:

$$i_{f,p} > \frac{u_{*p,min}^2}{g \cdot R_p} \equiv \frac{0.046^2}{9.806 \times 5.0} = 4.3 \cdot 10^{-5}. \tag{9.52}$$

È questo il limite inferiore alla pendenza nel prototipo, riproducibile con il modello.

Tuttavia, la pendenza non deve essere talmente elevata da mobilitare i sedimenti. Per eseguire questa seconda verifica, assumiamo che la dimensione dei sedimenti sia coincidente con la scala geometrica della scabrezza e imponiamo che risulti:

$$\Theta < \Theta_{crit} \rightarrow \frac{\rho \cdot u_{*,p}^2}{\gamma_s \cdot k_{s,p} \cdot (s-1)} < 0.05, \tag{9.53}$$

dove Θ è il parametro di Shields, Θ_{crit} è il parametro di Shields critico, assunto pari a 0.05, s è il peso specifico relativo dei sedimenti. In funzione delle caratteristiche

Tabella 9.3 Scabrezza relativa nel prototipo corrispondente a una scabrezza relativa nel modello pari a 1/8 e a 1/10 al variare del coefficiente di distorsione n

$n =$	1	2	3	4	5
$\dfrac{k_{s,p}}{y_p}$	$\dfrac{1}{8}$	$\dfrac{1}{50}$	$\dfrac{1}{210}$	$\dfrac{1}{700}$	$\dfrac{1}{2000}$
$\dfrac{k_{s,p}}{y_p}$	$\dfrac{1}{10}$	$\dfrac{1}{70}$	$\dfrac{1}{310}$	$\dfrac{1}{1100}$	$\dfrac{1}{3300}$

dell'alveo, risulta:

$$i_{f,p} < 0.05 \frac{\gamma_s \cdot k_{s,p} \cdot (s-1)}{\gamma \cdot y} \equiv$$

$$0.05 \times \frac{27\,000 \times 0.0025 \times (2.7 - 1)}{9800 \times 5.0} = 1.17 \cdot 10^{-4}. \quad (9.54)$$

Questo è il limite superiore alla pendenza nel prototipo, riproducibile con questo modello.

Pertanto, la pendenza nel prototipo deve essere compresa nell'intervallo $4.3 \cdot 10^{-5} < i_{f,p} < 1.17 \cdot 10^{-4}$.

Si noti che il limite superiore di pendenza è piuttosto modesto. Inoltre, in un alveo con le caratteristiche assunte nell'esempio di calcolo, sicuramente sarebbero presenti delle forme di fondo in grado di generare una resistenza addizionale, con scabrezza equivalente molto maggiore di 2.5 mm.

9.1.3
I modelli distorti di fiumi e di canali in regime di moto generico

In presenza di perdite di carico concentrate, dovute a brusche espansioni o a variazioni di direzione dell'asse planimetrico o altimetrico, l'equazione differenziale del moto, in alveo non necessariamente cilindrico, si modifica tenendo conto che la variazione di carico totale è esprimibile come:

$$-\frac{dH}{ds} = \frac{1}{C^2} \cdot \frac{U^2}{g \cdot R} + \sum \xi_i \cdot \frac{U^2}{2g \cdot L} \equiv \frac{1}{C^2} \cdot \frac{U^2}{g \cdot R} + \xi_L \cdot \frac{U^2}{g \cdot L} \equiv$$
$$\left(\frac{1}{C^2} + \xi_L \cdot \frac{R}{L} \right) \cdot \frac{U^2}{g \cdot R} \equiv E \cdot \frac{U^2}{g \cdot R}, \quad (9.55)$$

dove L è la lunghezza sulla quale sono distribuite le perdite di carico localizzate, ξ_L è il coefficiente di perdita concentrata equivalente, E è il coefficiente di dissipazione totale equivalente, per perdite distribuite e per variazioni plano-altimetriche dell'asse della corrente.

L'equazione differenziale del moto assume l'espressione:

$$\frac{1}{i_f} \cdot \frac{dy}{ds} = \frac{1 - \dfrac{\text{Fr}^2}{i_f} \cdot \left[\left(\dfrac{1}{C^2} + \xi_L \cdot \dfrac{R}{L} \right) - \dfrac{\alpha}{P} \cdot \dfrac{\partial \Omega}{\partial s} \right]}{1 - \alpha \cdot \dfrac{B}{P} \cdot \text{Fr}^2}. \quad (9.56)$$

Per il principio dell'omogeneità dimensionale, il rapporto scala del nuovo termine introdotto per tenere conto delle perdite localizzate, deve essere uguale al rapporto scala del termine $1/C^2$ e, in definitiva, al rapporto di distorsione n:

$$r_{\xi_L} \cdot \frac{r_R}{r_L} = r_C^{-2} \equiv \frac{\lambda_y}{\lambda_x} \equiv n \quad (9.57)$$

Nell'ipotesi di sezione sufficientemente larga, risulta $r_R = \lambda_y$, mentre $r_L = \lambda_x$. Pertanto, deve risultare $r_{\xi_L} = 1$, cioè i coefficienti di perdita di carico localizzata devono assumere lo stesso valore nel modello e nel prototipo.

Le perdite di carico localizzate sono spesso funzione dei rapporti geometrici delle variazioni di sezione che le determinano, oltre che del numero di Reynolds. In regime di moto puramente turbolento, viene meno la dipendenza dal numero di Reynolds e, quindi, tali perdite dipendono solo dalla geometria.

Per i modelli indistorti, sicuramente si conservano i rapporti di forma; per i modelli distorti, a rigore, tali rapporti potrebbero cambiare, ma generalmente in maniera trascurabile e tale da non inficiare la tesi che i coefficienti di perdita di carico localizzata assumono, di fatto, lo stesso valore nel modello e nel prototipo.

Ripercorrendo la stessa analisi anche per le perdite distribuite, l'equazione differenziale del moto per il prototipo è

$$\frac{1}{i_{f,p}} \cdot \frac{d y_p}{d s_p} = \frac{1 - \dfrac{\mathrm{Fr}_p^2}{i_{f,p}} \cdot \left[\left(\dfrac{1}{C_p^2} + \xi_{L,p} \cdot \dfrac{R_p}{L_p} \right) - \dfrac{\alpha_p}{P_p} \cdot \dfrac{\partial \Omega_p}{\partial s_p} \right]}{1 - \alpha_p \cdot \dfrac{B_p}{P_p} \cdot \mathrm{Fr}_p^2} \tag{9.58}$$

e, per il modello:

$$\frac{1}{i_{f,m}} \cdot \frac{d y_m}{d s_m} = \frac{1 - \dfrac{\mathrm{Fr}_m^2}{i_{f,m}} \cdot \left[\left(\dfrac{1}{C_m^2} + \xi_{L,m} \cdot \dfrac{R_m}{L_m} \right) - \dfrac{\alpha_m}{P_m} \cdot \dfrac{\partial \Omega_m}{\partial s_m} \right]}{1 - \alpha_m \cdot \dfrac{B_m}{P_m} \cdot \mathrm{Fr}_m^2}. \tag{9.59}$$

L'equazione (9.59) può essere riscritta come:

$$\frac{1}{i_{f,p}} \cdot \frac{d y_p}{d s_p} \cdot \left[\frac{\lambda_y}{r_{if} \cdot \lambda_x} \right] = \frac{1 - \dfrac{\mathrm{Fr}_p^2}{i_{f,p} \cdot C_p^2} \cdot \left[\dfrac{r_{\mathrm{Fr}}^2}{r_{if} \cdot r_C^2} \right]}{1 - \alpha_p \cdot \dfrac{B_p}{P_p} \cdot \mathrm{Fr}_p^2 \cdot \left[r_\alpha \cdot \dfrac{r_B \cdot r_{\mathrm{Fr}}^2}{r_P} \right]}$$

$$- \frac{\dfrac{\mathrm{Fr}_p^2 \cdot \xi_{L,p} \cdot R_p}{i_{f,p} \cdot L_p} \cdot \left[\dfrac{r_{\mathrm{Fr}}^2 \cdot r_{\xi_L} \cdot r_R}{r_{if} \cdot r_L} \right] - \dfrac{\mathrm{Fr}_p^2}{i_{f,p}} \dfrac{\alpha_p}{P_p} \dfrac{\partial \Omega_p}{\partial s_p} \left[\dfrac{r_{\mathrm{Fr}}^2}{r_{if}} \dfrac{r_\alpha \cdot r_\Omega}{r_P \cdot \lambda_x} \right]}{1 - \alpha_p \cdot \dfrac{B_p}{P_p} \cdot \mathrm{Fr}_p^2 \cdot \left[r_\alpha \cdot \dfrac{r_B \cdot r_{\mathrm{Fr}}^2}{r_P} \right]}. \tag{9.60}$$

Le due equazioni (9.58) e (9.60) coincidono per qualunque valore delle grandezze, se i termini tra parentesi quadra, funzione dei rapporti scala, sono unitari. Ciò richiede che sia soddisfatto il seguente sistema di equazioni:

$$\begin{cases} \dfrac{\lambda_y}{r_{i_f} \cdot \lambda_x} = 1 \\[3mm] \dfrac{r_{\mathrm{Fr}}^2}{r_{i_f} \cdot r_C^2} = 1 \\[3mm] \dfrac{r_{\mathrm{Fr}}^2 \cdot r_{\xi_L} \cdot r_R}{r_{i_f} \cdot r_L} = 1 \\[3mm] \dfrac{r_{\mathrm{Fr}}^2}{r_{i_f}} \cdot \dfrac{r_\alpha \cdot r_\Omega}{r_P \cdot \lambda_x} = 1 \\[3mm] r_\alpha \cdot \dfrac{r_B \cdot r_{\mathrm{Fr}}^2}{r_P} = 1 \end{cases} \quad . \tag{9.61}$$

Nell'ipotesi che sia $r_{\xi_L} = 1$, la soluzione è identica a quella ricavata nel caso di regime gradualmente vario. Se l'alveo è molto largo, in modo che la scala del perimetro bagnato coincida con la scala orizzontale, la soluzione del sistema di equazioni (9.61) si semplifica:

$$r_{i_f} = \frac{\lambda_y}{\lambda_x}, \quad r_C^2 = \frac{\lambda_x}{\lambda_y}, \quad r_{\mathrm{Fr}}^2 = 1. \tag{9.62}$$

Nel caso particolare di perdite locali molto maggiori delle perdite distribuite, cioè:

$$\frac{\mathrm{Fr}_p^2 \cdot \xi_{L,p} \cdot R_p}{i_{f,p} \cdot L_p} > \frac{\mathrm{Fr}_p^2}{i_{f,p} \cdot C_p^2}, \tag{9.63}$$

la seconda condizione nel sistema di equazioni (9.61) è irrilevante e, nelle stesse ipotesi che ci hanno permesso di ricavare le condizioni di similitudine per fiumi e canali in regime di moto gradualmente vario, riportate nell'equazione (9.38), possiamo scrivere le due condizioni di similitudine:

$$r_{\mathrm{Fr}} = 1, \quad r_{i_f} = \frac{\lambda_y}{\lambda_x} \equiv n. \tag{9.64}$$

Non sono più presenti i limiti al massimo rapporto di distorsione evidenziati nel secondo esempio del paragrafo (9.1.2). È questo il motivo per cui, molti modelli fisici di fiumi e alvei naturali, rappresentati per brevi tratti interessati da manufatti, pile di ponti, traverse, che generano perdite di carico locali rilevanti, sono spesso realizzati con rapporti di distorsione molto elevati, fino a $n = 10$.

Si noti che, nello schema proposto, le perdite di carico localizzate e distribuite hanno una comune struttura e possono essere interpretate come il risultato di una transizione (Yalin, 1971 [88]). Infatti, le perdite localizzate sono dovute a brusche variazioni plano-altimetriche dell'asse della corrente, oltre che della sezione trasversale. Quando le variazioni plano-altimetriche (ad esempio, i meandri) riducono la loro dimensione, assumono le dimensioni delle forme di fondo e della scabrezza di parete. L'espressione delle perdite di carico localizzate diventa allora formalmente identica a quella delle perdite di carico distribuite.

9.2
I modelli in regime non stazionario

Nel regime non stazionario è necessario che il numero di Strohual nel modello e nel prototipo assuma lo stesso valore:

$$\mathrm{St}_m \equiv \frac{U_m \cdot t_m}{L_m} = \mathrm{St}_p \equiv \frac{U_p \cdot t_p}{L_p}. \tag{9.65}$$

Se il modello è indistorto, risulta $r_t = r_U = \sqrt{\lambda}$, cioè la scala dei tempi coincide con la scala delle velocità (in similitudine di Froude).

Se, invece, il modello è distorto, la valutazione della scala dei tempi richiede un approfondimento.

Sulla base dello schema riportato in Figura 9.3, lo spostamento di una particella da A a B richiede, in un intervallo di tempo δt, lo spostamento prima da A a C e poi da C a B. Quindi, deve risultare:

$$\delta t = \frac{\delta l}{U} = \frac{\delta x}{U_x} = \frac{\delta y}{U_y}. \tag{9.66}$$

Tali equazioni, scritte per il modello e per il prototipo, diventano:

$$\begin{cases} \delta t_m = \dfrac{\delta l_m}{U_m} = \dfrac{\delta x_m}{U_{x,m}} = \dfrac{\delta y_m}{U_{y,m}} \\[3mm] \delta t_p = \dfrac{\delta l_p}{U_p} = \dfrac{\delta x_p}{U_{x,p}} = \dfrac{\delta y_p}{U_{y,p}} \end{cases}. \tag{9.67}$$

Introducendo i rapporti scala, risulta:

$$r_t = \frac{\lambda_x}{r_{U_x}} = \frac{\lambda_y}{r_{U_y}}. \tag{9.68}$$

Imponendo che il numero di Strohual, rappresentativo dell'inerzia locale nel piano orizzontale e in direzione verticale, assuma lo stesso valore nel modello e nel

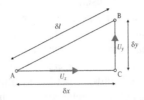

Figura 9.3 Schema di riferimento per il calcolo dei rapporti scala in un modello distorto in regime non stazionario

prototipo, si calcola:

$$\frac{r_U \cdot r_t}{\lambda} = \frac{r_{U_x} \cdot r_t}{\lambda_x} = \frac{r_{U_y} \cdot r_t}{\lambda_y} = 1. \tag{9.69}$$

Il numero di Froude fa riferimento alla componente media della velocità nel verso della corrente ed è dipendente dalla scala geometrica verticale, quindi $r_{U_x} = \sqrt{\lambda_y}$. Pertanto, risulta:

$$r_t = \frac{\lambda_x}{\sqrt{\lambda_y}} \equiv \frac{1}{n} \cdot \sqrt{\lambda_y}. \tag{9.70}$$

Sostituendo nell'equazione (9.70), si calcola:

$$r_{U_y} = n \cdot \sqrt{\lambda_y}. \tag{9.71}$$

Ciò significa che velocità orizzontale e velocità verticale hanno scale differenti, con un rapporto pari al rapporto di distorsione:

$$\frac{r_{U_y}}{r_{U_x}} = n. \tag{9.72}$$

Lo stesso risultato era stato ottenuto, in forma sintetica, nel § 4.1.6, p. 120.

Esempio 9.4. Supponiamo di avere realizzato un modello fisico distorto di un fiume e di volere modellare l'evoluzione di una piena. La scala orizzontale è $\lambda_x = 1/120$ e il rapporto di distorsione è $n = 4$. L'alveo è largo mediamente $B = 120$ m e la profondità della corrente, per una portata $Q = 580$ m^3/s, è $y = 2.1$ m. A seguito di una piena, con portata massima $Q_{max} = 820$ m^3/s, il livello cresce e raggiunge il massimo, pari a $y_{max} = 3.4$ m, in un tempo $t = 5.5$ h. Vogliamo calcolare la velocità media di innalzamento del livello nel modello.

Sulla base delle relazioni ricavate, la scala geometrica verticale è pari a $\lambda_y = n \cdot \lambda_x = 40/120 = 1/30$. La scala della velocità verticale è pari a $r_{U_y} = n \cdot \sqrt{\lambda_y} = 4 \times \sqrt{1/30} = 1/1.37$.

Nel prototipo, la velocità media di innalzamento del livello è pari a $(3.4 - 2.1)/5.5 = 24$ cm/h.

Nel modello, risulterà una velocità media pari a $24/1.37 = 17$ cm/h. Il rapporto scala dei tempi è pari a $r_t = 1/n \cdot \sqrt{\lambda_y} = 1/4 \times \sqrt{1/30} = 1/21.9$ e il massimo livello si raggiungerà dopo un tempo pari a $5.5/21.9 = 15'$.

Tabella 9.4 Sommario dei rapporti scala per modelli fisici a fondo fisso, distorti e indistorti, in similitudine di Froude

Grandezza	Rapporto di scala	Modello indistorto	Modello distorto
Geometriche			
profondità	λ	λ	λ_y
lunghezza	λ	λ	λ_x
larghezza	λ	λ	λ_x
area della corrente	r_Ω	λ^2	$\lambda_y \cdot \lambda_x$
volume	r_V	λ^3	$\lambda_y \cdot \lambda_x^2$
Cinematiche			
tempo	r_t	$\lambda^{1/2}$	$\lambda_y^{-1/2} \cdot \lambda_x$
velocità orizzontale	r_{U_x}	$\lambda^{1/2}$	$\lambda_y^{1/2}$
velocità verticale	r_{U_y}	$\lambda^{1/2}$	$\lambda_y^{3/2} \cdot \lambda_x^{-1}$
velocità d'attrito	r_{u_*}	$\lambda^{1/2}$	$\lambda_y \cdot \lambda_x^{-1/2}$
portata	r_Q	$\lambda^{5/2}$	$\lambda_y^{3/2} \cdot \lambda_x$
Dinamiche			
massa	r_m	λ^3	$\lambda_y \cdot \lambda_x^2$
pressione	r_p	λ	λ_y
tensione tangenziale	r_τ	λ	$\lambda_y^2 \cdot \lambda_x^{-1}$
forza	r_F	λ^3	$\lambda_y \cdot \lambda_x^2$
Adimensionali			
pendenza	r_{i_f}	1	$\lambda_y \cdot \lambda_x^{-1}$
C di Chézy	r_C	1	$\lambda_y^{-1/2} \cdot \lambda_x^{1/2}$
Froude	r_{Fr}	1	1
Reynolds	r_{Re}	$\lambda^{3/2}$	$\lambda_y^{3/2}$

9.3
I modelli inclinati

La difficoltà che si incontra nella corretta riproduzione del livello di dissipazione nei modelli a scala geometrica ridotta, induce spesso a scegliere un modello per il quale sia garantita solo l'eguaglianza $r_{i_f} = r_J$, in base alla quale, la pendenza del fondo nel modello è modificata in maniera tale da garantire che l'energia fornita dalla gravità per unità di peso e di percorso, bilanci l'energia dissipata. La maggiore scabrezza relativa dei modelli, rispetto al prototipo, richiede sempre un incremento di pendenza.

Se si usa la formula di Chézy con coefficiente dimensionale secondo Gauckler-Strickler, la condizione da rispettare diventa:

$$r_{i_f} = r_k^{-2} \cdot \lambda^{-1/3},$$

(9.73)

dove k è il coefficiente di scabrezza. Invece, se si usa la formula di Chézy con coefficiente adimensionale, risulta:

$$r_{i_f} = r_C^{-2}.$$

(9.74)

In forma esplicita, la pendenza nel modello deve essere pari a:

$$i_{f,m} = i_{f,p} \cdot \frac{C_p^2}{C_m^2}.$$

(9.75)

Dato che risulta quasi sempre $C_m < C_p$, sarà anche $i_{f,m} > i_{f,p}$.

Il modo migliore per selezionare il valore di pendenza nel modello è quello di realizzarlo in modo che sia possibile modificare l'inclinazione del piano di appoggio. Ciò è possibile per alvei essenzialmente rettilinei che possano essere riprodotti in una canaletta a pendenza variabile. In Figura 9.4, è visibile il modello fisico di uno scolmatore realizzato in scala $\lambda = 1/50$. L'opera verrà realizzata in calcestruzzo, mentre il modello è in PMMA.

Dall'Analisi Diretta, applicando la seguente legge di resistenza

$$J = \frac{V^2}{k_s^2 \cdot R^{4/3}},$$

(9.76)

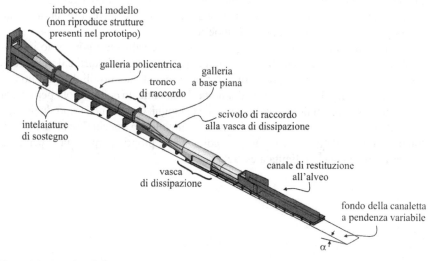

Figura 9.4 Render della vista d'insieme dello scolmatore riprodotto con un modello fisico indistorto inclinato (da Mignosa *et al.*, 2010 [56])

dove J è la cadente, k_s è il coefficiente di Gauckler-Strickler, R è il raggio idraulico, si calcola:

$$r_J = \frac{r_V^2}{r_{k_s}^2 \cdot \lambda^{4/3}}.$$ (9.77)

Per garantire lo stesso livello di dissipazione, nel modello e nel prototipo, è necessario che sia $r_J = 1$. Il rapporto del coefficiente di Gauckler-Strickler, tenuto conto che dalla similitudine di Froude risulta $r_V = \sqrt{\lambda}$, è pari a:

$$r_{k_s} = \lambda^{-1/6}.$$ (9.78)

Il calcestruzzo è caratterizzato da una scabrezza con coefficiente stimato pari a $k_s = 70\,\mathrm{m}^{1/3} \cdot \mathrm{s}^{-1}$. Quindi, il modello dovrebbe realizzarsi con materiale di scabrezza con coefficiente pari a:

$$k_{s,m} = k_{s,p} \cdot \lambda^{-1/6} \rightarrow k_{s,m} = 70 \times \left(\frac{1}{50}\right)^{-1/6} = 135\,\mathrm{m}^{1/3} \cdot \mathrm{s}^{-1}.$$ (9.79)

Il PMMA ha una scabrezza pari a circa $110\,\mathrm{m}^{1/3} \cdot \mathrm{s}^{-1}$ e, quindi, dissipa in eccesso rispetto a quanto dovrebbe il modello. Di qui la necessità di inclinare il modello. Il rapporto di inclinazione si calcola come segue:

$$r_{i_f} = r_J \rightarrow r_{i_f} = \frac{\lambda^{-1/3}}{r_{k_s}^2} = \frac{\left(\dfrac{1}{50}\right)^{-1/3}}{\left(\dfrac{110}{70}\right)^2} = 1.49.$$ (9.80)

L'installazione del modello fisico in una canaletta a pendenza variabile ha permesso la regolazione necessaria per modificare la pendenza, fino a garantire la corretta riproduzione dei tiranti idrici in alcune sezioni significative. I tiranti idrici nel prototipo sono stati calcolati per via numerica.

Si noti che la condizione dell'equazione (9.74) è valida, a rigore, solo in moto uniforme; in ogni altra condizione, i profili di rigurgito sono distorti e il modello, in corrente lenta, sovrastima i profili di richiamo e sottostima i profili di rigurgito.

Si noti, infine, che la pendenza del fondo è esattamente definita solo per i canali artificiali e per tronchi fluviali sufficientemente lunghi. Quindi, nella riproduzione, in un modello fisico, di fenomeni localizzati che coinvolgano tronchi fluviali di modesta lunghezza, il modello inclinato non ha molto senso, proprio perché già la pendenza nel prototipo è nota con limitata esattezza.

I modelli in presenza di trasporto solido 10

Per riprodurre i fenomeni di trasporto solido che si manifestano nei fiumi o lungo le coste, è necessario introdurre dei criteri di modellazione che permettano la stima dei nuovi rapporti scala associati alle variabili del trasporto solido, quali, ad esempio, la portata solida, il diametro dei sedimenti, il peso specifico dei sedimenti. I modelli fisici che riproducono il trasporto solido sono definiti *a fondo mobile*, poiché la corrente idrica è a contatto con pareti suscettibili di erosione o di deposito di sedimenti. Nella maggior parte dei modelli a fondo mobile, i sedimenti sono *non coesivi*, come nel caso di sabbie e di ghiaie. Diverso il caso di *sedimenti coesivi*, quali argille e limi, il cui comportamento è difficile da riprodurre nel modello essendo complesso e fortemente dipendente dalla sequenza degli eventi (le argille, ad esempio, sono caratterizzate da una grande varietà di parametri reologici in base al grado di consolidamento, che, a sua volta, può dipendere dalla storia dei carichi).

10.1
Le condizioni di similitudine in alvei fluviali in presenza di sedimenti in movimento

Nei modelli fisici a fondo mobile, in aggiunta alle grandezze che governano il moto del fluido, è necessario considerare tutte le grandezze che intervengono nel trasporto solido, nell'ipotesi che il trasporto sia essenzialmente trasporto al fondo (*bed load*). Assumiamo che le grandezze governanti il trasporto solido siano: la densità di massa dei sedimenti ρ_s, il loro diametro rappresentativo d, la velocità d'attrito u_*, la densità di massa dell'acqua ρ, la viscosità cinematica dell'acqua v, una lunghezza scala del campo di moto idrico h (ad esempio, il raggio idraulico). Il processo fisico può essere descritto con l'equazione tipica

$$f(\rho, v, h, u_*, d, \rho_s, g) = 0, \tag{10.1}$$

Longo S.: Analisi Dimensionale e Modellistica Fisica.
Principi e applicazioni alle scienze ingegneristiche. © Springer-Verlag Italia 2011

ovvero, applicando il Teorema di Buckingham e con una scelta fisicamente basata dei gruppi adimensionali:

$$\widetilde{f}\left(\frac{u_* \cdot d}{\nu}, \ \frac{\rho \cdot u_*^2}{g \cdot d \cdot (\rho_s - \rho)}, \ \frac{\rho_s}{\rho}, \ \frac{h}{d}\right) = 0. \tag{10.2}$$

I primi due gruppi sono, rispettivamente, il numero di Reynolds dei sedimenti

$$\mathrm{Re}_* = \frac{u_* \cdot d}{\nu} \tag{10.3}$$

e il numero di Froude dei sedimenti (più noto come *parametro o numero di Shields*)

$$\Theta = \frac{\rho \cdot u_*^2}{g \cdot d \cdot (\rho_s - \rho)}. \tag{10.4}$$

I restanti gruppi hanno un significato fisico immediato. Si noti che l'analisi è limitata a un processo nel quale la corrente abbia raggiunto la capacità di trasporto, cioè la massima portata solida compatibile con le caratteristiche cinematiche della corrente liquida. Se fossimo interessati all'evoluzione spaziale del trasporto solido, dovremmo includere una concentrazione iniziale di sedimenti e l'ascissa della sezione di interesse, nella quale, non necessariamente, la corrente ha raggiunto la sua capacità di trasporto.

Le caratteristiche della corrente idrica sono una funzione delle variabili riportate nell'equazione (9.1), p. 275, e intervengono 4 gruppi adimensionali, cioè il numero di Reynolds e il numero di Froude, la pendenza del fondo e la scabrezza relativa.

Se si usa lo stesso fluido nel modello e nel prototipo, dalle condizioni di similitudine per i 4 gruppi adimensionali del processo di trasporto solido e dalle 3 condizioni di similitudine approssimata per la corrente idrica (il numero di Reynolds della corrente è sufficientemente elevato, nel modello e nel prototipo, da poter trascurare la viscosità), si calcolano i seguenti rapporti scala:

$$\begin{cases} r_{u_*} = \dfrac{1}{r_d} \\[2mm] r_{u_*}^2 = r_d \cdot r_{(\rho_s - \rho)} \\[2mm] r_{\rho_s} = 1 \\[2mm] \lambda = r_d \\[2mm] r_U = \sqrt{\lambda} \\[2mm] r_{i_f} = 1 \\[2mm] r_{k_s} = \lambda \end{cases} . \tag{10.5}$$

Tale sistema di equazioni non ammette soluzioni; la seconda equazione si riduce a $r_{u_*}^2 = r_d$, in contrasto con la prima equazione. Per ovviare a ciò, si potrebbe usare un fluido differente nel modello e nel prototipo, ma la gestione di un modello nel quale il fluido in circolo sia differente dall'acqua è difficoltosa e complessa.

Inoltre, la quarta equazione impone che i sedimenti siano dimensionalmente ridotti secondo il rapporto di scala geometrica nel modello. Ciò potrebbe richiedere l'uso di sedimenti talmente piccoli da ricadere nel campo dei limi e delle argille, cioè nel campo dei sedimenti coesivi.

Quindi, in alcune condizioni, si possono realizzare dei modelli approssimati nei quali solo alcuni dei gruppi adimensionali rispettano la condizione di similitudine. Ancora, alcune condizioni asintotiche permettono una similitudine ancora più approssimata.

10.1.1
I modelli indistorti: numero di Reynolds dei sedimenti $\to \infty$

Quando il numero di Reynolds dei sedimenti è molto grande, l'equazione tipica (10.2) si riduce a:

$$\tilde{f}\left(\frac{\rho \cdot u_*^2}{g \cdot (\rho_s - \rho) \cdot d}, \frac{\rho_s}{\rho}, \frac{h}{d}\right) = 0 \tag{10.6}$$

e le condizioni di similitudine diventano

$$\begin{cases} r_{u_*}^2 = r_d \cdot r_{(\rho_s - \rho)} \\ r_{\rho_s} = 1 \\ \lambda = r_d \\ r_U = \sqrt{\lambda} \\ r_{i_f} = 1 \\ r_{k_s} = \lambda \end{cases}, \tag{10.7}$$

cioè:

$$\begin{cases} r_U = r_{u_*} = \sqrt{\lambda} \\ r_d = r_{k_s} = \lambda \\ r_\rho = r_{\rho_s} = r_{i_f} = 1 \end{cases}. \tag{10.8}$$

Nell'ipotesi, quindi, che la scala della scabrezza sia controllata solo dal diametro dei sedimenti, nel modello e nel prototipo, il processo fisico è in similitudine approssimata per Re_* sufficientemente grande. La portata volumetrica dell'acqua si rapporta secondo $\lambda^{5/2}$, la portata volumetrica dei sedimenti, per unità di larghezza, si rapporta secondo $\lambda^{3/2}$.

Esempio 10.1. Vogliamo progettare un modello fisico a fondo mobile, per riprodurre un alveo molto largo caratterizzato da un tirante idrico $h = 3.80$ m, pendenza del fondo $i_f = 0.5\%$, con diametro mediano dei sedimenti $d_{50} = 30$ mm. Il peso specifico relativo dei sedimenti è pari a $s = 2.65$.

Verifichiamo l'esistenza del trasporto solido valutando se, nel prototipo, il parametro di Shields eccede il valore critico. La tensione tangenziale media alla parete è pari a:

$$\tau = \gamma_f \cdot R \cdot i_f = 9800 \times 3.80 \times 0.5/100 = 186 \text{ Pa}. \tag{10.9}$$

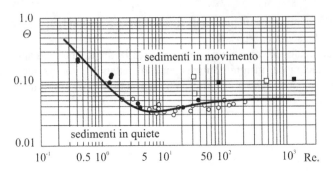

Figura 10.1 Abaco di Shields

La velocità d'attrito è pari a:

$$u_* = \sqrt{\frac{\tau}{\rho}} = \sqrt{\frac{186}{1000}} = 0.43 \text{ m/s}. \tag{10.10}$$

Il numero di Reynolds dei sedimenti è pari a $\text{Re}_* = u_* \cdot d/\nu = 0.43 \times 0.03/10^{-6} = 12\,900$ e il parametro di Shields è pari a $\theta = u_*^2/(g \cdot d \cdot (s-1)) = 0.43^2/(9.806 \times 0.03 \times 1.65) = 0.38$. Il moto del fluido, in prossimità dei sedimenti, è in regime turbolento e il modello deve essere progettato con una scala geometrica minima, tale da permettere la mobilità dei sedimenti nello stesso regime.

Il numero di Reynolds dei sedimenti ha un rapporto scala pari a:

$$\frac{\text{Re}_{*,m}}{\text{Re}_{*,p}} = \frac{r_{u_*} \cdot r_d}{r_\nu} = \lambda^{3/2}. \tag{10.11}$$

Imponendo un valore $\text{Re}_{*,m} > 70$, si calcola:

$$\lambda > \left(\frac{70}{\text{Re}_{*,p}}\right)^{2/3} = \left(\frac{70}{12\,900}\right)^{2/3} = \frac{1}{32}. \tag{10.12}$$

Fissando una scala $\lambda = 1/30$, risulta:

$$\begin{cases} i_{f,m} = 0.5\% \\ d_m = 30/30 = 1 \text{ mm} \\ h_m = 380/30 = 12.7 \text{ cm} \end{cases} . \tag{10.13}$$

La portata volumetrica dell'acqua sarà in rapporto $r_Q = \lambda^{5/2} = (1/30)^{5/2} = 1/4930$ e la portata volumetrica dei sedimenti, per unità di larghezza, sarà in rapporto $r_q = \lambda^{3/2} = (1/30)^{3/2} = 1/164$.

L'analisi è stata condotta in regime stazionario, sia della corrente fluida che del trasporto solido, assumendo che tutte le situazioni di pratico interesse, nelle quali vi sia una variazione temporale delle grandezze, siano riconducibili a una successione di stati stazionari (ipotesi di quasi-stazionarietà). Da questo approccio sono naturalmente esclusi i dettagli di fenomeni fortemente non stazionari, quali, ad esempio, il trasporto solido dovuto alle onde di mare nella zona di *surf* o di *swash*.

10.1.2
I modelli indistorti: numero di Reynolds dei sedimenti < 70

Se Re_* < 70 l'effetto della viscosità non è più trascurabile e, come già dimostrato, la similitudine completa è irrealizzabile. Tuttavia, è possibile semplificare l'equazione (10.2), nella quale l'importanza relativa dei 4 gruppi adimensionali può essere valutata in relazione alla grandezza dipendente che si intende analizzare. Ad esempio, se si intende analizzare il moto del singolo grano, eventualmente in regime di saltazione, intervengono tutti i gruppi adimensionali indistintamente; se, invece, si analizza una variabile integrale (la portata solida, la scabrezza media del fondo, la geometria delle forme di fondo), la densità relativa non interviene autonomamente, ma è inglobata nel parametro di Shields. In quest'ultima condizione, l'equazione (10.14) si riduce a:

$$\widetilde{f}\left(\frac{u_* \cdot d}{\nu}, \frac{\rho \cdot u_*^2}{g \cdot (\rho_s - \rho) \cdot d}, \frac{h}{d}\right) = 0 \qquad (10.14)$$

e le condizioni di similitudine (assumendo, al solito, che $r_\rho = r_\mu = r_g = 1$) richiedono che i rapporti scala soddisfino le seguenti equazioni:

$$\begin{cases} r_{u_*} = \dfrac{1}{r_d} \\ r_{u_*}^2 = r_{(\rho_s - \rho)} \cdot r_d \\ \lambda = r_d \end{cases} \qquad (10.15)$$

Purtroppo, però, alcuni problemi di ordine pratico impediscono la realizzazione di un siffatto modello. Infatti, come risulta dalla definizione di velocità d'attrito, in condizioni di moto uniforme, $r_{u_*} = \sqrt{r_{i_f} \cdot \lambda}$ e, quindi, $r_{i_f} = \lambda^{-3}$. In un modello in scala $\lambda = 1/30$, la pendenza dovrebbe essere incrementata di un fattore pari a $r_{i_f} = 30^3 = 27\,000$. Anche per modelli a grande scala, quindi, si renderebbe necessario aumentare a dismisura l'inclinazione e ciò rende vano ogni ulteriore approfondimento.

10.2
Ipotesi di trasporto solido indipendente dalla profondità della corrente idrica

Se si assume che il trasporto solido al fondo sia essenzialmente controllato da parametri locali e non dipenda dalla profondità della corrente h, è possibile realizzare dei modelli in similitudine quasi completa, purché il modello sia distorto. Per il trasporto solido è necessario che sia $r_\theta = r_{Re_*} = 1$ e, per la corrente idrica, che siano $r_{Fr} = 1$ e $r_C^{-2} = r_{i_f} \equiv \lambda_y/\lambda_x$. Se assumiamo la seguente legge di resistenza, in presenza di sedimenti (Julien, 2002 [43]),

$$U = 5.75 \log_{10}\left(\frac{12.2R}{k_s}\right) \cdot \sqrt{g \cdot R \cdot i_f}; \qquad (10.16)$$

trasformando l'espressione logaritmica in una funzione monomia di potenza, risulta:

$$\begin{cases} U = a \cdot \left(\dfrac{d}{h}\right)^m \cdot \sqrt{g \cdot R \cdot i_f} \equiv C \cdot \sqrt{g \cdot R \cdot i_f} \\ m = 1/\ln\left(12.2\dfrac{h}{d}\right) \end{cases} \qquad (10.17)$$

che, per $m = 1/6$, diventa l'espressione di Manning-Strickler. La condizione relativa al bilancio d'energia è

$$r_C = \frac{\lambda_y^m}{r_d^m}; \qquad (10.18)$$

sostituendo, risulta:

$$\begin{cases} r_{u_*} = \dfrac{1}{r_d} \\ r_{u_*}^2 = r_d \cdot r_{(\rho_s - \rho)} \\ r_C = \dfrac{\lambda_y^m}{r_d^m} \\ r_{U_x} = \lambda_y^{1/2} \end{cases} \qquad (10.19)$$

Il sistema ammette la soluzione:

$$r_{u_*} = \lambda_y^{\left(\frac{2m+2}{2m-1}\right)}, \ r_d = \lambda_y^{\left(\frac{2m-1}{2m+2}\right)}, \ r_{(\rho_s - \rho)} = \lambda_y^{\left(\frac{3-6m}{2m+2}\right)}, \ r_{U_x} = \lambda_y^{1/2}. \qquad (10.20)$$

Inoltre, si ricava la scala geometrica orizzontale:

$$\lambda_x = \lambda_y^{\left(\frac{4m+1}{m+1}\right)}. \qquad (10.21)$$

Sulla base della loro definizione, si ricavano le scale delle altre grandezze, riportate in Tabella 10.2: nella colonna *(a)*, per un modello distorto anche nel piano, nella colonna *(b)*, per un modello planimetricamente indistorto, nella colonna *(c)*, per un modello planimetricamente indistorto e per $m = 1/6$.

Dai dati della colonna *(c)* risulta $r_d > 1$ e $r_{(\rho_s - \rho)} < 1$, cioè i sedimenti nel modello sono di dimensioni maggiori e di peso specifico inferiore rispetto ai sedimenti nel prototipo. Ciò semplifica la realizzazione di modelli che riproducono materiali granulari incoerenti molto piccoli. È comunque opportuno evitare l'uso di sedimenti con peso specifico troppo vicino a quello dell'acqua, che potrebbe comportare alcune difficoltà pratiche di gestione del modello.

La scala della portata volumetrica dei sedimenti, in un canale di larghezza b, si calcola considerando che

$$Q_s = b \cdot q \rightarrow r_{Q_s} = r_b \cdot r_q \equiv \lambda_z \cdot r_q. \qquad (10.22)$$

Il gruppo adimensionale nel quale compare la portata volumetrica per unità di larghezza è

$$\frac{q}{\sqrt{g \cdot d^3 \cdot (s-1)}} \rightarrow r_q = r_d^{3/2} \cdot r_{(\rho_s - \rho)}^{1/2} \cdot r_\rho^{-1/2}, \qquad (10.23)$$

quindi,

$$r_{Q_s} = \lambda_z \cdot r_d^{3/2} \cdot r_{(\rho_s - \rho)}^{1/2} \cdot r_\rho^{-1/2}. \qquad (10.24)$$

10.2.1
Ipotesi di trasporto solido indipendente dalla profondità della corrente idrica e di numero di Reynolds dei sedimenti → ∞

Nel caso in cui il numero di Reynolds dei sedimenti sia molto grande, allora si può trascurare e, per garantire la similitudine, devono essere soddisfatte le seguenti equazioni:

$$\begin{cases} r_{u_*}^2 = r_d \cdot r_{(\rho_s - \rho)} \\ r_C = \dfrac{\lambda_y^m}{r_d^m} \\ r_{U_x} = \lambda_y^{1/2} \end{cases}. \qquad (10.25)$$

Il sistema ammette la soluzione:

$$r_{u_*} = r_d^m \cdot \lambda_y^{\left(\frac{1-2m}{2}\right)}, \quad r_{(\rho_s - \rho)} = r_d^{2m-1} \cdot \lambda_y^{(1-2m)}, \quad r_{U_x} = \lambda_y^{1/2}, \qquad (10.26)$$

e la scala geometrica orizzontale risulta

$$\lambda_x = r_d^{-2m} \cdot \lambda_y^{(1+2m)}. \qquad (10.27)$$

Sulla base della loro definizione, si ricavano le scale delle altre grandezze riportate in Tabella 10.2: colonna *(d)*, per un modello distorto anche nel piano, colonna *(e)*, per un modello planimetricamente indistorto. Si possono, inoltre, fissare due scale, ad esempio, la scala dei sedimenti e la scala geometrica verticale. Se poi si vuole realizzare un modello distorto anche planimetricamente, la scala geometrica trasversale λ_z è arbitraria.

10.3
Il fondo in presenza di dune, ripples e altre forme: il calcolo della scabrezza equivalente

In presenza di alcune condizioni, si rileva sperimentalmente che le forme di fondo, che incrementano la scabrezza dell'alveo, dipendono dalla profondità della corrente. Pertanto, nonostante sia stata esclusa, nella maggior parte dei modelli fin qui sviluppati, una dipendenza diretta dalla profondità, si renderà necessario tenerne conto indirettamente tramite il calcolo della scabrezza.

Nel bilancio energetico della corrente, sono inclusi tutti i fenomeni dissipativi dovuti a: scabrezza di superficie, forme di fondo, variazioni plano-altimetriche dell'alveo. Ipotizzando che il gradiente dell'energia totale sia la somma dei tre contributi, possiamo scrivere:

$$J \equiv -\frac{dH}{dx} = J_1 + J_2 + J_3 \equiv (E_1 + E_2 + E_3) \cdot \frac{U^2}{g \cdot h}. \tag{10.28}$$

Ciò equivale a esprimere la tensione tangenziale alle pareti come somma delle tensioni tangenziali associate ai tre distinti contributi:

$$\tau_0 = \tau_0' + \tau_0'' + \tau_0'''. \tag{10.29}$$

Le tensioni tangenziali possono essere espresse sia come:

$$\begin{cases} \tau_0' = \rho \cdot g \cdot J' \cdot h \\ \tau_0'' = \rho \cdot g \cdot J'' \cdot h \\ \tau_0''' = \rho \cdot g \cdot J''' \cdot h \\ J' + J'' + J''' = J \end{cases} \tag{10.30}$$

sia come

$$\begin{cases} \tau_0' = \rho \cdot g \cdot J \cdot h' \\ \tau_0'' = \rho \cdot g \cdot J \cdot h'' \\ \tau_0''' = \rho \cdot g \cdot J \cdot h''' \\ h' + h'' + h''' = h \end{cases} \tag{10.31}$$

In funzione della velocità d'attrito, risulta, quindi:

$$u_*^2 = u_*'^2 + u_*''^2 + u_*'''^2 \tag{10.32}$$

e, in funzione del coefficiente di Chézy adimensionale,

$$\frac{1}{C^2} = \frac{1}{C'^2} + \frac{1}{C''^2} + \frac{1}{C'''^2}. \tag{10.33}$$

Per fondo piano con limitato movimento di sedimenti, o in condizioni di *sheet flow*, il contributo delle forme di fondo è nullo, anche se, a rigore, in quest'ultimo regime, sarebbe necessario considerare un contributo addizionale dovuto all'intenso flusso di quantità di moto dei sedimenti.

Il primo problema da risolvere è quantificare i differenti contributi alla cadente. Tralasciando, per il momento, l'effetto delle variazioni plano-altimetriche dell'alveo, restringiamo l'analisi al caso in cui siano presenti solo forme di fondo e, dunque:

$$\tau_0 = \tau_0' + \tau_0''. \tag{10.34}$$

Secondo Einstein e Barbarossa, 1952 [29], il coefficiente di Chézy adimensionale, relativo alla sola resistenza di superficie, è esprimibile come:

$$\frac{U}{u'_*} \equiv C' = f\left(\frac{u'_* \cdot k'_s}{v}, \frac{h'}{k'_s}\right),$$ (10.35)

dove k'_s è la scabrezza geometrica associata alla resistenza di superficie. La struttura delle funzione, per $u'_* \cdot k'_s / v \to \infty$, è quella di Manning-Strickler:

$$\frac{U}{u'_*} \equiv C' = 7.66 \left(\frac{h'}{k'_s}\right)^{1/6},$$ (10.36)

anche se non è sperimentalmente verificato che in un regime con contributi misti alla resistenza totale, si possa utilizzare la stessa funzione che si adotterebbe se la resistenza fosse solo di superficie.

Secondo Einstein e Barbarossa, il coefficiente di Chézy adimensionale del contributo delle forme di fondo C'', è una funzione del *numero di mobilità* dei sedimenti, definito come:

$$\Psi'_{35} = \frac{\rho_s - \rho}{\rho} \cdot \frac{d_{35}}{h' \cdot J},$$ (10.37)

dove d_{35} è il diametro del passante al 35%. La funzione $C'' = f\left(\Psi'_{35}\right)$ è diagrammata in Figura 10.2. La procedura di calcolo è iterativa: assegnati i valori di h, d_{35} e J, si voglia determinare la velocità media della corrente.

Si fissa un valore $h' < h$ di primo tentativo, si calcola la velocità d'attrito u'_*, la velocità media della corrente U di primo tentativo, il coefficiente di Chézy adimensionale della resistenza di superficie C', il parametro di mobilità Ψ'_{35}; dal diagramma empirico si calcola C'', la velocità d'attrito u''_*, il valore di $h'' = u''^2_* / (g \cdot J)$. Se la somma $h' + h''$ differisce da h, si sceglie un altro valore per h' fino a raggiungere l'eguaglianza.

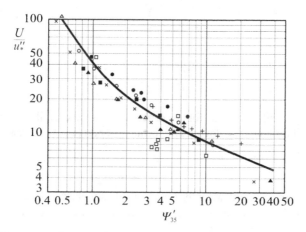

Figura 10.2 Diagramma di Einstein e Barbarossa (modificato da Einstein e Barbarossa, 1952 [29])

Esistono numerose varianti del metodo e molti autori rilevano uno scostamento sistematico della curva proposta da Einstein e Barbarossa, rispetto ai dati sperimentali, giustificato dal fatto che il coefficiente di Chézy adimensionale, associato alle forme di fondo, non è solo funzione di Ψ'.

10.3.1
Le condizioni di similitudine per i sedimenti e per la corrente idrica in presenza di forme di fondo

Le condizioni di similitudine della corrente idrica, sviluppate nel § 9.1.3, p. 287, richiedono che sia

$$r_{i_f} = \frac{\lambda_y}{\lambda_x}, \quad r_E = \frac{\lambda_y}{\lambda_x}, \quad r_{Fr} = 1, \tag{10.38}$$

dove E è il coefficiente di perdita generalizzato definito nell'equazione (9.55), p. 287.

La seconda condizione sostituisce e generalizza la condizione $r_C^2 = \lambda_x / \lambda_y$ dell'insieme (9.62), e si può così riscrivere

$$r_E \equiv \frac{(E_1 + E_2 + E_3)_m}{(E_1 + E_2 + E_3)_p} = \frac{\lambda_y}{\lambda_x}, \tag{10.39}$$

certamente soddisfatta se risulta:

$$r_{E_1} = r_{E_2} = r_{E_3} = \frac{\lambda_y}{\lambda_x}. \tag{10.40}$$

Come riportato nell'equazione (9.57), la condizione $r_{E_3} = \lambda_y / \lambda_x$ è automaticamente soddisfatta. Inoltre, su fondo piano, il contributo delle forme di fondo è nullo e, quindi, la similitudine si riconduce a:

$$r_{E_1} = \frac{\lambda_y}{\lambda_x} \equiv n, \tag{10.41}$$

e cioè,

$$r_{C'} \equiv \frac{C'_m}{C'_p} = \sqrt{\frac{\lambda_x}{\lambda_y}} \equiv \frac{1}{\sqrt{n}}. \tag{10.42}$$

Se sono presenti forme di fondo, è necessario includere il loro contributo. Il coefficiente di dissipazione dovuto alle forme di fondo può essere espresso come:

$$E_2 = \frac{1}{2} \cdot \frac{\Delta^2}{\Lambda \cdot h}, \tag{10.43}$$

dove Δ e Λ sono, rispettivamente, l'altezza e la lunghezza delle ondulazioni del fondo. La condizione di similitudine $r_{E_2} = \lambda_y / \lambda_x$ richiede che sia

$$r_{E_2} \equiv \frac{\Delta_m^2}{\Delta_p^2} \cdot \frac{\Lambda_p \cdot h_p}{\Lambda_m \cdot h_m} = \frac{\lambda_y}{\lambda_x} \equiv n. \tag{10.44}$$

Supponiamo che la corrente sia lenta (cioè, Fr < 1) e che le forme di fondo siano *ripples*, ipotizzando che tali forme esistano per $(u_* \cdot d/v) <\approx 20$. Purché $h/d <\approx 1000$, le caratteristiche geometriche delle *ripples* dipendono solo dal diametro dei sedimenti e non dal tirante idrico. Se, invece, risulta $h/d > 1000$, allora si formano soltanto *ripples*, per $(u_* \cdot d/v) <\approx 8$ e soltanto dune, per $(u_* \cdot d/v) >\approx 24$; sia le *ripples* che le dune coesistono nell'intervallo $8 <\approx (u_* \cdot d/v) <\approx 24$.

Le caratteristiche geometriche delle forme di fondo sono proporzionali al diametro dei sedimenti, con coefficienti di proporzionalità che dipendono dal numero di Reynolds dei sedimenti e dal parametro di Shield. Poiché il modello soddisfa la similitudine di tali due parametri, risulta anche:

$$r_\Delta = r_\Lambda = r_d \qquad (10.45)$$

e, quindi, l'equazione (10.44) si riconduce all'espressione

$$r_{E_2} \equiv \frac{\Delta_m^2}{\Delta_p^2} \cdot \frac{\Lambda_p \cdot h_p}{\Lambda_m \cdot h_m} = \frac{r_d}{\lambda_y}. \qquad (10.46)$$

Per soddisfare la condizione $r_{E_2} = \lambda_y/\lambda_x$, sarebbe necessario che fosse $r_d = \lambda_y^2/\lambda_x$. Sulla base dei valori di r_d riportati nella Tabella 10.2, si verifica che se le forme di fondo sono *ripples*, quest'ultima condizione non è mai soddisfatta e, quindi, non è possibile ottenere la similitudine della dissipazione di energia nel caso di *ripples*.

Invece, se le forme di fondo sono dune (con $u_* \cdot d/v >\approx 20$), la loro altezza e lunghezza è proporzionale al tirante idrico e non dipende dal diametro dei sedimenti. Dunque,

$$r_{E_2} \equiv \frac{\Delta_m^2}{\Delta_p^2} \cdot \frac{\Lambda_p \cdot h_p}{\Lambda_m \cdot h_m} = 1 \qquad (10.47)$$

che soddisfa la condizione dell'equazione (10.44) solo se il modello fisico è geometricamente indistorto. Ciò non significa che non sia possibile avere delle dune in un modello distorto, ma solo che il bilancio di energia delle sole forme di fondo non verrebbe soddisfatto. Infatti, in presenza di *ripples* risulta:

$$r_{E_2} = \frac{r_d}{\lambda_y} = \lambda_y^{-1.286} > r_{i_f} \equiv \lambda_y^{-0.429} \quad \text{per } m = 1/6, \qquad (10.48)$$

e il modello dissipa più di quanto dovrebbe, generando dei profili di rigurgito, nel modello, più depressi, rispetto a quelli corrispondenti nel prototipo.

In presenza di dune, invece,

$$r_{E_2} = 1 < r_{i_f} \equiv \lambda_y^{-0.429} \quad \text{per } m = 1/6, \qquad (10.49)$$

e il modello dissipa meno di quanto dovrebbe, generando dei profili di rigurgito, nel modello, più elevati del dovuto. Tuttavia, l'effetto scala dovuto alla mancanza di similitudine perfetta per la dissipazione di energia è meno importante di quanto si possa immaginare. Infatti, la massima ripidità delle forme di fondo è $\Delta/\Lambda < 1/10$, mentre la massima altezza relativa è $\Delta/h < 1/5$; quindi, il massimo coefficiente di dissipazione è pari a:

$$E_{2,max} = \frac{1}{2} \cdot \frac{\Delta^2}{\Lambda \cdot h} = \frac{1}{100}. \tag{10.50}$$

Come è possibile osservare, si tratta di un valore modesto, del tutto trascurabile, rispetto ad altre dissipazioni localizzate, dovute alle variazioni plano-altimetriche e ai meandri.

10.4
Le scale temporali nei modelli a fondo mobile distorti

Nella stima delle scale temporali, è necessario fare riferimento alle grandezze significative che le determinano. Se consideriamo il processo di saltazione del singolo grano in movimento, la scala geometrica è il diametro del grano e la scala della velocità è la velocità d'attrito. Pertanto, per una similitudine di Reynolds dei sedimenti completa e per $m = 1/6$, risulta:

$$r_{t_s} = \frac{r_d}{r_{u_*}} = \lambda_y^{-0.571}. \tag{10.51}$$

La scala temporale per il fluido (cfr. Tabella 10.2, p. 311) è pari a:

$$r_t = \lambda_y^{0.928}, \tag{10.52}$$

e il rapporto tra le due scale temporali è pari a:

$$\frac{r_{t_s}}{r_t} = \frac{1}{\lambda_y^{3/2}}. \tag{10.53}$$

Ad esempio, se il modello è in scala geometrica verticale $\lambda_y = 1/20$, per il fluido la scala temporale è pari a $r_t = (1/20)^{0.928} \approx 1/16$, per i sedimenti la scala temporale è pari a $r_{t_s} = (1/20)^{-0.571} = 5.5$. Un processo fisico correlato al moto dei sedimenti che, nel prototipo dura 1 h e nel modello 5.5 h; invece, se il processo fisico è relativo al moto del fluido, nel modello dura circa $4'$. Quindi, la cinematica dei sedimenti è *ritardata* rispetto alla cinematica del fluido.

Per stimare le scale temporali di evoluzione delle forme di fondo, consideriamo l'equazione di Exner, 1925 [30]:

$$\frac{\partial \eta}{\partial t} = -\frac{1}{(1-\varepsilon)} \cdot \frac{\partial q}{\partial x}, \tag{10.54}$$

dove η è la quota del fondo, ε è la porosità. La scala temporale dell'evoluzione del fondo, indicata con $r_{t,ff}$, sarà pari a:

$$r_{t,ff} = \frac{\lambda_y \cdot \lambda_x}{r_q} \cdot r_{(1-\varepsilon)}. \qquad (10.55)$$

Assumendo che la porosità sia la stessa nel modello e nel prototipo ($r_{(1-\varepsilon)} = 1$), in similitudine completa dei sedimenti risulta, invece,

$$r_{t,ff} = \lambda_y^{\left(\frac{2+5m}{1+m}\right)} \rightarrow r_{t,ff} = \lambda_y^{2.43} \quad \text{per } m = 1/6, \qquad (10.56)$$

e il rapporto tra la scala evolutiva delle forme di fondo e la scala temporale del fluido è pari a:

$$\frac{r_{t,ff}}{r_t} = \lambda_y^{3/2}. \qquad (10.57)$$

In similitudine di Reynolds dei sedimenti approssimata, risulta:

$$r_{t,ff} = r_d^{-3m-1} \cdot \lambda_y^{\left(\frac{3+6m}{2}\right)}. \qquad (10.58)$$

Esempio 10.2. Vogliamo progettare un modello fisico di un'asta fluviale che si sviluppa per 450 m, con larghezza media dell'alveo pari a 43 m e profondità media pari a 1.00 m, avendo a disposizione uno spazio utile in laboratorio di lunghezza pari a 12 m. Supponiamo che i sedimenti, nel prototipo, abbiano densità $\rho_{s,p} = 2700 \, \text{kg/m}^3$ e che il loro diametro rappresentativo sia $d_p = 10$ mm. La portata volumetrica della corrente idrica è pari a $Q_p = 90 \, \text{m}^3/\text{s}$.

La scala planimetrica non potrà essere superiore a $\lambda_x = 12/450 \cong 1/37.5$.

Fissiamo $\lambda_x = 1/40$. Se adottiamo un rapporto di distorsione $n = 2$, si calcola $\lambda_y = n \cdot \lambda_x = 2 \times 1/40 = 1/20$. L'asta fluviale nel modello avrà lunghezza pari a 11.25 m, larghezza pari a 1.08 m e una profondità della corrente pari a 5 cm.

Fissiamo un rapporto dei sedimenti pari a $1/4$, cioè $d_m = 10/4 = 2.5$ mm. La densità di massa dei sedimenti nel modello deve essere pari a:

$$r_{(\rho_s - \rho)} = \left(\frac{\lambda_y}{r_d}\right)^{2/3} = \left(\frac{1/20}{1/4}\right)^{2/3} \approx \frac{1}{3} \rightarrow$$

$$(\rho_s - \rho)_m = \frac{2700 - 1000}{3} = 565 \, \text{kg/m}^3 \rightarrow \qquad (10.59)$$

$$\rho_{s,m} = 565 + 1000 = 1565 \, \text{kg/m}^3.$$

In Tabella 10.1 si riportano le specifiche di alcuni materiali utilizzati per i modelli a fondo mobile. Nella selezione del materiale, è necessario verificare anche che, nel caso in cui sia previsto un ricircolo, i grani non si frantumino attraversando la girante delle pompe. Infatti, in molte applicazioni è necessario garantire un'alimentazione con portata solida, normalmente mediante una tramoggia a portata regolabile, che regola il flusso di sedimenti trasferiti dalla sezione di chiusura del modello, cioè a valle, alla sezione di ingresso.

Sulla base delle caratteristiche dei materiali elencate in Tabella 10.1, si può utilizzare Antracite, Bakelite o carbone.

Tabella 10.1 Alcuni materiali utilizzabili per il fondo di modelli a fondo mobile

Materiale	Peso specifico relativo all'acqua	Diametro commerciale mm	Note
Polistirene	$1.035 - 1.05$	$0.5 - 3.0$	stabile ma tende a galleggiare e non bagna
Araldite (resina)	1.14	$0.2 - 0.5$	
Nylon	1.16	$0.1 - 5.0$	
PVC	$1.14 - 1.25$	$1.5 - 4.0$	idrofobo
Perspex	$1.18 - 1.19$	$0.3 - 1.0$	polveroso
carbone	$1.2 - 1.6$	$0.3 - 4.0$	granulometria e densità non omogenee
ABS	1.22	$2.0 - 3.0$	bollicine d'aria adese
gusci di noce	1.33	$0.1 - 0.4$	degrada in alcune settimane e sporca l'acqua
Bakelite	$1.38 - 1.49$	$0.3 - 4.0$	porosa, rigonfia e galleggia
Lytag®	1.52	$1 - 8.0$	poroso
pomice	$1.4 - 1.7$		
s abbia quarzifera	2.65	$0.1 - 1.0$	

La portata volumetrica d'acqua nel modello è pari a:

$$r_Q = \lambda_x \cdot \lambda_y^{3/2} = \frac{1}{40} \times \left(\frac{1}{10}\right)^{3/2} \approx \frac{1}{1265} \rightarrow$$

$$Q_m = Q_p \cdot r_Q = 90 \times \frac{1}{1265} = 71 \, \text{l/s}. \tag{10.60}$$

La portata massica dei sedimenti, misurata nel modello, è pari a 0.27 kg/s, corrispondente a una portata volumetrica $Q_{s,m} = 0.27/1.565 = 0.172 \, \text{m}^3/\text{s}$.

La portata volumetrica dei sedimenti, nel prototipo, sarà pari a:

$$r_{Q_s} = \sqrt{n} \cdot \lambda_y^{5/2} = \sqrt{2} \times \left(\frac{1}{20}\right)^{5/2} \approx \frac{1}{1268} \rightarrow$$

$$Q_{s,p} = \frac{Q_{s,m}}{r_{Q_s}} = 0.172 \times 1268 \approx 0.219 \, \text{m}^3/\text{s}. \tag{10.61}$$

Il rapporto dei tempi, per i processi della corrente idrica, è pari a:

$$r_t = \frac{\sqrt{\lambda_y}}{n} = \frac{\sqrt{1/20}}{2} = \frac{1}{8.95}, \tag{10.62}$$

mentre il rapporto del tempo di evoluzione delle forme di fondo è pari a:

$$r_{t,ff} = \frac{\lambda_y^{5/3}}{n \cdot r_d^{7/6}} \cdot r_{(1-\varepsilon)} = \frac{(1/20)^{5/3}}{2 \times (1/4)^{7/6}} \approx \frac{1}{58}. \tag{10.63}$$

10.5
I fenomeni localizzati

L'analisi del comportamento di opere realizzate in alveo fluviale, con presenza di fenomeni localizzati di deposito o erosione, data la complessità del fenomeno, richiede quasi sempre un modello fisico. È possibile ridurre significativamente il numero delle variabili coinvolte, rispetto al caso più generale, poiché, ad esempio, le velocità del fluido sono in genere elevate e il moto alla scala geometrica dei sedimenti è quasi sempre in regime turbolento (almeno nella fase iniziale del fenomeno).

Consideriamo, ad esempio, il processo di erosione in corrispondenza di una pila di ponte, secondo lo schema visibile in Figura 10.3. Sono coinvolte numerose scale geometriche, oltre alle diverse caratteristiche dei sedimenti, quali la profondità locale e il diametro della pila, la geometria delle forme di fondo, il diametro caratteristico dei sedimenti e la curva granulometrica.

Il processo fisico può essere descritto con l'equazione tipica:

$$z_s = f\left(\rho, \, v, \, U, \, u_*, \, h, \, \rho_s, \, d_{50}, \, \sigma_g, \, D, \, K_1, \, K_2, \, K_3, g\right), \qquad (10.64)$$

dove z_s è la profondità dello scavo in condizioni di equilibrio, ρ è la densità di massa dell'acqua, v è la viscosità cinematica, U è la velocità media della corrente e u_* è la velocità d'attrito, h è il tirante idrico, ρ_s è la densità di massa dei sedimenti, d_{50} è il diametro mediano, σ_g è la deviazione standard della curva granulometrica, D è la dimensione del pulvino di fondazione, K_1 e K_2 sono dei fattori di forma e allineamento, K_3 è un fattore che descrive la geometria del canale di arrivo e le caratteristiche del campo di velocità, g è l'accelerazione di gravità.

Dal Teorema di Buckingham risulta che è possibile analizzare il processo fisico in funzione di 7 gruppi adimensionali e di 4 parametri, ad esempio:

$$\frac{z_s}{D} = \widetilde{f}\left(\frac{U^2}{g \cdot h}, \, \frac{\rho_s \cdot u_*^2}{g \cdot d_{50} \cdot (\rho_s - \rho)}, \, \frac{U \cdot d_{50}}{v}, \right.$$
$$\left. \frac{\rho_s}{\rho}, \, \frac{h}{D}, \, \frac{d_{50}}{D}, \, \sigma_g, \, K_1, \, K_2, \, K_3\right). \quad (10.65)$$

Tuttavia, il numero di Reynolds dei sedimenti è sempre molto elevato e, quindi, è possibile trascurare l'effetto della viscosità. Considerando costante la densità relativa dei sedimenti, si riduce ulteriormente il numero di gruppi adimensionali. In definitiva, risulta:

$$\frac{z_s}{D} = \widetilde{f}\left(\frac{U^2}{g \cdot h}, \, \frac{\rho_s \cdot u_*^2}{g \cdot d_{50} \cdot (\rho_s - \rho)}, \, \frac{h}{D}, \, \frac{d_{50}}{D}, \, \sigma_g, \, K_1, \, K_2, \, K_3\right). \qquad (10.66)$$

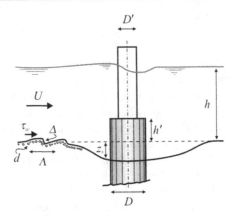

Figura 10.3 Schema per l'analisi dell'erosione del fondo in corrispondenza di una pila di ponte

La similitudine richiede che i rapporti scala soddisfino le seguenti relazioni:

$$\begin{cases} r_U = \sqrt{\lambda} \\ r_{u_*}^2 = r_{d_{50}} \\ r_{z_s} = r_{d_{50}} = r_D = \lambda \\ r_{\sigma_g} = r_{K_1} = r_{K_2} = r_{K_3} = 1 \end{cases} \tag{10.67}$$

La prima condizione è la classica similitudine di Froude per la corrente. La seconda condizione richiede che il livello di dissipazione sia lo stesso nel modello e nel prototipo. Se il modello è indistorto, ciò richiede che il coefficiente adimensionale di Chézy assuma lo stesso valore nel modello e nel prototipo, incluse le eventuali forme di fondo. Inoltre, i sedimenti hanno una scala pari alla scala geometrica, facilmente realizzabile se, nel prototipo, sono di dimensioni sufficientemente grandi. Il limite di scala geometrica dei sedimenti deriva dall'imporre che il numero di Reynolds dei sedimenti nel modello sia sufficientemente elevato (10.11), cioè:

$$r_{d_{50}} > \left(\frac{70}{\text{Re}_{*,p}} \right)^{2/3}. \tag{10.68}$$

10.6
La modellazione del trasporto solido in presenza di moto ondoso

Nello studio del trasporto solido costiero, una classe di modelli fisici approssimati rispetta solo 3 gruppi adimensionali, cioè:

$$\begin{cases} r_\rho \cdot r_{u_*}^2 = r_d \cdot r_{(\rho_s - \rho)} \\ r_{\rho_s} = r_\rho \\ \lambda = r_d \end{cases} \tag{10.69}$$

Tabella 10.2 Sommario dei rapporti scala per modelli fisici in similitudine di Froude a fondo mobile

Grandezze	Scala	completa $\lambda_z \neq \lambda_x$ (a)	completa $\lambda_z \equiv \lambda_x$ (b)	completa $\lambda_z \equiv \lambda_x$ $m=1/6$ (c)	incompleta con $r_{Re_*} \neq 1$ $\lambda_z \neq \lambda_x$ (d)	incompleta con $r_{Re_*} \neq 1$ $\lambda_z \equiv \lambda_x$ (e)
Geometriche						
profondità	λ_y	λ_y	λ_y	λ_y	λ_y	λ_y
lunghezza	λ_x	$\lambda_y^{\left(\frac{1+4m}{1+m}\right)}$	$\lambda_y^{\left(\frac{1+4m}{1+m}\right)}$	$\lambda_y^{1.43}$	$r_d^{-2m}\cdot\lambda_y^{1+2m}$	$r_d^{-2m}\cdot\lambda_y^{1+2m}$
larghezza	λ_z	λ_z	$\lambda_y^{\left(\frac{1+4m}{1+m}\right)}$	$\lambda_y^{1.43}$	λ_z	$r_d^{-2m}\lambda_y^{1+2m}$
area della corrente	r_Ω	$\lambda_z\cdot\lambda_y$	$\lambda_y^{\left(\frac{2+5m}{1+m}\right)}$	$\lambda_y^{2.43}$	$\lambda_z\cdot\lambda_y$	$r_d^{-2m}\cdot\lambda_y^{2+2m}$
volume	r_V	$\lambda_z\cdot\lambda_y^{\left(\frac{2+5m}{1+m}\right)}$	$\lambda_y^{\left(\frac{3+9m}{1+m}\right)}$	$\lambda_y^{3.86}$	$\lambda_z\cdot r_d^{-2m}\cdot\lambda_y^{2+2m}$	$r_d^{-4m}\cdot\lambda_y^{3+4m}$
diametro sedimenti	r_d	$\lambda_y^{\left(\frac{2m-1}{2+2m}\right)}$	$\lambda_y^{\left(\frac{2m-1}{2+2m}\right)}$	$\lambda_y^{-0.286}$	r_d	r_d
Cinematiche						
tempo (corrente idr.)	r_t	$\lambda_y^{\left(\frac{1+7m}{2+2m}\right)}$	$\lambda_y^{\left(\frac{1+7m}{2+2m}\right)}$	$\lambda_y^{0.928}$	$r_d^{-2m}\cdot\lambda_y^{\left(\frac{1+4m}{2}\right)}$	$r_d^{-2m}\cdot\lambda_y^{\left(\frac{1+4m}{2}\right)}$
tempo (sedimenti)	$r_{t,s}$	$\lambda_y^{\left(\frac{2m-1}{1+m}\right)}$	$\lambda_y^{\left(\frac{2m-1}{1+m}\right)}$	$\lambda_y^{-0.571}$	$r_d^{1-m}\cdot\lambda_y^{\left(\frac{2m-1}{2}\right)}$	$r_d^{1-m}\cdot\lambda_y^{\left(\frac{2m-1}{2}\right)}$
tempo (forme fondo)	$r_{t,ff}$	$\lambda_y^{\left(\frac{2+5m}{1+m}\right)}$	$\lambda_y^{\left(\frac{2+5m}{1+m}\right)}$	$\lambda_y^{2.429}$	$r_d^{-1-3m}\cdot\lambda_y^{\left(\frac{3+6m}{2}\right)}$	$r_d^{-1-3m}\cdot\lambda_y^{\left(\frac{3+6m}{2}\right)}$
velocità orizzontale	r_{U_x}	$\lambda_y^{1/2}$	$\lambda_y^{1/2}$	$\lambda_y^{1/2}$	$\lambda_y^{1/2}$	$\lambda_y^{1/2}$
velocità verticale	r_{U_y}	$\lambda_y^{\left(\frac{1-5m}{2+2m}\right)}$	$\lambda_y^{\left(\frac{1-5m}{2+2m}\right)}$	$\lambda_y^{0.071}$	$r_d^{-2m}\cdot\lambda_y^{\left(\frac{1+4m}{2}\right)}$	$r_d^{-2m}\cdot\lambda_y^{\left(\frac{1+4m}{2}\right)}$
velocità d'attrito	r_{u_*}	$\lambda_y^{\left(\frac{1-2m}{2+2m}\right)}$	$\lambda_y^{\left(\frac{1-2m}{2+2m}\right)}$	$\lambda_y^{0.286}$	$r_d^{m}\cdot\lambda_y^{\left(\frac{1-2m}{2}\right)}$	$r_d^{m}\cdot\lambda_y^{\left(\frac{1-2m}{2}\right)}$
portata	r_Q	$\lambda_z\cdot\lambda_y^{3/2}$	$\lambda_y^{\left(\frac{5+11m}{2+2m}\right)}$	$\lambda_y^{2.929}$	$\lambda_z\cdot\lambda_y^{3/2}$	$r_d^{-2m}\cdot\lambda_y^{\left(\frac{5+4m}{2}\right)}$
portata unitaria sed.	r_q	1	1	1	$r_d^{1+m}\cdot\lambda_y^{\left(\frac{1-2m}{2}\right)}$	$r_d^{1+m}\cdot\lambda_y^{\left(\frac{1-2m}{2}\right)}$
Dinamiche						
massa	r_m	$\lambda_z\cdot\lambda_y^{\left(\frac{2+5m}{1+m}\right)}$	$\lambda_y^{\left(\frac{3+9m}{1+m}\right)}$	$\lambda_y^{3.857}$	$\lambda_z\cdot r_d^{-2m}\cdot\lambda_y^{2+2m}$	$r_d^{-2m}\cdot\lambda_y^{3+4m}$
pressione	r_p	λ_y	λ_y	λ_y	λ_y	λ_y
tensione tangenziale	r_τ	$\lambda_y^{\left(\frac{1-2m}{1+m}\right)}$	$\lambda_y^{\left(\frac{1-2m}{1+m}\right)}$	$\lambda_y^{0.571}$	$r_d^{2m}\cdot\lambda_y^{1-2m}$	$r_d^{2m}\cdot\lambda_y^{1-2m}$
densità sed.	$r_{(\rho_s-\rho)}$	$\lambda_y^{\left(\frac{3-6m}{2+2m}\right)}$	$\lambda_y^{\left(\frac{3-6m}{2+2m}\right)}$	$\lambda_y^{0.857}$	$r_d^{2m-1}\cdot\lambda_y^{1-2m}$	$r_d^{2m-1}\cdot\lambda_y^{1-2m}$
forza	r_F	$\lambda_z\cdot\lambda_y^{\left(\frac{2+5m}{1+m}\right)}$	$\lambda_y^{\left(\frac{3+9m}{1+m}\right)}$	$\lambda_y^{3.857}$	$\lambda_z\cdot r_d^{-2m}\cdot\lambda_y^{2+2m}$	$r_d^{-2m}\cdot\lambda_y^{3+4m}$
Adimensionali						
pendenza	r_{i_f}	$\lambda_y^{\left(\frac{-3m}{1+m}\right)}$	$\lambda_y^{\left(\frac{-3m}{1+m}\right)}$	$\lambda_y^{-0.429}$	$r_d^{2m}\cdot\lambda_y^{-2m}$	$r_d^{2m}\cdot\lambda_y^{-2m}$
C Chézy	r_C	$\lambda_y^{\left(\frac{3m}{2+2m}\right)}$	$\lambda_y^{\left(\frac{3m}{2+2m}\right)}$	$\lambda_y^{0.214}$	$r_d^{-m}\cdot\lambda_y^{m}$	$r_d^{-m}\cdot\lambda_y^{m}$
Froude	r_{Fr}	1	1	1	1	1
Reynolds	r_{Re}	$\lambda_y^{3/2}$	$\lambda_y^{3/2}$	$\lambda_y^{3/2}$	$\lambda_y^{3/2}$	$\lambda_y^{3/2}$
Reynolds sed.	r_{Re_*}	$\lambda_y^{3/2}$	$\lambda_y^{3/2}$	$\lambda_y^{3/2}$	$\lambda_y^{3/2}$	$\lambda_y^{3/2}$
Shields	r_{θ_*}	1	1	1	1	1

Utilizzando lo stesso fluido nel modello e nel prototipo, si rende necessario: (a) ridurre il diametro dei sedimenti in scala pari alla scala geometrica del modello; (b) usare nel modello sedimenti aventi densità di massa uguale a quella dei sedimenti del prototipo; (c) rapportare la velocità d'attrito secondo $\lambda^{1/2}$. Poiché la similitudine è approssimata, il numero di Reynolds dei sedimenti non si conserva, ma è rapportato in scala, secondo la relazione

$$r_{\frac{u_* \cdot d}{\nu}} \equiv r_{\mathrm{Re}_*} = \lambda^{3/2}. \tag{10.70}$$

Anche il rapporto della velocità relativa di sedimentazione non è unitario. Difatti, se i sedimenti nel modello e nel prototipo hanno diametro compreso tra 0.13 mm e 1.0 mm, la velocità di sedimentazione è approssimativamente proporzionale al diametro d (Fig. 10.4) e, quindi, il rapporto scala della velocità di sedimentazione assoluta è pari a $r_w = \lambda$. Allora, il rapporto scala della velocità di sedimentazione relativa è pari a:

$$r_{\frac{w}{u_*}} = \lambda^{1/2}. \tag{10.71}$$

Quindi, nei modelli a scala geometrica ridotta, la velocità relativa di sedimentazione è più piccola, rispetto al prototipo. L'analisi dei fenomeni di trasporto solido, in presenza di onde e correnti, include numerose nuove grandezze associate al campo di moto non stazionario della corrente che governano il processo fisico. Il processo di trasporto solido può essere descritto con l'equazione tipica

$$q = f\left(\rho,\ \nu,\ l,\ \tau_b,\ d,\ \rho_s,\ g\right), \tag{10.72}$$

dove q è la portata volumetrica di sedimenti per unità di larghezza, l rappresenta una scala geometrica, τ_b è la tensione tangenziale al fondo. Le altre grandezze hanno un significato immediato. La matrice dimensionale ha rango 3 ed è possibile riscrivere la relazione funzionale facendo uso di soli 5 gruppi adimensionali, ad esempio:

$$\frac{q}{\sqrt{g \cdot d^3 \cdot (s-1)}} = \Phi\left(\frac{u_* \cdot d}{\nu},\ \frac{u_*^2}{g \cdot d \cdot (s-1)},\ \frac{\rho_s}{\rho},\ \frac{l}{d}\right), \tag{10.73}$$

dove $s = \rho_s/\rho$ e $u_* = \sqrt{\tau_b/\rho}$. In presenza di trasporto solido in sospensione, diventa rilevante la velocità di sedimentazione del grano w, ed è necessario aggiungere un ulteriore gruppo adimensionale, ad esempio w/u_*. La relazione (10.73) diventa

$$\frac{q}{\sqrt{g \cdot d^3 \cdot (s-1)}} = \Phi\left(\frac{u_* \cdot d}{\nu},\ \frac{u_*^2}{g \cdot d \cdot (s-1)},\ \frac{\rho_s}{\rho},\ \frac{l}{d},\ \frac{w}{u_*}\right). \tag{10.74}$$

La scala delle lunghezze è controllata dalla forzante del moto dei sedimenti e dovrebbe coincidere con l'altezza media dell'onda, in presenza di onde corte, e con la profondità locale, in presenza di onde lunghe.

Secondo Dalrymple, 1989 [24] sarebbe necessario eliminare la scala l e includere, nella lista delle grandezze, anche l'altezza d'onda e il periodo, ottenendo la seguente equazione tipica:

$$q = f\left(\rho,\ \nu,\ \tau_b,\ d,\ \rho_s,\ g,\ w,\ H,\ T\right). \tag{10.75}$$

Tuttavia, dei 7 gruppi adimensionali, solo 5 sono effettivamente importanti:

$$\frac{q}{\sqrt{g \cdot d^3 \cdot (s-1)}} = \Phi \left(\frac{u_* \cdot d}{\nu}, \frac{u_*^2}{g \cdot d \cdot (s-1)}, \frac{\rho_s}{\rho}, \frac{H}{w \cdot T} \right). \tag{10.76}$$

Il significato dei gruppi adimensionali è stato ampiamente discusso; l'ultimo gruppo adimensionale è il *parametro di Dean*.

Le due relazioni funzionali (10.73) e (10.76) valgono, rispettivamente, in presenza di solo trasporto solido al fondo e in presenza di trasporto solido anche in sospensione, e si basano su una forzante derivante dall'interazione delle onde con il fondo. In presenza di frangenti, la forzante à rappresentata anche dal *roller*. In quest'ultimo caso, è ragionevole assumere una scala della velocità pari a $\sqrt{g \cdot H_b}$, dove H_b è l'altezza del frangente. L'equazione (10.73) si modifica come:

$$\frac{q}{\sqrt{g \cdot d^3 \cdot (s-1)}} = \Phi \left(\frac{\sqrt{g \cdot H_b} \cdot d}{\nu}, \frac{H_b}{d \cdot (s-1)}, \frac{\rho_s}{\rho}, \frac{H_b}{d}, \frac{w}{\sqrt{g \cdot H_b}} \right). \tag{10.77}$$

10.6.1
La similitudine per le forzanti del trasporto solido (onde e correnti)

Prima di analizzare le condizioni di similitudine per i sedimenti, è necessario analizzare la similitudine del campo di moto del fluido.

Onde corte

Consideriamo il caso delle onde corte, con uno strato limite oscillante turbolento. Definiamo la tensione tangenziale massima al fondo

$$\tau_{b,max} = \frac{\rho \cdot f_w \cdot U_{\delta,max}^2}{2}, \tag{10.78}$$

e il fattore d'attrito

$$f_w = 0.47 \left(\frac{k_s}{a_\delta} \right)^{3/4}, \tag{10.79}$$

dove $U_{\delta,max}$ è il valore massimo della velocità della corrente al bordo superiore dello strato limite, k_s è la scabrezza geometrica, a_δ è l'ampiezza dell'escursione delle particelle fluide al bordo superiore dello strato limite. Combinando le due espressioni, risulta:

$$\tau_{b,max} = 0.24 \frac{\rho \cdot U_{\delta,max}^2}{2} \cdot \left(\frac{k_s}{a_\delta} \right)^{3/4}. \tag{10.80}$$

La condizione di similitudine richiede che sia

$$r_{\tau_b} = r_\rho \cdot r_{U_\delta}^2 \cdot \frac{r_{k_s}^{3/4}}{r_{a_\delta}^{3/4}}, \tag{10.81}$$

cioè:

$$\left(r_{\tau_b}\right)_{\text{onde corte}} = \lambda^{1/4} \cdot r_{k_s}^{3/4} \rightarrow r_{u_*} = \lambda^{1/8} \cdot r_{k_s}^{3/8}. \tag{10.82}$$

Onde lunghe

Nel caso di onde lunghe, la struttura dello strato limite cambia, rispetto alle onde corte, e l'espressione della tensione tangenziale assume la forma (Yalin, 1971 [88])

$$\tau_{b,max} = \frac{\rho \cdot U_c^2}{\left[2.5 \ln\left(11\,\dfrac{h_0}{k_s}\right)\right]^2}, \tag{10.83}$$

dove U_c è la velocità della corrente, h_0 è lo spessore dello strato limite (coincidente con la profondità della corrente). Approssimando la legge logaritmica con un'espressione di potenza

$$2.5 \ln\left(11\,\frac{h_0}{k_s}\right) \approx \text{cost} \cdot \left(\frac{h_0}{k_s}\right)^{1/8}, \tag{10.84}$$

si calcola:

$$\tau_{b,max} = \text{cost} \cdot \rho \cdot U_c^2 \cdot \left(\frac{h_0}{k_s}\right)^{-1/4}. \tag{10.85}$$

La condizione di similitudine richiede che sia

$$\left(r_{\tau_b}\right)_{\text{onde lunghe}} = r_\rho \cdot r_{U_c}^2 \cdot \frac{r_{k_s}^{1/4}}{\lambda^{1/4}} \rightarrow r_{u_*} = \lambda^{3/8} \cdot r_{k_s}^{1/8}. \tag{10.86}$$

Facendo alcune ipotesi, il rapporto scala della tensione tangenziale è pari a (Yalin, 1971 [88]):

$$r_\tau = \frac{\lambda_y^2}{\lambda_x}. \tag{10.87}$$

Onde lunghe e correnti (modelli inshore*)*

In acque basse, se le onde lunghe e le correnti sono contemporaneamente attive nella mobilitazione dei sedimenti, un possibile criterio di similitudine prevede di eguagliare i rapporti scala della tensione tangenziale al fondo delle onde lunghe (10.86) e della tensione totale (10.87), ottenendo la seguente relazione:

$$\frac{\lambda_y}{\lambda_x} = \frac{r_{k_s}^{1/4}}{\lambda_y^{1/4}}. \tag{10.88}$$

In alternativa, è possibile realizzare un modello nel quale si impone la scala della corrente. Così, imponendo che la scala della tensione tangenziale al fondo dovuta alla corrente, cioè:

$$\left(r_{\tau_b}\right)_{\text{corrente}} = r_{U_c}^2 \cdot \left(\frac{r_{k_s}}{\lambda_y}\right)^{1/4} \tag{10.89}$$

sia uguale alla scala della tensione tangenziale dovuta alle onde lunghe

$$(r_\tau)_{\text{onde lunghe}} = \frac{\lambda_y^2}{\lambda_x}, \qquad (10.90)$$

si calcola:

$$r_{U_c} = \frac{\lambda_y^{9/8}}{\lambda_x^{1/2} \cdot r_{k_s}^{1/8}}. \qquad (10.91)$$

In un modello geometricamente indistorto su fondo piano (e per il quale $r_{k_s} = r_d$), si ha

$$r_{U_c} = \frac{\lambda^{5/8}}{r_d^{1/8}}. \qquad (10.92)$$

Onde corte e correnti (modelli offshore)

Per questo, che è un modello da utilizzarsi per simulare il trasporto solido in corrispondenza di piattaforme petrolifere, condotte sommerse e in presenza di correnti e di onde corte, la scala della velocità orizzontale si calcola eguagliando l'equazione (10.82) e l'equazione (10.86):

$$r_{U_c} = \lambda^{1/4} \cdot r_{k_s}^{1/4} \rightarrow r_{U_c} = \lambda^{1/4} \cdot r_d^{1/4} \quad \text{(su fondo piano)}. \qquad (10.93)$$

10.6.2
Ipotesi di bed load dominante

In aggiunta alle condizioni di similitudine per la forzante, riportate in Tabella 10.3, è necessario imporre le condizioni di similitudine per il trasporto solido:

$$\begin{cases} r_{u_*} \cdot r_d = 1 \\ r_{u_*}^2 = r_d \cdot r_{(s-1)} \\ r_{\rho_s} = r_\rho \\ \lambda = r_d \\ r_w = r_{u_*} \end{cases} . \qquad (10.94)$$

La velocità di sedimentazione è esprimibile con la formula

$$w = \frac{\sqrt{(s-1) \cdot g \cdot d}}{A + 4B \cdot v / \left(d \cdot \sqrt{(s-1) \cdot g \cdot d}\right)}, \qquad (10.95)$$

diagrammata in Figura 10.4, dove $A = 0.954$ e $B = 5.12$ sono dei coefficienti. Per diametro pari a $0.10 - 1.0$ mm, la variazione è lineare col diametro stesso. Quindi, risulta $r_w = r_d$, che è incompatibile con la prima equazione (relativa al rispetto

Tabella 10.3   Sommario dei rapporti scala per la forzante al trasporto solido

Forzante	r_{τ_b}	r_τ	r_{U_c}
onde corte	$\lambda^{1/4} \cdot r_{k_s}^{3/4}$	—	—
onde lunghe	$\lambda_y^{3/4} \cdot r_{k_s}^{1/4}$	$\lambda_y^2 \cdot \lambda_x^{-1}$	—
modelli *inshore* (onde lunghe e correnti)	—	—	$\lambda_y^{9/8} \cdot \lambda_x^{-1/2} \cdot r_{k_s}^{-1/8}$
modelli *offshore* (onde corte e correnti)	—	—	$\lambda^{1/4} \cdot r_{k_s}^{1/4}$

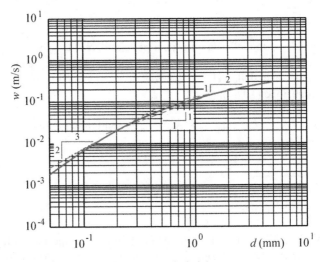

Figura 10.4   Velocità di sedimentazione per grani sferici

della similitudine di Reynolds dei sedimenti) e con la seconda equazione (relativa al rispetto del parametro di Shield). Per questo motivo, è necessario realizzare delle similitudini parziali, rispettando, cioè, solo alcuni dei gruppi adimensionali che compaiono nel sistema di equazioni (10.94) e aggiungendo, inoltre, una delle forzanti della Tabella 10.3.

10.6.2.1
Il Best model

In un particolare tipo di modello, definito *Best model*, si trascura il numero di Reynolds dei sedimenti e la velocità di sedimentazione relativa. Nel caso di onde corte, il sistema nei rapporti scala incogniti è

$$\begin{cases} r_{u_*}^2 = \lambda^{1/4} \cdot r_{k_s}^{3/4} \\ r_{u_*}^2 = r_d \cdot r_{(s-1)} \\ r_{\rho_s} = r_\rho \\ \lambda = r_d \end{cases}, \qquad (10.96)$$

che ammette la soluzione:

$$r_{k_s} = \lambda, \quad r_d = \lambda, \quad r_{u_*} = \lambda^{1/2}, \quad r_{(s-1)} = 1. \qquad (10.97)$$

Quindi, fissata la scala geometrica o la scala del diametro dei sedimenti, si calcolano tutte le altre scale.

Invece, nel caso di onde lunghe, cambia solo la forzante e il sistema di equazioni da risolvere è

$$\begin{cases} r_{u_*}^2 = \lambda^{3/4} \cdot r_{k_s}^{1/4} \\ r_{u_*}^2 = r_d \cdot r_{(s-1)} \\ r_{\rho_s} = r_\rho \\ \lambda = r_d \end{cases}, \qquad (10.98)$$

con la stessa soluzione (10.97).

Per i modelli *offshore*, valgono ancora le condizioni di similitudine dell'equazione (10.97) ed è necessario riprodurre la corrente con un rapporto scala pari a $r_{U_c} = \sqrt{\lambda}$. Lo stesso dicasi per i modelli *inshore* che, tuttavia, devono essere indistorti e con un rapporto scala della corrente ancora pari a $r_{U_c} = \sqrt{\lambda}$.

In definitiva, rinunciando alla similitudine di Reynolds dei sedimenti e alla similitudine della velocità di sedimentazione, si ottengono delle condizioni valide per tutte le possibili combinazioni della forzante (onde corte, onde lunghe, correnti, onde corte e correnti, onde lunghe e correnti), purché i modelli siano geometricamente indistorti e purché la corrente sia riprodotta in similitudine di Froude.

Gli effetti scala derivanti dalle approssimazioni sono dovuti alla viscosità, che si manifesta nelle fasi nelle quali lo strato limite tende a rilaminarizzarsi. È necessario qui porre particolare attenzione a non ridurre eccessivamente la scala geometrica, per evitare l'uso di sedimenti troppo piccoli che ricadano nella categoria dei materiali coesivi. È necessario, inoltre, verificare che lo strato limite nel modello sia turbolento con turbolenza sufficientemente sviluppata.

In genere, la velocità di sedimentazione non è adeguatamente riprodotta. Infatti, osservando il diagramma in Figura 10.4, si deduce che, per sedimenti sufficientemente grandi (per i quali ha senso realizzare un modello di questo tipo), il rapporto tra la velocità di sedimentazione e la velocità d'attrito (che è la forzante della risospensione) è più piccolo del dovuto, risultando pari a:

$$\frac{r_w}{r_{u_*}} = \lambda^{1/2} \div \lambda^{3/2}, \qquad (10.99)$$

mentre avrebbe dovuto essere unitario.

Tabella 10.4 Sintesi dei risultati del *Best model*. L'esponente n per r_{w/u_*} è maggiore di 0.5

Forzante	r_{Re_*}	r_{Fr_*}	$r_{\rho_s/\rho}$	$r_{l/d}$	r_{w/u_*}	$r_{(s-1)}$	r_d	r_{τ_b}	r_{U_c}
onde corte	$\lambda^{3/2}$	1	1	1	λ^n	1	λ	λ	—
onde lunghe	$\lambda^{3/2}$	1	1	1	λ^n	1	λ	λ	—
offshore	$\lambda^{3/2}$	1	1	1	λ^n	1	λ	λ	$\lambda^{1/2}$
inshore	$\lambda^{3/2}$	1	1	1	λ^n	1	λ	λ	$\lambda^{1/2}$

Tuttavia, tale effetto scala è poco importante, poiché i processi di sedimentazione appaiono secondari nelle condizioni di *bed load*.

Infine, è necessario qui evidenziare che le relazioni di similitudine per la scabrezza sono state ricavate in condizioni di fondo piano, con scabrezza dovuta solo alla geometria dei sedimenti. La presenza di *ripples*, dune e barre, complica l'analisi della similitudine, anche se i risultati ottenuti per fondo piano risultano sufficientemente corretti anche in presenza di forme di fondo. In Tabella 10.4 sono sintetizzati i rapporti scala di maggiore interesse ottenuti applicando i criteri del *Best model*.

10.6.2.2
La similitudine con sedimenti leggeri

Una seconda categoria di modelli approssimati del trasporto solido in ambiente marittimo si ottiene imponendo la similitudine di Reynolds dei sedimenti e la similitudine di Shields, trascurando i restanti gruppi adimensionali. Il sistema di equazioni, per la sola fase solida, si riconduce alla forma

$$\begin{cases} r_{u_*} \cdot r_d = 1 \\ r_{u_*}^2 = r_d \cdot r_{(s-1)} \end{cases} \qquad (10.100)$$

che richiede la selezione di sedimenti, con peso specifico relativo sommerso rapportato in scala, come:

$$r_{(s-1)} = \frac{1}{r_d^3}. \qquad (10.101)$$

Se la forzante è costituita da onde corte, il sistema di equazioni è:

$$\begin{cases} r_{u_*} = \lambda^{1/8} \cdot r_{k_s}^{3/8} \\ r_{u_*} \cdot r_d = 1 \\ r_{u_*}^2 = r_d \cdot r_{(s-1)} \end{cases} \qquad (10.102)$$

Fissata la scala geometrica, si calcolano tutti i restanti rapporti scala:

$$r_{k_s} \equiv r_d = \lambda^{-1/11}, \quad r_{(s-1)} = \lambda^{3/11}. \qquad (10.103)$$

Per i modelli in scala geometrica ridotta, i sedimenti nel modello sono di diametro maggiore e peso specifico minore rispetto al prototipo. Ciò spiega la denominazione di tale categoria di modelli fisici.

Per i modelli nei quali la forzante è rappresentata da onde lunghe, le condizioni di similitudine sono:

$$\begin{cases} r_{u_*} = \lambda^{3/8} \cdot r_{k_s}^{1/8} \\ r_{u_*} \cdot r_d = 1 \\ r_{u_*}^2 = r_d \cdot r_{(s-1)} \end{cases} . \qquad (10.104)$$

Anche in questo caso, fissata la scala geometrica, si calcolano tutti i restanti rapporti scala:

$$r_{k_s} \equiv r_d = \lambda^{-1/3}, \quad r_{(s-1)} = \lambda. \qquad (10.105)$$

Si noti che i sedimenti risultano essere molto leggeri anche per scale geometriche non molto piccole.

Nel caso di modelli *offshore* (onde corte e correnti), è necessario equiparare l'azione tangenziale delle onde e della corrente e considerarla come azione sui sedimenti. Per la modellazione dei sedimenti, i rapporti scala sono quelli già ricavati per l'azione di onde corte (equazione 10.97); per la corrente, si dimostra che non può essere riprodotta in similitudine di Froude (cioè, $r_{U_c} = \lambda^{1/2}$), ma con un rapporto scala pari a:

$$r_{U_c} = \lambda^{1/4} \cdot r_{k_s}^{1/4} \rightarrow r_{U_c} = \lambda^{5/22}. \qquad (10.106)$$

Lo stesso approccio si adotta per i modelli *inshore* (onde lunghe e correnti): per i sedimenti valgono i rapporti scala derivanti dall'azione delle onde lunghe (equazione 10.105); la corrente non può essere riprodotta in similitudine di Froude, ma deve assumere un rapporto scala per la velocità pari a:

$$r_{U_c} = \frac{\lambda_y^{9/8}}{\lambda_x^{1/2} \cdot r_{k_s}^{1/8}} \rightarrow r_{U_c} = \frac{\lambda_y^{5/22}}{\lambda_x^{1/2}} \qquad (10.107)$$

che, per un modello geometricamente indistorto, si riduce a:

$$r_{U_c} = \lambda^{7/11}. \qquad (10.108)$$

L'uso di sedimenti più leggeri nel modello, rispetto ai sedimenti nel prototipo, è causa di numerosi effetti scala. In particolare, l'inerzia delle particelle è sottostimata e i grani tendono più facilmente a passare in sospensione. Le scale geometriche delle forme di fondo sono distorte, per la maggiore dimensione dei grani, e la porosità nel modello è eccessiva, rendendo, ad esempio, le spiagge nel modello più assorbenti del dovuto.

I rapporti scala di maggiore interesse sono riportati in Tabella 10.5.

Tabella 10.5 Sintesi dei risultati di un modello a sedimenti *leggeri*. L'esponente n per r_{w/u_*} è maggiore di ≈ 0.66. Il rapporto $r_{\rho_s/\rho}$ si calcola in base a $r_{(s-1)}$

Forzante	r_{Re_*}	r_{Fr_*}	$r_{l/d}$	r_{w/u_*}	$r_{(s-1)}$	r_d	r_{τ_b}	r_{U_c}
onde corte	1	1	$\lambda^{12/11}$	λ^n	$\lambda^{3/11}$	$\lambda^{-1/11}$	$\lambda^{2/11}$	—
onde lunghe	1	1	$\lambda^{4/3}$	λ^n	λ	$\lambda^{-1/3}$	$\lambda^{2/3}$	—
offshore	1	1	$\lambda^{12/11}$	λ^n	$\lambda^{3/11}$	$\lambda^{-1/11}$	$\lambda^{2/11}$	$\lambda^{5/22}$
inshore	1	1	$\lambda^{4/3}$	λ^n	λ	$\lambda^{-1/3}$	$\lambda^{2/3}$	$\lambda_y^{25/22} \cdot \lambda_x^{-1/2}$

10.6.2.3
Il modello densimetrico di Froude

In questo modello, si rispetta solo il numero di Shields (noto anche come numero di Froude dei sedimenti). Nel caso di onde corte, le condizioni da soddisfare si riassumono in:

$$\begin{cases} r_{u_*} = \lambda^{1/8} \cdot r_{k_s}^{3/8} \equiv \lambda^{1/8} \cdot r_d^{3/8} \\ r_{u_*}^2 = r_d \cdot r_{(s-1)} \end{cases} \quad \text{(su fondo piano)}, \qquad (10.109)$$

che permettono di fissare due scale scelte tra λ, $r_{(s-1)}$ e r_d, e di calcolare la terza.

Nel caso di onde lunghe, risulta:

$$\begin{cases} r_{u_*} = \lambda^{3/8} \cdot r_{k_s}^{1/8} \equiv \lambda^{3/8} \cdot r_d^{1/8} \\ r_{u_*}^2 = r_d \cdot r_{(s-1)} \end{cases} \quad \text{(su fondo piano)}, \qquad (10.110)$$

con risultati analoghi al caso delle onde corte.

Nei modelli *offshore*, per la fase solida, valgono gli stessi rapporti scala del caso di sole onde corte; per la fase liquida, è necessario modellare la corrente con un rapporto scala pari a quello necessario a equiparare le azioni tangenziali delle due forzanti congiunte (onde corte e corrente) sui sedimenti, cioè:

$$r_{U_c} = \lambda^{1/4} \cdot r_d^{1/4}, \qquad (10.111)$$

e il modello deve essere geometricamente indistorto.

Nei modelli *inshore*, per la fase solida, valgono gli stessi rapporti scala del caso di sole onde lunghe; per la fase liquida, è necessario modellare la corrente con un rapporto scala pari a quello necessario a equiparare le azioni tangenziali delle due forzanti congiunte (onde lunghe e corrente) sui sedimenti, con

$$r_{U_c} = \frac{\lambda_y^{9/8}}{\lambda_x^{1/2} \cdot r_d^{1/8}}, \qquad (10.112)$$

e il modello può essere anche geometricamente distorto.

I risultati sono sintetizzati nella Tabella 10.6.

Tabella 10.6 Sintesi dei risultati di un modello densimetrico di Froude, $r_{Fr_*} = 1$. L'esponente n per r_{w/u_*} è maggiore di ≈ 0.62. Il rapporto $r_{\rho_s/\rho}$ si calcola in base a $r_{(s-1)}$

Forzante	r_{Re_*}	$r_{l/d}$	r_{w/u_*}	$r_{(s-1)}$	r_{τ_b}	r_{U_r}
onde corte	$\lambda^{1/8} \cdot r_d^{11/8}$	$\lambda \cdot r_d^{-1}$	$\lambda^{-1/8} \cdot r_d^n$	$\lambda^{1/4} \cdot r_d^{-1/4}$	$\lambda^{1/4} \cdot r_d^{3/4}$	—
onde lunghe	$\lambda^{3/8} \cdot r_d^{9/8}$	$\lambda \cdot r_d^{-1}$	$\lambda^{-3/8} \cdot r_d^n$	$\lambda^{3/4} \cdot r_d^{-5/4}$	$\lambda^{3/4} \cdot r_d^{1/4}$	—
offshore	$\lambda^{1/8} \cdot r_d^{11/8}$	$\lambda \cdot r_d^{-1}$	$\lambda^{-1/8} \cdot r_d^n$	$\lambda^{1/4} \cdot r_d^{-1/4}$	$\lambda^{1/4} \cdot r_d^{3/4}$	$\lambda^{1/4} \cdot r_d^{1/4}$
inshore	$\lambda^{3/8} \cdot r_d^{9/8}$	$\lambda \cdot r_d^{-1}$	$\lambda^{-3/8} \cdot r_d^n$	$\lambda^{3/4} \cdot r_d^{-5/4}$	$\lambda^{3/4} \cdot r_d^{1/4}$	$\lambda_y^{9/8} \cdot \lambda_x^{-1/2} \cdot r_d^{-1/8}$

10.6.2.4
Il modello a densità invariata

Tale modello si basa sul rispetto del valore di densità del prototipo e lascia 2 gradi di libertà; quelli normalmente scelti sono la scala geometrica e la scala del diametro dei sedimenti. Sulla base di quest'ultima assunzione, è possibile calcolare tutte le altre scale, inclusi i rapporti dei gruppi adimensionali non in similitudine. I risultati sono sintetizzati nella Tabella 10.7.

La grande complessità del fenomeno richiede attenzione e cautela nella realizzazione dei modelli fisici di trasporto solido e nell'interpretazione dei risultati. Si noti che le discussioni sull'importanza dei vari gruppi adimensionali sono numerose e variegate e, in definitiva, non offrono spunti per una scelta univoca del tipo di modello da realizzare.

Tra gli altri numerosi aspetti non adeguatamente affrontati, è rilevante l'effetto delle forme di fondo che, sicuramente, modifica la scala della scabrezza e l'intensità del trasporto solido. Per la scala dei tempi nei processi di trasporto solido al fondo, valgono le indicazioni dell'equazione (10.55), p. 307.

Tabella 10.7 Sintesi dei risultati di un modello a densità dei sedimenti invariata, $r_{\rho_s/\rho} = 1$. L'esponente n per r_{w/u_*} è maggiore di ≈ 0.62

Forzante	r_{Re_*}	r_{Fr_*}	$r_{l/d}$	r_{w/u_*}	r_{τ_b}	r_{U_r}
onde corte	$\lambda^{1/8} \cdot r_d^{11/8}$	$\lambda^{1/4} \cdot r_d^{-1/4}$	$\lambda \cdot r_d^{-1}$	$\lambda^{-1/8} \cdot r_d^n$	$\lambda^{1/4} \cdot r_d^{3/4}$	—
onde lunghe	$\lambda^{3/8} \cdot r_d^{9/8}$	$\lambda^{3/4} \cdot r_d^{-3/4}$	$\lambda \cdot r_d^{-1}$	$\lambda^{-3/8} \cdot r_d^n$	$\lambda^{3/4} \cdot r_d^{1/4}$	—
offshore	$\lambda^{1/8} \cdot r_d^{11/8}$	$\lambda^{1/4} \cdot r_d^{-1/4}$	$\lambda \cdot r_d^{-1}$	$\lambda^{-1/8} \cdot r_d^n$	$\lambda^{1/4} \cdot r_d^{3/4}$	$\lambda^{1/4} \cdot r_d^{1/4}$
inshore	$\lambda^{3/8} \cdot r_d^{9/8}$	$\lambda^{3/4} \cdot r_d^{-3/4}$	$\lambda \cdot r_d^{-1}$	$\lambda^{-3/8} \cdot r_d^n$	$\lambda^{3/4} \cdot r_d^{1/4}$	$\lambda_y^{9/8} \cdot \lambda_x^{-1/2} \cdot r_d^{-1/8}$

10.6.3
Ipotesi di suspension load dominante

In molti casi, sotto costa e nella zona dei frangenti, il trasporto solido al fondo diventa secondario rispetto al trasporto in sospensione, che è invece eccitato dall'azione delle correnti e dei frangenti. Il trasporto solido può essere modellato utilizzando l'equazione (10.77):

$$\frac{q}{\sqrt{g \cdot d^3 \cdot (s-1)}} = \Phi \left(\frac{\sqrt{g \cdot H_b} \cdot d}{v}, \frac{H_b}{d \cdot (s-1)}, \frac{\rho_s}{\rho}, \frac{H_b}{d}, \frac{w}{\sqrt{g \cdot H_b}} \right). \quad (10.113)$$

Il criterio di similitudine richiede che siano soddisfatte le seguenti equazioni:

$$\begin{cases} r_{H_b}^{1/2} \cdot r_d = 1 \\ r_{H_b} = r_{(s-1)} \cdot r_d \\ r_{\rho_s} = r_\rho \\ r_{H_b} = r_d \\ r_w = r_{H_b}^{1/2} \end{cases} . \quad (10.114)$$

Anche in questo caso, il vincolo derivante dall'uso di acqua anche nel modello riduce il numero di gradi di libertà e impedisce la realizzazione di una similitudine completa. Un'alternativa ai criteri rigorosi di similitudine derivanti dall'Analisi Dimensionale è fornita da alcuni modelli *ad hoc*, sviluppati per modellare il trasporto solido in sospensione in alcuni campi di moto specifici.

10.6.3.1
I criteri di similitudine del trasporto solido in sospensione, senza rispettare la scala della velocita di sedimentazione

Sulla base di una serie di risultati sperimentali in laboratorio, Noda, 1972 [58] propose alcuni criteri di similitudine da utilizzarsi in zone molto energetiche come, ad esempio, nella zona dei frangenti, allo scopo di riprodurre adeguatamente i profili di equilibrio delle spiagge. I criteri di similitudine sono

$$r_d \cdot r_{(s-1)}^{1.85} = \lambda_y^{0.55}, \quad \lambda_x = \lambda_y^{1.32} \cdot r_{(s-1)}^{-0.386}, \quad (10.115)$$

che, per $r_{(s-1)} = 1$, hanno espressione:

$$r_d = \lambda_y^{0.55}, \quad \lambda_y/\lambda_x = 3.125. \quad (10.116)$$

Il rapporto di distorsione per la sola batimetria è pari a:

$$n = \lambda_y^{-0.32} \cdot r_{(s-1)}^{0.386}, \quad (10.117)$$

mentre il campo di moto del fluido è indistorto. È possibile non distorcere il fondo selezionando dei sedimenti leggeri, in modo che sia:

$$r_d = \lambda^{-0.984}, \quad r_{(s-1)} = \lambda^{0.83}. \quad (10.118)$$

Appendici

Le funzioni omogenee e le loro proprietà

A

Una funzione si dice *omogenea* di ordine k, se risulta $f(\alpha \cdot \mathbf{v}) = \alpha^k \cdot f(\mathbf{v})$. Una combinazione lineare di monomi del tipo

$$f(x_1, x_2, \ldots, x_r) = \sum_{i=1}^{N} a_i \cdot x_1^{n_{1i}} \cdot x_2^{n_{2i}} \cdots x_r^{n_{ri}}, \qquad (A.1)$$

nella quale i coefficienti sono costanti e la somma degli esponenti di ogni termine è costante e pari a k,

$$n_{1i} + n_{2i} + \ldots + n_{ri} = k \quad \forall i, \qquad (A.2)$$

è una funzione omogenea di ordine k.

Una funzione omogenea di r variabili uguagliata a zero è equivalente a una funzione omogenea di $(r-1)$ variabili uguagliata a zero.

Per dimostrarlo, sarà sufficiente dividere tutti i termini per una qualunque variabile elevata all'ordine k, ad esempio per x_q^k. È possibile riscrivere la funzione nelle nuove variabili del tipo:

$$x_1' = \frac{x_1}{x_q}, \quad x_2' = \frac{x_2}{x_q}, \quad \ldots, \quad x_{r-1}' = \frac{x_{r-1}}{x_q}. \qquad (A.3)$$

Ad esempio, assegnata la seguente funzione omogenea di grado 11, in 3 variabili, uguagliata a zero

$$3 x^2 \cdot y^5 \cdot z^4 + 12 x \cdot y^2 \cdot z^8 = 0, \qquad (A.4)$$

dividendo tutto per z^{11} si ottiene:

$$3 \left(\frac{x}{z}\right)^2 \cdot \left(\frac{y}{z}\right)^5 + 12 \left(\frac{x}{z}\right) \cdot \left(\frac{y}{z}\right)^2 = 0. \qquad (A.5)$$

Longo S.: Analisi Dimensionale e Modellistica Fisica.
Principi e applicazioni alle scienze ingegneristiche. © Springer-Verlag Italia 2011

Si tratta di una nuova funzione, non più omogenea nelle 2 variabili $x' = x/z$ e $y' = y/z$, eguagliata a zero.

La condizione che la funzione debba essere uguagliata a zero non è necessaria se l'ordine della funzione è zero.

Ad esempio, la seguente funzione omogenea in 4 variabili di ordine zero

$$3\,x^2 \cdot y^2 \cdot z \cdot t^{-5} + 11\,x \cdot y^{-3} \cdot z^2, \qquad (A.6)$$

può essere riscritta come:

$$3\,\left(\frac{x}{t}\right)^2 \cdot \left(\frac{y}{t}\right)^2 \cdot \left(\frac{z}{t}\right) + 11\,\left(\frac{x}{t}\right) \cdot \left(\frac{y}{t}\right)^{-3} \cdot \left(\frac{z}{t}\right)^2 \qquad (A.7)$$

e diventa una nuova funzione nelle 3 variabili $x' = x/t$, $y' = y/t$ e $z' = z/t$.

Le funzioni omogenee soddisfano il Teorema di Eulero: se f è una funzione omogenea di ordine k, allora risulta:

$$\mathbf{x} \cdot \nabla f = k \cdot f \rightarrow x_1 \cdot \frac{\partial f}{\partial x_1} + \ldots + x_r \cdot \frac{\partial f}{\partial x_r} = k \cdot f. \qquad (A.8)$$

Ad esempio, se la funzione omogenea è

$$3\,x^2 \cdot y^5 \cdot z^4 + 12\,x \cdot y^2 \cdot z^8 = 0, \qquad (A.9)$$

allora risulta:

$$x \cdot \frac{\partial f}{\partial x} + y \cdot \frac{\partial f}{\partial y} + z \cdot \frac{\partial f}{\partial z} = x \cdot (6\,x \cdot y^5 \cdot z^4 + 12\,y^2 \cdot z^8) +$$
$$y\,(15\,x^2 \cdot y^4 \cdot z^4 + 24\,x \cdot y \cdot z^8) + z \cdot (12\,x^2 \cdot y^5 \cdot z^3 + 96\,x \cdot y^2 \cdot z^7) =$$
$$11\,(3\,x^2 \cdot y^5 \cdot z^4 + 12\,x \cdot y^2 \cdot z^8). \quad (A.10)$$

Una conseguenza del Teorema di Eulero è che la soluzione di un'equazione alle derivate parziali del tipo:

$$x_1 \cdot \frac{\partial f}{\partial x_1} + \ldots + x_r \cdot \frac{\partial f}{\partial x_r} = 0, \qquad (A.11)$$

è la funzione omogenea $f(x_1, x_2, \ldots, x_r) = 0$.

La definizione di funzione omogenea data in (A.1) può essere estesa includendo il caso in cui i coefficienti siano sostituiti da funzioni omogenee arbitrarie di ordine zero. Quindi, se l'equazione (A.6) è omogenea, anche la funzione

$$x^2 \cdot y^2 \cdot z \cdot t^{-5} \cdot \sin\left(\frac{x^3 \cdot t}{z^4}\right) + 5\,x \cdot y^{-3} \cdot z^2 \cdot \sinh\left(\frac{z}{t}\right) \qquad (A.12)$$

è omogenea e soddisfa il Teorema di Eulero e tutte le altre proprietà.

I numeri (gruppi adimensionali) notevoli

Riportiamo, di seguito, una serie di numeri e gruppi adimensionali frequentemente in uso nelle scienze fisiche. Molti dei numeri hanno il nome del ricercatore che per primo li ha individuati. Talvolta, il nome attribuito ai numeri è la naturale scelta alla luce delle grandezze in esso coinvolte.

Numero di assorbimento, $\mathrm{Ab} = k_L \cdot \sqrt{\dfrac{z}{D \cdot \bar{V}}}$

k_L = coefficiente di assorbimento individuale del liquido, z = lunghezza della superficie coperta dal film liquido (a partire dalla sezione d'ingresso), D = coefficiente di diffusione del gas nel liquido, $\bar{V}$ = velocità media del film liquido sulla parete laterale della colonna di scambio.

Numero di accelerazione, $\mathrm{Ac} = \dfrac{\varepsilon^3}{\rho \cdot g^2 \cdot \mu^2}$

ε = modulo di comprimibilità del fluido, ρ = densità di massa del fluido, g = accelerazione di gravità, μ = viscosità dinamica. Interviene nel moto di fluidi rapidamente accelerati.

Rapporto d'avanzamento (delle eliche), $\mathrm{J} = \dfrac{V}{\omega \cdot D}$

V = velocità d'avanzamento, ω = velocità di rotazione angolare, D = diametro dell'elica.

Parametro di aeroelasticità, $\mathrm{Ae} = \dfrac{\rho \cdot V^2}{E}$

ρ = densità di massa del fluido, V = velocità del fluido, E = modulo di Young del continuo elastico. È pari al rapporto tra il carico aerodinamico agente e le tensioni elastiche nella struttura.

Longo S.: Analisi Dimensionale e Modellistica Fisica.
Principi e applicazioni alle scienze ingegneristiche. © Springer-Verlag Italia 2011

Numero di Archimede, $Ar = \dfrac{d^3 \cdot g \cdot (\rho_s - \rho_f) \cdot \rho_f}{\mu^2}$

d = diametro dei sedimenti, g = accelerazione di gravità, ρ_s, ρ_f = densità di massa dei sedimenti, del fluido, μ = viscosità dinamica. È il rapporto *Forze d'inerzia* × *Forze di gravità/Forze viscose*^{2}.

Gruppo di Arrhenius, $\dfrac{E}{R \cdot T}$

E = energia di attivazione per unità di massa, R = costante del gas, definita nella relazione $p = \rho RT$, T = temperatura assoluta. È il rapporto *Energia di attivazione/ Energia potenziale del gas*.

Numero di Atwood, $A = \dfrac{\rho_1 - \rho_2}{\rho_1 + \rho_2}$

ρ_1, ρ_2 = densità da massa del fluido più denso (1) e meno denso (2). Interviene nell'instabilità di fluidi stratificati.

Numero di Bagnold, $Ba = \dfrac{3\,C_D \cdot \rho_f \cdot V^2}{4d \cdot \rho_s \cdot g}$

C_D = coefficiente di *drag*, ρ_s, ρ_f = densità di massa dei sedimenti, del fluido, V = velocità, d = diametro dei sedimenti, g = accelerazione di gravità. È il rapporto *Forze di drag/Forze di gravità* e interviene nei fenomeni di trasporto di sedimenti ad opera del fluido.

Numero di Bagnold (seconda definizione), $Ba = \dfrac{C_s \cdot \rho_s \cdot d^2 \cdot \dot{\gamma}}{(1 - C_s) \cdot \mu}$

C_s = concentrazione volumetrica dei sedimenti, ρ_s = densità di massa dei sedimenti, $\dot{\gamma}$ = velocità di deformazione angolare, μ = viscosità dinamica. È il rapporto *Tensioni collisionali/Tensioni viscose* e interviene nei fenomeni di trasporto di sedimenti ad elevata concentrazione con fluido interstiziale viscoso.

Numero di Bagnold (terza definizione), $\dfrac{\rho_w \cdot k_w \cdot u_0^2}{p_{atm} \cdot D}$

ρ_w = densità di massa dell'acqua, k_w = spessore dello strato d'acqua considerato attivo nel processo impulsivo, D = spessore della sacca d'aria inizialmente interposta tra la parete verticale e l'onda frangente, u_0 = velocità, p_{atm} = pressione atmosferica assoluta. Interviene nei processi di frangimento delle onde di gravità su una parete rigida.

Numero di Bansen, $\dfrac{h_r \cdot A_w}{\dot{m} \cdot c}$

h_r = coefficiente di scambio termico per irraggiamento (quantità di energia/(area × intervallo di tempo × differenza di temperatura)), A_w = area della superficie di scambio, $\dot{m}$ = portata massica, c = calore specifico. È il rapporto *Energia termica trasferita per irraggiamento/Capacità termica del fluido*.

Numero di Béranek, $Be = \dfrac{V_t^3 \cdot \rho_f^2}{\mu \cdot g \cdot (\rho_s - \rho_f)}$

V_t = velocità terminale di particelle solide, ρ_s, ρ_f = densità di massa dei sedimenti, del fluido, μ = viscosità dinamica, g = accelerazione di gravità. È il rapporto *Forze d'inerzia²/(Forze viscose×Forze di gravità)*.

Numero di Bingham (o numero di Plasticità), $Bm = \dfrac{\tau_y \cdot L}{\mu_p \cdot V}$

τ_y = tensione tangenziale di soglia, L = larghezza del canale o scala geometrica della larghezza, μ_p = viscosità dinamica apparente, V = velocità. È il rapporto *Tensione di soglia/Tensione viscosa* per un fluido alla Bingham.

Numero di Biot, $Bi = \dfrac{h \cdot l}{k_s}$

h = coefficiente di scambio termico, l = scala geometrica, k_s = conducibilità termica. È il rapporto *Resistenza termica interna del corpo/Resistenza termica superficiale*. È simile, ma non identico, al numero di Nusselt.

Numero di Biot per il trasferimento di massa, $Bi_m = \dfrac{k_m \cdot L}{D_{int}}$

k_m = coefficiente di scambio di massa (portata massica per unità di superficie e per unità di differenza di concentrazione), L = spessore dello strato, D_{int} = diffusività molecolare all'interfaccia. È il rapporto, per unità di superficie, *Portata massica all'interfaccia solido-fluido/Portata massica interna attraverso lo strato di spessore L*.

Numero di Blake, $Bl = \dfrac{V}{v \cdot (1 - e) \cdot S}$

V = velocità, v = viscosità cinematica, e = porosità, S = area specifica, rapporto tra l'area della superficie e il volume. È il rapporto *Forze d'inerzia/Forze viscose* nel flusso attraverso un sistema granulare.

Numero di Bodenstein, $Bd = \dfrac{V \cdot L}{D_a}$

V = velocità, L = lunghezza dell'asse, D_a = diffusività assiale efficace. Descrive la diffusione in un letto di materiale granulare, è un caso particolare del numero di Péclet.

Numero di Bond (numero di Eötvös), $\mathrm{Bo} = \dfrac{(\rho - \rho_f) \cdot d^2 \cdot g}{\sigma}$

ρ, ρ_f = densità di massa delle bolle o delle gocce, del fluido, d = diametro delle bolle o delle gocce, g = accelerazione di gravità, σ = tensione superficiale. È il rapporto *Forze di gravità/Forze di tensione superficiale*.

Numero di Boussinesq, $\mathrm{Bq} = \dfrac{V}{\sqrt{2g \cdot h}}$

V = velocità, h = profondità idraulica media della corrente, g = accelerazione di gravità. È simile al numero di Froude ed è la radice quadrata del rapporto *Forze d'inerzia/Forze di gravità*.

Numero di Brinkman, $\dfrac{\mu \cdot V^2}{k \cdot \Delta\theta}$

μ = viscosità dinamica, V = velocità, k = conducibilità termica, $\Delta\theta$ = differenza di temperatura. È il rapporto *Calore generato dall'attrito viscoso/Calore trasferito per conduzione*.

Numero di Bulygin, $\mathrm{Bu} = \dfrac{\lambda \cdot c_b \cdot \Delta p}{c \cdot (\theta_a - \theta_0)}$

λ = calore latente di evaporazione, c_b = massa di vapore per unità di massa di gas secco per unità di variazione di pressione, Δp = variazione di pressione, c = calore specifico del corpo umido, θ_a = temperatura di ebollizione del liquido, θ_0 = temperatura iniziale. È il rapporto *Calore necessario per vaporizzare il liquido drenato/Calore necessario per portare il liquido dalla temperatura iniziale alla temperatura di ebollizione*.

Numero di Camp, $\mathrm{Ca} = \sqrt{\dfrac{P \cdot W}{\mu \cdot Q^2}}$

P = potenza dissipata dalla viscosità, W = volume, μ = viscosità dinamica, Q = portata volumetrica.

Numero di capillarità, $\dfrac{\mu^2 \cdot \varepsilon}{\rho \cdot \sigma^2}$

μ = viscosità dinamica, ε = modulo di comprimibilità del fluido, ρ = densità di massa, σ = tensione superficiale. È relativo all'azione delle forze di superficie in un fluido in movimento.

Numero di capillarità-galleggiamento, $\dfrac{g \cdot \mu^4}{\rho \cdot \sigma^3}$

g = accelerazione di gravità, μ = viscosità dinamica del fluido circostante, ρ = densità di massa del fluido circostante, σ = tensione interfacciale. È relativo agli effetti della tensione interfacciale, della viscosità e dell'accelerazione quando delle gocce di un fluido si muovono in un altro fluido.

Numero capillare, $\dfrac{\mu \cdot V}{\sigma}$

μ = viscosità dinamica, V = velocità, σ = tensione superficiale. È il rapporto *Forze viscose/Forze di tensione superficiale*. Interviene nei processi di atomizzazione dei liquidi e nel flusso bifasico nei mezzi porosi.

Numero di Carnot, $\dfrac{T_2 - T_1}{T_2}$

T_2 = temperatura assoluta della sorgente calda, T_1 = temperatura assoluta della sorgente fredda. Rappresenta l'efficienza teorica di una macchina con ciclo di Carnot operante tra le due sorgenti.

Numero di Cauchy, $\dfrac{\rho \cdot V^2}{\varepsilon}$, $\dfrac{\rho \cdot V^2}{E}$

ρ = densità di massa del fluido, V = velocità, ε = modulo di comprimibilità del fluido, E = modulo di Young per un continuo elastico. È il rapporto *Forze d'inerzia/Forze elastiche*.

Numero di cavitazione, $\dfrac{p - p_v}{\frac{1}{2} \cdot \rho \cdot V^2}$

p = pressione, p_v = tensione di vapore, ρ = densità di massa del fluido, V = velocità. Interviene per quantificare la tendenza alla cavitazione.

Numero di Clausius, $\mathrm{Cl} = \dfrac{V^3 \cdot l \cdot \rho}{k_f \cdot \Delta\theta}$

V = velocità, l = scala geometrica, ρ = densità di massa, k_f = conducibilità termica, $\Delta\theta$ = differenza di temperatura. È utilizzato nello studio di trasmissione di calore in presenza di convezione forzata.

Fattore J di Colburn, $\mathrm{J} = \dfrac{h}{\rho \cdot c_p \cdot V} \cdot \left(\dfrac{c_p \cdot \mu}{k_f} \right)^{2/3}$

h = coefficiente di scambio termico, ρ = densità di massa del fluido, c_p = calore specifico a pressione costante, V = velocità, μ = viscosità dinamica, k_f = conducibilità termica del fluido. Risulta anche $\mathrm{J} = \mathrm{St} \cdot \mathrm{Pr}^{2/3} = \mathrm{Nu} \cdot \mathrm{Re}^{-1} \cdot \mathrm{Pr}^{-1/3}$.

Numero di condensazione, $\mathrm{Co} = \dfrac{h}{k_f} \cdot \left(\dfrac{v^2}{g} \right)^{1/3}$

h = coefficiente di scambio termico, k_f = conducibilità termica del fluido, v = viscosità cinematica, g = accelerazione di gravità.

Numero di condensazione per pareti verticali, $Co = \dfrac{l^3 \cdot \rho^2 \cdot g \cdot \lambda}{k_f \cdot \mu \cdot \Delta\theta}$

l = scala geometrica, ρ = densità di massa, g = accelerazione di gravità, λ = calore latente di condensazione, μ = viscosità dinamica, $\Delta\theta$ = variazione di temperatura.

Numero di increspamento, $\dfrac{\mu \cdot \alpha}{\sigma^* \cdot l}$

μ = viscosità dinamica, $\alpha = k/\rho \cdot c_p$ = diffusività termica, σ^* = tensione superficiale per superficie indisturbata, l = scala geometrica. Interviene nelle correnti convettive con formazione di celle causate da gradiente della tensione superficiale.

Numero di Crocco, $Cr = \dfrac{V}{V_{max}} = \left[1 + \dfrac{2}{(\gamma - 1) \cdot M^2} \right]^{-1/2}$

V = velocità, V_{max} = massima velocità possibile per un gas che si espande isoentropicamente, $\gamma = c_p/c_v$ = rapporto tra calore specifico a pressione e a volume costante, M = numero di Mach.

Coefficiente di Darcy, $f = \dfrac{2g \cdot R \cdot h_f}{l \cdot \bar{V}^2}$

g = accelerazione di gravità, R = raggio idraulico (rapporto tra area della sezione trasversale della corrente e perimetro bagnato), h_f = perdita di carico, l = lunghezza della condotta di sezione costante, $\bar{V}$ = velocità media. Negli USA è più frequente $f = \dfrac{8g \cdot R \cdot h_f}{l \cdot \bar{V}^2}$.

Numero di Dean, $Dn = Re \cdot \sqrt{\dfrac{r}{R}}$

Re = numero di Reynolds, $r = d/2$ = semilarghezza del canale, R = raggio di curvatura del canale. Quantifica gli effetti della forza centrifuga per una corrente in curva.

Numero di Dean (seconda definizione), $\dfrac{H}{w \cdot T}$

H = altezza dell'onda, w = velocità di sedimentazione, T = periodo dell'onda.

Numero di Deborah, $De = \dfrac{t_r}{t_0}$

t_r = tempo di rilassamento (di Maxwell) di un fluido viscoelastico, t_0 = tempo scala dell'osservatore.

Numero di Deborah generalizzato, $(I_e - I_w)^{1/2} \cdot t_n$

I_e = invariante del tensore delle velocità di deformazione, I_w = invariante del tensore di vorticità, t_n = tempo naturale del fluido visco-elastico.

Numero caratteristico, $K_n = \dfrac{N \cdot P^{1/2}}{\rho^{1/2} \cdot (g \cdot H)^{5/4}}$ (per le turbine), $K_n = \dfrac{N \cdot Q^{1/2}}{(g \cdot H)^{3/4}}$ (per le pompe rotanti)

N = velocità di rotazione (in giri per unità di tempo), P = potenza, g = accelerazione di gravità, H = variazione di carico a cavallo della macchina, Q = portata volumetrica. Permette di individuare le caratteristiche di una macchina idraulica rotante.

Coefficiente di drag (di resistenza), $C_D = \dfrac{\text{Forza di resistenza}}{\frac{1}{2} \cdot \rho \cdot V^2 \cdot A}$

ρ = densità di massa del fluido, V = velocità, A = area della sezione trasversale ortogonale alla corrente fluida.

Numero di Eckert, $Ec = \dfrac{V_\infty^2}{c_p \cdot \Delta\theta}$

V_∞ = velocità asintotica, c_p = calore specifico a pressione costante, $\Delta\theta$ = variazione di temperatura tra il gas in movimento e la parete adiabatica.

Numero di Ekman, $Ek = \sqrt{\dfrac{v}{2\,\omega \cdot l^2}}$ (talvolta si omette il coefficiente 2)

v = viscosità cinematica, ω = velocità di rotazione angolare, l = scala geometrica. È la radice quadrata del rapporto *Forza viscosa/Forza di Coriolis*.

Parametro di elasticità, $\dfrac{\mu \cdot t_r}{\rho \cdot r^2}$

μ = viscosità dinamica, t_r = tempo di rilassamento del fluido, ρ = densità di massa del fluido, r = raggio della condotta. È il rapporto *Forza elastica/Forza d'inerzia* per flussi di fluidi visco-elastici.

Parametro di elasticità (seconda definizione), $\dfrac{\rho \cdot c_p}{\beta \cdot \varepsilon}$

ρ = densità di massa, c_p = calore specifico a pressione costante, β = coefficiente di espansione termica di volume a pressione costante, ε = modulo di comprimibilità del fluido. Dipende solo dalle caratteristiche fisiche del fluido ed è relativo agli effetti dell'elasticità del fluido nei processi di moto.

Numero di Ellis, $El = \dfrac{\mu_0 \cdot V}{\tau_{1/2} \cdot d}$

μ_0 = valore asintotico di viscosità dinamica per velocità di deformazione angolare tendente a zero, V = velocità, $\tau_{1/2}$ = tensione tangenziale per $\mu = \mu_0/2$, d = diametro della condotta.

Numero di Eulero, $\mathrm{Eu} = \dfrac{\Delta p}{\rho \cdot V^2}$

$\Delta p =$ variazione di pressione, $\rho =$ densità di massa, $V =$ velocità della corrente.

Numero di evaporazione, $\dfrac{V^2}{\lambda}$

$V =$ scala delle velocità, $\lambda =$ entalpia specifica di evaporazione (calore latente di evaporazione).

Numero di evaporazione (seconda definizione), $\dfrac{c_p}{\beta \cdot \lambda}$

$c_p =$ calore specifico a pressione costante, $\beta =$ coefficiente di espansione termica di volume a pressione costante, $\lambda =$ entalpia specifica di evaporazione (calore latente di evaporazione).

Numero di evaporazione-elasticità, $\dfrac{\varepsilon}{\lambda \cdot \rho}$

$\varepsilon =$ modulo di comprimibilità del fluido, $\lambda =$ entalpia specifica di evaporazione (calore latente di evaporazione), $\rho =$ densità di massa del fluido.

Numero di espansione, $\dfrac{g \cdot d}{V^2} \cdot \left(\dfrac{\rho_l - \rho_g}{\rho_l} \right)$

$d =$ diametro delle bolle di gas nel liquido, $g =$ accelerazione di gravità, $V =$ velocità, $\rho_{l,g} =$ densità di massa del liquido, del gas. È il rapporto *Spinta di galleggiamento/Forze d'inerzia*.

Numero di Fedorov, $\mathrm{Fe} = \left[\dfrac{4g \cdot d_p^3 \cdot (\rho_s - \rho_f) \cdot \rho_f}{3\mu^2} \right]^{1/3} \equiv \left(\dfrac{4}{3} \times \mathrm{Ar} \right)^{1/3}$

Numero di portata, $\dfrac{Q}{N \cdot D^3}$

$Q =$ portata volumetrica, $N =$ velocità di rotazione della girante (in giri per unità di tempo), $D =$ diametro della girante. In uso nello studio delle turbomacchine.

Numero di fluidizzazione, $\dfrac{V}{V_0}$

$V =$ velocità scala, $V_0 =$ velocità di inizio della fluidizzazione.

Parametro di Fourier per la diffusione del calore, $\mathrm{Fo}' = \dfrac{D_v \cdot t}{2\pi l^2}$

$D_v =$ diffusività molecolare, $t =$ scala dei tempi, $l =$ scala delle lunghezze.

Numero di flusso di Fourier, $\mathrm{Fo_f} = \dfrac{\nu \cdot t}{l^2}$

ν = viscosità cinematica, t = scala dei tempi, l = scala delle lunghezze.

Numero di Fourier, $\mathrm{Fo} = \dfrac{\alpha \cdot t}{l^2}$

$\alpha \equiv k/(\rho \cdot c_p)$ = diffusività termica, t = scala dei tempi, l = scala delle lunghezze.

Numero di Fourier sul trasferimento di massa, $\mathrm{Fo_m} = \dfrac{k_m \cdot t}{l}$

k_m = coefficiente di scambio di massa, t = scala dei tempi, l = scala delle lunghezze.

Parametro di frequenza, $\dfrac{\omega \cdot l}{V} \equiv 2\pi \times$ Numero di Strouhal

ω = pulsazione, l = scala geometrica, V = velocità.

Numero di Frössling per il trasferimento di calore, $\mathrm{Fr_h} = \dfrac{\mathrm{Nu}}{\mathrm{Re}^{1/2}}$ (per flusso laminare su un piatto), $\mathrm{Fr_h} = \dfrac{\mathrm{Nu}-2}{\mathrm{Re}^{1/2} \cdot \mathrm{Pr}^{1/3}}$ (per flusso turbolento intorno a una sfera)

Nu = numero di Nusselt, Pr = numero di Prandtl, Re = numero di Reynolds.

Numero di Frössling per il trasferimento di massa, $\mathrm{Fr_m} = \dfrac{\mathrm{Sh}-2}{\mathrm{Re}^{1/2} \cdot \mathrm{Sc}^{1/3}}$ (per il trasferimento di massa da una sfera)

Sh = numero di Sherwood, Re = numero di Reynolds, Sc = numero di Schmidt.

Numero di Froude, $\mathrm{Fr} = \dfrac{V}{\sqrt{g \cdot l}}$

V = velocità, g = accelerazione di gravità, l = scala geometrica. È la radice quadrata del rapporto *Forze d'inerzia convettiva/Forza di gravità*.

Numero di Froude per moti di rotazione, $\dfrac{D \cdot N^2}{g}$

D = diametro del campo rotante, N = velocità di rotazione (in giri per unità di tempo), g = accelerazione di gravità.

Numero di Galileo, $\mathrm{Ga} = \dfrac{l^3 \cdot g}{\nu^2}$

l = scala geometrica, g = accelerazione di gravità, ν = viscosità cinematica. È pari a *Forza d'inerzia×Forza di gravità/Forza viscosa^2*.

Numero di Gay-Lussac, $Gc = \dfrac{1}{\beta \cdot \Delta \theta}$

β = coefficiente di espansione termica di volume a pressione costante, $\Delta \theta$ = variazione di temperatura.

Parametro di Goertler, $Gl = \dfrac{V \cdot \theta}{v} \cdot \left(\dfrac{\theta}{r}\right)^{1/2}$

V = velocità, θ = spessore dello strato limite basato sul momento della quantità di moto, v = viscosità cinematica, r = raggio (o curvatura longitudinale) della frontiera.

Numero di Goucher, $Go = r \cdot \left(\dfrac{\rho \cdot g}{2 \sigma}\right)^{1/2}$

r = raggio della parete o del filo su cui si deposita il fluido, ρ = densità di massa del fluido, g = accelerazione di gravità, σ = tensione superficiale. È la radice quadrata del rapporto *Forza di gravità/Forze di tensione superficiale*.

Numero di Graetz, $Gz = \dfrac{\dot{m} \cdot c_p}{k_f \cdot l}$

$\dot{m}$ = portata massica, c_p = calore specifico a pressione costante, k_f = conducibilità termica del fluido, l = lunghezza del percorso di trasferimento del calore. È il rapporto *Capacità termica del fluido/Calore trasferito per conduzione*.

Numero di Grashof, $Gr = \dfrac{l^3 \cdot g \cdot \beta \cdot \Delta \rho}{\rho \cdot v^2}$

l = scala geometrica, g = accelerazione di gravità, β = coefficiente di espansione termica di volume a pressione costante, ρ = densità di massa, $\Delta \rho$ = variazione di densità di massa. È pari a *Forza d'inerzia × Forza di galleggiamento/Forza viscosa^2*.

Numero di Gukhman, $Gu = \dfrac{(T_0 - T_m)}{T_0}$

T_0 = temperatura assoluta della corrente di gas, T_m = temperatura assoluta della superficie bagnata. È usato nell'analisi del trasferimento convettivo di calore con evaporazione a pressione costante.

Numero di Gümbel, $Gü = \dfrac{F \cdot b^2}{2 \mu \cdot U \cdot r^2}$

F = forza per unità di lunghezza del supporto, b = altezza del meato, μ = viscosità dinamica del fluido lubrificante, U = velocità relativa della superficie del cuscinetto, r = raggio dell'asse.

Numero di Gümbel (seconda definizione), $\dfrac{\mu \cdot \omega \cdot D}{F}$

μ = viscosità dinamica del fluido lubrificante, ω = velocità di rotazione angolare dell'asse, D = diametro dell'asse, F = forza per unità di lunghezza del supporto.

Numero di Hadamard, $\mathrm{Ha} = \dfrac{3\,\mu_b + 3\,\mu_f}{3\,\mu_b + 2\,\mu_f}$

μ_b = viscosità dinamica del fluido nella bolla, μ_f = viscosità dinamica del fluido circostante.

Numero di Harrison, $\mathrm{Ha} = \dfrac{6\mu \cdot U \cdot L}{p_a \cdot h_0^2}$

μ = viscosità dinamica del fluido lubrificante, U = velocità relativa delle due superfici del cuscinetto a pattino, L = lunghezza del cuscinetto a pattino nel verso del moto relativo, p_a = pressione ambiente esterno o di lubrificazione forzata, h_0 = spessore dello strato lubrificante nella sezione di uscita.

Numero di Hatta, $\mathrm{Ha} = \dfrac{\gamma}{\tanh\gamma}$, $\gamma = l \cdot \sqrt{\dfrac{k_n \cdot C_B^{(n-1)}}{D_A}}$

k_n = costante di reazione per la reazione chimica di ordine n, C_B = concentrazione molare media del componente B, D_A = coefficiente di diffusione del componente A attraverso gli altri componenti, l = lunghezza di diffusione (pari a $\left(v^2/g\right)^{1/3}$ per processi diffusivi in impianti a torre).

Coefficiente di carico, $\dfrac{g \cdot H}{N^2 \cdot D^2}$

H = variazione di carico per una turbomacchina, g = accelerazione di gravità, N = velocità di rotazione (in giri per unità di tempo), D = diametro della girante.

Numero di flusso termico, $\dfrac{q}{V^3 \cdot l^2 \cdot \rho}$

q = potenza termica, V = velocità, l = scala geometrica, ρ = densità di massa.

Numero di Hedström, $\mathrm{He} = \dfrac{\tau_y \cdot l^2 \cdot \rho}{\mu_p^2}$

τ_y = tensione tangenziale critica per velocità di deformazione tendente a zero, l = scala geometrica, ρ = densità di massa, μ_p = viscosità apparente. È relativo al flusso di fluidi alla Bingham.

Gruppo di Helmoltz, Hh $= \dfrac{\sqrt{d^3/W}}{M}$

d = diametro della condotta, W = volume, M= numero di Mach. È pari a *Frequenza della combustione pulsata×Tempo di permanenza.*

Numero di Hersey, Hs $= \dfrac{F}{\mu \cdot U}$

F = carico lineare, μ = viscosità dinamica, U = velocità di scorrimento relativo.

Numero di Hodgoson, Ho $= \dfrac{W \cdot f \cdot \Delta p^*}{\bar{p} \cdot \bar{Q}}$

W = volume del sistema, f = frequenza del flusso pulsante di gas, Δp^* = caduta di pressione piezometrica $(p + \rho \cdot g \cdot z)$ associata a perdite di carico distribuite e concentrate, $\bar{p}$ = pressione media, $\bar{Q}$ = portata volumetrica media.

Gruppo di resistenza idraulica, Γc $= \dfrac{\Delta p}{\rho_l \cdot g \cdot L}$

Δp = caduta di pressione nella linea di distillazione, ρ_l = densità di massa del liquido, g = accelerazione di gravità, L = tirante idrico nella vasca di accumulo.

Numero di Ilyushin, $\dfrac{4\,\mathrm{Re} \cdot \tau_D}{3\rho \cdot V^2}$

Re = numero di Reynolds, τ_D = massima tensione tangenziale di scorrimento dinamico, ρ = densità di massa, V = velocità. È usato nell'analisi del moto di liquidi viscoplastici in condotte circolari.

Numero di Jacob, Ja $= \dfrac{c_l \cdot \rho_l \cdot \Delta \theta}{\lambda \cdot \rho_v}$

c_l = calore specifico del liquido, ρ_l = densità di massa del liquido, $\Delta \theta$ = eccesso di temperatura della superficie calda rispetto alla temperatura di ebollizione del liquido, λ = entalpia specifica di evaporazione (calore latente di evaporazione), ρ_v = densità di massa del vapore. È il rapporto *Raggio massimo della bolla/Spessore dello strato di liquido sovrariscaldato a contatto con una superficie calda.*

Numero di Johnson (o di danneggiamento), Dn $= \dfrac{\rho_c \cdot V_0^2}{\sigma_0}$

ρ_c = la densità di massa del corpo che urta, V_0 = velocità del corpo, σ_0 = tensione di snervamento del materiale. Interviene nella modellazione dei fenomeni d'urto

Numero di von Kármán, Ka $= f^{1/2} \cdot \mathrm{Re}$

f = fattore d'attrito, Re = numero di Reynolds.

Numero di von Kármán (seconda definizione), $\dfrac{k}{v} \cdot \sqrt{\dfrac{\tau_w}{\rho}}$

k = altezza media delle creste della scabrezza geometrica alla parete, v = viscosità cinematica, τ_w = tensione tangenziale alla parete, ρ = densità di massa del fluido. È il rapporto *Scala geometrica della scabrezza/Scala geometrica della viscosità del fluido.*

Numero di Kirpichev relativo al trasporto di calore, $\mathrm{Ki_h} = \dfrac{h \cdot (\theta_{,s} - \theta_a) \cdot l}{k_s \cdot \Delta \theta}$

h = coefficiente di scambio termico, θ_s = temperatura superficiale del corpo, θ_a = temperatura ambiente, $\Delta \theta$ = variazione di temperatura nel corpo su una distanza l. È il rapporto *Flusso termico attraverso la superficie/Flusso termico all'interno del corpo.*

Numero di Kirpichev relativo al trasporto di massa, $\mathrm{Ki_m} = \dfrac{\dot{m} \cdot l}{\lambda_m \cdot (\theta_0 - \theta_p)}$

$\dot{m}$ = portata massica, λ_m = coefficiente di conducibilità di massa, θ_0 = potenziale di trasferimento di massa iniziale, θ_p = potenziale di trasferimento di massa all'equilibrio. È il rapporto *Flusso di massa verso l'esterno/Flusso di massa attraverso il continuo.*

Numero di Knudsen, $\mathrm{Kn} = \dfrac{l_p}{l}$

È il rapporto *Percorso libero medio delle particelle/Dimensione scala del dominio.*

Numero di Knudsen per la diffusione, $\mathrm{Kn_D} = \dfrac{e \cdot D_{AB}}{q_D \cdot D_{KA}}$

e = porosità, D_{AB} = coefficiente di diffusione binaria d'insieme per il sistema AB, q_D è la tortuosità nella diffusione, D_{KA} = coefficiente di diffusione di Knudsen. È il rapporto *Diffusione/Diffusione di Knudsen in un mezzo granulare.*

Numero di Kondrat'ev, $\dfrac{h}{k \cdot S} \cdot \left(\dfrac{\theta_a - \theta_s}{\theta_a - \bar{\theta}} \right)$

h = coefficiente di conducibilità termica, S = area specifica, rapporto tra l'area della superficie e il volume, k = conducibilità termica, θ_a = temperatura ambiente, θ_s = temperatura superficiale del corpo, $\bar{\theta}$ = temperatura media del corpo.

Numero di Kossovich, $\mathrm{Ko} = \dfrac{\lambda \cdot \Delta u}{c_p \cdot \Delta \theta}$

λ = calore latente di evaporazione, Δu = rapporto tra contenuto di umidità e massa secca, c_p = calore specifico a pressione costante, $\Delta \theta$ = variazione di temperatura. È il rapporto *Calore per l'evaporazione/Calore per incrementare la temperatura del corpo.*

Funzione di Kozeny, $k = \dfrac{\Delta p^*}{\mu \cdot l} \cdot \dfrac{e^3}{(1 - e^2)} \cdot \dfrac{1}{\bar{V} \cdot S^2}$

$\Delta p^* =$ riduzione di pressione per flusso attraverso uno strato di materiale di spessore l, $\mu =$ viscosità dinamica, $e =$ porosità, $\bar{V} =$ velocità media del fluido, $S =$ area specifica, rapporto tra l'area della superficie e il volume.

Numero di Lagrange, $Lg = \dfrac{P}{\mu \cdot l^3 \cdot N^2}$

$P =$ potenza trasferita ad un agitatore di dimensione caratteristica l, $\mu =$ viscosità dinamica del liquido, $N =$ velocità di rotazione dell'agitatore (in giri per unità di tempo).

Numero di Lagrange (seconda definizione), $\dfrac{\Delta p^* \cdot r}{\mu \cdot \bar{V}}$

$\Delta p^* =$ variazione di pressione piezometrica ($p^* = p + \rho \cdot g \cdot z$), $r =$ raggio della condotta, $\mu =$ viscosità dinamica del fluido, $\bar{V} =$ velocità media del fluido.

Numero di Laplace, $La = \dfrac{\Delta p \cdot L}{\sigma}$

$\Delta p =$ variazione di pressione all'interfaccia tra due fluidi, $L =$ lunghezza caratteristica della curvatura dell'interfaccia, $\sigma =$ tensione superficiale.

Numero di Laval, $Lv = \dfrac{V}{\left(\dfrac{2\gamma}{\gamma + 1} \cdot R \cdot T \right)^{1/2}}$

$V =$ velocità del gas, $\gamma =$ rapporto tra calore specifico a pressione costante e a volume costante, $R =$ costante del gas, $T =$ temperatura assoluta.

Numero di Leverett, $j = \left(\dfrac{k}{e} \right)^{1/2} \cdot \dfrac{p_c}{\sigma}$

$k =$ permeabilità del materiale poroso, $e =$ porosità, $p_c =$ pressione capillare (differenza di pressione all'interfaccia tra due fluidi immiscibili), $\sigma =$ tensione superficiale all'interfaccia. È il rapporto *Raggio caratteristico della curvatura dell'intervaccia/Dimensione caratteristica dei pori*.

Numero di Lewis, $Le = \dfrac{\rho \cdot c_p \cdot D_v}{k}$

$\rho =$ densità di massa, $c_p =$ calore specifico a pressione costante, $D_v =$ diffusività molecolare, $k =$ conducibilità termica.

Numero di Lewis turbolento, $\text{Le}_T = \dfrac{\rho \cdot c_p \cdot \varepsilon_D}{k_T}$

ρ = densità di massa, c_p = calore specifico a pressione costante, ε_D = diffusività turbolenta, k_T = conducibilità termica convettiva.

Numero di Lock, $\text{Lk} = \dfrac{d\,C_L}{d\,\alpha} \cdot \dfrac{\rho \cdot c \cdot r^4}{I}$

C_L = coefficiente di lift, α = angolo di attacco delle pale di un rotore d'elicottero, c = lunghezza della corda delle pale, r = raggio del rotore, I = momento d'inerzia delle pale del rotore rispetto all'asse di rotazione, ρ = densità di massa.

Numero di Lorentz, V/c

V = velocità del corpo, c = velocità della luce.

Numero di Luikov, $\text{Lu} = \dfrac{k_m \cdot l}{\alpha}$

k_m = coefficiente di scambio di massa, l = scala geometrica, α = diffusività termica. È il rapporto *Diffusività di massa/Diffusività termica*.

Numero di Lyashchenko, $\dfrac{V^3 \cdot \rho_f^2}{\mu \cdot g \cdot (\rho_s - \rho_f)}$

V = velocità, ρ_f = densità del fluido, ρ_s = densità dei sedimenti, μ = viscosità dinamica, g = accelerazione di gravità. È il rapporto *Forza d'inerzia convettiva²/(Forza viscosa×Forza di gravità)*.

Numero di McAdams, $\text{Mc} = \dfrac{h^4 \cdot l \cdot \mu_l \cdot \Delta\theta}{k_l^3 \cdot \rho_l^2 \cdot g \cdot \lambda}$

h = coefficiente di scambio termico, l = lunghezza scala, μ_l = viscosità dinamica del liquido, $\Delta\theta$ = differenza di temperatura, k_l = conducibilità termica del liquido, ρ_l = densità di massa del liquido, g = accelerazione di gravità, λ = calore latente di condensazione.

Numero di Mach, $\text{M} = \dfrac{V}{c}$

V = velocità, c = celerità del suono.

Numero di Marangoni, $\text{Ma} = \dfrac{\Delta\sigma}{\Delta\theta} \cdot \dfrac{\Delta\theta}{\Delta L} \cdot \dfrac{L^2}{\mu \cdot \alpha}$

$\Delta\sigma$ = variazione di tensione superficiale, $\Delta\theta$ = variazione di temperatura, ΔL = variazione di spessore dello strato, μ = viscosità dinamica, α = diffusività termica.

Numero di massa, $N_{massa} = \dfrac{C_s}{1 - C_s} \cdot \dfrac{\rho_s}{\rho_f}$

C_s = concentrazione volumetrica dei sedimenti, ρ_s, ρ_f = densità di massa dei sedimenti, del fluido. È il rapporto *Inerzia della componente granulare/Inerzia della componente liquida*.

Numero di Merkel, $Me = \dfrac{k_m \cdot A}{\dot{m}_g}$

k_m = coefficiente di scambio di massa, A = area della superficie d'acqua a contatto con il gas, $\dot{m}_g$ = portata massica di gas secco. È il rapporto *Massa d'acqua trasferita per raffreddamento per differenza unitaria di umidità/Massa di vapore secco*.

Numero di Miniovich, $Mn = \dfrac{S \cdot r}{e}$

S = area specifica, rapporto tra l'area della superficie e il volume, r = raggio delle particelle, e = porosità.

Parametro di mobilità, $\psi = \dfrac{1}{\text{Numero di Shields}}$.

Numero di Newton, $Ne = \dfrac{F}{\rho \cdot V^2 \cdot l^2}$

F = Forza di *drag*, ρ = densità di massa del fluido, V = velocità relativa, l = lunghezza scala del corpo.

Numero di Nusselt, $L \cdot \left(\dfrac{g}{v_l^2} \right)^{1/3}$

L = spessore del film, g = accelerazione di gravità, v_l = viscosità cinematica del liquido.

Numero di Nusselt, $Nu = \dfrac{h \cdot l}{k_f}$

h = coefficiente di scambio termico, l = scala geometrica, k_f = conducibilità termica. È il rapporto *Flusso termico per convezione forzata/Flusso che avverrebbe per conduzione nello strato di spessore l*. Numero simile, ma non identico, al numero di Biot.

Numero di Ocvirk, $Oc = \dfrac{F}{\mu \cdot U} \cdot \left(\dfrac{2b}{L} \right)^2$

F = forza, μ = viscosità dinamica del liquido, U = velocità della superficie mobile, b = luce del meato, L = lunghezza dell'asse. È il rapporto *Forza sull'asse/Forza viscosa*.

Numero di Ohnesorge, $Z = \dfrac{\mu}{\sqrt{\rho \cdot l \cdot \sigma}} = \dfrac{1}{(\text{Numero di Suratman})^{1/2}}$

μ = viscosità dinamica, l = lunghezza scala, σ = tensione superficiale. È la radice quadrata del rapporto *Forza viscosa²/Forza d'inerzia×Tensione superficiale*.

Numero di Péclet, $\text{Pe} = \dfrac{l \cdot V \cdot \rho \cdot c_p}{k_f} = \dfrac{l \cdot V}{\alpha} = \text{Re} \cdot \text{Pr}$

l = lunghezza scala, V = velocità del fluido, ρ = densità di massa del fluido, c_p = calore specifico a pressione costante, k_f = conducibilità termica, α = diffusività termica. È il rapporto *Flusso per convezione/Flusso per conduzione*.

Numero di Péclet per il trasferimento di massa, $\text{Pe}_m = \dfrac{l \cdot V}{D_v}$

l = lunghezza scala, V = velocità del fluido, D_v = diffusività molecolare. È il rapporto *Trasporto di massa per convezione/Trasporto di massa per diffusione*.

Numero di plasticità = Numero di Bingham.

Numero di Poiseuille, $\text{Ps} = \dfrac{V \cdot \nu}{(\rho_s - \rho_f) \cdot g \cdot d_p^2}$

V = velocità, ν = viscosità cinematica, ρ_s = densità dei sedimenti, ρ_f = densità del fluido, d_p = diametro della particella. È il rapporto *Forza viscosa/Forza di gravità*.

Coefficiente di Poisson, ν

È il rapporto *Deformazione specifica trasversale/Deformazione specifica longitudinale*.

Numero di Posnov, $\text{Pn} = \dfrac{\delta \cdot \Delta\theta}{\Delta n}$

δ = coefficiente di gradiente termico di Soret, $\Delta\theta$ = differenza di temperatura, Δn = differenza di concentrazione massica di umidità (massa d'acqua per unità di massa di gas secco).

Parametro di potenza, $\dfrac{P}{l^5 \cdot \rho \cdot N^3}$

P = potenza, l = lunghezza scala, ρ = densità di massa, N = velocità di rotazione (in giri per unità di tempo). In genere l = diametro della girante. È il rapporto *Forza sulla girante/Inerzia*.

Distanza adimensionale di Prandtl, $y^+ = \dfrac{y}{v} \cdot \left(\dfrac{\tau_b}{\rho} \right)^{1/2}$

y = distanza dalla parete, v = viscosità cinematica, τ_b = tensione tangenziale alla parete, ρ = densità di massa.

Numero di Prandtl, $\mathrm{Pr} = \dfrac{c_p \cdot \mu}{k_f} = \dfrac{v}{\alpha}$

c_p = calore specifico a pressione costante, μ = viscosità dinamica, k_f = conducibilità termica del fluido, v = viscosità cinematica, α = diffusività termica. È il rapporto *Diffusività di quantità di moto/Diffusività termica*. Dipende solo dalle proprietà del fluido.

Numero di Prandtl per il trasferimento di massa = Numero di Schmidt.

Numero di Prandtl diffusivo, $\dfrac{v}{D_v}$

v = viscosità cinematica, D_v = diffusività molecolare.

Numero di Prandtl turbolento, $\mathrm{Pr_T} = \dfrac{\varepsilon_M}{\varepsilon_T}$

ε_M = diffusività turbolenta di quantità di moto, ε_T = diffusività turbolenta di calore.

Numero di Prandtl totale, $\dfrac{\varepsilon_M + v}{\varepsilon_T + \alpha}$

ε_M = diffusività turbolenta di quantità di moto, ε_T = diffusività turbolenta di calore, v = viscosità cinematica, α = diffusività termica. È il rapporto *Diffusività totale di quantità di moto/Diffusività totale di calore*.

Velocità adimensionale di Prandtl, $u^+ = \dfrac{u}{(\tau_b/\rho)^{1/2}}$

u = velocità locale, τ_b = tensione tangenziale alla parete, ρ = densità di massa. È il rapporto *Inerzia/Forza tangenziale alla parete*.

Numero di Predvoditelev, $\mathrm{Pd} = \dfrac{\Gamma \cdot l^2}{\alpha \cdot T_0}$

Γ = velocità massima di variazione della temperatura ambiente, l = lunghezza scala, α = diffusività termica, T_0 = temperatura iniziale. È il rapporto *Velocità di variazione della temperatura iniziale/Velocità di variazione della temperatura di un corpo*.

Coefficiente di pressione, $\dfrac{\Delta p}{\rho \cdot V^2}$

Δp = variazione di pressione, ρ = densità di massa, V = velocità della corrente.

Numero di pressione, $\dfrac{p}{\sqrt{g \cdot \sigma \cdot (\rho_l - \rho_g)}}$

p = pressione, g = accelerazione di gravità, σ = tensione superficiale, ρ_l = densità di massa del liquido, ρ_g = densità di massa del gas. È il rapporto *Pressione ambiente/Variazione di pressione all'interfaccia*.

Numero di Ramberg, $\mathrm{Rm} = \dfrac{g \cdot l^2 \cdot \rho}{\mu \cdot V}$

g = accelerazione di gravità, l = scala geometrica, ρ = densità di massa, V = velocità.

Rapporto psicrometrico (nella misura con termometro a bulbo secco e bagnato), $\dfrac{h_c}{k_m \cdot s}$

h_c = coefficiente di scambio termico per convezione, k_m = coefficiente di scambio di massa, s = quantità di calore necessaria per un incremento di temperatura unitario di una unità di massa di aria secca più vapore contenuto.

Numero di radiazione, $\dfrac{k \cdot \varepsilon}{\sigma \cdot s \cdot T^3}$

k = conducibilità termica, ε = modulo di comprimibilità del fluido, σ = tensione superficiale, s = costante di Stefan-Boltzmann, T = temperatura assoluta.

Parametro di radiazione, $\Phi = \dfrac{\zeta \cdot s \cdot T_w^3 \cdot R}{k_f}$

ζ = coefficiente che esprime la emissività media delle pareti del canale, s = costante di Stefan-Boltzmann, T_w = temperatura assoluta alla parete, R = raggio idraulico del canale (rapporto tra area della sezione della corrente e perimetro bagnato), k_f = conducibilità termica del fluido. Esprime l'influenza dell'irraggiamento sul trasporto convettivo di calore nel canale. È una variante del numero di Stefan.

Numero di Rayleigh, $\mathrm{Ra} = \dfrac{l^3 \cdot \rho^2 \cdot g \cdot \beta \cdot c_p \cdot \Delta\theta}{\mu \cdot k_f} \equiv \mathrm{Gr} \cdot \mathrm{Pr}$

l = lunghezza scala, ρ = densità di massa, g = accelerazione di gravità, β = coefficiente di espansione termica di volume a pressione costante, c_p = calore specifico a pressione costante, $\Delta\theta$ = variazione di temperatura, μ = viscosità dinamica, k_f = conducibilità termica.

Numero di entalpia della reazione, $\dfrac{(\Delta h)_A \cdot \Delta n_A}{c_p \cdot \Delta T}$

$(\Delta h)_A$ = entalpia di reazione/massa prodotta della fase A, n_A = frazione massica della fase A, c_p = calore specifico a pressione costante, ΔT = variazione di temperatura. È il rapporto *Variazione dell'energia di reazione/Variazione dell'energia termica*.

Fattore di recupero, $RF = \dfrac{2c_p \cdot \Delta\theta}{V^2}$

c_p = calore specifico a pressione costante, $\Delta\theta$ = differenza di temperatura tra il gas in moto e la parete adiabatica, V = velocità del gas. È il rapporto *Incremento effettivo di temperatura/Incremento teorico di temperatura*.

Numero di Reech, $\dfrac{V^2}{g \cdot l} \equiv$ Numero di Froude.

Numero di Reynolds, $Re = \dfrac{\rho \cdot V \cdot l}{\mu}$

ρ = densità di massa, V = velocità, l = lunghezza scala, μ = viscosità dinamica. È il rapporto *Forza d'inerzia/Forza viscosa*.

Numero di Reynolds generalizzato per fluidi non-Newtoniani, $\dfrac{8\rho \cdot \bar{V}^2}{\tau_w}$

ρ = densità di massa, $\bar{V}$ = velocità media, τ_w = tensione tangenziale alla parete. Si applica per flusso in condotte circolari.

Numero di Reynolds (in rotazione), $Re_R = \dfrac{\rho \cdot \omega \cdot D^2}{\mu}$

ρ = densità di massa, ω = velocità di rotazione angolare, D = diametro del corpo rotante, μ = viscosità dinamica.

Numero di Richardson, $Ri = -\dfrac{g}{\rho} \cdot \left(\dfrac{d\rho}{dz}\right) \Big/ \left(\dfrac{dV}{dz}\right)_w^2$

g = accelerazione di gravità, ρ = densità di massa, z = spessore dello strato misurato secondo l'azione della gravità, $(dV/dz)_w$ = gradiente di velocità alla parete. È il rapporto *Forza di gravità/Forza d'inerzia*.

Numero di Romankov, $Ro = \dfrac{T_0 - T_{pr}}{T_0}$

T_0 = temperatura assoluta del gas utilizzato per disseccare, T_{pr} = temperatura assoluta del prodotto da disseccare.

Numero di Rossby, $Ro = \dfrac{V}{\omega \cdot l}$

V = velocità, ω = velocità di rotazione angolare, l = scala geometrica.

Numero di Rossby (seconda definizione), $Ro = \dfrac{V}{2\omega \cdot l \cdot \sin\alpha}$

V = velocità, ω = velocità di rotazione terrestre, α = angolo tra la direzione del flusso laminare e l'asse di rotazione terrestre. È il rapporto *Forza d'inerzia/Forza di Coriolis.*

Numero di Savage, $\text{Sa} = \dfrac{\rho_s \cdot \dot{\gamma}^2 \cdot d^2}{(\rho_s - \rho_f) \cdot g \cdot h \cdot \tan \phi}$

ρ_s, ρ_f = densità di massa dei sedimenti, del fluido $\dot{\gamma}$ = velocità di deformazione angolare, d = diametro dei sedimenti, g = accelerazione di gravità, h = tirante della corrente, ϕ = angolo di attrito interno dei sedimenti. È il rapporto *Tensioni collisionali/Tensioni quasi statiche (frizionali) dovute alla gravità.*

Numero di Serrau = Numero di Mach.

Numero di Schiller, $\left(\dfrac{\text{Re}}{C_D} \right)^{1/3}$

Re = numero di Reynolds, C_D = coefficiente di *drag.*

Numero di Schmidt molecolare, $\text{Sc} = \dfrac{v}{D_v}$

v = viscosità cinematica, D_v = diffusività molecolare. È il rapporto *Diffusività di quantità di moto/Diffusività molecolare.*

Numero di Schmidt turbolento, $\text{Sc}_T = \dfrac{\varepsilon_M}{\varepsilon_D}$

ε_M = diffusività turbolenta di quantità di moto, ε_D = diffusività turbolenta di massa.

Numero di Schmidt totale, $\dfrac{\varepsilon_M + v}{\varepsilon_D + D_v}$

ε_M = diffusività turbolenta di quantità di moto, ε_D = diffusività turbolenta di massa, v = viscosità cinematica, D_v = diffusività molecolare. È il rapporto *Diffusività totale di quantità di moto/Diffusività totale di massa.*

Numero di Semenov = Numero di Lewis.

Numero di Sherwood, $\text{Sh} = \dfrac{k_m \cdot l}{D_v}$

k_m = coefficiente di scambio di massa, l = lunghezza scala, D_v = diffusività molecolare. È il rapporto *Diffusività di massa/Diffusività molecolare.*

Numero di Shields, $\Theta = \dfrac{\rho_f \cdot u_*^2}{g \cdot d \cdot (\rho_s - \rho_f)}$

ρ_s, ρ_f = densità di massa dei sedimenti, dell'acqua, u_* = velocità d'attrito, g = accelerazione di gravità, d = diametro dei sedimenti. È il rapporto *Tensione tangenziale destabilizzante/Tensione stabilizzante.*

Numero di dimensione (per le turbomacchine), anche definito Diametro speci-fico, $\dfrac{D \cdot (g \cdot H)^{1/4}}{Q^{1/2}}$

D = diametro scala, g = accelerazione di gravità, H = variazione di carico attraverso la turbomacchina, Q = portata volumetrica.

Numero di Smoluchowski $= \dfrac{1}{\text{Numero di Knudsen}}$.

Numero di Sommerfeld, Sm $= \dfrac{F \cdot b^2}{\mu \cdot U \cdot r^2}$

F = forza sull'asse, b = luce del meato, μ = viscosità dinamica del lubrificante, U = velocità relativa della superficie periferica dell'asse rotante, r = raggio dell'asse.

Numero di Spalding, Sp $= -\dfrac{\partial \theta}{\partial u^+}$

$\theta = (T - T_\infty)/(T_w - T_\infty)$, $u^+ = V/(\tau_w/\rho)^{1/2}$, T = temperatura assoluta, T_w = temperatura assoluta alla parete, T_∞ = temperatura assoluta lontano dal corpo, V = velocità, τ_w = tensione tangenziale alla parete, ρ = densità di massa. È il gradiente di temperatura alla parete espresso in forma adimensionale.

Numero di Spalding (seconda definizione), $\dfrac{h \cdot \nu}{k \cdot (\tau_w/\rho)^{1/2}}$

h = coefficiente di scambio termico, ν = viscosità cinematica, k = conducibilità termica, τ_w = tensione tangenziale alla parete, ρ = densità di massa.

Numero di Spalding (terza definizione), $\dfrac{c_p \cdot \Delta T}{\lambda - (q_r/\dot{m})}$

c_p = calore specifico a pressione costante, ΔT = variazione di temperatura, λ = entalpia specifica di evaporazione (calore latente di evaporazione), q_r = flusso termico radiante, $\dot{m}$ = portata massica. È il rapporto *Variazione di energia termica/Quantità di calore latente*.

Numero di Stanton, St $= \dfrac{h}{\rho \cdot c_p \cdot V} \equiv \dfrac{\text{Nu}}{\text{Re} \cdot \text{Pr}}$

h = coefficiente di scambio termico, ρ = densità di massa, c_p = calore specifico a pressione costante, V = velocità scala. È il rapporto *Quantità di calore trasferito/Capacità termica del flusso*.

Numero di Stanton per il trasferimento di massa, St$_m$ $= \dfrac{k_m}{V} \equiv \dfrac{\text{Sh}}{\text{Re} \cdot \text{Sc}}$

k_m = coefficiente di scambio di massa, V = velocità.

Numero di Stark $=$ Numero di Stefan.

Numero di Stefan, $\text{Sf} = \dfrac{s \cdot T^3 \cdot l}{k}$

$s =$ costante di Stefan-Boltzmann, $T =$ temperatura assoluta, $l =$ scala geometrica, $k =$ conducibilità termica. È il rapporto *Flusso termico per irraggiamento/Flusso termico per conduzione*.

Numero di Stokes, $\text{Sk} = \dfrac{v \cdot t}{l^2} \equiv \dfrac{1}{\text{Sr} \cdot \text{Re}}$

$v =$ viscosità cinematica, $t =$ tempo di vibrazione della particella nel fluido, $l =$ dimensione caratteristica della particella.

Numero di Stokes (seconda definizione), $\dfrac{\omega \cdot l^2}{v}$

$\omega =$ pulsazione della particella, $l =$ dimensione caratteristica della particella, $v =$ viscosità cinematica.

Numero di Stokes (terza definizione), $\dfrac{l \cdot \Delta p}{\mu \cdot V}$

$l =$ dimensione caratteristica della particella, $\Delta p =$ variazione di pressione, $\mu =$ viscosità dinamica, $V =$ velocità. È il rapporto *Forza di pressione/Forza viscosa*.

Numero di Strohual, $\text{Sr} = \dfrac{f \cdot l}{V}$

$f =$ frequenza di vibrazione, $l =$ scala geometrica, $V =$ velocità.

Numero di Suratman, $\text{Su} = \dfrac{\rho \cdot l \cdot \sigma}{\mu^2} \equiv \dfrac{1}{\text{Numero di Ohnesorge}}$

$\mu =$ viscosità dinamica, $l =$ lunghezza scala, $\sigma =$ tensione superficiale. È il rapporto *Forza d'inerzia×Forza di tensione superficiale/Forza viscosa^2*.

Numero di elasticità di superficie, $\dfrac{\Gamma'}{D_s} \cdot L \cdot \dfrac{\partial \sigma}{\partial \Gamma'}$

$\Gamma' =$ concentrazione alla superficie di un surfattante in condizioni indisturbate, $D_s =$ diffusività superficiale, $L =$ spessore dello strato liquido, $\sigma =$ tensione superficiale.

Numero di viscosità di superficie, $\dfrac{\mu_s}{\mu \cdot L}$

$\mu_s =$ viscosità di superficie, $\mu =$ viscosità dinamica, $L =$ spessore dello strato liquido.

Numero di Taylor, $\mathrm{Ta} = \dfrac{\omega \cdot \bar{r}^{1/2} \cdot b^{3/2}}{\nu}$

ω = velocità di rotazione del cilindro interno, $\bar{r}$ = raggio medio del meato tra cilindro interno ed esterno, b =larghezza del meati, ν = viscosità cinematica. È usato nel criterio di instabilità dei vortici di Taylor.

Numero di Taylor (seconda definizione), $\dfrac{2\,\omega \cdot L^2 \cdot \cos\theta}{\nu^2} = \dfrac{1}{(\text{Numero di Ekman})^4}$

ω = velocità di rotazione angolare, L = scala geometrica, θ = angolo tra l'asse di rotazione e la verticale, ν = viscosità cinematica. Esprime l'effetto della rotazione sulla convezione libera ed è il quadrato del rapporto *Forza di Coriolis/Forza viscosa*.

Numero di Taylor (terza definizione) = Numero di Sherwood.

Numero di tensione frizionale, $\mathrm{N}_{\text{frict}} = \dfrac{C_s}{1 - C_s} \cdot \dfrac{(\rho_s - \rho_f) \cdot g \cdot h \cdot \tan\phi}{\dot{\gamma} \cdot \mu} \equiv \dfrac{\mathrm{Ba}}{\mathrm{Sa}}$

C_s = concentrazione volumetrica dei sedimenti, ρ_s, ρ_f = densità di massa dei sedimenti, del fluido, g = accelerazione di gravità, h = tirante della corrente, ϕ = angolo di attrito interno dei sedimenti, $\dot{\gamma}$ = velocità di deformazione angolare, μ = viscosità dinamica.

Numero di Thoma, $\sigma = \dfrac{p - p_v}{\Delta p}$

p = pressione assoluta, p_v = tensione di vapore, Δp = variazione di pressione totale nella macchina.

Numero di Thoma (seconda definizione), $\sigma = \dfrac{p - p_v}{\rho \cdot V^2}$

p = pressione assoluta, p_v = tensione di vapore, ρ = densità di massa, V = velocità. Indica l'incipienza della cavitazione in un sistema nel quale la pressione scala secondo la velocità del fluido.

Numero di Thomson = Numero di Marangoni.

Numero di Thomson (seconda definizione), $\mathrm{Th} = \dfrac{V \cdot t}{l}$

V = velocità, t = tempo scala, l = dimensione caratteristica. Se il tempo scala è pari a $t = f^{-1}$, allora risulta $\mathrm{Th} = \mathrm{Sr}$.

Numero di Thring, $\mathrm{Tg} = \dfrac{\rho \cdot c_p \cdot V}{\varepsilon \cdot s \cdot T^3}$

ρ = densità di massa, c_p = calore specifico a pressione costante, V = velocità, ε = emissività della superficie, s = costante di Stefan-Boltzmann, T = temperatura assoluta. È il rapporto *Flusso termico/Flusso termico per irraggiamento*.

Numero di spinta (delle eliche), $T_c = \dfrac{T}{\rho \cdot V^2 \cdot D^2}$

$T =$ forza di spinta, $\rho =$ densità di massa, $V =$ velocità di avanzamento, $D =$ diametro dell'elica.

Numero di coppia (delle eliche), $M_c = \dfrac{M}{\rho \cdot V^2 \cdot D^3}$

$M =$ coppia, $\rho =$ densità di massa, $V =$ velocità di avanzamento, $D =$ diametro dell'elica.

Numero di Valensi, $\mathrm{Va} = \dfrac{\omega \cdot l^2}{\nu}$

$\omega =$ pulsazione di un corpo oscillante in un fluido a viscosità nulla, $l =$ scala geometrica, $\nu =$ viscosità cinematica.

Numero di Weber, $\mathrm{We} = \dfrac{\rho \cdot l \cdot V^2}{\sigma}$

$\rho =$ densità di massa, $l =$ scala geometrica, $V =$ scala della velocità, $\sigma =$ tensione superficiale. È il rapporto *Forza d'inerzia/Forza di tensione superficiale*.

Numero di Weber rotante, $\mathrm{We}_R = \dfrac{d^3 \cdot \omega^2 \cdot \rho}{\sigma}$

$D =$ diametro, $\omega =$ velocità di rotazione angolare, $\rho =$ densità di massa efficace, $\sigma =$ tensione superficiale.

Numero di Womerseley, $\alpha = (\omega \cdot \rho / \mu)^{1/2} \cdot r \equiv 2\,\pi\,\mathrm{Re} \cdot \mathrm{Sr}$

$\rho =$ densità di massa del fluido, $\mu =$ viscosità dinamica, $r =$ raggio della condotta, $\omega =$ pulsazione del flusso.

Parametro di trasporto, $\dfrac{q_s}{\sqrt{g \cdot d^3 \cdot (s-1)}}$

$q_s =$ portata solida volumetrica per unità di larghezza, $g =$ accelerazione di gravità, $d =$ diametro dei sedimenti, $s =$ peso specifico relativo dei sedimenti.

Assioma: un principio generale evidente di per se stesso, che non ha bisogno di essere dimostrato o discusso e può fare da premessa a una teoria.

Autosomiglianza: v. *Self-similarity.*

Corollario: una proposizione che consegue, per consequenzialità logica, a un'altra proposizione già dimostrata.

Coefficiente: un numero o quantità dimensionale nota che moltiplica una quantità algebrica. Così definito perché concorre con la quantità algebrica a definire un solo prodotto.

Equazione: una espressione o una proposizione che asserisce l'eguaglianza tra due membri e che coinvolge una o più variabili. Il simbolo di eguaglianza tra i due membri è $=$.

Equazione dimensionale: una equazione che coinvolge le sole dimensioni fisiche delle variabili.

Equazione tipica: una equazione che, in forma simbolica, esprime una relazione funzionale tra le variabili che intervengono in un processo fisico.

Frattale: un oggetto geometrico che si ripete nella sua struttura allo stesso modo su scale diverse, ovvero che non cambia aspetto anche se visto con una lente d'ingrandimento. È dotato di omotetia interna.

Grandezza estensiva: una grandezza la cui misura dipende dalle dimensioni del sistema (per esempio, dalla massa, dal volume, dalla superficie). Il rapporto tra due grandezze estensive è una grandezza intensiva se le due grandezze estensive si riferiscono alla stessa dimensione del sistema. Una funzione di grandezze estensive sarà omogenea di $1°$ grado rispetto alle grandezze e soddisfa il Teorema di Eulero sulle funzioni omogenee (cfr. Appendice A, p. 325).

Grandezza intensiva: una grandezza la cui misura non dipende dalle dimensioni del sistema.

Identità: una equazione soddisfatta per qualunque valore della o delle variabili, definibile anche come un'equazione tautologicamente soddisfatta. Il simbolo di identità tra i due membri è $\equiv$.

Indipendenza asintotica della turbolenza: la proprietà dei campi di moto turbolenti di risultare indipendenti dal numero di Reynolds (e, quindi, dalla viscosità del fluido) per numero di Reynolds tendente a infinito.

Jacobiano: la matrice di tutte le derivate parziali prime di una funzione che ha dominio e codominio in uno spazio euclideo.

Ordine di grandezza: la posizione di una quantità in una scala dove ogni classe contiene valori in un rapporto definito rispetto alla classe predente. Il rapporto più usato è 10.

Matrice dimensionale: una matrice nella quale si riportano in colonna le variabili e in riga le grandezze fondamentali. Ogni elemento della matrice rappresenta l'esponente con il quale compare la grandezza fondamentale della riga corrispondente nell'espressione dimensionale della variabile nella colonna corrispondente.

Misura: l'assegnazione di un intervallo di valori a una proprietà o caratteristica di un'entità materiale.

Misurazione: l'insieme delle operazioni teoriche e pratiche alle quali si ricorre nell'esecuzione di una particolare misura.

Obiettività materiale: un principio in base al quale le leggi che governano le condizioni interne di un sistema fisico e le interazioni fra le varie componenti devono essere indipendenti dal sistema di riferimento, sia esso inerziale o non inerziale.

Officiosità: attinente all'ufficio. L'officiosità idraulica indica la capacità dell'opera di soddisfare le esigenze per le quali è stata realizzata. Nel caso degli alvei, indica la capacità di contenere una portata in condizioni di sicurezza.

Parità: la conservazione delle leggi fisiche e delle proprietà in uno spazio speculare rispetto allo spazio iniziale.

Postulato: una proposizione non dimostrata che si accetta come fondamento di una dimostrazione.

Principio: una legge scientifica altamente generale o fondamentale e da cui altre leggi sono derivate.

Processo fisico: ogni sequenza di modifiche di un oggetto reale osservabile sulla base del metodo scientifico. In un processo fisico sono individuabili una o più variabili fisiche, alcune governanti, altre governate.

Proporzionalità lineare – criterio –: un criterio di riduzione delle variabili di un processo fisico a un insieme più piccolo di monomi aventi la dimensione di una lunghezza (Barr, 1969 [8]).

Proporzionalità lineare: ogni monomio avente la dimensione di una lunghezza calcolato sulla base del criterio di proporzionalità lineare.

Rango di una matrice: il massimo ordine del minore estratto a determinante non nullo.

Self-similarity: la proprietà di un oggetto matematico (o fisico) tale da essere esattamente o approssimativamente uguale a una parte di se stesso.

Sistema di coordinate: un sistema per la rappresentazione della posizione di un punto nello spazio. Da non confondersi con il Sistema di riferimento.

Sistema di riferimento inerziale: un sistema nel quale vale la prima legge della dinamica $F = m \cdot a$. Da non confondersi con il Sistema di coordinate.

Surfattante: una sostanza che è in grado di abbassare la tensione superficiale di un liquido.

Tensore: un oggetto matematico indipendente dal sistema di coordinate, definito intrinsecamente a partire da uno spazio vettoriale. Nella definizione intrinseca, non necessita di una base. Da un punto di vista matematico, il tensore generalizza tutte le strutture algebriche a partire da uno spazio scalare.

Teorema: una proposizione la cui tesi può essere dimostrata utilizzando assiomi, postulati o teoremi precedentemente dimostrati.

Valore vero di una grandezza: la misura ideale della grandezza, senza incertezze. Il valore vero è inaccessibile ed è sempre sostituito da una stima.

Variabile governante: una variabile che controlla un processo fisico.

Variabile governata: una variabile che rappresenta la risposta di un processo fisico.

Bibliografia

[1] Accademia Nazionale dei Lincei (1956) *I modelli nella Tecnica*, Atti del Convegno di Venezia del 1–4 ottobre 1955, Vol. I e Vol. II, Roma.

[2] Adami A. (1994) *I modelli fisici nell'Idraulica*, CLEUP, Padova.

[3] Antonets V.A., Antonets M.A., Shereshevsky I.A. (1991) *The statistical cluster dynamics in the dendroid transfer systems*, in: *Fractals and the Fundamental and Applied Science*, Elsevier, Amsterdam, 59–71.

[4] Bagnold R.A. (1954) Experiments on a gravity-free dispersion of large solid spheres in a Newtonian fluid under shear, *Proc. R. Soc. Lond.* A 225, 49–63.

[5] Bairrao R., Vaz T.C. (2000) Shaking table testing of civil engineering structures – the LNEC 3D simulator experience, in: 12th WCEE 2000, The New Zealand Society for Earthquake Engineering, Auckland, paper No 2129.

[6] Barenblatt G.I. (1996) *Scaling, self-similarity, and intermediate asymptotics*, Cambridge University Press, Cambridge, UK.

[7] Barenblatt G.I. (2003) *Scaling*, Cambridge University Press, Cambridge, UK.

[8] Barr D.I.H. (1969) Method of synthesys - basic procedures for the new approach to similitude, *Water Power*, 21, 148–153.

[9] Bear J. (1972) *Dynamics of Fluids in Porous Media*, Dover, New York.

[10] Benbow J.J. (1960) Cone cracks in fused silica, *Proc. Phys. Soc.* B75, 697–699.

[11] Bouc R. (1967) Forced vibration of mechanical systems with hysteresis, in *Proceedings of the Fourth Conference on Nonlinear Oscillation*, Prague, Czechoslovakia.

[12] Bhushan B., Nosonovsky M. (2004) Scale effects in dry and wet friction, wear, and interface temperature, *Nanotechnology*, 15, 749–761.

[13] Bluman G.W., Kumei S. (1989) *Symmetries and Differential Equations*, Springer-Verlag, New York.

[14] Booth E., Collier D., Miles J. (1983) Impact scalability of plated steel structures, in: Jones N., Wierzbicki T. (eds.) *Structural crashworthiness*, Butterworths, London, 136–174.

[15] Bridgman P.W. (1922) *Dimensional Analysis*, Yale University Press, New Haven.

[16] Buckingham E. (1914) On Physically Similar Systems; Illustrations of the Use of Dimensional Equations, *Phys. Rev. 4, 345, American Physical Society*, doi 10.1103/PhysRev.4.345, 345–376.

[17] Bucky P.B. (1931) The use of models for the study of mining problems, *Am Inst Mining Met Engs*, Tech. Publ. 425.

[18] Calladine C., English R. (1986) Strain rate and inertial effects in the collapse of two types of energy-absorbing structure, *International Journal of Mechanical Sciences* 26, 689–701.

[19] Carpinteri A., Corrado M. (2010) Dimensional analysis approach to the plastic rotation capacity of over-reinforced concrete beams, *Engineering Fracture Mechanics*, 88, 1091–110.

[20] CCPS (1994) *Guidelines for Evaluating the Characteristics of Vapour Cloud Explosions*, Flash Fires and BLEVEs, AiChe, New York.

[21] Chen Y., Cheng P. (2002) Heat transfer and pressure drop in fractal tree-like microchannel nets, *International Journal of Heat and Mass Transfer* 45, 2643–2648.

[22] Committee of the Hydraulic Division on Hydraulic Research (1942) *Hydraulic Models*, ASCE, New York.

[23] Corti G., Bonini M., Mazzarini F., Boccaletti M., Innocenti F., Manetti P., Mulugeta G., Sokoutis D. (2002) Magma-induced strain localization in centrifuge models of transfer zones, *Tecnonophysics* 348, 205–218.

[24] Dalrymple R.A. (1989) Physical Modelling of Littoral Processes, in *Recent Advances in Hydraulic Physical Modellings*, R. Martins Ed., Kluwer Academic Publishers, Dordrecht, The Netherlands, 567–588.

[25] Damgaard J.S., Dong P. (2004) Soft cliff recession under oblique waves: physical model tests, *Journal of Waterways, Port, Coastal and Ocean Engineering* ASCE, Vol. 130, No. 5, 234–242.

[26] Dittus F.W., Boelter L.M.K. (1930) Heat transfer in automobile radiators of the tubular type, University of California Publications in Engineering, 2, 443–461.

[27] Doebelin E.O. (2008) *Strumenti e metodi di misura*, McGraw-Hill, Milano.

[28] Duncan W.J. (1953) *Physical Similarity and Dimensional Analysis*, Edward Arnold & Co., London, UK.

[29] Einstein K.A., Barbarossa N.L. (1952) River channel roughness, *Trans. A.S.C.E.*, 117, 1121–1132.

[30] Exner F.M. (1925) Uber die Wechselwirkung zwischen Wasser und Geschiebe in Flussen (On the interaction between water and sediment in streams), *Sitzungsber. Akad. Wiss. Wien Math. Naturwiss.*, Abt. 2a, 134, 165–205.

[31] Fourier J.B.J. (1822) *Theorie Analytique de la Chaleur*, Firmin Didot, Paris (ristampato da Cambridge University Press, Cambridge 2009).

[32] Fox R.W., McDonald A.T. (1994) *Introduction to Fluid Mechanics*, John Wiley & Sons, Inc., New York.

[33] Fredsoe J., Deigaard R. (1992) *Mechanics of costal sediment transport*, World Scientific, Singapore.

[34] Giere R.N. (2004) How models are used to represent reality, *Philosophy of Science*, 71, 742–752.

[35] Goodridge C.L., Tao Shi W., Hentschel H.G.E., Lathrop D.P. (1997) Viscous effects in droplet-ejecting capillary waves, *Phys. Rev. E* 56, 1, 472–475.

[36] Harris H.G., Pahl P.J., Sharma S.D. (1962), *Dynamic Studies of Structures by Means of Models*, MIT, Cambridge.

[37] Hopkinson B. (1915) British Ordinance Board Minutes, 13565, London.

[38] Hughes S.A. (1993) *Physical Models and Laboratory Techniques in Coastal Engineering*, World Scientific, Singapore.

[39] Iverson R.M. (1997) The physics of debris flows, *Review of Geophysics*, 35, 3, 245–296.

[40] Ivicsics L. (1980) *Hydraulic Models*, Water Resources Publications, Fort Collins.

[41] Jackson K.E., Kellas S., Morton J. (1992) Scale effects in the Response and Failure of Fiber Reinforced Composite Laminates Loaded in Tension and in Flexure, *Journal of Composite Materials* 26, 2674.

[42] Johnson W. (1972) *Impact Strength of Materials*, Edward Arnold, London.

[43] Julien P.Y. (2002) *River Mechanics*, Cambridge University Press, Cambridge.

[44] Kang J.H., Lee K-J., Yu A.H., Nam J.H., Kim C.-J. (2010) Demonstration of water management role of microporous layer by similarity model experiments, *International Journal of Hydrogen Energy*, 35, 4264–4269.

[45] Keulegan G.K. (1938) Laws of Turbulent Flow in Open Channels, U.S. National Bureau of Standard, *Journ. Res.*, V. 21, Paper No. 1151.

[46] Kleiber M. (1947) Body size and metabolic rate, *Physiological Reviews* 27, 511–541.

[47] Landau L.D., Lifsits E.M. (2004) *Meccanica: Fisica teorica*, Editori Riuniti, Roma.

[48] Langhaar H.L. (1951) *Dimensional Analysis and Theory of Models*, John Wiley & Sons, Inc., New York.

[49] Leopardi M. (2004) *Sperimentazione su modelli di opere idrauliche*, Aracne, Roma.

[50] Longo S., Lamberti A. (2000) Granular Streams Rheology and Mechanics, *Physics and Chemistry of the Earth (B)* 25 (4), 375–380.

[51] Longo S., Petti M. (2006) *Misure e Controlli Idraulici*, McGraw-Hill, Milano.

[52] Mandelbrot B.B. (1982) *The Fractal Geometry of Nature*, Freeman, New York.

[53] Massey B.S. (1971) *Units, Dimensional Analysis and Physical Similarity*, Van Nostrand Reinhold Company, London.

[54] Maxwell C. (1965) On stress in rarefied gases arising from inequalities of temperature, in *Scientific Papers of James Clerk Maxwell*, edited by W. D. Niven, Dover, New York, Vol. 2, p. 681.

[55] Mignosa P., Giuffredi F., Danese D., La Rocca M., Longo S., Chiapponi L., D'Oria M., Zanini A. (2008) *Prove su modello fisico del manufatto regolatore della cassa di espansione sul Torrente Parma*, DICATeA, Università degli Studi di Parma, AIPo, Parma.

[56] Mignosa P., Longo S., Chiapponi L., D'Oria M., Mammì O. (2010) *Prove su modello fisico della vasca di dissipazione al termine della galleria di bypass del Lago d'Idro*, DICATeA, Università degli Studi di Parma.

[57] Montuori C. (2005) *Una storia dei modelli dell'Ingegneria Idraulica*, Quaderni dell'Accademia Pontaniana, Napoli.

[58] Noda E.K. (1972) Equilibrium Beach Profile Scale-Model Relationship, *Journal of the Waterways, Harbors and Coastal Division*, ASCE, Vol. WW4, 511–528.

[59] Novak P., Čábelka J. (1981) *Models in Hydraulic Engineering*, Pitman, London.

[60] Nusselt W. (1916) Die Oberflachenkondensation des Wasserdampfes, (in German) *Z. Vereines deutscher Ingenieure* 60, 541–546.

[61] Pérez-Romero D.M., Ortega-Sánchez M., Monino A., Losada M.A. (2009) Characteristic friction coefficient and scale effects in oscillatory porous flow, *Coastal Engineering* 56, 931–939.

[62] Ramberg H., Stephansson O. (1965) Note on centrifuged models of excavations in rocks, *Tectonophysics*, 2(4), 281–298.

[63] Raszillier H., Durst F. (1991) Coriolis-effect in mass flow metering, *Archive of Applied Mechanics*, 61, 192–214.

[64] Raszillier H., Raszillier V. (1991) Dimensional and symmetry analysis of Coriolis mass flowmeters, *Flow Measurement and Instrumentation*, 2, 180–184.

[65] Rayleigh, Lord (1915) The Principle of Similitude, *Nature*, vol. 95, #2368.

[66] Reech F. (1852) *Cours de Mécanique d'après la Nature Genéralement Flexible et Elastique des Corps*, Carilian-Goeury, Paris.

[67] Sabnis G.M, Harris H.G., White R.N., Mirza R.N. (1983) *Structural Modeling and Experimental Techniques*, Prentice-Hall, Englewood Cliffs, NJ.

[68] Schliting H. (1968) *Boundary Layer Theory*, McGraw-Hill, New York.

[69] Sharp J.J., Deb A., Deb M.K. (1992) Application of Matrix Manipulation in Dimensional Analysis Involving Large Numbers of Variables, *Marine Structures* 5, 333–348.

[70] Smeaton J. (1759) An Experimental Enquiry Concerning the Natural Powers of Water and Wind to Turn Mills and Other Machines Depending on Circular Motion, *Philosophical Transactions of the Royal Society of London*, Vol. 51.

[71] Sonin A.A. (2004) A generalization of the Π-theorem and dimensional analysis, *Proc Natl Acad Sci USA* 101(23), 8525-8526.

[72] Szirtes T. (2007), *Applied Dimensional Analysis and Modeling*, Butterworth-Heinemann, Elsevier, Burlington.

[73] Takahashi S., Tanimoto K., Miyanaga S. (1985) Uplift wave forces due to compression of enclosed air layer and their similitude law, *Coastal Engineering in Japan* 28, 191–206.

[74] Taylor G.I. (1950) The formation of a blast wave by a very intense explosion, *Proc. Roy. Soc* A201, 159-174.

[75] Taylor R.N. (1995) Centrifuges in modelling: principles and scale effects, In Taylor R.N. (ed.): *Geotechnical Centrifuge Technology*, Blackie Academic and Professional, Glasgow, 19–33.

[76] Tennekes H., Lumley J.L. (1997) *A First Course in Turbulence*, The MIT Press, Cambridge MA.

[77] Terzaghi K. (1943) *Theoretical Soil Mechanics*, John Wiley & Sons, New York.

[78] TM 5-1300 (NAVFAC P-397, AFR 88-22) (1990) *Structures to Resist the Effects of Accidental Explosions*.

[79] United States Army Corps of Engineers, Coastal Engineering Research Center (CERC) (U.S.) (1984) *Shore Protection Manual*, Vicksburg, Miss. Dept. of the Army, Waterways Experiment Station, Corps of Engineers, Coastal Engineering Research Center, Washington, DC., Vol. I, Vol. II.

[80] Van Driest E.R. (1946) On Dimensional Analysis and the Presentation of Data in Fluid Flow Problems, *J. App. Mech* 68 (A–34).

[81] Vaschy A. (1892) Sur les lois de similitude en physique, *Annales Télgraphiques* 19, 25–28.

[82] Weijermars R., Schmeling H. (1986) Scaling of Newtonian and non-Newtonian fluid dynamics without inertia for quantitative modelling of rock flow due to gravity (including the concept of rheological similarity), *Physics of the Earth and Planetary Interiors*, 43, 316–330.

[83] Wen Y.K. (1976) Method for random vibration of hysteretic systems, *Journal of Engineering Mechanics* ASCE, Vol. 102, No. 2, 249–263.

[84] West G.B. (1999) The origin of universal scaling laws in Biology, *Physica A* 263, 104-113.

[85] West G.B., Brown J.H., Enquist B.J. (1997) A general model of the origin of allometric scaling laws in biology, *Science*, 276, 122–126.

[86] Westergaard H.M (1926) Stresses in Concrete Pavements Computed by Theoretical Analysis, *Public Roads*, 7, 2, p. 25.

[87] Woisin G. (1992) On J.J. Sharp *et al. Application of Matrix Manipulation in Dimensional Analysis Involving Large Numbers of Variables*, Vol.5, No. 4, 1992, 333-348, *Marine Structures* 5, 349–356.

[88] Yalin M.S. (1971) *Theory of Hydraulic Models*, MacMillan, London.

[89] Zhang J., Tang Y. (2008) Dimensional Analysis of Soil-Foundation-Structure System Subjected to Near Fault Ground Motions, *Proc. Geotechnical Earthquake and Engineering and Soil Dynamics IV Congress 2008, ASCE*.

[90] Zhao Y.-P. (1998) Prediction of structural dynamic plastic shear failure by Johnson's damage number, *Forsch Ingenieurwes* 63, 349–352.

Indice analitico

Indice degli autori

Unitext – Collana di Ingegneria

A. Carotti
Meccanica delle strutture e Controllo attivo strutturale (2a Ed.)
2006, XIV+428 pp, ISBN 978-88-470-0332-3

G. Riccardi, D. Durante
Elementi di fluido dinamica. Un'introduzione per l'Ingegneria
2006, XIV+394 pp, ISBN 978-88-470-0483-2

M. De Magistris, G. Miano
Circuiti. Fondamenti di circuiti per l'Ingegneria
2007, XVI+486 pp, ISBN 978-88-470-0537-2

F. Babiloni, V. Meroni, R. Soranzo
Neuroeconomia, neuromarketing e processi decisionali nell'uomo
2007, X+164 pp, ISBN 978-88-470-0715-4

D. Milanato
Demand Planning. Processi, metodologie e modelli matematici
per la gestione della domanda commerciale
2008, XIV+600 pp, ISBN 978-88-470-0821-2

S. Beretta
Affidabilità delle costruzioni meccaniche
2009, X+276 pp, ISBN 978-88-470-1078-9

S. Longo, M.G. Tanda
Esercizi di Idraulica e di Meccanica dei Fluidi
2009, VI+386 pp, ISBN 978-88-470-1347-6

A. Giua, C. Seatzu
Analisi dei sistemi dinamici (2a Ed.)
2009, XVI+566 pp, ISBN 978-88-470-1483-1

P.C. Cacciabue
Sicurezza del Trasporto Aereo
2010, X+274 pp, ISBN 978-88-470-1453-4

D. Capecchi, G. Ruta
La scienza delle costruzioni in Italia nell'Ottocento
2011, XII+358 pp, ISBN 978-88-470-1713-9

S. Longo
Analisi Dimensionale e Modellistica Fisica
2011, XII+370 pp, ISBN 978-88-470-1871-6

La versione online dei libri pubblicati nella serie è disponibile
su SpringerLink. Per ulteriori informazioni, visitare il sito:
http://www.springer.com/series/7281

Editor in Springer:
F. Bonadei
francesca.bonadei@springer.com